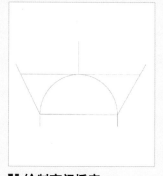

绘制密闭插座

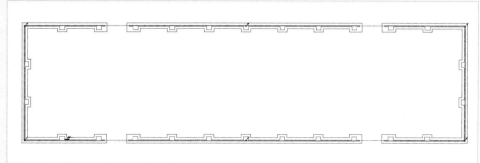

车间建筑平面图

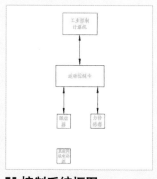

控制系统框图

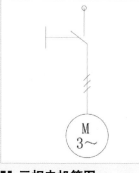

三相电机简图

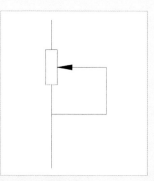

可变电阻器

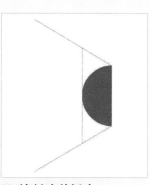

绘制暗装插座

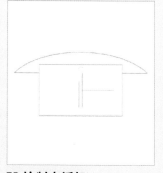

绘制电话机

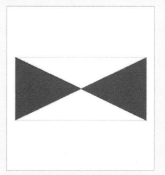

绘制壁龛交界箱符号

天棚灯

绘制非门符号

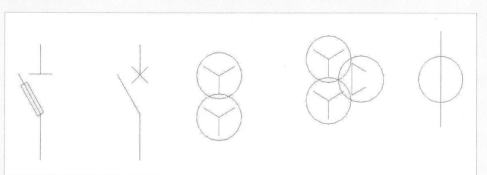

系统图

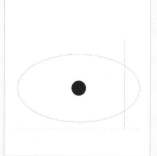

感应式仪表

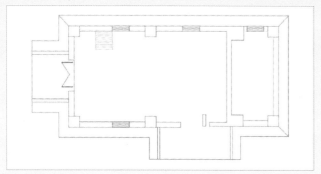

建筑平面

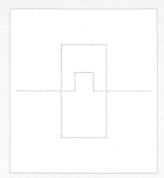

绘制转换开关

绘制热继电器

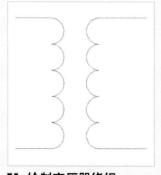

绘制变压器绕组

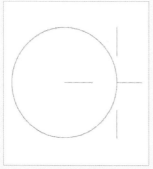

绘制传声器符号

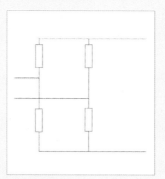

桥式电气

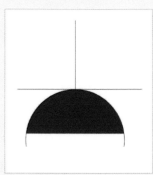

暗装开关

晶闸管

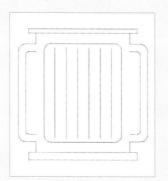

绘制变压器

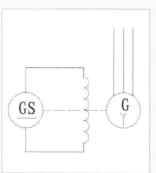

绘制励磁发动机

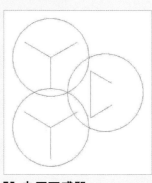

电压互感器

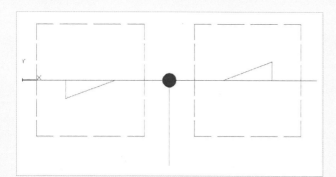

绘制电极探头符号

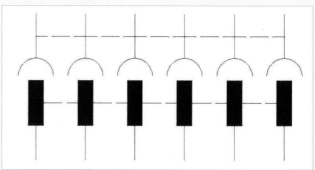

多级插头插座

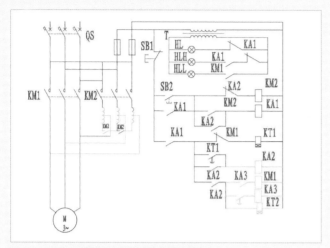

电动机自耦降压启动控制电路图

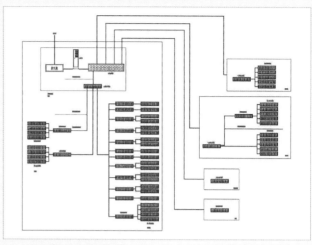

某学校网络拓扑图

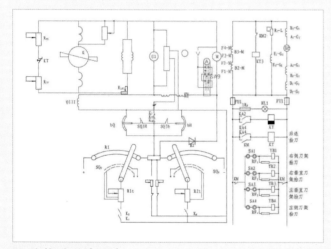

主拖动系统设计

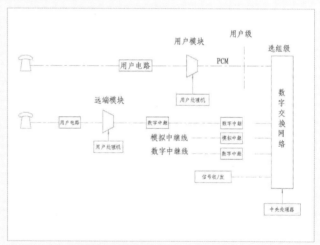

数字交换器系统结构图

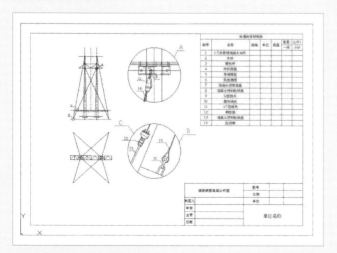

线路钢筋混凝土杆图

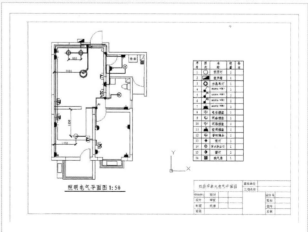

四层甲单元电气平面图

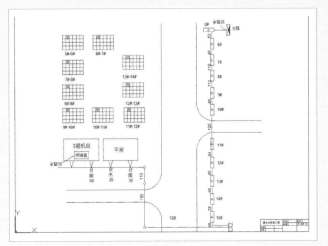

通信电缆施工图

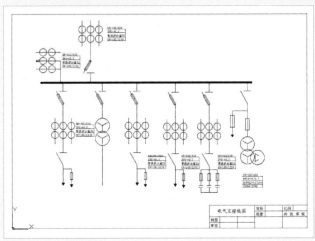

电气主接线图

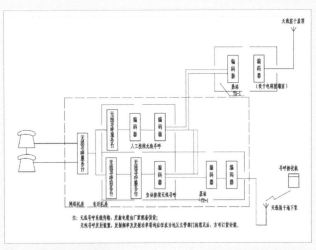

无线寻呼系统图

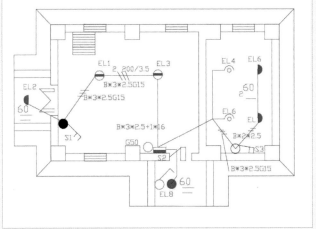

工厂照明系统图

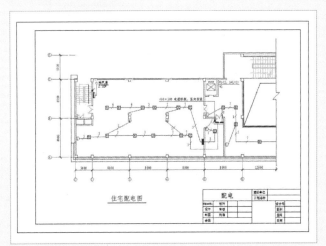

住宅配电图

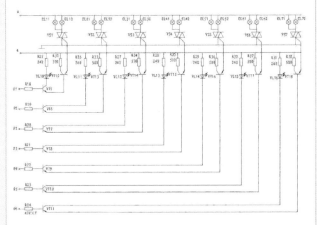

装饰彩灯控制电路图

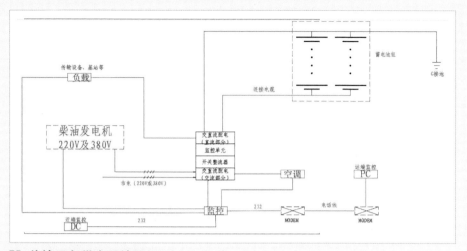

传输设备供电系统图

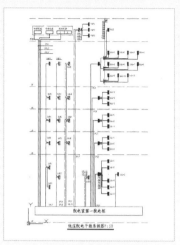

办公楼低压配电干线系统

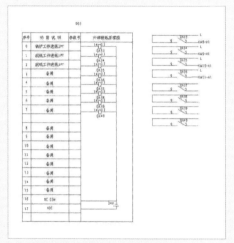

其他PCL系统DO原理图

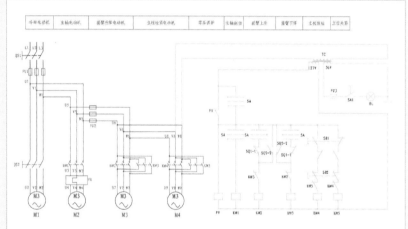

Z35型摇臂钻床电气原理图

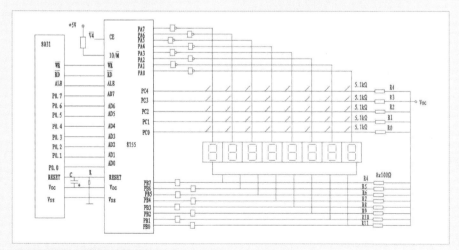

键盘显示器接口电路

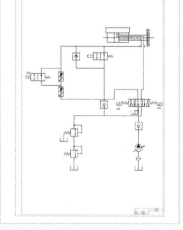

滑台液压系统电气设计

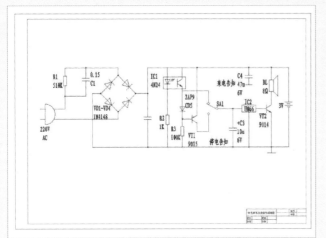

停电来电自动告知线路图

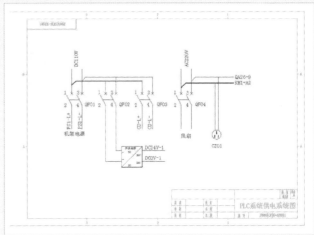

PLC系统供电系统图

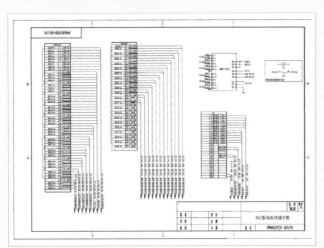

PLC系统出线端子图

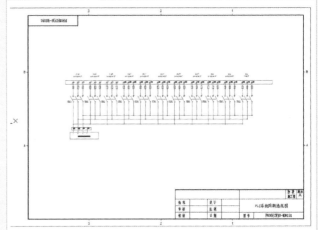

PLC系统同期选线图

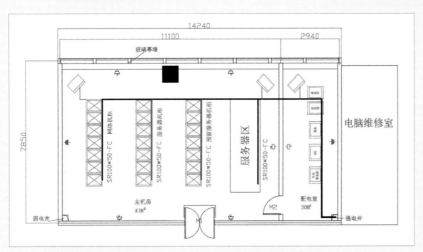

机房强电布置平面图

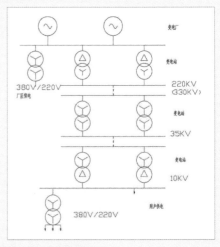

输电工程图

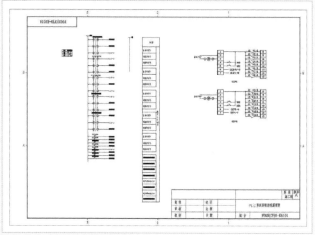

PLC系统面板接线图

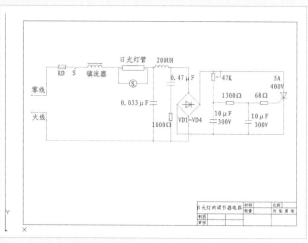

日光灯的调节器电路

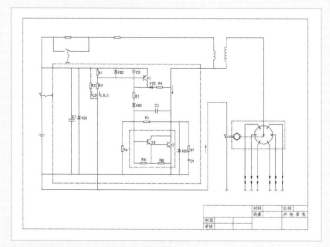

发动机点火装置电气原理图

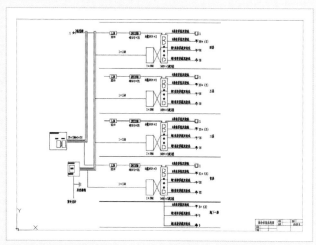

综合布线系统图

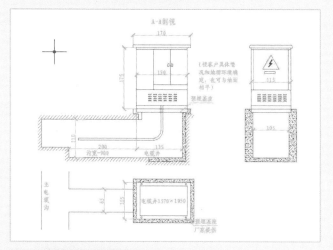

电缆线路工程图

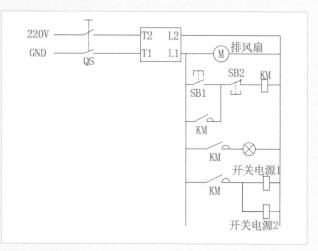

低压电气图

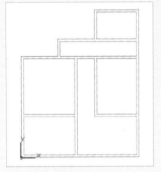

绘制墙体

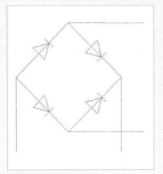

整流桥电路

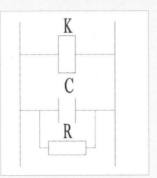

绘制简单电路布置图

画一条线段

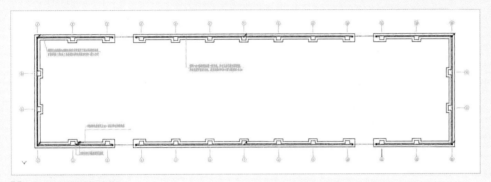

车间接地线路图

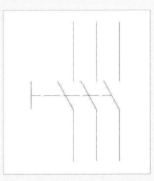

绘制手动三级开关符号

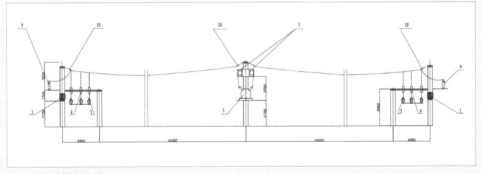

变电所断面图

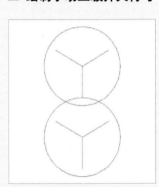

站用变压器

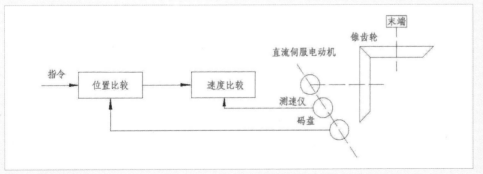

半闭环框图

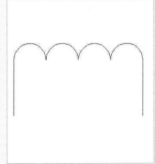

绘制电感符号

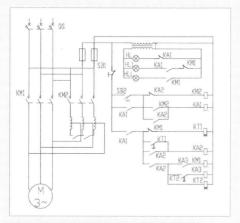

电动机自耦降压启动控制电路

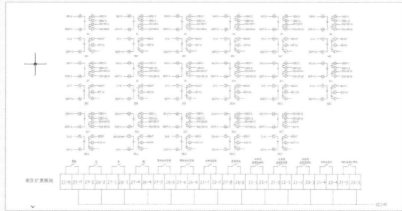

手动复归继电器

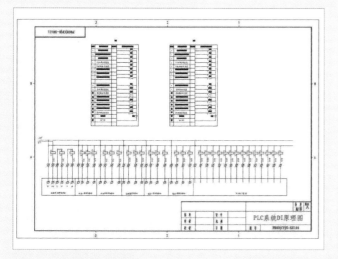

PLC系统DI原理图

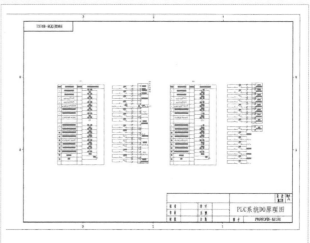

PLC系统DO原理图

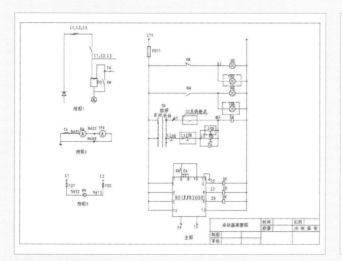

启动器原理图

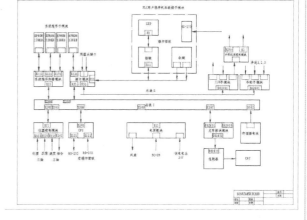

SINUMERIK820

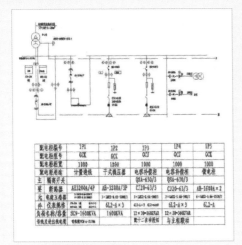

工厂低压系统图

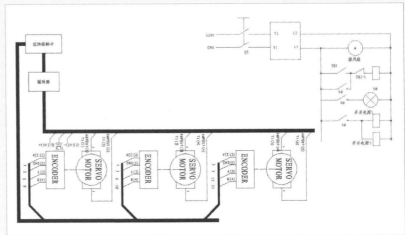

灵巧手控制电路图

四层甲单元平面图

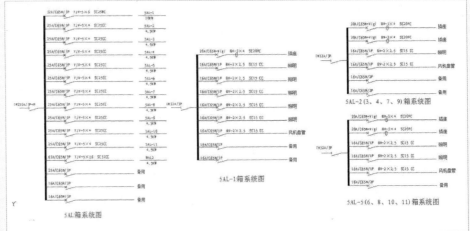

办公楼照明系统图

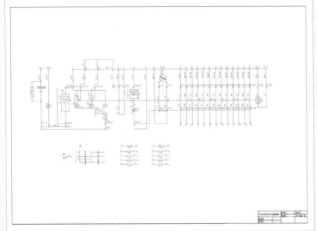

110KV变电所二次接线图

直流数字电压表线路图

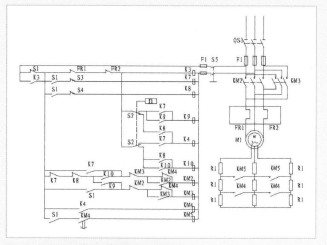

电动机正反启动控制电路图

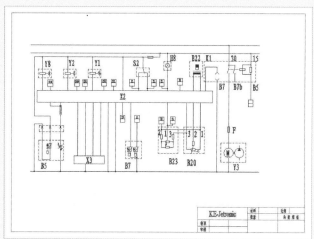

KE-jetronic

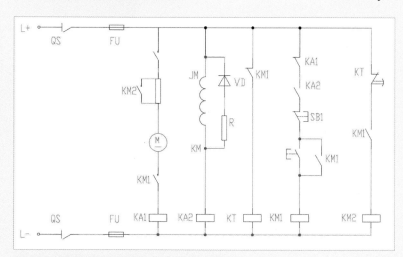

并励直流电动机串联电阻启动电路

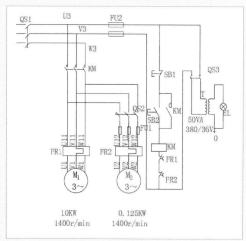

C630车床电气原理图

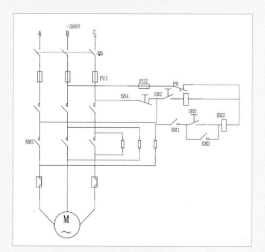

三相电机启动控制电路图

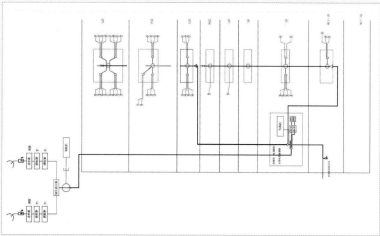

有线电视系统图

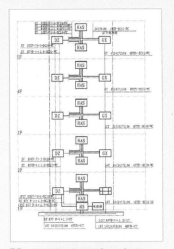

工程智能系统配电图

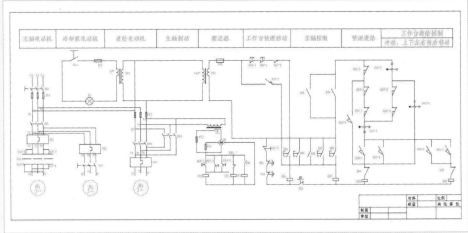

X62W电气设计

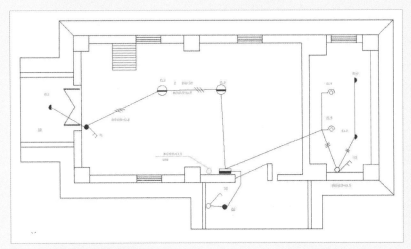

厂房照明电路接线图

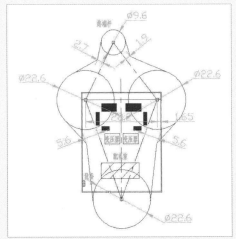

变电站避雷针布置图尺寸标注

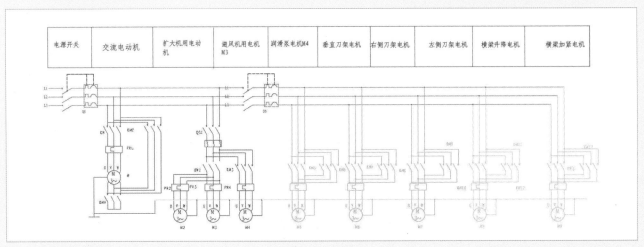

主电路系统设计

CAD/CAM/CAE 自学视频教程

AutoCAD 2016 中文版电气设计
自学视频教程

CAD/CAM/CAE 技术联盟　编著

清华大学出版社

北　京

内 容 简 介

《AutoCAD 2016 中文版电气设计自学视频教程》主要介绍了 AutoCAD 2016 在电气设计中的应用方法与技巧。全书分为两篇，共 14 章，其中，基础知识篇分别介绍了电气图制图规则和表示方法、AutoCAD 2016 入门、二维绘图命令、基本绘图工具、编辑命令、辅助绘图工具等知识；设计实例篇分别介绍了**机械电气设计、控制电气设计、电路图设计、电力电气设计、通信电气设计、工厂电气设计、建筑电气设计**等实例及柴油发电机 PLC 控制系统电气图设计综合实例的设计思路和具体操作过程。

《AutoCAD 2016 中文版电气设计自学视频教程》用大量的实例、案例介绍了各种电气工程图的设计方法与技巧。在介绍的过程中，注意由浅入深、从易到难，各章节既相对独立，又前后关联，并在讲解中及时给出总结和相关提示，帮助读者及时、快捷地掌握所学知识。全书解说翔实，图文并茂，语言简洁，思路清晰。

《AutoCAD 2016 中文版电气设计自学视频教程》光盘配备了极为丰富的学习资源：**配套自学视频、应用技巧大全、疑难问题汇总、经典练习题、常用图块集、全套工程图纸案例及配套视频、快捷命令速查手册、快捷键速查手册、常用工具按钮速查手册等**。

《AutoCAD 2016 中文版电气设计自学视频教程》定位于 AutoCAD 2016 电气设计从入门到精通层次，可以作为电气设计初学者的入门教程，也可以作为电气工程技术人员的参考工具书。

图书在版编目（CIP）数据

AutoCAD 2016 中文版电气设计自学视频教程/CAD/CAM/CAE 技术联盟编著. —北京：清华大学出版社，2016（2021.10重印）

（CAD/CAM/CAE 自学视频教程）

ISBN 978-7-302-45162-4

Ⅰ. ①A…　Ⅱ. ①C…　Ⅲ. ①电气设备-计算机辅助设计-AutoCAD 软件-教材　Ⅳ. ①TM02-39

中国版本图书馆 CIP 数据核字（2016）第 234109 号

责任编辑：杨静华
封面设计：李志伟
版式设计：魏 远
责任校对：王 云
责任印制：杨 艳

出版发行：清华大学出版社
　　　　　网　　　址：http://www.tup.com.cn，http://www.wqbook.com
　　　　　地　　　址：北京清华大学学研大厦 A 座　　　　邮　　编：100084
　　　　　社 总 机：010-62770175　　　　　　邮　　购：010-62786544
　　　　　投稿与读者服务：010-62776969，c-service@tup.tsinghua.edu.cn
　　　　　质量反馈：010-62772015，zhiliang@tup.tsinghua.edu.cn
印 刷 者：北京九州迅驰传媒文化有限公司
经　　销：全国新华书店
开　　本：203mm×260mm　印　张：31.25　插　页：6　字　数：814 千字
　　　　　（附 DVD 光盘 1 张）
版　　次：2017 年 3 月第 1 版　　　　　　　　印　　次：2021 年 10 月第 4 次印刷
定　　价：69.80 元

产品编号：068946-01

前 言

Preface

在当今的计算机工程界，恐怕没有哪一款软件比 AutoCAD 更具有知名度和普适性了。AutoCAD 是美国 Autodesk 公司推出的集二维绘图、三维设计、参数化设计、协同设计及通用数据库管理和互联网通信功能于一体的计算机辅助绘图软件包。AutoCAD 自 1982 年推出以来，从初期的 1.0 版本，经多次版本的更新和性能完善，不仅广泛应用在机械、电子、建筑、室内装潢、家具、园林和市政工程等工程设计领域得到了广泛的应用，而且在地理、气象、航海等特殊图形的绘制，甚至乐谱、灯光、幻灯和广告等领域也得到了广泛的应用，目前已成为微机 CAD 系统中应用最为广泛的图形软件之一。同时，AutoCAD 也是一个最具有开放性的工程设计开发平台，其开放性的源代码可供各个行业进行广泛的二次开发，目前国内一些著名的二次开发软件，如CAXA 系列、天正系列等无不是在 AutoCAD 基础上进行本土化开发的产品。

近年来，世界范围内涌现了诸如 UG、Pro/ENGINEER、SolidWorks 等一些其他优秀的 CAD软件，这些后起之秀虽然在不同方面有很多优秀而实用的功能，但是 AutoCAD 毕竟历经风雨考验，以其开放性的平台和简单易行的操作方法，早已被工程设计人员所认可，成为工程界公认的规范和标准。本书是以目前应用最为广泛的 AutoCAD 2016 版本为基础进行讲解的。

一、本书的编写目的和特色

鉴于 AutoCAD 强大的功能和深厚的工程应用底蕴，我们力图开发一套全方位介绍 AutoCAD在各个工程行业应用实际情况的书籍。具体就每本书而言，我们不求事无巨细地将 AutoCAD 知识点全面讲解清楚，而是针对本专业或本行业需要，利用 AutoCAD 大体知识脉络作为线索，以实例作为"抓手"，帮助读者掌握利用 AutoCAD 进行本行业工程设计的基本技能和技巧。

具体而言，本书具有一些相对明显的特色：

☑ **实例、案例、实践练习丰富，通过大量实践达到高效学习的目的**

本书中引用的机械电气、电力电气、电子线路、控制电气、建筑电气和通信工程等电气设计案例，经过作者精心的提炼和改编，不仅能保证读者学会知识点，而且通过大量典型、实用实例的演练，能够帮助读者找到一条学习 AutoCAD 电气设计的捷径。

☑ **经验、技巧、注意事项较多，注重图书的实用性，同时让学习少走弯路**

本书作者拥有多年的计算机辅助电气设计领域工作和教学经验。本书是他们总结多年的设计经验以及教学的心得体会精心编著而成的，力求全面、细致地展现 AutoCAD 2016 在电气设计各个应用领域的功能和使用方法。

☑ **行业应用面广，涵盖电力电气、电子线路、控制电气、通信工程、机械电气、建筑电气等主要应用**

本书在有限的篇幅内，用通俗易懂的语言，讲述了 AutoCAD 各种常用的功能及其在电气设计中的实际应用，涵盖了电力电气、电子线路、控制电气、通信工程、机械电气、建筑电气等全方位的知识。"秀才不出屋，能知天下事"，只要本书在手，就能够做到 AutoCAD 电气设计知识全精通。

☑ **精选综合实例、大型案例，为成为电气设计工程师打下坚实基础**

本书从全面提升电气设计与 AutoCAD 应用能力的角度出发，结合具体的案例来讲解如何利用 AutoCAD 2016 进行电气工程设计，真正让读者懂得计算机辅助电气设计，从而独立完成各种工程设计，帮助读者掌握实际的操作技能。

二、本书的配套资源

在时间就是财富、效率就是竞争力的今天，谁能够快速学习，谁就能增强竞争力，掌握主动权。为了方便读者朋友快速、高效、轻松地学习本书，我们在光盘上提供了极为丰富的学习配套资源，期望读者朋友在最短的时间学会并精通这门技术。

1．**本书配套自学视频**：全书实例均配有多媒体视频演示，读者可以先看视频演示，听老师讲解，然后再跟着书中实例操作，可以大大提高学习效率。

2．**AutoCAD 应用技巧大全**：汇集了 AutoCAD 绘图的各类技巧，对提高作图效率很有帮助。

3．**AutoCAD 疑难问题汇总**：疑难解答的汇总，对入门者来讲非常有用，可以扫除学习障碍，让学习少走弯路。

4．**AutoCAD 经典练习题**：额外精选了不同类型的练习题，读者朋友只要认真去练，到一定程度就可以实现从量变到质变的飞跃。

5．**AutoCAD 常用图块集**：在实际工作中，积累大量的图块可以拿来就用，或者稍加修改就可以用，对于提高作图效率极为重要。

6．**AutoCAD 全套工程图纸案例及配套视频**：大型图纸案例及学习视频，可以让读者朋友看到实际工作中的整个流程。

7．**AutoCAD 快捷命令速查手册**：汇集了 AutoCAD 常用快捷命令，熟记这些命令可以提高作图效率。

8．**AutoCAD 快捷键速查手册**：汇集了 AutoCAD 常用快捷键，绘图高手通常会直接用快捷键。

9．**AutoCAD 常用工具按钮速查手册**：AutoCAD 速查工具按钮，也是提高作图效率的方法之一。

三、关于本书的服务

1．**"AutoCAD 2016 简体中文版"安装软件的获取**

按照本书上的实例进行操作练习，以及使用 AutoCAD 2016 进行绘图，读者需要事先在计算机上安装 AutoCAD 2016 软件。"AutoCAD 2016 简体中文版"安装软件可以登录 http://www.autodesk.com.cn 购买，或者使用其试用版。另外，也可以在当地电脑城、软件经销商处购买。

2．**关于本书的技术问题或有关本书信息的发布**

读者朋友如果遇到有关本书的技术问题，可以登录 www.thjd.com.cn，搜索到本书后，查看该书的留言是否已经对相关问题进行了回复，如果没有，请直接留言或者将问题发到邮箱

win760520@ 126.com 或 CADCAMCAE7510@163.com，我们将及时回复。

　　本书经过多次审校，仍然可能有极少数错误，欢迎读者朋友批评指正，请给我们留言，我们也将对提出问题和建议的读者予以奖励。另外，有关本书的勘误，我们会在 www.thjd.com.cn 网站上公布。

　　3．关于本书光盘的使用

　　本书光盘可以放在计算机 DVD 格式光驱中使用，其中的视频文件可以用播放软件进行播放，但不能在家用 DVD 播放机上播放，也不能在 CD 格式光驱的计算机上使用（现在 CD 格式的光驱已经很少）。如果光盘仍然无法读取，最快的办法是换一台计算机读取，然后复制过来，极个别光驱与光盘不兼容的现象是有的。另外，盘面有胶、有脏物时建议要先行擦拭干净。

四、关于作者

　　本书由 CAD/CAM/CAE 技术联盟组织编写。CAD/CAM/CAE 技术联盟是一个 CAD/CAM/CAE 技术研讨、工程开发、培训咨询和图书创作的工程技术人员协作联盟，包含 20 多位专职和众多兼职 CAD/CAM/CAE 工程技术专家。

　　CAD/CAM/CAE 技术联盟负责人由 Autodesk 中国认证考试中心首席专家担任，全面负责 Autodesk 中国官方认证考试大纲制定、题库建设、技术咨询和师资力量培训工作，成员精通 Autodesk 系列软件。其创作的很多教材成为国内具有引导性的旗帜作品，在国内相关专业方向图书创作领域具有举足轻重的地位。

　　赵志超、张辉、赵黎黎、朱玉莲、徐声杰、张琪、卢园、杨雪静、孟培、闫聪聪、王敏、李兵、甘勤涛、孙立明、李亚莉、张亭、秦志霞、解江坤、胡仁喜、王振军、宫鹏涵、王玮、王艳池、王培合、刘昌丽等人参与了本书的编写工作，在此对他们的付出表示真诚的感谢。

五、致谢

　　在本书的写作过程中，策划编辑刘利民先生给予了我们很大的帮助和支持，提出了很多中肯的建议，在此表示感谢。同时，还要感谢清华大学出版社的所有编审人员为本书的出版所付出的辛勤劳动。本书的成功出版是大家共同努力的结果，谢谢！

编　者

目 录

Contents

第1篇　基础知识篇

第 2 篇 设计实例篇

Note

Note

AutoCAD 疑难问题汇总（光盘中）

Note

Note

AutoCAD 应用技巧大全（光盘中）

基础知识篇

本篇主要介绍 AutoCAD 2016 中文版和电气设计的一些基础知识，以及 AutoCAD 应用于电气设计的一些基本功能，包括基本操作、常用命令及辅助功能和电气工程图概述等知识，为后面的具体设计做准备。

第 1 章

电气图制图规则和表示方法

本章学习要点和目标任务：

- ☑ 电气图分类及特点
- ☑ 电气图 CAD 制图规则
- ☑ 电气图基本表示方法
- ☑ 电气图中连接线的表示方法
- ☑ 电气图形符号的构成和分类

AutoCAD 电气设计是计算机辅助设计与电气设计结合的交叉学科。虽然在现代电气设计中应用 AutoCAD 辅助设计是顺理成章的事，但国内专门对利用 AutoCAD 进行电气设计的方法和技巧进行讲解的书籍很少。本章将介绍电气工程制图的有关基础知识，包括电气工程图的种类、特点以及电气图 CAD 制图的相关规则，并对电气图的基本表示方法和连接线的表示方法加以说明。

1.1 电气图分类及特点

对于用电设备来说，电气图主要是指主电路图和控制电路图；对于供配电设备来说，电气图主要是指一次回路和二次回路的电路图。但要表示清楚一项电气工程或一种电气设备的功能、用途、工作原理、安装和使用方法等，仅有这两种图是不够的。电气图的种类很多，下面分别介绍常用的几种。

1.1.1 电气图分类

根据各电气图所表示的电气设备、工程内容及表达形式的不同，电气图通常分为以下几类。

1. 系统图或框图

系统图或框图就是用符号或带注释的框概略表示系统或分系统的基本组成、相互关系及其主要特征的一种简图。例如，电动机的主电路（见图 1-1）就表示了它的供电关系，其供电过程是电源 L1、L2、L3 三相→熔断器 FU→接触器 KM→热继电器热元件 FR→电动机。又如，某供电系统图（见图 1-2）表示这个变电所把 10kV 电压通过变压器变换为 380V（即 0.38kV）电压，经断路器 QF 和母线后通过 FU-QK1、FU-QK2、FU-QK3 分别供给 3 条支路。系统图或框图常用来表示整个工程或其中某一项目的供电方式和电能输送关系，也可表示某一装置或设备各主要组成部分的关系。

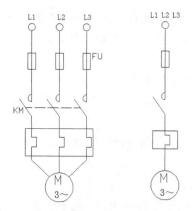

图 1-1　电动机供电系统图

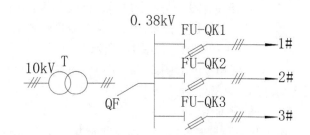

图 1-2　某变电所供电系统图

2. 电路图

电路图就是按工作顺序用图形符号从上而下、从左到右排列，详细表示电路、设备或成套装置的全部组成和连接关系，而不考虑其实际位置的一种简图。其目的是便于详细理解设备工作原理、分析和计算电路特性及参数，所以这种图又称为电气原理或原理接线图。例如，磁力启动器电路图中（见图 1-3），当按下起动按钮 SB2 时，接触器 KM 的线圈将得电，它的常开主触点闭合，使电动机得电，起动运行；另一个辅助常开触点闭合，进行自锁。当按下停止按钮 SB1 或热继电器 FR 动作时，KM 线圈失电，常开主触点断开，电动机停止。可见该图表示了电动机的操作控制原理。

3．接线图

接线图主要用于表示电气装置内部元件之间及其外部其他装置之间的连接关系，是便于制作、安装及维修人员接线和检查的一种简图或表格。如图 1-4 所示就是磁力启动器控制电动机的主电路接线图，该图清楚地表示了各元件之间的实际位置和连接关系：电源（L1、L2、L3）由 BX-3×6 的导线接至端子排 X 的 1、2、3 号，然后通过熔断器 FU1～FU3 接至交流接触器 KM 的主触点，再经过继电器的发热元件接到端子排 X 的 4、5、6 号，最后用导线接入电动机的 U、V、W 端子。当一个装置比较复杂时，接线图又可分解为以下几种。

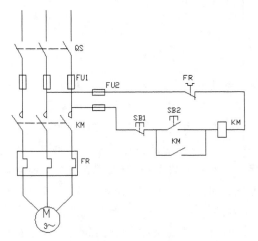

图 1-3　磁力启动器电路　　　　　　　图 1-4　磁力启动器接线图

（1）单元接线图：是表示成套装置或设备中一个结构单元内各元件之间的连接关系的一种接线图。这里所指"结构单元"是指在各种情况下可独立运行的组件或某种组合体，如电动机、开关柜等。

（2）互连接线图：是表示成套装置或设备的不同单元之间连接关系的一种接线图。

（3）端子接线图：是表示成套装置或设备的端子以及接在端子上外部接线（必要时包括内部接线）的一种接线图，如图 1-5 所示。

（4）电线电缆配置图：是表示电线电缆两端位置，必要时还包括电线电缆功能、特性和路径等信息的一种接线图。

4．电气平面图

电气平面图是表示电气工程项目的电气设备、装置和线路的平面布置图，一般是在建筑平面图的基础上绘制出来的。常见的电气平面图有供电线路平面图、变配电所平面图、电力平面图、照明平面图、弱电系统平面图、防雷与接地平面图等。如图 1-6 所示是某车间的动力电气平面图，表示了各车床的具体平面位置和供电线路。

5．设备布置图

设备布置图表示各种设备和装置的布置形式、安装方式以及相互之间的尺寸关系，通常由平面图、主面图、断面图、剖面图等组成。这种图按三视图原理绘制，与一般机械图没有大的区别。

6．设备元件和材料表

设备元件和材料表就是把成套装置、设备中各组成部分和相应数据列成表格，来表示各组成部分的名称、型号、规格和数量等，以便于读者阅读，了解各元器件在装置中的作用和功能，从而读懂装置的工作原理。设备元件和材料表是电气图中重要的组成部分,可置于图中的某一位置,也可单列一页(视元器件材料多少而定)。为了方便书写,通常是从下而上排序。如表 1-1 所示即是某开关柜上的设备元件表。

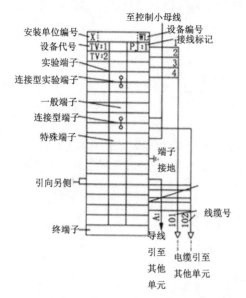

图 1-5　端子接线图

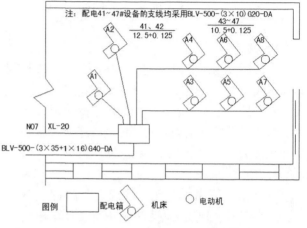

图 1-6　某车间动力电气平面图

表 1-1　某开关柜上的设备元件表

符　号	名　称	型　号	数　量
ISA-351D	微机保护装置	=220V	1
KS	自动加热除湿控制器	KS-3-2	1
SA	跳、合闸控制开关	LW-Z-1a, 4, 6a, 20/F8	1
QC	主令开关	LS1-2	1
QF	自动空气开关	GM31-2PR3, 0A	1
FU1-2	熔断器	AM1 16/6A	2
FU3	熔断器	AM1 16/2A	1
1-2DJR	加热器	DJR-75-220V	2
HLT	手车开关状态指示器	MGZ-91-1-220V	1
HLQ	断路器状态指示器	MGZ-91-1-220V	1
HL	信号灯	AD11-25/41-5G-220V	1
M	储能电动机		1

7. 产品使用说明书上的电气图

生产厂家往往随产品使用说明书附上电气图,供用户了解该产品的组成、工作过程及注意事项,以达到正确使用、维护和检修的目的。

8. 其他电气图

上述电气图是常用的主要电气图,但对于较为复杂的成套装置或设备,为了便于制造,还会有局部的大样图、印刷电路板图等。而有时为了装置的技术保密,往往只给出装置或系统的功能图、流程图、逻辑图等。所以，电气图种类很多，但这并不意味着所有的电气设备或装置都应具备这些图纸。根据表达的对象、目的和用途不同，所需图的种类和数量也不一样，对于简单的装置，可把电路图和接线图二合一，对于复杂装置或设备，则应分解为几个系统，每个系统也有以上各种类型图。总之，电气图作为一种工程语言，在表达清楚的前提下，越简单越好。

1.1.2 电气图特点

电气图与其他工程图有着本质的区别，表示系统或装置中的电气关系，所以具有其独特的一面，其主要特点如下。

1．清楚

电气图是用图形符号、连线或简化外形来表示系统或设备中各组成部分之间相互电气关系及其连接关系的一种图。如某变电所电气图（见图 1-7），10kV 电压变换为 0.38kV 低压，分配给 4 条支路，用文字符号表示，并给出了变电所各设备的名称、功能、电流方向及各设备连接关系和相互位置关系，但没有给出具体位置和尺寸。

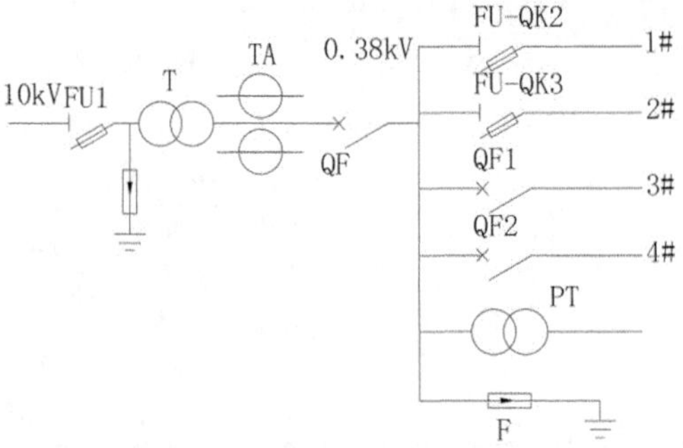

2．简洁

电气图是采用电气元器件或设备的图形符号、文字符号和连线来表示的，没有必要画出电气元器件的外形结构，所以对于系统构成、功能及电气接线等，通常都采用图形符号、文字符号来表示。

图 1-7 变电所电气图

3．独特性

电气图主要是表示成套装置或设备中各元器件之间的电气连接关系，不论是说明电气设备工作原理的电路图、供电关系的电气系统图，还是表明安装位置和接线关系的平面图和连线图等，都表达了各元器件之间的连接关系，例如，图 1-1～图 1-4 所示。

4．布局

电气图的布局依据图所表达的内容而定。电路图、系统图是按功能布局，只考虑便于看出元件之间的功能关系，而不考虑元器件实际位置，要突出设备的工作原理和操作过程，按照元器件动作顺序和功能作用，从上而下、从左到右布局。而对于接线图、平面布置图，则要考虑元器件的实际位置，所以应按位置布局，例如，图 1-4 和图 1-6 所示。

5．多样性

对系统的元件和连接线描述方法不同，构成了电气图的多样性，如元件可采用集中表示法、半集中表示法、分散表示法，连线可采用多线表示、单线表示和混合表示。同时，对于一个电气系统中各种电气设备和装置之间，从不同角度、不同侧面去考虑，存在不同关系。例如，在图 1-1 所示的某电动机供电系统图中，就存在着不同关系：

（1）电能是通过 FU、KM、FR 送到电动机 M，它们存在能量传递关系，如图 1-8 所示。

（2）从逻辑关系上，只有当 FU、KM、FR 都正常时，M 才能得到电能，所以它们之间存在"与"的关系：M=FU·KM·FR，即只有 FU 正常为"1"、KM 合上为"1"、FR 没有烧断为

"1"时，M才能为"1"，表示可得到电能。其逻辑图如图1-9所示。

（3）从保护角度表示，FU进行短路保护。当电路电流突然增大发生短路时，FU烧断，使电动机失电，它们就存在信息传递关系：电流输入FU，FU根据电流的大小输出"烧断"或"不烧断"，如图1-10所示。

图1-8　能量传递关系　　　　　　图1-9　逻辑图　　　　图1-10　FU的信息传递图

1.2　电气图CAD制图规则

电气图是一种特殊的专业技术图，除必须遵守国家标准局颁布的《电气制图技术用文件的编制》（GB/T 6988）、《电气简图用图形符号》（GB/T 4728）的标准外，还要遵守"机械制图""建筑制图"等方面的有关规定，所以制图和读图人员有必要了解这些规则或标准。由于国家标准局所颁布的标准很多，这里只简单介绍与电气图的制图有关的规则和标准。

1.2.1　图纸格式和幅面尺寸

1. 图纸格式

电气图图纸的格式与机械图图纸、建筑图图纸的格式基本相同，通常由边框线、图框线、标题栏、会签栏组成，如图1-11所示。

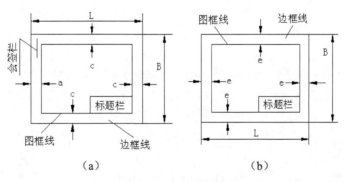

（a）　　　　　　　　　　　（b）

图1-11　电气图图纸格式

图中的标题栏相当于一个设备的铭牌，标示着这张图纸的名称、图号张次、制图者、审核者等有关人员的签名，其一般式样如表1-2所示。标题栏通常放在右下角位置，也可放在其他位置，但必须在本张图纸上，而且标题栏的文字方向应与看图方向一致。会签栏是留给相关的水、暖、建筑、工艺等专业设计人员会审图纸时签名用的。

表 1-2　标题栏一般格式

××电力勘察设计院				××区域 10kV 开闭及出线电缆工程	施工图
所长		校核		10kV 配电装备电缆联系及屏顶小母线布置图	
主任工程师		设计			
专业组长		CAD 制图			
项目负责人		会签			
日期	年 月 日	比例		图号	B812S-D01-14

2．幅面尺寸

由边框线围成的区域称为图纸的幅面。幅面大小共分 5 类：A0～A4，其尺寸如表 1-3 所示，根据需要可对 A3、A4 号图加长，加长幅面尺寸如表 1-4 所示。

表 1-3　基本幅面尺寸（mm）

幅 面 代 号	A0	A1	A2	A3	A4
宽×长（B×L）	841×1189	594×841	420×594	297×420	210×297
留装订边边宽（c）	10	10	10	5	5
不留装订边边宽（e）	20	20	10	10	10
装订侧边宽（a）	25				

表 1-4　加长幅面尺寸（mm）

序　号	代　号	尺　寸	序　号	代　号	尺　寸
1	A3×3	420×891	4	A4×4	297×841
2	A3×4	420×1189	5	A4×5	297×1051
3	A4×3	297×630			

当表 1-3 和表 1-4 所列幅面系列还不能满足需要时，则可按 GB4457.1 的规定，选用其他加长幅画的图纸。

1.2.2　图幅分区

为了确定图上内容的位置及其他用途，应对一些幅面较大、内容复杂的电气图进行分区。图幅分区的方法是将图纸相互垂直的两边各自加以等分，分区数为偶数。每一分区的长度为 25～75mm。分区线用细实线，每个分区内竖边方向用大写英文字母编号，横边方向用阿拉伯数字编号，编号顺序应从标题栏相对的左上角开始。

图幅分区后，相当于建立了一个坐标，分区代号用该区域的字母和数字表示，字母在前，数字在后，如 B3、C4，也可用行（如 A、B）或列（如 1、2）表示。这样，在说明设备工作元件时，就可让读者很方便地找出所指元件。

如图 1-12 所示，将图幅分成 4 行（A～D）和 6 列（1～6）。图幅内所绘制的元件 KM、SB、R 在图上的位置被唯一地确定下来了，其位置代号列于表 1-5 中。

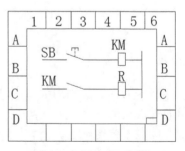

图 1-12　图幅分区示例

表 1-5 图上元件的位置代号

序　号	元件名称	符　号	行　号	列　号	区　号
1	继电器线圈	KM	B	4	B4
2	继电器触点	KM	C	2	C2
3	开关（按钮）	SB	B	2	B2
4	电阻器	R	C	4	C4

1.2.3　图线、字体及其他图

1．图线

图中所用的各种线条称为图线。机械制图规定了 8 种基本图线，即粗实线、细实线、波浪线、双折线、虚线、细点划线、粗点划线和双点划线，并分别用代号 A、B、C、D、F、G、J 和 K 表示。

2．字体

图中的文字，如汉字、字母和数字，是图的重要组成部分，是读图的重要内容。按《技术制图 字体》（GB/T 14691—1993）的规定，汉字采用长仿宋体，字母、数字可用直体、斜体；字体号数，即字体高度（单位为 mm）分为 20、14、10、7、5、3.5 和 2.5 这 7 种，字体的宽度约等于字体高度的 2/3，而数字和字母的笔画宽度约为字体高度的 1/10。因汉字笔画较多，所以不宜用 2.5 号字。

3．箭头和指引线

电气图中有两种形式的箭头：开口箭头（见图 1-13（a））表示电气连接上能量或信号的流向，而实心箭头（见图 1-13（b））表示力、运动、可变性方向。

指引线用于指示注释的对象，其末端指向被注释处，并在某末端加注以下标记：若指在轮廓线内，用一黑点表示，如图 1-14（a）所示；若指在轮廓线上，用一箭头表示，如图 1-14（b）所示；若指在电气线路上，用一短线表示，如图 1-14（c）所示，图中指明导线分别为 $3×10mm^2$ 和 $2×2.5mm^2$。

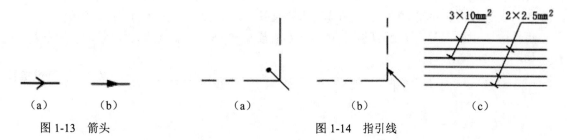

（a）　　（b）　　　　　（a）　　　　（b）　　　　　（c）

图 1-13　箭头　　　　　　　　　　图 1-14　指引线

4．围框

当需要在图上显示其中的一部分所表示的是功能单元、结构单元或项目组（电器组、继电器装置）时，可以用点划线围框表示。为了使图面清楚，围框的形状可以是不规则的，如图 1-15 所示。围框内有两个继电器，每个继电器分别有 3 对触点，用一个围框表示这两个继电器 KM1、KM2 的作用关系会更加清楚，且具有互锁和自锁功能。

当用围框表示一个单元时，若在围框内给出了可在其他图纸或文件上查阅更详细资料的标记，则其内的电路等可用简化形式表示或省略。如果在表示一个单元的围框内的图上含有不属于该单元的元件符号，则必须对这些符号加双点划线的围框并加代号或注解。例如，图 1-16 所示的-A 单元内包含有熔断器 FU、按钮 SB、接触器 KM 和功能单元-B 等，它们在一个框内。而-B 单元在功能上与-A 单元有关，但不装在-A 单元内，所以用双点划线围起来，并且加了注释，表明-B 单元在图 1-16（a）中给出了详细资料，这里将其内部连接线省略。但应注意，在采用围框表示时，围框线不应与元件符号相交。

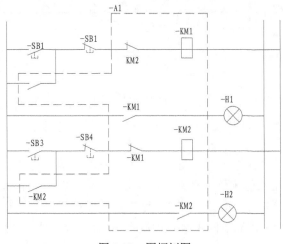

图 1-15　围框例图

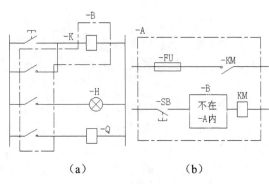

图 1-16　含双点划线的围框

5．比例

图上所画图形符号的大小与物体实际大小的比值称为比例。大部分的电气线路图都是不按比例绘制的，但位置平面图等则按比例绘制或部分按比例绘制，这样，在平面图上测出两点距离就可按比例值计算出两者间的实际距离（如线长度、设备间距等），这对导线的放线、设备机座、控制设备等安装都有利。

电气图采用的比例一般为 1:10、1:20、1:50、1:100、1:200、1:500。

6．尺寸标准

在一些电气图上标注了尺寸。尺寸数据是有关电气工程施工和构件加工的重要依据。

尺寸由尺寸线、尺寸界线、尺寸起止点（实心箭头和 45°斜短划线）、尺寸数字 4 个要素组成，如图 1-17 所示。

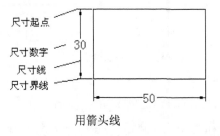
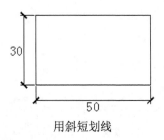

图 1-17　尺寸标注示例

图纸上的尺寸通常以毫米（mm）为单位，除特殊情况外，图上一般不另标注单位。

7．建筑物电气平面图专用标志

在电力、电气照明平面布置和线路敷设等建筑电气平面图上，往往画有一些专用的标志，以提示建筑物的位置、方向、风向、标高、高程、结构等。这些标志与电气设备安装、线路敷设有着密切关系，了解了这些标志的含义，对阅读电气图十分有利。

（1）方位

建筑电气平面图一般按"上北下南，左西右东"表示建筑物的方位，但在许多情况下，都是用方位标记表示其朝向。方位标记如图 1-18 所示，其箭头方向表示正北方向（N）。

（2）风向频率标记

这是根据这一地区多年统计出的各方向刮风次数的平均百分比值，并按一定比例绘制而成的，如图 1-19 所示。风向频率标记像一朵玫瑰花，故又称风向玫瑰图，其中实线表示全年的风向频率，虚线表示夏季（6～8 月）的风向频率。由图可见，该地区常年以西北风为主，夏季以西北风和东南风为主。

图 1-18　方位标记

（3）标高

标高分为绝对标高和相对标高。绝对标高又称海拔高度，我国是以青岛市外黄海平面作为零点来确定标高尺寸的。相对标高是选定某一参考面或参考点为零点而确定的高度尺寸，建筑电气平面图均采用相对标高，它一般采用室外某一平面或某层楼平面作为零点而确定标高，这一标高又称安装标高或敷设标高，其符号及标高尺寸示例如图 1-20 所示。其中，图 1-20（a）用于室内平面图和剖面图，标注的数字表示高出室内平面某一确定的参考点 2.5m，图 1-20（b）用于总平面图上的室外地面，其数字表示高出地面 6.10m。

（4）建筑物定位轴线

定位轴线一般都是根据载重墙、柱、梁等主要载重构件的位置所画的轴线。定位轴线编号的方法是：水平方向，从左到右用数字编号；垂直方向，由下而上用字母（易造成混淆的 I、O、Z 不用）编号，数字和字母分别用点划线引出。如图 1-21 所示，其轴线分别为 A、B、C 和 1、2、3、4、5。

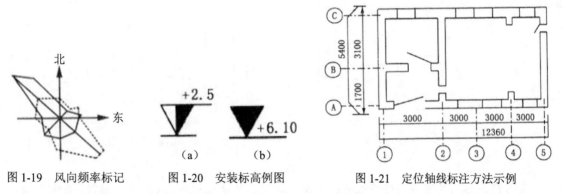

图 1-19　风向频率标记　　图 1-20　安装标高例图　　图 1-21　定位轴线标注方法示例

有了这个定位轴线，就可确定图上所画的设备位置，计算出电气管线长度，便于下料和施工。

8．注释、详图

（1）注释

用图形符号表达不清楚或不便表达的地方，可在图上加注释。注释可采用两种方式：一是直接放在所要说明的对象附近，二是加标记，将注释放在另外位置或另一页。当图中出现多个注释时，应把这些注释按编号顺序放在图纸边框附近。如果是多张图纸，一般性注释放在第一张图上，其他注释则放在与其内容相关的图上,注释方法采用文字、图形、表格等形式,其目的就是把对象表达清楚。

（2）详图

详图实质上是用图形来注释。这相当于机械制图的剖面图,就是把电气装置中某些零部件和连接点等结构、做法及安装工艺要求放大并详细表示出来。详图位置可放在要详细表示对象的图上,也可放在另一张图上,但必须要用一标志将它们联系起来。标注在总图上的标志称为详图索引标志,标注在详图位置上的标志称为详图标志。例如,11 号图上 1 号详图在 18 号图上,则在 11 号图上的索引标志为"1/18",在 18 号图上的标注为"1/11",即采用相对标注法。

1.2.4 电气图布局方法

图的布局应从有利于对图的理解出发,做到布局突出图的本意、结构合理、排列均匀、图面清晰、便于读图。

1. 图线布局

电气图的图线一般用于表示导线、信号通路、连接线等,要求用直线,并尽可能减少交叉和弯折。图线的布局方法有两种:

（1）水平布局

水平布局是将元件和设备按行布置,使其连接线处于水平布置,如图 1-22 所示。

（2）垂直布局

垂直布局是将元件和设备按列布置,使其连接线处于竖直布置,如图 1-23 所示。

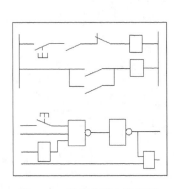
图 1-22　图线水平布局范例

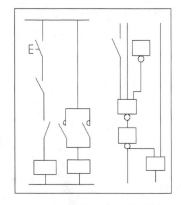
图 1-23　图线垂直布局范例

2. 元件布局

元件在电路中的排列一般是按因果关系和动作顺序从左到右、从上而下布置,看图时也要按这一排列规律来分析。例如,图 1-24 所示是水平布局,从左向右分析,SB1、FR、KM 都处于常闭状态,KT 线圈才能得电。经延时后,KT 的常开触点闭合,KM 得电。不按这一规律来分析,就不易看懂这个电路图的动作过程。

如果元件在接线图或布局图等图中,是按实际元件位置来布局,这样便于看出各元件间的相对位置和导线走向。例如,图 1-25 所示是某两个单元的接线图,表示了两个单元的相对位置和导线走向。

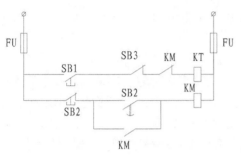

图 1-24　元件布局范例

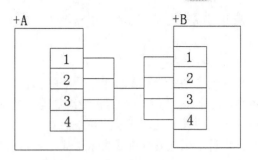

图 1-25　两单元按位置布局范例

1.3　电气图基本表示方法

电气图可以通过线路、电气元件、元器件触头和工作状态来表示。

1.3.1　线路的表示方法

线路的表示方法通常有多线表示法、单线表示法和混合表示法 3 种。

1. 多线表示法

在图中，电气设备的每根连接线或导线各用一根图线表示的方法，称为多线表示法。如图 1-26 所示就是一个具有正、反转的电动机主电路，多线表示法能比较清楚地显示出电路工作原理，但图线太多。对于比较复杂的设备，交叉就多，反而有碍于看懂图。多线表示法一般用于表示各相或各线内容的不对称和要详细表示各相和各线的具体连接方法的场合。

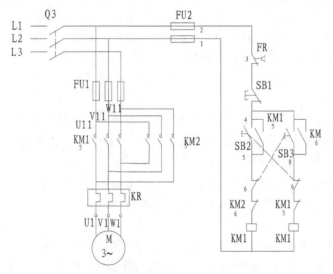

图 1-26　多线表示法例图

2. 单线表示法

在图中，电气设备的两根或两根以上的连接线或导线，只用一根线表示的方法，称为单线表示法。如图 1-27 所示是用单线表示的具有正、反转的电动机主电路图。这种表示法主要适用于三相电路或各线基本对称的电路图中。对于不对称的部分在图中注释，例如，图 1-27 中热继电器是两相的，图中标注了"2"。

3．混合表示法

在一个图中，如果一部分采用单线表示法，一部分采用多线表示法，则称为混合表示法，如图 1-28 所示。为了表示三相绕组的连接情况，该图用了多线表示法；为了说明两相热继电器，也用了多线表示法；其余的断路器 QF、熔断器 FU、接触器 KM1 都是三相对称，采用单线表示法。这种表示法具有单线表示法简洁精练的优点，又有多线表示法描述精确、充分的优点。

图 1-27　单线表示法例图

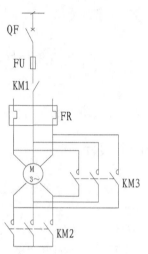

图 1-28　Y-△切换主电路的混合表示

1.3.2　电气元件的表示方法

电气元件在电气图中通常采用图形符号来表示，绘制出其电气连接，在符号旁标注项目代号（文字符号），必要时还标注有关的技术数据。

一个元件在电气图中完整图形符号的表示方法有集中表示法、半集中表示法和分开表示法。

1．集中表示法

把设备或成套装置中的一个项目各组成部分的图形符号在简图上绘制在一起的方法，称为集中表示法。在集中表示法中，各组成部分用机械连接线（虚线）互相连接起来，连接线必须是一条直线。可见这种表示法只适用于简单的电路图。如图 1-29 所示是两个项目，继电器 KA 有一个线圈和一对触点，接触器 KM 有一个线圈和 3 对触头，分别用机械连接线联系起来，各自构成一体。

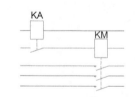

图 1-29　集中表示法示例

2．半集中表示法

把一个项目中某些部分的图形符号在简图中分开布置，并用机械连接符号将其连接起来，称为半集中表示法。例如，图 1-30 中，KM 具有一个线圈、3 对主触头和一对辅助触头，表达清楚。在半集中表示中，机械连接线可以弯折、分支和交叉。

3．分开表示法

把一个项目中某些部分的图形符号在简图中分开布置，并使用项目代号（文字符号）表示它们之间关系的方法,称为分开表示法,也称为展开法。若将图 1-30 采用分开表示法,就成为图 1-31。可见分开表示法只要把半集中表示法中的机械连接线去掉,在同一个项目图形符号上标注同样的项目代号即可。这样图中的点划线就少,图面更简洁,但是在看图时,要寻找各组成部分比较困难,必须纵观全局图,把同一项目的图形符号在图中全部找出,否则在看图时就可能会遗漏。为了看清元件、器件和设备各组成部分,便于寻找其在图中的位置,分开表示法可与半集中表示法结合起来,或者采用插图、表格表示各部分的位置。

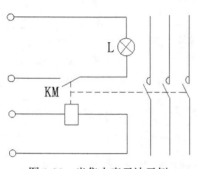

图 1-30　半集中表示法示例

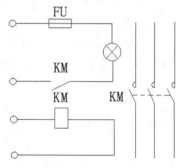

图 1-31　分开表示法示例

4．项目代号的标注方法

采用集中表示法和半集中表示法绘制的元件,其项目代号只在图形符号旁标出并与机械连接线对齐,如图 1-29 和图 1-30 中所示的 KM。

采用分开表示法绘制的元件,其项目代号应在项目的每一部分自身符号旁标注,如图 1-31 所示。必要时,对同一项目的同类部件(如各辅助开关,各触点)可加注序号。

标注项目代号时应注意:

(1)项目代号的标注位置尽量靠近图形符号。

(2)图线水平布局的图,项目代号应标注在符号上方;图线垂直布局的图,项目代号应标注在符号的左方。

(3)项目代号中的端子代号应标注在端子或端子位置的旁边。

(4)对围框的项目代号应标注在其上方或右方。

1.3.3　元器件触头和工作状态表示方法

1．电气触头位置

电气触头的位置在同一电路中,当它们加电和受力作用后,各触点符号的动作方向应取向一致,对于分开表示法绘制的图,触头位置可以灵活运用,没有严格规定。

2．元器件工作状态的表示方法

在电气图中,元器件和设备的可动部分通常应表示在非激励或不工作的状态或位置,例如:

(1)继电器和接触器在非激励的状态,图中的触头状态是非受电下的状态。

(2)断路器、负荷开关和隔离开关在断开位置。

(3)带零位的手动控制开关在零位,不带零位的手动控制开关在图中规定位置。

(4)机械操作开关(如行程开关)在非工作的状态或位置(即搁置)时的情况,及机械操作开关在工作位置的对应关系,一般表示在触点符号的附近或另附说明。

（5）温度继电器、压力继电器都处于常温和常压（一个大气压）状态。

（6）事故、备用、报警等开关或继电器的触点应该表示在设备正常使用的位置，如有特定位置，应在图中另加说明。

（7）多重开闭器件的各组成部分必须表示在相互一致的位置上，而不管电路的工作状态。

3．元器件技术数据的标志

电路中的元器件的技术数据（如型号、规格、整定值、额定值等）一般标在图形符号的附近。对于图线水平布局图，尽可能标在图形符号下方；对于图线垂直布局图，则标在项目代号的右方；对于像继电器、仪表、集成块等方框符号或简化外形符号，则可标在方框内，如图 1-32 所示。

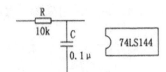

图 1-32　元器件技术数据的标志

1.4　电气图中连接线的表示方法

在电气线路图中，各元件之间都采用导线连接，起到传输电能、传递信息的作用，所以看图者应了解连接线的表示方法。

1.4.1　连接线的一般表示法

1．导线一般表示法

一般的图线就可表示单根导线。对于多根导线，可以分别画出，也可以只画一根图线，但需加标志。若导线少于 4 根，可用短划线数量代表根数；若多于 4 根，可在短划线旁加数字表示，如图 1-33（a）所示。表示导线特征的方法是：在横线上面标出电流种类、配电系统、频率和电压等；在横线下面标出电路的导线数乘以每根导线截面积（mm^2），当导线的截面不同时，可用"＋"将其分开，如图 1-33（b）所示。

要表示导线的型号、截面、安装方法等，可采用短划指引线，加标导线属性和敷设方法，如图 1-33（c）所示。该图表示导线的型号为 BLV（铝芯塑料绝缘线），其中 3 根截面积为 25mm^2，1 根截面积为 16mm^2；敷设方法为穿入塑料管（VG），塑料管管径为 40mm，沿地板暗敷。

要表示电路相序的变换、极性的反向、导线的交换等，可采用交换号表示，如图 1-33（d）所示。

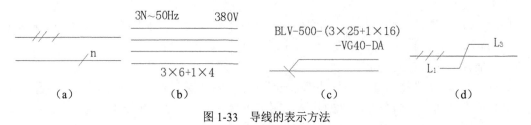

图 1-33　导线的表示方法

2．图线的粗细

一般而言，电源主电路、一次电路、主信号通路等采用粗线表示，控制回路、二次回路等采用细线表示。

3. 连接线分组和标记

为了方便看图，对多根平行连接线，应按功能分组。若不能按功能分组，可任意分组，但每组不多于 3 根，组间距应大于线间距。

为了便于看出连接线的功能或去向，可在连接线上方或连接线中断处做信号名标记或其他标记，如图 1-34 所示。

4. 导线连接点的表示

导线的连接点有"T"形连接点和多线的"十"形连接点。对于"T"形连接点可加实心圆点，也可不加实心圆点，如图 1-35（a）所示。对于"十"形连接点，必须加实心圆点，如图 1-35（b）所示；而交叉不连接的，不能加实心圆点，如图 1-35（c）所示。

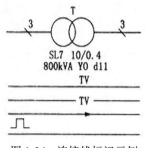

图 1-34 连接线标记示例

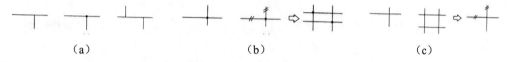

| （a） | （b） | （c） |

图 1-35 导线连接点表示例图

1.4.2 连接线的连续表示法和中断表示法

1. 连续表示法及其标志

连接线可用多线或单线表示，为了避免线条太多，以保持图面的清晰，对于多条去向相同的连接线，常采用单线表示法，如图 1-36 所示。

当导线汇入用单线表示的一组平行连接线时，在汇入处应折向导线走向，而且每根导线两端应采用相同的标记号，如图 1-37 所示。

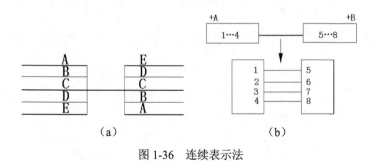

| （a） | （b） |

图 1-36 连续表示法

图 1-37 汇入导线表示法

连续表示法中导线的两端应采用相同的标记号。

2. 中断表示法及其标志

为了简化线路图或使多张图采用相同的连接表示，连接线一般采用中断表示法。

在同一张图中，中断处的两端应给出相同的标记号，并给出导线连接线去向的箭号，如图 1-38 中所示的 G 标记号。对于不同张的图，应在中断处采用相对标记法，即中断处标记名相同，并标注"图序号/图区位置"。如图 1-38 所示，断点 L 标记名，在第 20 号图纸上标有"L3/C4"，表示 L 中断处与第 3 号图纸的 C 行 4 列处的 L 断点连接；而在第 3 号图纸上标有"L20/A4"，表示 L 中断处与第 20 号图纸的 A 行 4 列处的 L 断点相连。

对于接线图，中断表示法的标注采用相对标注法，即在本元件的出线端标注去连接的对方元件的端子号。如图1-39所示，PJ元件的1号端子与CT元件的2号端子相连接，而PJ元件的2号端子与CT元件的1号端子相连接。

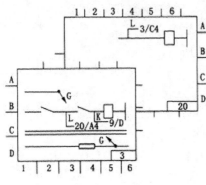

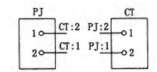

图1-38　中断表示法及其标志　　　　图1-39　中断表示法的相对标注

1.5　电气图形符号的构成和分类

按简图形式绘制的电气工程图中，元件、设备、线路及其安装方法等都是借用图形符号、文字符号和项目代号来表达的。分析电气工程图，首先要清楚这些符号的形式、内容、含义以及它们之间的相互关系。

1.5.1　电气图形符号的构成

电气图形符号包括一般符号、符号要素、限定符号和方框符号。

1．一般符号

一般符号是用来表示一类产品或此类产品特征的简单符号，如电阻、电容、电感等，如图1-40所示。

图1-40　电阻、电容、电感符号

2．符号要素

符号要素是一种具有确定意义的简单图形，必须同其他图形组合构成一个设备或概念的完整符号。例如，真空二极管是由外壳、阴极、阳极和灯丝4个符号要素组成的。符号要素一般不能单独使用，只有按照一定方式组合起来才能构成完整的符号。符号要素的不同组合可以构成不同的符号。

3．限定符号

一种用于提供附加信息的、加在其他符号上的符号，称为限定符号。限定符号一般不代表独立的设备、器件和元件，仅用来说明某些特征、功能和作用等。限定符号一般不单独使用，当一般符号加上不同的限定符号，可得到不同的专用符号。例如，在开关的一般符号上加不同的限定符号可分别得到隔离开关、断路器、接触器、按钮开关、转换开关。

4．方框符号

方框符号用于表示元件、设备等的组合及其功能，是既不给出元件、设备的细节，也不考虑所有这些连接的一种简单图形符号。方框符号在系统图和框图中使用最多，读者可在第5章中见到详细的设计实例。另外，电路图中的外购件、不可修理件也可用方框符号表示。

1.5.2 电气图形符号的分类

新的《电气图简用图形符号总则》（GB/T4728.1—2005）采用国际电工委员会（IEC）标准，在国际上具有通用性，有利于对外技术交流。GB/T4728 电气图用图形符号共分13部分。

1．总则

包括本标准内容提要、名词术语、符号的绘制、编号使用及其他规定。

2．符号要素、限定符号和其他常用符号

内容包括轮廓和外壳、电流和电压的种类、可变性、力或运动的方向、流动方向、材料的类型、效应或相关性、辐射、信号波形、机械控制、操作件和操作方法、非电量控制、接地、接机壳和等电位、理想电路元件等。

3．导体和连接器件

内容包括电线、屏蔽或绞合导线、同轴电缆、端子与导线连接、插头和插座、电缆终端头等。

4．无源元件

内容包括电阻器、电容器、铁氧体磁心、压电晶体、驻极体等。

5．半导体管和电子管

内容包括二极管、三极管、晶闸管、电子管等。

6．电能的发生与转换

内容包括绕组、发电机、变压器等。

7．开关、控制和保护装置

内容包括触点、开关、开关装置、控制装置、起动器、继电器、接触器和保护器件等。

8．测量仪表、灯和信号器件

内容包括指示仪表、记录仪表、热电偶、遥测装置、传感器、灯、电铃、蜂鸣器、喇叭等。

9．电信：交换和外围设备

内容包括交换系统、选择器、电话机、电报和数据处理设备、传真机等。

10．电信：传输

内容包括通信电路、天线、波导管器件、信号发生器、激光器、调制器、解调器、光纤传输线路等。

11．电力、照明和电信布置

内容包括发电站、变电站、网络、音响和电视的分配系统、建筑用设备、露天设备。

12．二进制逻辑元件

内容包括计算器、存储器等。

13．模拟单元

内容包括放大器、函数器、电子开关等。

第2章

AutoCAD 2016 入门

本章学习要点和目标任务:

☑ 绘图环境与操作界面

☑ 文件管理

☑ 基本输入操作

☑ 缩放与平移

本章将循序渐进地介绍 AutoCAD 2016 绘图的有关基本知识,帮助读者了解操作界面基本布局,掌握如何设置图形的系统参数,熟悉文件管理方法,学会各种基本输入操作方式,为后面进入系统学习准备必要的前提知识。

2.1 绘图环境与操作界面

本节主要介绍初始绘图环境的设置，包括操作界面和绘图系统的设置。

2.1.1 操作界面简介

AutoCAD 2016 的操作界面是 AutoCAD 显示、编辑图形的区域，一个完整的 AutoCAD 的操作界面如图 2-1 所示，包括标题栏、绘图区、十字光标、坐标系图标、命令行窗口、状态栏、布局标签、快速访问工具栏和功能区等。

1. 标题栏

在 AutoCAD 2016 中文版绘图窗口的最上端是标题栏。在标题栏中，显示了系统当前正在运行的应用程序（AutoCAD 2016）和用户正在使用的图形文件。第一次启动 AutoCAD 时，在标题栏中将显示 AutoCAD 2016 在启动时创建并打开的图形文件的名字 Drawing1.dwg，如图 2-1 所示。

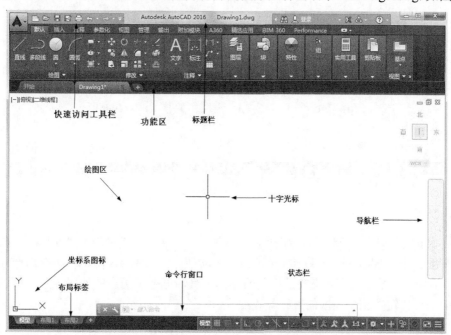

图 2-1 AutoCAD 2016 中文版的操作界面

2. 快速访问工具栏和交互信息工具栏

（1）快速访问工具栏

该工具栏包括"新建"、"打开"、"保存"、"另存为"、"放弃"、"重做"和"工作空间"等几个最常用的工具。用户也可以单击该工具栏后面的下拉按钮设置需要的常用工具。

（2）交互信息工具栏

该工具栏包括"搜索"、Autodesk360、"Autodesk Exchange 应用程序"、"保持连接"和"帮助"等几个常用的数据交互访问工具。

3．菜单栏

单击 AutoCAD 快速访问工具栏按钮 ，在打开的下拉菜单中选择"显示菜单栏"命令，调出菜单栏，调出后的菜单栏如图 2-2 所示，在 AutoCAD 绘图窗口标题栏的下方。同其他 Windows 程序一样，AutoCAD 2016 的菜单也是下拉形式的，并在菜单中包含子菜单。AutoCAD 2016 的菜单栏中包含 12 个菜单："文件"、"编辑"、"视图"、"插入"、"格式"、"工具"、"绘图"、"标注"、"修改"、"参数"、"窗口"和"帮助"，这些菜单几乎包含了 AutoCAD 2016 的所有绘图命令，后面的章节将围绕这些菜单展开讲述。

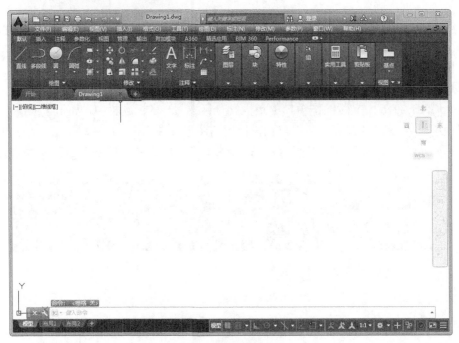

图 2-2　显示菜单栏

4．功能区

功能区包括"默认"、"插入"、"注释"、"参数化"、"视图"、"管理"、"输出"、"附加模块"、A360、"精选应用"、BIM 360 和 Performance 12 个功能区，如图 2-3 所示（所有的选项卡显示面板如图 2-4 所示）。每个功能区集成了相关的操作工具，方便了用户的使用。用户可以单击功能区选项后面的 按钮控制功能区的展开与收缩。

图 2-3　默认情况下出现的选项卡

图 2-4　所有的选项卡

（1）设置选项卡。将光标放在面板中任意位置处，右击，打开如图 2-5 所示的快捷菜单。单击某一个未在功能区显示的选项卡名，系统自动在功能区打开该选项卡。反之，关闭选项卡（调出面板的方法与调出选项板的方法类似，这里不再赘述）。

（2）选项卡中面板的固定与浮动。面板可以在绘图区浮动，如图 2-6 所示，将光标放到浮动面板的右上角位置处，显示"将面板返回到功能区"，如图 2-7 所示。单击此处，使其变为固定面板。也可以把固定面板拖出，使其成为浮动面板。

功能区命令的调用方法主要有以下两种：

☑　在命令行中输入"Preferences"命令。

☑　选择菜单栏中的"工具/选项板/功能区"命令。

图 2-5　快捷菜单

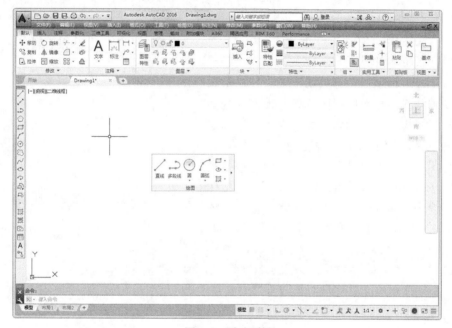

图 2-6　浮动面板

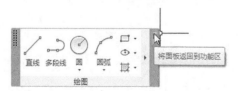

图 2-7　绘图面板

5．绘图区和十字光标

绘图区是指在标题栏下方的大片空白区域，是用户使用 AutoCAD 2016 绘制图形的区域，用户完成一幅设计图形的主要工作都是在绘图区中完成的。

在绘图区中，还有一个作用类似光标的十字线，其交点反映了光标在当前坐标系中的位置。

在 AutoCAD 2016 中，将该十字线称为光标，AutoCAD 通过光标显示当前点的位置。十字线的方向与当前用户坐标系的 X 轴、Y 轴方向平行，十字线的长度系统预设为屏幕大小的 5%。

6. 工具栏

工具栏是一组图标型工具的集合，将光标移动到某个图标上，稍停片刻即在该图标一侧显示相应的工具提示，同时在状态栏中显示对应的说明和命令名。此时，单击图标也可以启动相应命令。

7. 设置工具栏

AutoCAD 2016 的标准菜单提供有几十种工具栏，选择菜单栏中的"工具/工具栏/AutoCAD"命令，调出所需要的工具栏，如图 2-8 所示。单击某一个未在界面显示的工具栏名，系统自动在界面中打开该工具栏；反之，关闭工具栏。

8. 工具栏的固定、浮动与打开

工具栏可以在绘图区"浮动"，如图 2-9 所示，此时显示该工具栏标题，并可关闭该工具栏，用鼠标可以拖动浮动工具栏到图形区边界，使其变为固定工具栏，此时该工具栏标题隐藏。也可以把固定工具栏拖出，使其成为浮动工具栏。

在有些图标的右下角带有一个小三角，按住鼠标左键会打开相应的工具栏，如图 2-10 所示，按住鼠标左键，将光标移动到某一图标上释放鼠标，该图标就变为当前图标。单击当前图标，可执行相应命令。

图 2-8　单独的工具栏标签

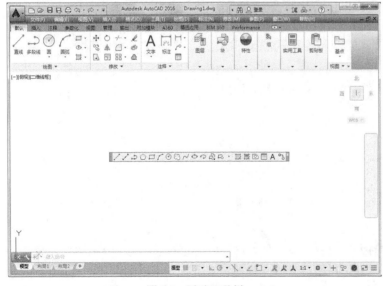

图 2-9　浮动工具栏

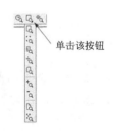

单击该按钮

图 2-10　打开工具栏

9．命令行窗口

命令行窗口是输入命令名和显示命令提示的区域，默认的命令行窗口布置在绘图区下方，是若干文本行。对命令行窗口，有以下几点需要说明：

（1）移动拆分条，可以扩大与缩小命令行窗口。

（2）可以拖动命令行窗口，将其布置在屏幕上的其他位置。默认情况下布置在图形窗口下方。

（3）对当前命令行窗口中输入的内容，可以按 F2 键用文本编辑的方法进行编辑，如图 2-11 所示。AutoCAD 文本窗口和命令行窗口相似，可以显示当前 AutoCAD 进程中命令的输入和执行过程，在执行 AutoCAD 某些命令时，会自动切换到文本窗口，列出有关信息。

（4）AutoCAD 通过命令行窗口反馈各种信息，包括出错信息。因此，用户要时刻关注在命令行窗口中出现的信息。

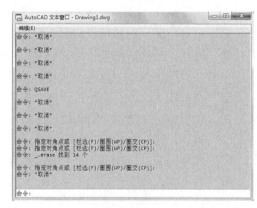

图 2-11　文本窗口

10．布局标签

AutoCAD 2016 系统默认设定一个模型空间布局标签和"布局 1"、"布局 2"两个图纸空间布局标签。在这里有两个概念需要解释一下。

（1）布局

布局是系统为绘图设置的一种环境，包括图纸大小、尺寸单位、角度设定、数值精确度等，在系统预设的 3 个标签中，这些环境变量都按默认设置。用户可以根据实际需要改变这些变量的值。例如，默认的尺寸单位是公制的毫米，如果绘制的图形的单位是英制的英寸，就可以改变尺寸单位环境变量的设置，具体方法在后面章节介绍，在此暂且从略。用户也可以根据需要设置符合自己要求的新标签，具体方法也在后面章节介绍。

（2）模型

AutoCAD 的空间分模型空间和布局空间。模型空间是通常绘图的环境，而在布局空间中，用户可以创建叫做"浮动视口"的区域，以不同视图显示所绘图形。用户可以在布局空间中调整浮动视口并决定所包含视图的缩放比例。如果选择布局空间，则可打印多个视图，用户可以打印任意布局的视图。在后面的章节中，将专门详细地讲解有关模型空间与布局空间的有关知识，请注意学习体会。

AutoCAD 2016 系统默认打开模型空间，用户可以通过单击选择需要的布局。

11．状态栏

状态栏在屏幕的底部，包括一些常见的显示工具和注释工具，还包括模型空间与布局空间转换工具，如图 2-12 所示。通过这些按钮可以控制图形或绘图区的状态。依次显示"坐标""模型空间""栅格""捕捉模式""推断约束""动态输入""正交模式""极轴追踪""等轴测草图""对象捕捉追踪""二维对象捕捉""线宽""透明度""选择循环""三维对象捕捉""动态 UCS""选择过滤""小控件""注释可见性""自动缩放""注释比例""切换工作空间""注释监视器""单位""快捷特性""锁定用户界面""隔离对象""图形性能""全屏显示""自定义" 30 个功能按钮。单击这些按钮，可以实现这些功能的开关。

☑　坐标：显示工作区鼠标放置点的坐标。

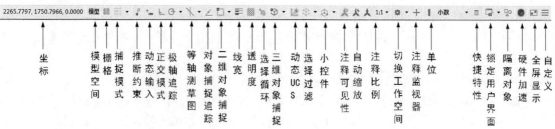

图 2-12　状态栏工具

☑ **模型空间**：在模型空间与布局空间之间进行转换。

☑ **栅格**：栅格是覆盖整个坐标系（UCS）XY 平面的直线或点组成的矩形图案。使用栅格类似于在图形下放置一张坐标纸。利用栅格可以对齐对象并直观显示对象之间的距离。

☑ **捕捉模式**：对象捕捉对于在对象上指定精确位置非常重要。不论何时提示输入点，都可以指定对象捕捉。默认情况下，当光标移到对象的对象捕捉位置时，将显示标记和工具提示。

☑ **推断约束**：自动在正在创建或编辑的对象与对象捕捉的关联对象或点之间应用约束。

☑ **动态输入**：在光标附近显示出一个提示框（称之为"工具提示"），工具提示中显示出对应的命令提示和光标的当前坐标值。

☑ **正交模式**：将光标限制在水平或垂直方向上移动，以便于精确地创建和修改对象。当创建或移动对象时，可以使用"正交"模式将光标限制在相对于用户坐标系（UCS）的水平或垂直方向上。

☑ **极轴追踪**：使用极轴追踪，光标将按指定角度进行移动。创建或修改对象时，可以使用"极轴追踪"来显示由指定的极轴角度所定义的临时对齐路径。

☑ **等轴测草图**：通过设定"等轴测捕捉/栅格"，可以很容易地沿 3 个等轴测平面之一对齐对象。尽管等轴测图形看似三维图形，但实际上是由二维图形表示。因此不能期望提取三维距离和面积、从不同视点显示对象或自动消除隐藏线。

☑ **对象捕捉追踪**：使用对象捕捉追踪，可以沿着基于对象捕捉点的对齐路径进行追踪。已获取的点将显示一个小加号（+），一次最多可以获取 7 个追踪点。获取点之后，在绘图路径上移动光标，将显示相对于获取点的水平、垂直或极轴对齐路径。例如，可以基于对象端点、中点或者对象的交点，沿着某个路径选择一点。

☑ **二维对象捕捉**：使用执行对象捕捉设置（也称为对象捕捉），可以在对象上的精确位置指定捕捉点。选择多个选项后，将应用选定的捕捉模式，以返回距离靶框中心最近的点。按 Tab 键以在这些选项之间循环。

☑ **线宽**：分别显示对象所在图层中设置的不同宽度，而不是统一线宽。

☑ **透明度**：使用该命令，调整绘图对象显示的明暗程度。

☑ **选择循环**：当一个对象与其他对象彼此接近或重叠时，准确的选择某一个对象是很困难的，使用选择循环的命令，单击鼠标左键，弹出"选择集"列表框，里面列出了鼠标点击周围的图形，然后在列表中选择所需的对象。

☑ **三维对象捕捉**：三维中的对象捕捉与在二维中工作的方式类似，不同之处在于在三维中可以投影对象捕捉。

☑ 动态 UCS：在创建对象时使 UCS 的 XY 平面自动与实体模型上的平面临时对齐。

☑ 选择过滤：根据对象特性或对象类型对选择集进行过滤。当按下图标后，只选择满足指定条件的对象，其他对象将被排除在选择集之外。

☑ 小控件：帮助用户沿三维轴或平面移动、旋转或缩放一组对象。

☑ 注释可见性：当图标亮显时表示显示所有比例的注释性对象；当图标变暗时表示仅显示当前比例的注释性对象。

☑ 自动缩放：注释比例更改时，自动将比例添加到注释对象。

☑ 注释比例：单击注释比例右下角小三角符号弹出注释比例列表，如图 2-13 所示，可以根据需要选择适当的注释比例。

☑ 切换工作空间：进行工作空间转换。

☑ 注释监视器：打开仅用于所有事件或模型文档事件的注释监视器。

☑ 单位：指定线性和角度单位的格式和小数位数。

☑ 快捷特性：控制快捷特性面板的使用与禁用。

☑ 锁定用户界面：按下该按钮，锁定工具栏、面板和可固定窗口的位置和大小。

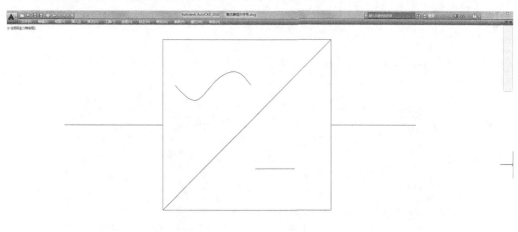

图 2-13　注释比例列表

☑ 隔离对象：当选择隔离对象时，在当前视图中显示选定对象，所有其他对象都暂时隐藏；当选择隐藏对象时，在当前视图中暂时隐藏选定对象，所有其他对象都可见。

☑ 硬件加速：设定图形卡的驱动程序以及设置硬件加速的选项。

☑ 全屏显示：该选项可以清除 Windows 窗口中的标题栏、功能区和选项板等界面元素，使 AutoCAD 的绘图窗口全屏显示，如图 2-14 所示。

图 2-14　全屏显示

☑ 自定义：状态栏可以提供重要信息，而无须中断工作流。使用 MODEMACRO 系统变量可将应用程序所能识别的大多数数据显示在状态栏中。使用该系统变量的计算、判断和编辑功能可以完全按照用户的要求构造状态栏。

12. 滚动条

在 AutoCAD 绘图窗口的下方和右侧还提供了用来浏览图形的水平和竖直方向的滚动条。在滚动条中单击或拖动滚动条中的滚动块，可以在绘图窗口中按水平或竖直两个方向浏览图形。

2.1.2 初始绘图环境设置

进入 AutoCAD 2016 绘图环境后，需要首先设置绘图单位，其命令的调用方法主要有如下两种：

☑ 在命令行中输入"DDUNITS"或"UNITS"命令。

☑ 选择菜单栏中的"格式/单位"命令。

执行上述命令后，系统打开"图形单位"对话框，如图 2-15 所示。该对话框用于定义单位和角度格式，其中的各参数设置如下。

☑ "长度"与"角度"选项组：指定测量的长度与角度当前单位及当前单位的精度。

☑ "插入时的缩放单位"选项组：控制使用工具选项板（例如 DesignCenter 或 i-drop）拖入当前图形的块的测量单位。如果块或图形创建时使用的单位与该选项指定的单位不同，则在插入这些块或图形时，将对其按比例缩放。插入比例是源块或图形使用的单位与目标图形使用的单位之比。如果插入块时不按指定单位缩放，请选择"无单位"。

☑ "输出样例"选项组：显示用当前单位和角度设置的例子。

☑ "光源"选项组：控制当前图形中光源强度的测量单位。

☑ "方向"按钮：单击该按钮，系统显示"方向控制"对话框，如图 2-16 所示，可以在该对话框中进行方向控制设置。

图 2-15 "图形单位"对话框

图 2-16 "方向控制"对话框

设置完绘图单位后，需要进行绘图边界的设置。执行图形界限命令主要有如下两种调用方法：

☑ 在命令行中输入"LIMITS"命令。

☑ 选择菜单栏中的"格式/图形界限"命令。

执行上述命令后，根据系统提示输入图形边界左下角的坐标后按 Enter 键，输入图形边界右上角的坐标后按 Enter 键。执行该命令时，命令行提示中各选项含义如下。

☑　开(ON)：使绘图边界有效。系统在绘图边界以外拾取的点视为无效。

☑　关(OFF)：使绘图边界无效。用户可以在绘图边界以外拾取点或实体。

☑　动态输入角点坐标：可以直接在屏幕上输入角点坐标，输入了横坐标值后，按下"，"键，接着输入纵坐标值，如图 2-17 所示。也可以在光标位置直接单击确定角点位置。

图 2-17　动态输入

2.1.3　配置绘图系统

由于每台计算机所使用的显示器、输入设备和输出设备的类型不同，用户喜好的风格及计算机的目录设置也是不同的，所以每台计算机的配置环境都是独特的。一般来讲，使用 AutoCAD 2016 的默认配置就可以绘图，但为了使用户提高绘图的效率，AutoCAD 推荐用户在开始作图前先进行必要的配置。

执行该命令主要有如下 3 种调用方法：

☑　在命令行中输入"PREFERENCES"命令。

☑　选择菜单栏中的"工具/选项"命令。

☑　在如图 2-18 所示的快捷菜单中选择"选项"命令。

执行上述命令后，系统自动打开"选项"对话框。用户可以在该对话框中选择有关选项，对系统进行配置。下面只就其中主要的几个选项卡作以说明，其他配置选项在后面用到时再作具体说明。

"选项"对话框中的第 5 个选项卡为"系统"，用来设置 AutoCAD 系统的有关特性，如图 2-19 所示。

图 2-18　快捷菜单

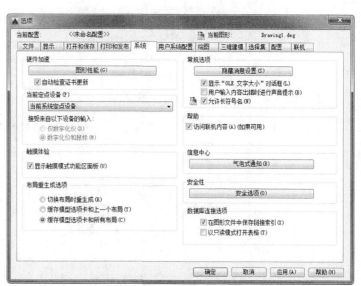

图 2-19　"系统"选项卡

"选项"对话框中的第 2 个选项卡为"显示"，用来控制 AutoCAD 窗口的外观，如设定屏幕菜单、屏幕颜色、光标大小、滚动条显示与否、固定命令行窗口中文字行数、AutoCAD 的版面布局设置、各实体的显示分辨率以及 AutoCAD 运行时的其他各项性能参数等，如图 2-20 所示。有关选项的设置读者可自己参照"帮助"文件学习。

图 2-20　"显示"选项卡

在默认情况下，AutoCAD 2016 的绘图窗口是白色背景、黑色线条，有时需要修改绘图窗口颜色。修改绘图窗口颜色的步骤如下。

（1）在绘图窗口中选择"工具/选项"命令，弹出"选项"对话框。选择"显示"选项卡，如图 2-20 所示。单击"窗口元素"选项组中的"颜色"按钮，将打开如图 2-21 所示的"图形窗口颜色"对话框。

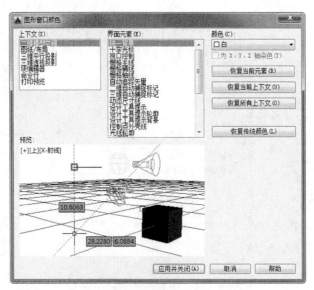

图 2-21　"图形窗口颜色"对话框

（2）在"颜色"下拉列表框中选择需要的窗口颜色，然后单击"应用并关闭"按钮，此时 AutoCAD 2016 的绘图窗口变成了窗口背景色。

2.2 文 件 管 理

本节将介绍有关文件管理的一些基本操作方法，包括新建文件、打开已有文件、保存文件、删除文件等，这些都是进行 AutoCAD 2016 操作最基础的知识。另外，本节也将介绍涉及文件管理操作的 AutoCAD 2016 新增知识，请读者注意体会。

2.2.1 新建文件

新建图形文件命令的调用方法有如下 4 种：

☑　在命令行中输入"NEW"命令。

☑　选择菜单栏中的"文件/新建"命令或选择主菜单中的"新建"命令。

☑　单击"标准"工具栏中的"新建"按钮▭。

☑　按 Ctrl+N 快捷键。

执行上述命令后，系统打开如图 2-22 所示的"选择样板"对话框，在"文件类型"下拉列表框中有 3 种格式的图形样板，后缀名分别是.dwt、.dwg 和.dws。一般情况下，.dwt 文件是标准的样板文件，通常将一些规定的标准性的样板文件设成.dwt 文件；.dwg 文件是普通的样板文件；而.dws 文件是包含标准图层、标注样式、线型和文字样式的样板文件。

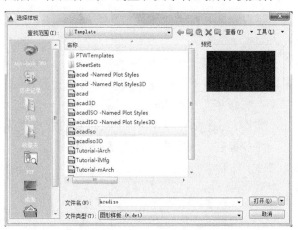

图 2-22　"选择样板"对话框

AutoCAD 还有一种快速创建图形的功能，该功能是创建新图形最快捷的方法。快速创建图形命令的调用方法有如下两种：

☑　在命令行中输入"QNEW"命令。

☑　单击快速访问工具栏中的"新建"按钮▭。

执行上述命令后，系统立即从所选的图形样板中创建新图形，而不显示任何对话框或提示。

在运行快速创建图形功能之前必须进行如下对系统变量的设置：

（1）将 FILEDIA 系统变量设置为 1；将 STARTUP 系统变量设置为 0。

其余系统变量的设置过程与此类似，以后将不再赘述。

（2）选择菜单栏中的"工具/选项"命令，在打开的对话框中选择默认图形样板文件。具体方法是：选择"文件"选项卡，单击标记为"样板设置"的节点，然后选择需要的样板文件路径，如图 2-23 所示。

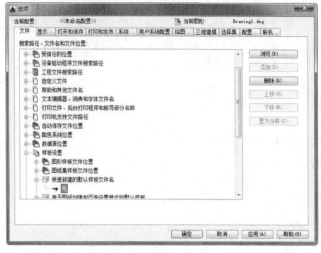

图 2-23　"选项"对话框的"文件"选项卡

2.2.2　打开文件

打开图形文件的命令主要有如下 3 种调用方法：

☑　在命令行中输入"OPEN"命令。

☑　选择菜单栏中的"文件/打开"命令或选择主菜单中的"打开"命令。

☑　单击"标准"工具栏中的"打开"按钮 或快速访问工具栏中的"打开"按钮 。

执行上述命令后，打开"选择文件"对话框，如图 2-24 所示，在"文件类型"下拉列表框中用户可选.dwg 文件、.dwt 文件、.dxf 文件和.dws 文件等。.dxf 文件是用文本形式存储的图形文件，能够被其他程序读取，许多第三方应用软件都支持.dxf 格式。

图 2-24　"选择文件"对话框

2.2.3　保存文件

调用保存图形文件命令的方法主要有如下 3 种：
- ☑　在命令行中输入"QSAVE"或"SAVE"命令。
- ☑　选择菜单栏中的"文件/保存"命令或选择主菜单中的"保存"命令。
- ☑　单击"标准"工具栏中的"保存"按钮█或快速访问工具栏中的"保存"按钮█。

执行上述命令后，若文件已命名，则 AutoCAD 自动保存；若文件未命名（即为默认名 Drawing1.dwg），则系统打开"图形另存为"对话框，如图 2-25 所示，用户可以命名保存。在"保存于"下拉列表框中可以指定保存文件的路径，在"文件类型"下拉列表框中可以指定保存文件的类型。

为了防止因意外操作或计算机系统故障导致正在绘制的图形文件丢失，可以对当前图形文件设置自动保存。步骤如下：

（1）利用系统变量 SAVEFILEPATH 设置所有自动保存文件的位置，如"C:\HU\"。

（2）利用系统变量 SAVEFILE 存储自动保存文件名。该系统变量存储的文件名文件是只读文件，用户可以从中查询自动保存的文件名。

（3）利用系统变量 SAVETIME 指定在使用自动保存时多长时间保存一次图形。

2.2.4　另存为

调用另存图形文件命令的方法主要有如下 3 种：
- ☑　在命令行中输入"SAVEAS"命令。
- ☑　选择菜单栏中的"文件/另存为"命令或选择主菜单中的"另存为"命令。
- ☑　单击快速访问工具栏中的"另存为"按钮█。

执行上述命令后，打开"图形另存为"对话框，如图 2-25 所示，AutoCAD 将用另存名保存，并把当前图形更名。

图 2-25　"图形另存为"对话框

2.2.5 退出

调用退出命令的方法主要有如下 3 种：

☑ 在命令行中输入"QUIT"或"EXIT"命令。

☑ 选择菜单栏中的"文件/退出"命令。

☑ 单击 AutoCAD 操作界面右上角的"关闭"按钮✕。

执行上述命令后，若用户对图形所做的修改尚未保存，则会出现如图 2-26 所示的系统警告对话框。单击"是"按钮，系统将保存文件，然后退出；单击"否"按钮，系统将不保存文件。若用户对图形所做的修改已经保存，则直接退出。

2.2.6 图形修复

调用图形修复命令的方法主要有如下两种：

☑ 在命令行中输入"DRAWINGRECOVERY"命令。

☑ 选择菜单栏中的"文件/图形实用工具/图形修复管理器"命令。

执行上述命令后，系统打开图形修复管理器，如图 2-27 所示，打开"备份文件"列表框中的文件，可以重新保存，从而进行修复。

图 2-26 系统警告对话框

图 2-27 图形修复管理器

2.3 基本输入操作

在 AutoCAD 中，有一些基本的输入操作方法，这些基本方法是进行 AutoCAD 绘图的必备基础，也是深入学习 AutoCAD 功能的前提。

2.3.1 命令输入方式

AutoCAD 交互绘图必须输入必要的指令和参数。有多种 AutoCAD 命令输入方式，下面以直线命令为例进行介绍。

1．在命令行窗口输入命令名

命令字符不区分大小写。执行命令时，在命令行提示中经常会出现命令选项。如输入绘制直线命令"LINE"后，在命令行的提示下指定一点或输入一个点的坐标，当命令行提示"指定下一点或 [放弃(U)]:"时，选项中不带括号的提示为默认选项，因此可以直接输入直线段的终点坐标或在屏幕上指定一点，如果要选择其他选项，则应该首先输入该选项的标识字符，如"放弃"选项的标识字符"U"，然后按系统提示输入数据即可。在命令选项的后面有时还带有尖括号，尖括号内的数值为默认数值。

2．在命令行窗口输入命令缩写字

例如，L（LINE）、C（CIRCLE）、A（ARC）、Z（ZOOM）、R（REDRAW）、M（MORE）、CO（COPY）、PL（PLINE）、E（ERASE）等。

3．选择"绘图/直线"命令

选择该命令后，在状态栏中可以看到对应的命令说明及命令名。

4．单击工具栏中的对应图标

单击该图标后在状态栏中也可以看到对应的命令说明及命令名。

5．在绘图区右击打开快捷菜单

如果在前面刚使用过要输入的命令，可以在绘图区打开右键快捷菜单，在"最近的输入"子菜单中选择需要的命令，如图 2-28 所示。"最近的输入"子菜单中存储了最近使用的命令，如果经常重复使用某几个操作命令，这种方法就比较快捷。

6．在命令行按 Enter 键

如果用户要重复使用上次使用的命令，可以直接在命令行按 Enter 键，系统立即重复执行上次使用的命令，这种方法适用于重复执行某个命令。

图 2-28 快捷菜单

2.3.2 命令的重复、撤销、重做

1．命令的重复

在命令行窗口中按 Enter 键可重复调用上一个命令，不管上一个命令是完成了还是被取消了。

2．命令的撤销

在命令执行的任何时刻都可以取消和终止命令的执行。执行该命令时，调用方法有如下 4 种：

☑ 在命令行中输入"UNDO"命令。

☑ 选择菜单栏中的"编辑/放弃"命令。

☑ 单击"标准"工具栏中的"放弃"按钮 ↰。

☑ 利用快捷键 Esc。

3．命令的重做

已被撤销的命令还可以恢复重做，恢复撤销的最后的一个命令。
执行该命令时，调用方法有如下 3 种：

☑ 在命令行中输入"REDO"命令。

☑ 选择菜单栏中的"编辑/重做"命令。

☑ 单击"标准"工具栏中的"重做"按钮 ↷。

该命令可以一次执行多重放弃和重做，操作方法是单击"放弃"
按钮或"重做"按钮右侧的下拉按钮，选择要放弃或重做的操作，如
图 2-29 所示。

2.3.3 透明命令

图 2-29 多重放弃或重做

在 AutoCAD 2016 中有些命令不仅可以直接在命令行中使用，而
且还可以在其他命令的执行过程中插入并执行，待该命令执行完毕后，系统继续执行原命令，这
种命令称为透明命令。透明命令一般多为修改图形设置或打开辅助绘图工具的命令。

如执行"圆弧"命令时，在命令行提示"指定圆弧的起点或 [圆心(C)]:"时输入"ZOOM"，
则透明使用显示缩放命令，按 Esc 键退出该命令，则恢复执行 ARC 命令。

2.3.4 按键定义

在 AutoCAD 2016 中，除了可以通过在命令行窗口输入命令、单击工具栏图标或选择菜单项
来完成相应操作外，还可以使用键盘上的一组功能键或快捷键来快速实现指定功能，如按 F1 键，
系统将调用 AutoCAD 帮助对话框。

系统使用 AutoCAD 传统标准（Windows 之前）或 Microsoft Windows 标准解释快捷键。有
些功能键或快捷键在 AutoCAD 的菜单中已经指出，如菜单命令"粘贴(P)　Ctrl+V"就指出"粘
贴"的快捷键为 Ctrl+V，这些只要用户在使用的过程中多加留意，就会熟练掌握。

2.3.5 命令执行方式

有的命令有两种执行方式,通过对话框或通过命令行输入命令。如指定使用命令行窗口方式，
可以在命令名前加短划来表示，如"-LAYER"表示用命令行方式执行"图层"命令。而如果在
命令行中输入"LAYER"，系统则会自动打开"图层特性管理器"选项板。

另外，有些命令同时存在命令行、菜单和工具栏 3 种执行方式，这时如果选择菜单或工具栏
方式，命令行会显示该命令，并在前面加一下划线，而通过菜单或工具栏方式执行"直线"命令
时，命令行会显示"_line"，但命令的执行过程和结果与命令行方式相同。

2.3.6 坐标系与数据的输入方法

1．坐标系

AutoCAD 采用两种坐标系：世界坐标系（WCS）与用户坐标系。用户刚进入 AutoCAD 时

的坐标系统就是世界坐标系，是固定的坐标系统。世界坐标系也是坐标系统中的基准，绘制图形时多数情况下都是在这个坐标系统下进行的。调用用户坐标系命令的方法有如下 3 种：

☑　在命令行中输入"UCS"命令。

☑　选择菜单栏中的"工具/UCS"命令。

☑　单击 UCS 工具栏中的 UCS 按钮。

AutoCAD 有两种视图显示方式：模型空间和布局空间。模型空间是指单一视图显示法，通常使用的都是这种显示方式；布局空间是指在绘图区域创建图形的多视图。用户可以对其中每一个视图进行单独操作。在默认情况下，当前 UCS 与 WCS 重合。如图 2-30（a）所示为模型空间下的 UCS 坐标系图标，通常放在绘图区左下角处；也可以指定它放在当前 UCS 的实际坐标原点位置，如图 2-30（b）所示。如图 2-30（c）所示为布局空间下的坐标系图标。

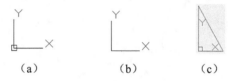

（a）　　　　　　（b）　　　　　　（c）

图 2-30　坐标系图标

2．数据输入方法

在 AutoCAD 2016 中，点的坐标可以用直角坐标、极坐标、球面坐标和柱面坐标表示，每一种坐标又分别具有两种坐标输入方式：绝对坐标和相对坐标。其中，直角坐标和极坐标最为常用，下面主要介绍一下坐标的输入。

（1）直角坐标法：用点的 X、Y 坐标值表示的坐标。

例如，在命令行中输入点的坐标提示下，输入"15,18"，则表示输入了一个 X、Y 的坐标值分别为 15、18 的点，此为绝对坐标输入方式，表示该点的坐标是相对于当前坐标原点的坐标值，如图 2-31（a）所示。如果输入"@10,20"，则为相对坐标输入方式，表示该点的坐标是相对于前一点的坐标值，如图 2-31（b）所示。

（2）极坐标法：用长度和角度表示的坐标，只能用来表示二维点的坐标。

在绝对坐标输入方式下，表示为"长度<角度"，如"25<50"，其中，长度为该点到坐标原点的距离，角度为该点至原点的连线与 X 轴正向的夹角，如图 2-31（c）所示。

在相对坐标输入方式下，表示为"@长度<角度"，如"@25<45"，其中，长度为该点到前一点的距离，角度为该点至前一点的连线与 X 轴正向的夹角，如图 2-31（d）所示。

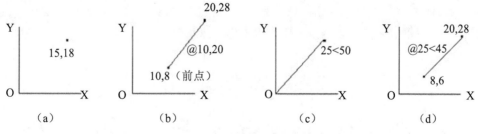

（a）　　　　　　（b）　　　　　　（c）　　　　　　（d）

图 2-31　数据输入方法

3．动态数据输入

单击状态栏上的"动态输入"按钮，系统打开动态输入功能，可以在屏幕上动态地输入某些参数数据，例如，绘制直线时，在光标附近，会动态地显示"指定第一个点"，以及后面的坐标框，当前显示的是光标所在位置，可以输入数据，两个数据之间以逗号隔开，如图 2-32 所示。指定第一点后，系统动态显示直线的角度，同时要求输入线段长度值，如图 2-33 所示，其输入效果与"@长度<角度"方式相同。

图 2-32　动态输入坐标值　　　　　　图 2-33　动态输入长度值

下面分别讲述一下点与距离值的输入方法。

（1）点的输入

绘图过程中，常需要输入点的位置，AutoCAD 提供了如下几种输入点的方式：

☑ 　用键盘直接在命令行窗口中输入点的坐标。直角坐标有两种输入方式："X,Y"（点的绝对坐标值，例如，"100,50"）和"@ X,Y"（相对于上一点的相对坐标值，例如，"@50,-30"）。坐标值均相对于当前的用户坐标系。极坐标的输入方式为：长度<角度（其中，长度为点到坐标原点的距离，角度为原点至该点连线与 X 轴的正向夹角，例如，"20<45"）或"@长度<角度"（相对于上一点的相对极坐标，例如，"@50<-30"）。

☑ 　用鼠标等定标设备移动光标并在屏幕上单击直接取点。

☑ 　用目标捕捉方式捕捉屏幕上已有图形的特殊点（如端点、中点、中心点、插入点、交点、切点、垂足点等，详见第 4 章）。

☑ 　直接输入距离，即先用光标拖拉出橡皮筋线确定方向，然后用键盘输入距离。这样有利于准确控制对象的长度等参数。如在屏幕上移动鼠标指明线段的方向，但不要单击确认，如图 2-34 所示，然后在命令行中输入"10"，这样就在指定方向上准确地绘制了长度为 10 毫米的线段。

图 2-34　绘制直线

（2）距离值的输入

在 AutoCAD 命令中，有时需要提供高度、宽度、半径、长度等距离值。AutoCAD 提供了两种输入距离值的方式：一种是用键盘在命令行窗口中直接输入数值；另一种是在屏幕上拾取两点，以两点的距离值定出所需数值。

2.4　缩放与平移

改变视图最一般的方法就是利用缩放和平移命令。使用这些命令可以在绘图区域放大或缩小图像显示，或者改变观察位置。

2.4.1　实时缩放

AutoCAD 2016 为交互式的缩放和平移提供了可能。有了实时缩放，用户就可以通过垂直向上或向下移动光标来放大或缩小图形。利用实时平移（2.4.3 节介绍），能移动光标重新放置图形。

在实时缩放命令下，可以通过垂直向上或向下移动光标来放大或缩小图形。

缩放视图命令主要有以下 4 种调用方法：

☑　在命令行中输入"ZOOM"命令。

☑　选择菜单栏中的"视图/缩放/实时"命令。

☑　单击"标准"工具栏中的"实时缩放"按钮 。

☑　单击"视图"选项卡"导航"面板中的"实时"按钮 。

执行上述命令后，按住选择钮垂直向上或向下移动。从图形的中点向顶端垂直地移动光标就可以放大图形一倍，向底部垂直地移动光标就可以缩小图形一倍。

2.4.2　动态缩放

动态缩放会在当前视区中根据选择不同而进行不同的缩放或平移显示。

动态缩放命令主要有以下 4 种调用方法：

☑　在命令行中输入"ZOOM"命令。

☑　选择菜单栏中的"视图/缩放/动态"命令。

☑　单击"缩放"工具栏中的"动态缩放"按钮 。

☑　单击"视图"选项卡"导航"面板中的"动态"按钮 。

执行上述命令后，根据系统提示输入"D"，系统弹出一个图框，选取动态缩放前的画面呈绿色点线。如果要动态缩放的图形显示范围与选取动态缩放前的范围相同，则此框与白线重合而不可见。重生成区域的四周有一个蓝色虚线框，用以标记虚拟屏幕。

这时，如果线框中有一个×出现，如图 2-35（a）所示，就可以拖动线框将其平移到另外一个区域。如果要放大图形到不同的倍数，按下选择钮，×就会变成一个箭头，如图 2-35（b）所示。这时左右拖动边界线就可以重新确定视区的大小。缩放后的图形如图 2-35（c）所示。

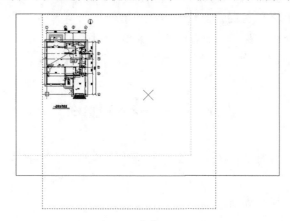

（a）

图 2-35　动态缩放

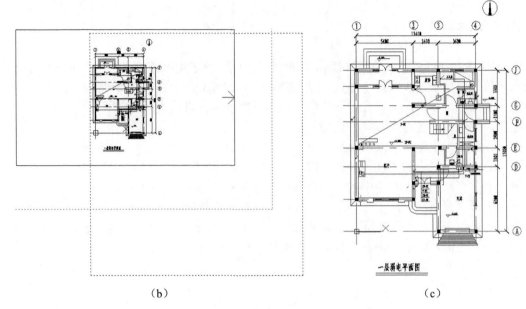

（b）　　　　　　　　　　　　　　　　（c）

图 2-35　动态缩放（续）

另外，还有放大、缩小、窗口缩放、比例缩放、中心缩放、全部缩放、对象缩放、缩放上一个和最大图形范围缩放，其操作方法与动态缩放类似，不再赘述。

2.4.3　实时平移

实时平移命令主要有以下 4 种调用方法：

☑　在命令行中输入"PAN"命令。

☑　选择菜单栏中的"视图/平移/实时"命令。

☑　单击"标准"工具栏中的"实时平移"按钮🖐。

☑　单击"视图"选项卡"导航"面板中的"平移"按钮🖐。

执行上述命令后，用鼠标按下选择钮，然后移动手形光标🖐即可平移图形。当移动到图形的边沿时，光标就变为形状。

图 2-36　右键快捷菜单

另外，为显示控制命令设置了一个右键快捷菜单，如图 2-36 所示。在该菜单中，用户可以在显示命令执行的过程中，透明地进行切换。

2.5　实　战　演　练

通过前面的学习，读者对本章知识也有了大体的了解，本节通过 3 个操作练习使读者进一步掌握本章知识要点。

【实战演练 1】熟悉操作界面。

1．目的要求

操作界面是用户绘制图形的平台，操作界面的各个部分都有其独特的功能，熟悉操作界面有助于用户方便快捷地进行绘图。本实例要求了解操作界面各部分功能，掌握改变绘图窗口颜色和光标大小的方法，能够熟练地打开、移动和关闭工具栏。

2．操作提示

（1）启动 AutoCAD 2016，进入绘图界面。

（2）调整操作界面大小。

（3）设置绘图窗口颜色与光标大小。

（4）打开、移动、关闭工具栏。

（5）尝试分别利用命令行、菜单和工具栏绘制一条直线。

【实战演练2】管理图形文件。

1．目的要求

图形文件管理包括文件的新建、打开、保存、加密、退出等。本实例要求读者熟练掌握 DWG 文件的命名保存、自动保存、加密以及打开的方法。

2．操作提示

（1）启动 AutoCAD 2016，进入绘图界面。

（2）打开一幅已经保存过的图形。

（3）进行自动保存设置。

（4）进行加密设置。

（5）将图形以新的名字保存。

（6）尝试在图形上绘制任意图线。

（7）退出该图形。

（8）尝试重新打开按新名保存的原图形。

【实战演练3】数据输入。

1．目的要求

AutoCAD 2016 人机交互的最基本内容就是数据输入。本实例要求读者灵活、熟练地掌握各种数据输入方法。

2．操作提示

（1）在命令行中输入"LINE"命令。

（2）输入起点的直角坐标方式下的绝对坐标值。

（3）输入下一点的直角坐标方式下的相对坐标值。

（4）输入下一点的极坐标方式下的绝对坐标值。

（5）输入下一点的极坐标方式下的相对坐标值。

（6）用鼠标直接指定下一点的位置。

（7）单击状态栏上的"正交"按钮，用鼠标拉出下一点的方向，在命令行中输入一个数值。

（8）单击状态栏上的"动态输入"按钮，拖动鼠标，系统会动态显示角度，拖动到选定角度后，在长度文本框中输入长度值。

（9）按 Enter 键结束绘制线段的操作。

第**3**章

二维绘图命令

本章学习要点和目标任务：

- ☑ 直线类
- ☑ 圆类图形
- ☑ 平面图形
- ☑ 多段线、样条曲线、多线
- ☑ 图案填充

二维图形是指在二维平面空间绘制的图形，主要由一些图形元素组成，如点、直线、圆弧、圆、椭圆、矩形、多边形、多段线、样条曲线、多线等。AutoCAD 提供了大量的绘图工具，可以帮助用户完成二维图形的绘制。本章主要内容包括直线、圆和圆弧、椭圆和椭圆弧、平面图形、点、多段线、样条曲线和多线等命令的使用以及图案填充的操作。

3.1 直 线 类

直线类命令包括直线、射线和构造线等命令。这几个命令是 AutoCAD 中最简单的绘图命令。

3.1.1 点

绘制单点首先需要执行单点命令，该命令主要有如下 4 种调用方法：

☑ 在命令行中输入"POINT"或"PO"命令。

☑ 选择菜单栏中的"绘图/点/单点（多点）"命令。

☑ 单击"绘图"工具栏中的"点"按钮。

☑ 单击"默认"选项卡"绘图"面板中的"多点"按钮。

执行点命令之后，在命令行提示后输入点的坐标或使用鼠标在屏幕上单击，即可绘制单点或多点。

（1）通过菜单方法操作时（见图 3-1），"单点"命令表示只输入一个点，"多点"命令表示可输入多个点。

（2）可以打开状态栏中的"对象捕捉"开关设置点捕捉模式，帮助用户拾取点。

（3）点在图形中的表示样式共有 20 种，可通过 DDPTYPE 命令或选择"格式/点样式"命令，打开"点样式"对话框来设置，如图 3-2 所示。

图 3-1 "点"子菜单

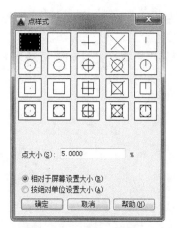

图 3-2 "点样式"对话框

3.1.2 绘制直线段

执行直线命令，主要有如下 4 种调用方法：

- ☑ 在命令行中输入"LINE"或"L"命令。
- ☑ 选择菜单栏中的"绘图/直线"命令。
- ☑ 单击"绘图"工具栏中的"直线"按钮。
- ☑ 单击"默认"选项卡"绘图"面板中的"直线"按钮。

执行上述命令后，根据系统提示输入直线段的起点，可用鼠标指定点或者给定点的坐标；再输入直线段的端点，也可以用鼠标指定一定角度后，直接输入直线的长度。输入选项"U"表示放弃前面的输入；右击或按 Enter 键，结束命令。在命令行提示下输入下一直线段的端点，或输入选项"C"使图形闭合，结束命令。使用直线命令绘制直线时，命令行提示中各选项的含义如下：

- ☑ 若按 Enter 键响应"指定第一点:"的提示，则系统会把上次绘线（或弧）的终点作为本次操作的起始点。特别地，若上次操作为绘制圆弧，按 Enter 键响应后，绘出通过圆弧终点的与该圆弧相切的直线段，该线段的长度由鼠标在屏幕上指定的一点与切点之间线段的长度确定。
- ☑ 在"指定下一个点"的提示下，用户可以指定多个端点，从而绘出多条直线段。但是，每一条直线段都是一个独立的对象，可以进行单独的编辑操作。
- ☑ 绘制两条以上的直线段后，若用选项"C"响应"指定下一点"的提示，系统会自动连接起始点和最后一个端点，从而绘出封闭的图形。
- ☑ 若用选项"U"响应提示，则会擦除最近一次绘制的直线段。
- ☑ 若设置正交方式（单击状态栏上的"正交"按钮），则只能绘制水平直线段或垂直直线段。
- ☑ 若设置动态数据输入方式（单击状态栏上的"动态输入"按钮），则可以动态输入坐标或长度值。后文中将要介绍的命令同样可以设置动态数据输入方式，效果与非动态数据输入方式类似。除了特别需要，以后不再强调，而只按非动态数据输入方式输入相关数据。

3.1.3 实战——绘制阀符号

本实例利用直线命令绘制连续线段，从而绘制出阀符号，绘制流程如图 3-3 所示。

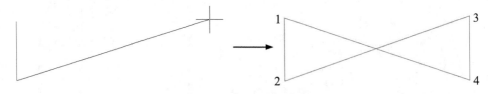

图 3-3　绘制阀符号流程图

操作步骤如下：（📹：光盘\配套视频\第 3 章\绘制阀符号.avi）

（1）单击"默认"选项卡"绘图"面板中的"直线"按钮，在屏幕上指定一点（即顶点 1 的位置）后，根据系统提示，指定阀的各个顶点。

（2）在命令行提示"指定第一个点:"后在屏幕上指定一点。

（3）在命令行提示"指定下一点或[放弃(U)]:"后垂直向下在屏幕上大约位置指定点 2。

（4）在命令行提示"指定下一点或[放弃(U)]:"后在屏幕上大约位置指定点 3，使点 3 大约与点 1 等高，如图 3-4 所示。

（5）在命令行提示"指定下一点或[闭合(C)/放弃(U)]:"后垂直向下在屏幕上大约位置指定点 4，使点 4 大约与点 2 等高。

（6）在命令行提示"指定下一点或[闭合(C)/放弃(U)]:"后输入"C"，系统自动封闭连续直线并结束命令，结果如图 3-5 所示。

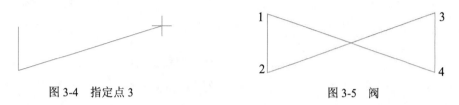

图 3-4　指定点 3　　　　　　　　　　图 3-5　阀

> **提示:**
> 一般每个命令有 3 种执行方式，这里只给出了命令行执行方式，其他两种执行方式的操作方法与命令行执行方式相同。

3.2　圆　类　图　形

圆类命令主要包括圆、圆弧、圆环、椭圆、椭圆弧等命令，这几个命令是 AutoCAD 中最简单的圆类命令。

3.2.1　绘制圆

执行圆命令，主要有如下 4 种调用方法:

☑　在命令行中输入"CIRCLE"命令。

☑　选择菜单栏中的"绘图/圆"命令。

☑　单击"绘图"工具栏中的"圆"按钮⊘。

☑　单击"默认"选项卡"绘图"面板中的"圆"下拉菜单。

执行上述命令后，根据系统提示指定圆心，输入半径数值或直径数值。使用圆命令时，命令行提示中各选项的含义如下。

☑　三点(3P):用指定圆周上 3 点的方法画圆。

☑　两点(2P):按指定直径的两端点的方法画圆。

☑　切点、切点、半径(T):按先指定两个相切对象，后给出半径的方法画圆。

☑　相切、相切、相切(A):依次拾取相切的第一个圆弧、第二个圆弧和第三个圆弧。

也可以选择菜单栏中的"绘图/圆/相切、相切、相切"命令，在命令行提示下依次选择相切的第一个圆弧、第二个圆弧、第三个圆弧来画圆。

3.2.2 实战——绘制传声器符号

本实例利用圆、直线命令绘制出传声器符号，绘制流程如图 3-6 所示。

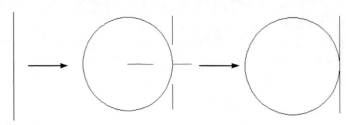

图 3-6 绘制传声器符号流程图

操作步骤如下：（📹：光盘\配套视频\第 3 章\绘制传声器符号.avi）

（1）单击"默认"选项卡"绘图"面板中的"直线"按钮，在屏幕适当位置指定一点，然后垂直向下在适当位置指定一点，如图 3-7 所示，按 Enter 键完成直线绘制。

（2）单击"默认"选项卡"绘图"面板中的"圆"按钮，绘制圆，在命令行提示下在直线左边中间适当位置指定一点，在直线上大约与圆心垂直的位置指定一点，如图 3-8 所示。

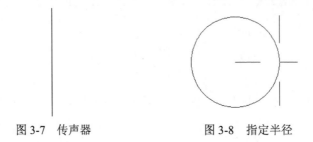

图 3-7 传声器   图 3-8 指定半径

提示：

对于圆心点的选择，除了直接输入圆心点（150,200）之外，还可以利用圆心点与中心线的对应关系，使用对象捕捉的方法来选择。单击状态栏中的"对象捕捉"按钮，命令行中会提示"命令: <对象捕捉 开>"。

3.2.3 绘制圆弧

执行圆弧命令，主要有如下 4 种调用方法：

☑ 在命令行中输入"ARC"或"A"命令。

☑ 选择"绘图/圆弧"子菜单中的命令。

☑ 单击"绘图"工具栏"圆弧"子菜单中的按钮。

☑ 单击"默认"选项卡"绘图"面板中的"圆弧"按钮。

下面以"三点"法为例讲述圆弧的绘制方法。

执行上述命令后，根据系统提示指定起点和第二点，在命令行提示时指定末端点。需要强调的是：

用命令行方式绘制圆弧时，可以根据系统提示单击不同的选项，具体功能和菜单栏中"绘图/圆弧"子菜单中提供的 11 种方式相似。这 11 种方式绘制的圆弧分别如图 3-9（a）～图 3-9（k）所示。

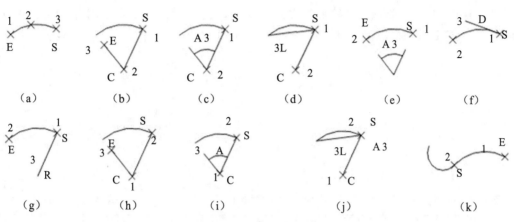

图 3-9　11 种圆弧绘制方法

使用"继续"方式绘制的圆弧与上一线段或圆弧相切，因此只需提供端点即可。

3.2.4　实战——绘制自耦变压器符号

本实例利用圆、直线和圆弧命令绘制自耦变压器符号，绘制流程如图 3-10 所示。

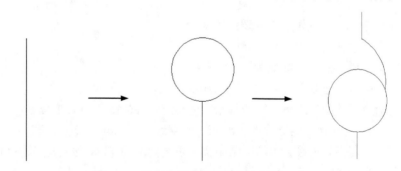

图 3-10　绘制自耦变压器符号流程图

操作步骤如下：（📹：光盘\配套视频\第 3 章\绘制自耦变压器符号.avi）

（1）单击"默认"选项卡"绘图"面板中的"直线"按钮╱，绘制一条竖直直线，结果如图 3-11 所示。

（2）单击"默认"选项卡"绘图"面板中的"圆"按钮⊙，在竖直直线上端点处绘制一个圆，如图 3-12 所示。

① 在命令行提示"指定圆的圆心或 [三点(3P)/两点(2P)/切点、切点、半径(T)]:"后在直线上大约与圆心垂直的位置指定一点。

② 在命令行提示"指定圆的半径或 [直径(D)]:"后在直线上端点位置指定一点。

（3）单击"默认"选项卡"绘图"面板中的"圆弧"按钮，在圆右侧点取一点绘制一段圆弧。

① 在命令行提示"指定圆弧的起点或 [圆心(C)]:"后在圆右侧边上取任意一点。

② 在命令行提示"指定圆弧的第二点或 [圆心(C)/端点(E)]:"后在圆上端取一点。

③ 在命令行提示"指定圆弧的端点:"后向右拖动。

（4）单击"默认"选项卡"绘图"面板中的"直线"按钮，点取圆弧下端点，在圆弧上方选取一点，按 Enter 键完成直线绘制，结果如图 3-13 所示。

图 3-11　绘制竖直直线　　　　图 3-12　绘制圆　　　　图 3-13　自耦变压器

　提示:

　　绘制圆弧时，注意圆弧的曲率是遵循逆时针方向的，所以在采用指定圆弧两个端点和半径模式时，需要注意端点的指定顺序，否则有可能导致圆弧的凹凸形状与预期的相反。

3.2.5　绘制圆环

执行圆环命令，主要有如下 3 种调用方法:

☑　在命令行中输入"DONUT"命令。

☑　选择菜单栏中的"绘图/圆环"命令。

☑　单击"默认"选项卡"绘图"面板中的"圆环"按钮◎。

执行上述命令后，指定圆环内径和外径，再指定圆环的中心点。在命令行提示"指定圆环的中心点或<退出>:"后继续指定圆环的中心点，则继续绘制相同内外径的圆环。按 Enter、空格键或右击结束命令。若指定内径为 0，则画出实心填充圆。用 FILL 命令可以控制圆环是否填充，选择 ON 表示填充，选择 OFF 表示不填充。

3.2.6　绘制椭圆与椭圆弧

执行椭圆命令，主要有如下 4 种调用方法:

☑　在命令行中输入"ELLIPSE"或"EL"命令。

☑　选择"绘图/椭圆"子菜单中的命令。

☑　单击"绘图"工具栏中的"椭圆"按钮◯或"椭圆弧"按钮◯。

☑　单击"默认"选项卡"绘图"面板中的"椭圆"下拉菜单。

执行上述命令后，根据系统提示指定轴端点 1 和轴端点 2，如图 3-14（a）所示，在命令行提示"指定另一条半轴长度或 [旋转(R)]:"后按 Enter 键。使用椭圆命令时，命令行提示中各选项的含义如下。

- ☑ 指定椭圆的轴端点：根据两个端点定义椭圆的第一条轴，第一条轴的角度确定了整个椭圆的角度。第一条轴既可定义为椭圆的长轴，也可定义为其短轴。
- ☑ 圆弧(A)：用于创建一段椭圆弧，与单击"绘图"工具栏中的"椭圆弧"按钮 功能相同。其中，第一条轴的角度确定了椭圆弧的角度。第一条轴既可定义为椭圆弧长轴，也可定义为其短轴。

执行该命令后，根据系统提示输入"A"，之后指定端点或输入"C"并指定另一端点，然后在命令行提示下指定另一条半轴长度或输入"R"并指定起始角度、指定适当点或输入"P"，再在命令行提示"指定端点角度或 [参数(P)/ 夹角(I)]:"后指定适当点。其中各选项含义如下。

- ☑ 起始角度：指定椭圆弧端点的两种方式之一，光标与椭圆中心点连线的夹角为椭圆端点位置的角度，如图 3-14（b）所示。

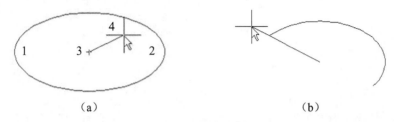

图 3-14　椭圆和椭圆弧

- ☑ 参数(P)：指定椭圆弧端点的另一种方式，该方式同样是指定椭圆弧端点的角度，但通过以下矢量参数方程式创建椭圆弧：$p(u) = c + a \times \cos(u) + b \times \sin(u)$。其中，c 是椭圆的中心点，a 和 b 分别是椭圆的长轴和短轴，u 为光标与椭圆中心点连线的夹角。
- ☑ 夹角(I)：定义从起始角度开始的包含角度。
- ☑ 中心点(C)：通过指定的中心点创建椭圆。
- ☑ 旋转(R)：通过绕第一条轴旋转圆来创建椭圆，相当于将一个圆绕椭圆轴翻转一定角度后的投影视图。

3.2.7　实战——绘制电话机

本实例利用直线和椭圆弧命令绘制电话机，绘制流程如图 3-15 所示。

图 3-15　绘制电话机流程图

操作步骤如下：（💾：光盘\配套视频\第 3 章\绘制电话.avi）

（1）单击"默认"选项卡"绘图"面板中的"直线"按钮 ，绘制一系列的线段，坐标及命令分别为 {(100,100),(@100,0),(@0,60),(@-100,0),C}，{(152,110),(152,150)}，{(148,120),(148,

140)}，{(148,130),(148,110)}，{(152,130),(190,130)}，{(100,150),(70,150)}，{(200,150),(230,150)}，结果如图3-16所示。

（2）单击"默认"选项卡"绘图"面板中的"椭圆弧"按钮，绘制椭圆弧。

① 在命令行提示"指定椭圆的轴端点或 [圆弧(A)/中心点(C)]："后输入"A"。

② 在命令行提示"指定椭圆弧的轴端点或 [中心点(C)]："后输入"C"。

③ 在命令行提示"指定椭圆弧的中心点："后输入"150,130"。

④ 在命令行提示"指定轴的端点："后输入"60,130"。

⑤ 在命令行提示"指定另一条半轴长度或 [旋转(R)]："后输入"44.5"。

⑥ 在命令行提示"指定起点角度或 [参数(P)]："后输入"194"。

⑦ 在命令行提示"指定端点角度或 [参数(P)/夹角(I)]："后输入"346"。

最终结果如图3-17所示。

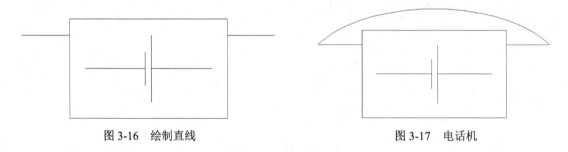

图3-16　绘制直线　　　　　　　　　　图3-17　电话机

> **提示：**
> 　　在绘制圆环时，可能仅一次绘制无法准确确定圆环外径大小以确定圆环与椭圆的相对大小，可以通过多次绘制的方法找到一个相对合适的外径值。

3.3　平 面 图 形

3.3.1　绘制矩形

执行矩形命令，主要有如下4种调用方法：

☑　在命令行中输入"RECTANG"或"REC"命令。

☑　选择菜单栏中的"绘图/矩形"命令。

☑　单击"绘图"工具栏中的"矩形"按钮。

☑　单击"默认"选项卡"绘图"面板中的"矩形"按钮。

执行上述命令后，根据系统提示指定角点，指定另一角点，绘制矩形。在执行矩形命令时，命令行提示中各选项的含义如下。

☑　第一个角点：通过指定两个角点来确定矩形，如图3-18（a）所示。

☑　倒角(C)：指定倒角距离，绘制带倒角的矩形，如图3-18（b）所示。每一个角点的逆时针和顺时针方向的倒角可以相同，也可以不同，其中第一个倒角距离是指角点逆时针方

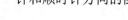

向的倒角距离，第二个倒角距离是指角点顺时针方向的倒角距离。

☑ 标高(E)：指定矩形标高（Z 坐标），即把矩形画在标高为 Z、和 XOY 坐标面平行的平面上，并作为后续矩形的标高值。

☑ 圆角(F)：指定圆角半径，绘制带圆角的矩形，如图 3-18（c）所示。

☑ 厚度(T)：指定矩形的厚度，如图 3-18（d）所示。

☑ 宽度(W)：指定线宽，如图 3-18（e）所示。

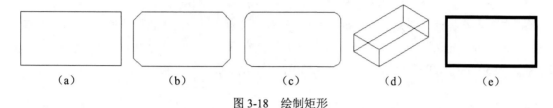

（a）　　　　　　（b）　　　　　　（c）　　　　　　（d）　　　　　　（e）

图 3-18　绘制矩形

☑ 尺寸(D)：使用长和宽创建矩形。第二个指定点将矩形定位在与第一角点相关的 4 个位置之一内。

☑ 面积(A)：指定面积和长或宽创建矩形。选择该项，在系统提示下输入面积值，然后指定长度或宽度。指定长度或宽度后，系统自动计算另一个维度，绘制出矩形。如果矩形被倒角或圆角，则长度或面积计算中也会考虑此设置，如图 3-19 所示。

☑ 旋转(R)：旋转所绘制矩形的角度。选择该项，在系统提示下指定角度，然后指定另一个角点或选择其他选项，如图 3-20 所示。

倒角距离（1,1）　　　圆角半径：1.0

面积：20　长度：6　　面积：20　宽度：6

图 3-19　按面积绘制矩形　　　　　图 3-20　按指定旋转角度创建矩形

3.3.2　实战——绘制非门符号

本实例利用矩形、直线和圆命令绘制非门符号，绘制流程如图 3-21 所示。

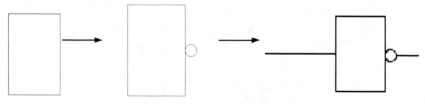

图 3-21　绘制非门符号流程图

操作步骤如下：（📹：光盘\配套视频\第 3 章\绘制非门符号.avi）

（1）单击"默认"选项卡"绘图"面板中的"矩形"按钮□，绘制外框。

① 在命令行提示"指定第一个角点或 [倒角(C)/标高(E)/圆角(F)/厚度(T)/宽度(W)]:"后输入"100,100"。

② 在命令行提示"指定另一个角点或 [面积(A)/尺寸(D)/旋转(R)]:"后输入"140,160"。结果如图 3-22 所示。

（2）单击"默认"选项卡"绘图"面板中的"圆"按钮⊘，绘制圆。

① 在命令行提示"指定圆的圆心或 [三点(3P)/两点(2P)/切点、切点、半径(T)]:"后输入"2P"。

② 在命令行提示"指定圆直径的第一个端点:"后输入"140,130"。

③ 在命令行提示"指定圆直径的第二个端点:"后输入"148,130"。结果如图 3-23 所示。

（3）单击"默认"选项卡"绘图"面板中的"直线"按钮✐，绘制两条直线，端点坐标分别为{(100,130),(40,130)}和{(148,130),(168,130)}，结果如图 3-24 所示。

图 3-22 绘制矩形   图 3-23 绘制圆   图 3-24 非门符号

3.3.3 绘制正多边形

执行正多边形命令，主要有如下 4 种调用方法：

☑ 在命令行中输入"POLYGON"或"POL"命令。

☑ 选择菜单栏中的"绘图/多边形"命令。

☑ 单击"绘图"工具栏中的"多边形"按钮⬡。

☑ 单击"默认"选项卡"绘图"面板中的"多边形"按钮⬠。

执行上述命令后，根据系统提示指定多边形的边数和中心点，之后指定是内接于圆或外切于圆，并输入外接圆或内切圆的半径。I 表示内接于圆，如图 3-25（a）所示；C 表示外切于圆，如图 3-25（b）所示。

如果选择"边"选项，则只要指定多边形的一条边，系统就会按逆时针方向创建该正多边形，如图 3-25（c）所示。

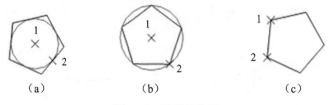

（a）   （b）   （c）

图 3-25 画正多边形

3.3.4 绘制区域覆盖

执行区域覆盖命令，主要有如下 4 种调用方法：

☑ 在命令行中输入"WIPEOUT"或"WI"命令。

☑ 选择菜单栏中的"绘图/区域覆盖"命令。

☑ 单击"绘图"工具栏中的"区域覆盖"按钮 。

☑ 单击"默认"选项卡"绘图"面板中下拉列表中的"区域覆盖"按钮 。

执行上述命令后，根据系统提示指定下一点位置，最终创建多边形区域，同时将该区域用当前背景色屏蔽下面的对象。

此覆盖区域由边框进行绑定，用户可以打开或关闭该边框，也可以选择在屏幕上显示边框并在打印时隐藏。

3.4 多 段 线

多段线是一种由线段和圆弧组合而成的、不同线宽的多线，这种线由于其组合形式的多样和线宽的不同，弥补了直线或圆弧功能的不足，适合绘制各种复杂的图形轮廓，因而得到了广泛的应用。

3.4.1 绘制多段线

执行多段线命令，主要有如下 4 种调用方法：

☑ 在命令行中输入"PLINE"或"PL"命令。

☑ 选择菜单栏中的"格式/多段线"命令。

☑ 单击"绘图"工具栏中的"多段线"按钮 。

☑ 单击"默认"选项卡"绘图"面板中的"多段线"按钮 。

执行上述命令后，根据系统提示指定多段线的起点和下一个点。此时，命令行提示中各选项含义如下。

☑ 圆弧(A)：将绘制直线的方式转变为绘制圆弧的方式，这种绘制圆弧的方法与用 ARC 命令绘制圆弧的方法类似。

☑ 半宽(H)：用于指定多段线的半宽值，AutoCAD 将提示输入多段线的起点半宽值与终点半宽值。

☑ 长度(L)：定义下一条多段线的长度，AutoCAD 将按照上一条直线的方向绘制这一条多段线。如果上一段是圆弧，则将绘制与此圆弧相切的直线。

☑ 宽度(W)：设置多段线的宽度值。

3.4.2 编辑多段线

执行编辑多段线命令，主要有如下 5 种调用方法：

☑ 在命令行中输入"PEDIT"或"PE"命令。

☑ 选择菜单栏中的"修改/对象/多段线"命令。

☑ 单击"修改 II"工具栏中的"编辑多段线"按钮 。

☑ 选择要编辑的多线段，在绘图区右击，从打开的快捷菜单中选择"多段线编辑"命令。

☑ 单击"默认"选项卡"修改"面板中的"编辑多段线"按钮。

执行上述命令后，根据系统提示选择一条要编辑的多段线或选择其他选项。此时，命令行提示中各选项含义如下。

☑ 合并(J)：以选中的多段线为主体，合并其他直线段、圆弧或多段线，使其成为一条多段线。能合并的条件是各段线的端点首尾相连，如图3-26所示。

☑ 宽度(W)：修改整条多段线的线宽，使其具有同一线宽，如图3-27所示。

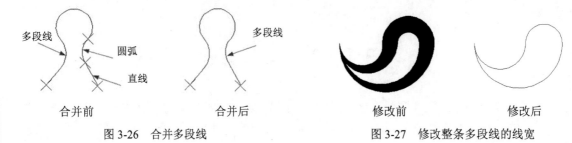

图3-26 合并多段线   图3-27 修改整条多段线的线宽

☑ 编辑顶点(E)：选择该项后，在多段线起点处出现一个斜的十字叉"×"，或选择"[下一个(N)/上一个(P)/打断(B)/插入(I)/移动(M)/重生成(R)/拉直(S)/切向(T)/宽度(W)/退出(X)] <N>:"中选项，这些选项允许用户进行移动、插入顶点和修改任意两点间的线的线宽等操作。

☑ 拟合(F)：从指定的多段线生成由光滑圆弧连接而成的圆弧拟合曲线，该曲线经过多段线的各顶点，如图3-28所示。

☑ 样条曲线(S)：以指定的多段线的各顶点作为控制点生成B样条曲线，如图3-29所示。

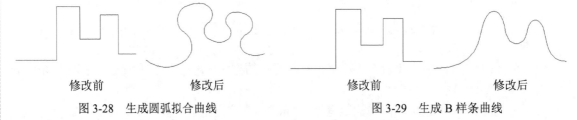

修改前   修改后   修改前   修改后

图3-28 生成圆弧拟合曲线   图3-29 生成B样条曲线

☑ 非曲线化(D)：用直线代替指定的多段线中的圆弧。对于选择"拟合(F)"选项或"样条曲线(S)"选项后生成的圆弧拟合曲线或样条曲线，删去其生成曲线时新插入的顶点，则恢复成由直线段组成的多段线。

☑ 线型生成(L)：当多段线的线型为点划线时，控制多段线的线型生成方式开关。选择此项，系统提示"输入多段线线型生成选项 [开(ON)/关(OFF)] <关>:"，选择ON时，将在每个顶点处允许以短划开始或结束生成线型；选择OFF时，将在每个顶点处允许以长划开始或结束生成线型，如图3-30所示。"线型生成"不能用于包含带变宽的线段的多段线。

☑ 反转(R)：反转多段线顶点的顺序。使用此选项可反转使用包含文字线型的对象的方向。例如，根据多段线的创建方向，线型中的文字可能会倒置显示。

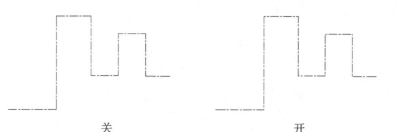

关 开

图 3-30 控制多段线的线型（线型为点划线时）

3.4.3 实战——绘制水下线路符号

本实例利用多段线和直线命令绘制水下线路符号，绘制流程如图 3-31 所示。

图 3-31 绘制水下线路符号流程图

操作步骤如下：（📷：光盘\配套视频\第 3 章\绘制水下线路符号.avi）

（1）绘制多段线。单击"默认"选项卡"绘图"面板中的"多段线"按钮⤵，绘制两段连续的圆弧。

① 在命令行提示"指定起点："后指定多段线的起点。

② 在命令行提示"指定下一个点或 [圆弧(A)/半宽(H)/长度(L)/放弃(U)/宽度(W)]："后输入"A"。

③ 在命令行提示"指定圆弧的端点或[角度(A)/圆心(CE)/方向(D)/半宽(H)/直线(L)/半径(R)/第二个点(S)/放弃(U)/宽度(W)]："后输入"A"。

④ 在命令行提示"指定夹角："后输入"-180"。

⑤ 在命令行提示"指定圆弧的端点（按住 Ctrl 键以切换方向）或[圆心(CE)/半径(R)]："后输入"R"。

⑥ 在命令行提示"指定圆弧的半径："后输入"100"。

⑦ 在命令行提示"指定圆弧的弦方向（按住 Ctrl 键以切换方向）<0>："后输入"180"。

⑧ 在命令行提示"指定圆弧的端点（按住 Ctrl 键以切换方向）或[角度(A)/圆心(CE)/闭合(CL)/方向(D)/半宽(H)/直线(L)/半径(R)/第二个点(S)/放弃(U)/宽度(W)]："后输入"A"。

⑨ 在命令行提示"指定夹角："后输入"-180"。

⑩ 在命令行提示"指定圆弧的端点（按住 Ctrl 键以切换方向）或 [圆心(CE)/半径(R)]："后输入"R"。

⑪ 在命令行提示"指定圆弧的半径："后输入"100"。

⑫ 在命令行提示"指定圆弧的弦方向（按住 Ctrl 键以切换方向）90>："后输入"-180"。

结果如图 3-32 所示。

（2）单击"默认"选项卡"绘图"面板中的"直线"按钮✐，在圆弧下方绘制一条水平直线，结果如图 3-33 所示。

图 3-32　绘制两段圆弧

图 3-33　水下线路符号

3.5　样条曲线

AutoCAD 2016 使用一种称为非一致有理 B 样条（NURBS）曲线的特殊样条曲线类型。NURBS 曲线在控制点之间产生一条光滑的样条曲线，如图 3-34 所示。样条曲线可用于创建形状不规则的曲线，例如，为地理信息系统（GIS）应用或汽车设计绘制轮廓线。

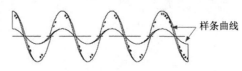

样条曲线

图 3-34　样条曲线

3.5.1　绘制样条曲线

执行样条曲线命令，主要有如下 4 种调用方法：

☑　在命令行中输入"SPLINE"或"SPL"命令。

☑　选择菜单栏中的"绘图/样条曲线"命令。

☑　单击"绘图"工具栏中的"样条曲线"按钮～。

☑　单击"默认"选项卡"绘图"面板中的"样条曲线拟合"按钮～或"样条曲线控制点"按钮～。

执行样条曲线命令后，系统将提示指定样条曲线的点，在绘图区依次指定所需位置的点即可创建出样条曲线。绘制样条曲线的过程中，各选项的含义如下。

☑　方式(M)：控制是使用拟合点还是使用控制点来创建样条曲线。选项会因选择的是使用拟合点创建样条曲线还是使用控制点创建样条曲线而异。

☑　节点(K)：指定节点参数化，会影响曲线在通过拟合点时的形状。

☑　对象(O)：将二维或三维的二次或三次样条曲线拟合多段线转换为等价的样条曲线，然后根据 DELOBJ 系统变量的设置删除该多段线。

☑　起点切向(T)：定义样条曲线的第一点和最后一点的切向。如果在样条曲线的两端都指定切向，可以输入一个点或使用"切点"和"垂足"对象捕捉模式使样条曲线与已有的对象相切或垂直。如果按 Enter 键，系统将计算默认切向。

☑　端点相切(T)：停止基于切向创建曲线。可通过指定拟合点继续创建样条曲线。

☑　公差(L)：指定距样条曲线必须经过的指定拟合点的距离。公差应用于除起点和端点外的所有拟合点。

☑　闭合(C)：将最后一点定义为与第一点一致，并使其在连接处相切，以闭合样条曲线。

选择该项，在命令行提示下指定点或按 Enter 键，用户可以指定一点来定义切向矢量，或单击状态栏中的"对象捕捉"按钮，使用"切点"和"垂足"对象捕捉模式使样条曲线与现有对象相切或垂直。

3.5.2　编辑样条曲线

执行编辑样条曲线命令，主要有如下 5 种调用方法：
- ☑　在命令行中输入"SPLINEDIT"命令。
- ☑　选择菜单栏中的"修改/对象/样条曲线"命令。
- ☑　单击"修改 II"工具栏中的"编辑样条曲线"按钮。
- ☑　选择要编辑的样条曲线，在绘图区右击，从打开的快捷菜单中选择"样条曲线"下拉菜单命令。
- ☑　单击"默认"选项卡"修改"面板中的"编辑样条曲线"按钮。

执行上述命令后，根据系统提示选择要编辑的样条曲线。若选择的样条曲线是用 SPLINE 命令创建的，其近似点以夹点的颜色显示出来；若选择的样条曲线是用 PLINE 命令创建的，其控制点以夹点的颜色显示出来。此时，命令行提示中各选项含义如下。
- ☑　拟合数据(F)：编辑近似数据。选择该项后，创建该样条曲线时指定的各点将以小方格的形式显示出来。
- ☑　编辑顶点(E)：编辑样条曲线上的当前点。
- ☑　转换为多段线(P)：将样条曲线转换为多段线。
- ☑　精度(R)：精度值决定生成的多段线与样条曲线的接近程度，有效值为介于 0～99 之间的任意整数。
- ☑　反转(R)：反转样条曲线的方向。该项操作主要用于应用程序。

3.5.3　实战——绘制整流器框形符号

本实例利用多边形、直线和样条曲线命令绘制整流器框形符号，绘制流程如图 3-35 所示。

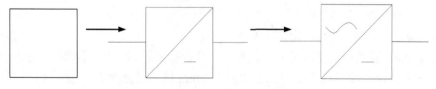

图 3-35　绘制整流器框形符号流程图

操作步骤如下：（📷：光盘\配套视频\第 3 章\绘制整流器框形符号.avi）

（1）单击"默认"选项卡"绘图"面板中的"多边形"按钮，绘制正方形。
① 在命令行提示"输入侧面数 <4>:"后按 Enter 键。
② 在命令行提示"指定正多边形的中心点或 [边(E)]:"后在绘图屏幕中适当指定一点。
③ 在命令行提示"输入选项 [内接于圆(I)/外切于圆(C)] <I>:"后输入"C"。

④ 在命令行提示"指定圆的半径:"后适当指定一点作为外接圆半径,使正四边形边大约处于垂直正交位置。

结果如图 3-36 所示。

（2）单击"默认"选项卡"绘图"面板中的"直线"按钮，绘制 4 条直线，如图 3-37 所示。

（3）单击"默认"选项卡"绘图"面板中的"样条曲线拟合"按钮，绘制所需曲线。

① 在命令行提示"指定第一个点或 [方式(M)/节点(K)/对象(O)]:"后指定一点。

② 在命令行提示"输入下一个点或 [起点切向(T)/公差(L)]:"后适当指定一点。

③ 在命令行提示"输入下一个点或 [端点相切(T)/公差(L)/放弃(U)]:"后适当指定一点。

④ 在命令行提示"输入下一个点或 [端点相切(T)/公差(L)/放弃(U)/闭合(C)]:"后适当指定一点。

最终结果如图 3-38 所示。

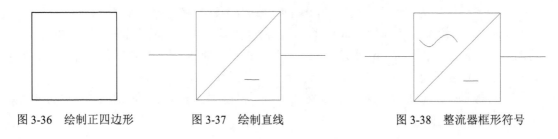

图 3-36　绘制正四边形　　　　图 3-37　绘制直线　　　　图 3-38　整流器框形符号

3.6　多　　线

多线是一种复合线,由连续的直线段复合组成。多线的一个突出优点是能够提高绘图效率,保证图线之间的统一性。

3.6.1　绘制多线

执行多线命令,主要有如下两种调用方法:
☑　在命令行中输入"MLINE"或"ML"命令。
☑　选择菜单栏中的"绘图/多线"命令。

执行此命令后,根据系统提示指定起点和下一点;在命令行提示下继续指定下一点绘制线段;输入"U",则放弃前一段多线的绘制;右击或按 Enter 键,结束命令;输入"C",则闭合线段,结束命令。在执行多线命令的过程中,命令行提示中各主要选项的含义如下。

☑　对正(J):该项用于指定绘制多线的基准。共有 3 种对正类型,即"上"、"无"和"下"。其中,"上"表示以多线上侧的线为基准,其他两项依此类推。

☑　比例(S):选择该项,要求用户设置平行线的间距。输入值为 0 时,平行线重合;输入值为负时,多线的排列倒置。

☑　样式(ST):用于设置当前使用的多线样式。

3.6.2　定义多线样式

执行多线样式命令，主要有如下两种调用方法：
- ☑　在命令行中输入"MLSTYLE"命令。
- ☑　选择"格式/多线样式"命令。

执行上述命令后，打开如图 3-39 所示的"多线样式"对话框。在该对话框中，用户可以对多线样式进行定义、保存和加载等操作。

3.6.3　编辑多线

执行编辑多线命令，主要有如下两种调用方法：
- ☑　在命令行中输入"MLEDIT"命令。
- ☑　选择"修改/对象/多线"命令。

执行上述命令后，打开"多线编辑工具"对话框，如图 3-40 所示。

图 3-39　"多线样式"对话框

图 3-40　"多线编辑工具"对话框

利用该对话框，可以创建或修改多线的模式。对话框中分 4 列显示了示例图形。其中，第 1 列管理十字交叉形式的多线，第 2 列管理 T 形多线，第 3 列管理拐角接合点和节点形式的多线，第 4 列管理多线被剪切或连接的形式。

单击选择某个示例图形，然后单击"关闭"按钮，就可以调用该项编辑功能。

3.6.4　实战——绘制墙体

本实例利用构造线、多线和编辑多线命令绘制墙体，绘制流程如图 3-41 所示。

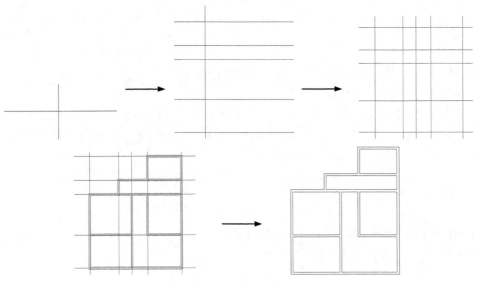

图 3-41   绘制墙体流程图

操作步骤如下：（：光盘\配套视频\第 3 章\绘制墙体.avi）

1. 绘制构造线

（1）单击"默认"选项卡"绘图"面板中的"构造线"按钮，绘制出一条水平构造线和一条竖直构造线，组成"十"字形辅助线，如图 3-42 所示。

（2）重复"构造线"命令，在命令行提示"指定点或 [水平(H)/垂直(V)/角度(A)/二等分(B)/偏移(O)]:"后输入"O"。

（3）在命令行提示"指定偏移距离或[通过（T）]<通过>:"后输入"4200"。

（4）在命令行提示"选择直线对象:"后选择水平构造线。

（5）在命令行提示"指定向哪侧偏移:"后指定上边一点。

（6）在命令行提示"选择直线对象:"后继续选择水平构造线。

用相同方法，将绘制的水平构造线依次向上偏移 6000、1800 和 3000，偏移得到的水平构造线如图 3-43 所示。用同样的方法绘制垂直构造线，并依次向右偏移 3900、1800、2100 和 4500，结果如图 3-44 所示。

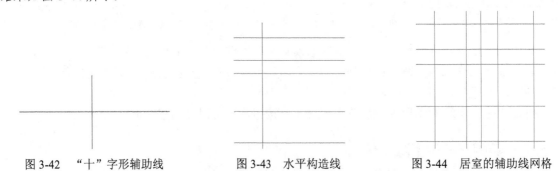

图 3-42   "十"字形辅助线   图 3-43   水平构造线   图 3-44   居室的辅助线网格

2. 定义多线样式

（1）选择菜单栏中的"格式/多线样式"命令，系统打开"多线样式"对话框，单击"新建"

按钮，系统打开"创建新的多线样式"对话框，在"新样式名"文本框中输入"墙体线"，单击"继续"按钮。

（2）系统打开"新建多线样式:墙体线"对话框，按图 3-45 所示进行设置。

3. 绘制多线墙体

（1）选择菜单栏中的"绘图/多线"命令，绘制多线墙体。

（2）在命令行提示"指定起点或 [对正(J)/比例(S)/样式(ST)]:"后输入"S"。

（3）在命令行提示"输入多线比例 <20.00>:"后输入"1"。

（4）在命令行提示"指定起点或 [对正(J)/比例(S)/样式(ST)]:"后输入"J"。

（5）在命令行提示"输入对正类型 [上(T)/无(Z)/下(B)] <上>:"后输入"Z"。

（6）在命令行提示"定起点或 [对正(J)/比例(S)/样式(ST)]:"后在绘制的辅助线交点上指定一点。

（7）在命令行提示"指定下一点:"后在绘制的辅助线交点上指定下一点。

（8）在命令行提示"指定下一点或 [放弃(U)]:"后在绘制的辅助线交点上指定下一点。

（9）在命令行提示"指定下一点或 [闭合(C)/放弃(U)]:"后在绘制的辅助线交点上指定下一点。

（10）在命令行提示"指定下一点或 [闭合(C)/放弃(U)]:"后输入"C"。

（11）采用相同的方法根据辅助线网格绘制多线，绘制结果如图 3-46 所示。

图 3-45　设置多线样式

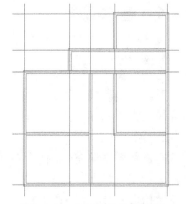

图 3-46　全部多线绘制结果

4. 编辑多线

（1）选择菜单栏中的"修改/对象/多线"命令，系统打开"多线编辑工具"对话框，如图 3-47 所示。选择其中的"T 形打开"选项，单击"关闭"按钮。

（2）在命令行提示"选择第一条多线:"后选择多线。

（3）在命令行提示"选择第二条多线:"后选择多线。

（4）在命令行提示"选择第一条多线或 [放弃(U)]:"后选择多线。

（5）用相同的方法继续进行多线编辑，最终结果如图 3-48 所示。

图 3-47　"多线编辑工具"对话框

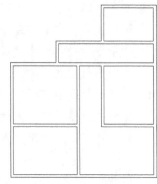

图 3-48　墙体

3.7　图 案 填 充

当用户需要用一个重复的图案（pattern）填充某个区域时，可以使用 BHATCH 命令建立一个相关联的填充阴影对象，即所谓的图案填充。

3.7.1　基本概念

1．图案边界

当进行图案填充时，首先要确定图案填充的边界。定义边界的对象只能是直线、双向射线、单向射线、多段线、样条曲线、圆弧、圆、椭圆、椭圆弧、面域等对象或用这些对象定义的块，而且作为边界的对象，在当前屏幕上必须全部可见。

2．孤岛

在进行图案填充时，把位于总填充域内的封闭区域称为孤岛，如图 3-49 所示。在用 BHATCH 命令进行图案填充时，AutoCAD 允许用户以拾取点的方式确定填充边界，即在希望填充的区域内任意拾取一点，AutoCAD 会自动确定出填充边界，同时也确定该边界内的孤岛。如果用户是以点取对象的方式确定填充边界的，则必须确切地点取这些孤岛。

3．填充方式

在进行图案填充时，需要控制填充的范围，AutoCAD 系统为用户提供了以下 3 种填充方式，实现对填充范围的控制。

☑ 普通方式：如图 3-50（a）所示，该方式从边界开始，从每条填充线或每个剖面符号的两端向里画，遇到内部对象与之相交时，填充线或剖面符号断开，直到遇到下一次相交时再继续画。采用这种方式时，要避免填充线或剖面符号与内部对象的相交次数为奇数。该方式为系统内部的默认方式。

☑ 最外层方式：如图 3-50（b）所示，该方式从边界开始，向里画剖面符号，只要在边界内部与对象相交，则剖面符号由此断开，而不再继续画。

☑ 忽略方式：如图 3-50（c）所示，该方式忽略边界内部的对象，所有内部结构都被剖面符号覆盖。

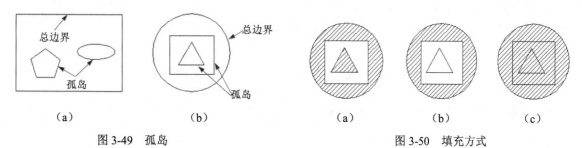

图 3-49　孤岛　　　　　　　　　　　　　　　　　图 3-50　填充方式

3.7.2　图案填充的操作

执行图案填充命令，主要有如下 4 种调用方法：

☑ 在命令行中输入"BHATCH"命令。

☑ 选择菜单栏中的"绘图/图案填充"命令。

☑ 单击"绘图"工具栏中的"图案填充"按钮或"渐变色"按钮。

☑ 单击"默认"选项卡"绘图"面板中的"图案填充"按钮或"渐变色"按钮。

执行上述命令后，系统打开如图 3-51 所示的"图案填充创建"选项卡，各选项组和按钮含义如下。

图 3-51　"图案填充创建"选项卡

1."边界"面板

☑ 拾取点：通过选择由一个或多个对象形成的封闭区域内的点，确定图案填充边界，如图 3-52 所示。指定内部点时，可以随时在绘图区域中右击以显示包含多个选项的快捷菜单。

选择一点　　　　　　　　填充区域　　　　　　　　填充结果

图 3-52　边界确定

☑ 选择边界对象：指定基于选定对象的图案填充边界。使用该选项时，不会自动检测内部对象，必须选择选定边界内的对象，以按照当前孤岛检测样式填充这些对象，如图 3-53 所示。

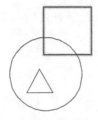
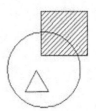

原始图形　　　　　　选取边界对象　　　　　　填充结果

图 3-53　选取边界对象

☑　删除边界对象：从边界定义中删除之前添加的任何对象，如图 3-54 所示。

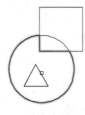
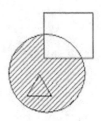

选取边界对象　　　　　　删除边界　　　　　　填充结果

图 3-54　删除"岛"后的边界

☑　重新创建边界：围绕选定的图案填充或填充对象创建多段线或面域，并使其与图案填充对象相关联（可选）。

☑　显示边界对象：选择构成选定关联图案填充对象的边界的对象，使用显示的夹点可修改图案填充边界。

2．保留边界对象

指定如何处理图案填充边界对象，包括以下选项。

☑　不保留边界：（仅在图案填充创建期间可用）不创建独立的图案填充边界对象。

☑　保留边界-多段线：（仅在图案填充创建期间可用）创建封闭图案填充对象的多段线。

☑　保留边界-面域：（仅在图案填充创建期间可用）创建封闭图案填充对象的面域对象。

☑　选择新边界集：指定对象的有限集（称为边界集），以便通过创建图案填充时的拾取点进行计算。

3．"图案"面板

显示所有预定义和自定义图案的预览图像。

4．"特性"面板

☑　图案填充类型：指定是使用纯色、渐变色、图案还是用户定义的填充。

☑　图案填充颜色：替代实体填充和填充图案的当前颜色。

☑　背景色：指定填充图案背景的颜色。

☑　图案填充透明度：设定新图案填充或填充的透明度，替代当前对象的透明度。

☑　图案填充角度：指定图案填充或填充的角度。

☑　填充图案比例：放大或缩小预定义或自定义填充图案。

☑　相对图纸空间：（仅在布局中可用）相对于图纸空间单位缩放填充图案。使用此选项，可很容易地做到以适合于布局的比例显示填充图案。

☑　双向：（仅当"图案填充类型"设定为"用户定义"时可用）将绘制第二组直线，与原始直线成 90 度角，从而构成交叉线。

☑　ISO 笔宽：（仅对于预定义的 ISO 图案可用）基于选定的笔宽缩放 ISO 图案。

5．"原点"面板

☑　设定原点：直接指定新的图案填充原点。

☑　左下：将图案填充原点设定在图案填充边界矩形范围的左下角。

☑　右下：将图案填充原点设定在图案填充边界矩形范围的右下角。

☑　左上：将图案填充原点设定在图案填充边界矩形范围的左上角。

☑　右上：将图案填充原点设定在图案填充边界矩形范围的右上角。

☑　中心：将图案填充原点设定在图案填充边界矩形范围的中心。

☑　使用当前原点：将图案填充原点设定在 HPORIGIN 系统变量中存储的默认位置。

☑　存储为默认原点：将新图案填充原点的值存储在 HPORIGIN 系统变量中。

6．"选项"面板

☑　关联：指定图案填充或填充为关联图案填充。关联的图案填充或填充在用户修改其边界对象时将会更新。

☑　注释性：指定图案填充为注释性。此特性会自动完成缩放注释过程，从而使注释能够以正确的大小在图纸上打印或显示。

☑　特性匹配。

　　↳　使用当前原点：使用选定图案填充对象（除图案填充原点外）设定图案填充的特性。

　　↳　使用源图案填充的原点：使用选定图案填充对象（包括图案填充原点）设定图案填充的特性。

　　↳　允许的间隙：设定将对象用作图案填充边界时可以忽略的最大间隙。默认值为 0，此值指定对象必须封闭区域而没有间隙。

☑　创建独立的图案填充：控制当指定了几个单独的闭合边界时，是创建单个图案填充对象，还是创建多个图案填充对象。

☑　孤岛检测。

　　↳　普通孤岛检测：从外部边界向内填充。如果遇到内部孤岛，填充将关闭，直到遇到孤岛中的另一个孤岛。

　　↳　外部孤岛检测：从外部边界向内填充。此选项仅填充指定的区域，不会影响内部孤岛。

　　↳　忽略孤岛检测：忽略所有内部的对象，填充图案时将通过这些对象。

☑　绘图次序：为图案填充或填充指定绘图次序。选项包括不更改、后置、前置、置于边界之后和置于边界之前。

7．"关闭"面板

退出 HATCH 并关闭上下文选项卡。也可以按 Enter 键或 Esc 键退出 HATCH。

3.7.3　编辑填充的图案

编辑图案填充命令的调用方法主要有以下 6 种：

☑ 在命令行中输入"HATCHEDIT"命令。

☑ 选择菜单栏中的"修改/对象/图案填充"命令。

☑ 单击"修改 II"工具栏中的"编辑图案填充"按钮。

☑ 选中填充的图案右击，在打开的快捷菜单中选择"图案填充编辑"命令，如图 3-55 所示。

☑ 直接选择填充的图案，打开"图案填充编辑器"选项卡。

☑ 单击"默认"选项卡"修改"面板中的"编辑图案填充"按钮。

执行上述命令后，根据系统提示选取关联填充物体后，系统弹出如图 3-56 所示的"图案填充编辑器"选项卡。

在图 3-56 中，只有正常显示的选项才可以对其进行操作。该面板中各项的含义与图 3-51 所示的"图案填充创建"选项卡中各项的含义相同。利用该面板，可以对已弹出的图案进行一系列的编辑修改。

3.7.4 实战——绘制壁龛交接箱符号

本实例利用矩形、直线命令绘制图形，再利用图案填充命令将图形填充，绘制流程如图 3-57 所示。

图 3-55 快捷菜单

图 3-56 "图案填充编辑器"选项卡

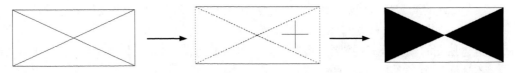

图 3-57 绘制壁龛交接箱符号流程图

操作步骤如下：（📷：光盘\配套视频\第 3 章\绘制壁龛交接箱符号.avi）

（1）单击"默认"选项卡"绘图"面板中的"矩形"按钮□和"直线"按钮，绘制初步图形，如图 3-58 所示。

（2）单击"默认"选项卡"绘图"面板中的"图案填充"按钮，打开"图案填充创建"选项卡，如图 3-59 所示。单击"图案"选项上面的按钮，系统打开"图案填充图案"下拉列表，选择如图 3-60 所示的图案类型。

图 3-58 绘制外形

（3）在"图案填充和渐变色"选项卡最左侧单击按钮，在填充区域拾取点，拾取后，包围该点的区域就被选取为填充区域，如图 3-61 所示。

（4）按 Enter 键后，系统回到"图案填充创建"选项卡，单击按钮完成图案填充，如图 3-62 所示。

图 3-59　"图案填充创建"选项卡

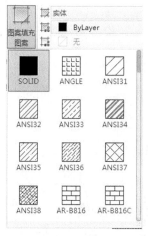

图 3-60　"图案填充图案"下拉列表

图 3-61　选取区域

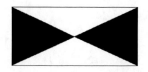

图 3-62　壁龛交接箱符号

3.8　实　战　演　练

通过前面的学习，读者对本章知识也有了大体的了解，本节通过两个操作练习使读者进一步掌握本章知识要点。

【**实战演练 1**】绘制如图 3-63 所示的暗装开关符号。

操作提示：

（1）利用"圆弧"命令，绘制多半个圆弧。

（2）利用"直线"命令，绘制水平和竖直直线，其中一条水平直线的两个端点都在圆弧上。

（3）利用"图案填充"命令，填充圆弧与水平直线之间的区域。

【**实战演练 2**】绘制如图 3-64 所示的感应式仪表。

图 3-63　暗装开关符号

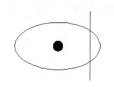

图 3-64　感应式仪表

操作提示：

（1）利用"椭圆"命令，绘制椭圆。

（2）利用"圆环"命令，绘制中间圆环。

（3）利用"直线"命令，绘制竖直直线。

第 4 章

基本绘图工具

本章学习要点和目标任务：

- ☑ 图层设计
- ☑ 精确定位工具
- ☑ 对象捕捉工具
- ☑ 对象约束

AutoCAD 提供了图层工具，对每个图层规定其颜色和线型，并把具有相同特征的图形对象放在同一层上绘制，这样绘图时不用分别设置对象的线型和颜色，不仅方便绘图，而且存储图形时只需存储其几何数据和所在图层，这样既节省了存储空间，又可以提高工作效率。为了快捷准确地绘制图形，AutoCAD 还提供了多种必要的和辅助的绘图工具，如工具条、对象选择工具、对象捕捉工具、栅格和正交模式等。利用这些工具，可以方便、迅速、准确地实现图形的绘制和编辑，不仅可提高工作效率，而且能更好地保证图形的质量。

4.1　图　层　设　计

图层的概念类似投影片，将不同属性的对象分别画在不同的投影片（图层）上。例如，将图形的主要线段、中心线、尺寸标注等分别画在不同的图层上，每个图层可设置不同的线型、线条颜色，然后把不同的图层堆叠在一起成为一张完整的视图，如此可使视图层次分明、有条理，方便图形对象的编辑与管理。一个完整的图形就是它所包含的所有图层上的对象叠加在一起，如图4-1所示。

在用图层功能绘图之前，首先要对图层的各项特性进行设置，包括建立和命名图层、设置当前图层、设置图层的颜色和线型、图层是否关闭、是否冻结、是否锁定以及图层删除等。本节主要对图层的这些相关操作进行介绍。

墙壁
电器
家具
全部图层

图4-1　图层效果

4.1.1　设置图层

AutoCAD 2016提供了详细直观的"图层特性管理器"选项板，用户可以方便地通过对该选项板中的各选项及其二级对话框进行设置，从而实现建立新图层、设置图层颜色及线型等各种操作。

1．利用选项板设置图层

执行上述功能，主要有如下4种调用方法：

☑　在命令行中输入"LAYER"或"LA"命令。

☑　选择菜单栏中的"格式/图层"命令。

☑　单击"图层"工具栏中的"图层特性管理器"按钮。

☑　单击"默认"选项卡"图层"面板中的"图层特性"按钮。

执行上述命令后，系统打开如图4-2所示的"图层特性管理器"选项板，其中各参数含义如下。

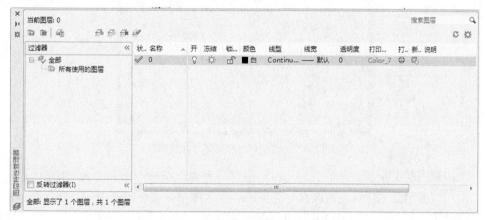

图4-2　"图层特性管理器"选项板

☑ "新建特性过滤器"按钮：单击该按钮，打开"图层过滤器特性"对话框，如图 4-3 所示。从中可以基于一个或多个图层特性创建图层过滤器。

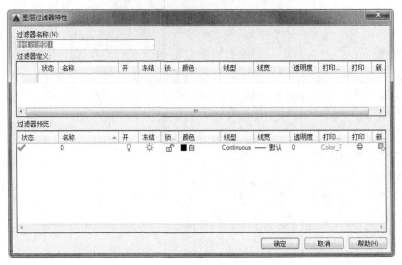

图 4-3 "图层过滤器特性"对话框

☑ "新建组过滤器"按钮：单击该按钮创建一个图层过滤器，其中包含用户选定并添加到该过滤器的图层。

☑ "图层状态管理器"按钮：单击该按钮，打开"图层状态管理器"对话框，如图 4-4 所示。从中可以将图层的当前特性设置保存到命名图层状态中，以后可以再恢复这些设置。

图 4-4 "图层状态管理器"对话框

☑ "新建图层"按钮：单击该按钮，图层列表中将新建一个名字为"图层 1"的图层，用户可使用此名字，也可改名。要想同时产生多个图层，可选中一个图层名后，输入多个名字，各名字之间以逗号分隔。图层的名字可以包含字母、数字、空格和特殊符号，AutoCAD 2016 支持长达 255 个字符的图层名字。新的图层继承了建立新图层时所选中的已有图层的所有特性（颜色、线型、ON/OFF 状态等）。如果新建图层时没有图层被选中，则新图层具有默认的设置。

- ☑ "删除图层"按钮✖: 在图层列表中选中某一图层，然后单击此按钮，则把该图层删除。
- ☑ "置为当前"按钮✍: 在图层列表中选中某一图层，然后单击此按钮，则把该图层设置为当前图层，并在"当前图层"一栏中显示其名字。当前图层的名字存储在系统变量 CLAYER 中。另外，双击图层名也可把该图层设置为当前图层。
- ☑ "搜索图层"文本框: 输入字符时，按名称快速过滤图层列表。关闭图层特性管理器时并不保存此过滤器。
- ☑ "反转过滤器"复选框: 选中此复选框，显示所有不满足选定图层特性过滤器中条件的图层。

图层列表区中显示了已有的图层及其特性。要修改某一图层的某一特性，单击它所对应的图标即可。右击空白区域或利用快捷菜单可快速选中所有图层。列表区中各列的含义如下。

- ☑ 名称: 显示满足条件的图层的名字。如果要对某层进行修改，首先要选中该图层，使其逆反显示。
- ☑ 状态转换图标: 在"图层特性管理器"选项板中有几列图标，移动光标到图标上单击可以打开或关闭该图标所代表的功能，如打开/关闭（♀/♀）、解锁/锁定（🔓/🔒）、在所有视口内解冻/冻结（☼/❄）及打印/不打印（🖶/🖶）等项目，各图标功能说明如表 4-1 所示。

表 4-1　各图标功能

图　　示	名　　称	功　能　说　明
♀/♀	打开/关闭	将图层设定为打开或关闭状态，当呈现关闭状态时，该图层上的所有对象将隐藏不显示，只有打开状态的图层会在屏幕上显示或由打印机打印出来。因此，绘制复杂的视图时，先将不编辑的图层暂时关闭，可降低图形的复杂性。图 4-5（a）和图 4-5（b）分别表示文字标注图层打开和关闭时的情形
☼/❄	解冻/冻结	将图层设定为解冻或冻结状态。当图层呈现冻结状态时，该图层上的对象均不会显示在屏幕或由打印机打出，而且不会执行重生成（REGEN）、缩放（ZOOM）、平移（PAN）等命令的操作，因此若将视图中不编辑的图层暂时冻结，可加快执行绘图编辑的速度。而♀/♀（打开/关闭）功能只是单纯地将对象隐藏，因此并不会加快执行速度
🔓/🔒	解锁/锁定	将图层设定为解锁或锁定状态。被锁定的图层仍然显示在画面上，但不能以编辑命令修改被锁定的对象，只能绘制新的对象，如此可防止重要的图形被修改
🖶/🖶	打印/不打印	设定该图层是否可以打印图形

（a）　　　　　　　　　　　　（b）

图 4-5　打开或关闭文字标注图层

- ☑ 颜色: 显示和改变图层的颜色。如果要改变某一图层的颜色，单击其对应的颜色图标，

AutoCAD 打开如图 4-6 所示的"选择颜色"对话框,用户可从中选取需要的颜色。

☑ 线型:显示和修改图层的线型。如果要修改某一图层的线型,单击该图层的线型选项,打开"选择线型"对话框,如图 4-7 所示,其中列出了当前可用的线型,用户可从中选取。具体内容将在 4.1.2 节详细介绍。

图 4-6　"选择颜色"对话框

图 4-7　"选择线型"对话框

☑ 线宽:显示和修改图层的线宽。如果要修改某一图层的线宽,单击该图层的线宽选项,打开"线宽"对话框,如图 4-8 所示,其中列出了 AutoCAD 设定的线宽,用户可从中选取。"线宽"列表框显示可以选用的线宽值,包括一些绘图中经常用到的线宽,用户可从中选取。"旧的"显示行显示前面赋予图层的线宽。当建立一个新图层时,采用默认线宽(其值为 0.01in 即 0.25mm),默认线宽的值由系统变量 LWDEFAULT 设置。"新的"显示行显示赋予图层的新的线宽。

☑ 打印样式:修改图层的打印样式。所谓打印样式是指打印图形时各项属性的设置。

2．利用选项板设置图层

AutoCAD 提供了一个"特性"面板,如图 4-9 所示。用户能够控制和利用面板上的工具图标快速地查看和改变所选对象的图层、颜色、线型和线宽等特性。"特性"面板上的图层颜色、线型、线宽和打印样式的控制增强了查看和编辑对象属性的命令。在绘图屏幕上选择任何对象后都将在面板上自动显示其所在图层、颜色、线型等属性。下面对"特性"面板各部分的功能进行简单说明。

图 4-8　"线宽"对话框

图 4-9　"特性"面板

- ☑ "颜色控制"下拉列表框：单击右侧的下拉按钮，弹出下拉列表，用户可从中选择使之成为当前颜色，如果选择"选择颜色"选项，AutoCAD 打开"选择颜色"对话框以选择其他颜色。修改当前颜色之后，不论在哪个图层上绘图都将采用这种颜色，但对各个图层的颜色设置没有影响。

- ☑ "线型控制"下拉列表框：单击右侧的下拉按钮，弹出下拉列表，用户可从中选择某一线型使之成为当前线型。修改当前线型之后，不论在哪个图层上绘图都将采用这种线型，但对各个图层的线型设置没有影响。

- ☑ "线宽"下拉列表框：单击右侧的下拉按钮，弹出下拉列表，用户可从中选择一个线宽使之成为当前线宽。修改当前线宽之后，不论在哪个图层上绘图都将采用这种线宽，但对各个图层的线宽设置没有影响。

- ☑ "打印类型控制"下拉列表框：单击右侧的下拉按钮，弹出下拉列表，用户可从中选择一种打印样式使之成为当前打印样式。

4.1.2　图层的线型

在国家标准 GB/T4457.4－2002 中，对机械图样中使用的各种图线的名称、线型、线宽以及在图样中的应用作了规定，如表 4-2 所示。其中常用的图线有 4 种，即粗实线、细实线、虚线、细点划线。图线分为粗、细两种，粗线的宽度 b 应按图样的大小和图形的复杂程度，在 0.5～2mm 之间选择，细线的宽度约为 b/2。根据电气图的需要，一般只使用 4 种图线，如表 4-3 所示。

表 4-2　图线的型式及应用

图 线 名 称	线 型	线 宽	主 要 用 途
粗实线	————	b=0.5~2	可见轮廓线，可见过渡线
细实线	————	约 b/2	尺寸线、尺寸界线、剖面线、引出线、弯折线、牙底线、齿根线、辅助线等
细点划线	—— — ——	约 b/2	轴线、对称中心线、齿轮节线等
虚线	—— —— ——	约 b/2	不可见轮廓线、不可见过渡线
波浪线	∿∿∿	约 b/2	断裂处的边界线、剖视与视图的分界线
双折线	─/\/─	约 b/2	断裂处的边界线
粗点划线	━━ ━ ━━	b	有特殊要求的线或面的表示线
双点划线	—— — ——	约 b/2	相邻辅助零件的轮廓线、极限位置的轮廓线、假想投影的轮廓线

表 4-3　电气图用图线的型式及应用

图 线 名 称	线 型	线 宽	主 要 用 途
细实线	————	约 b/2	基本线，简图主要内容用线，可见轮廓线，可见导线
细点划线	—— — ——	约 b/2	分界线，结构图框线，功能图框线，分组图框线
虚线	—— —— ——	约 b/2	辅助线、屏蔽线、机械连接线，不可见轮廓线、不可见导线、计划扩展内容用线
双点划线	—— — ——	约 b/2	辅助图框线

Note

按照 4.1.1 节讲述的方法，打开"图层特性管理器"选项板，在图层列表的"线型"列中单击线型名，系统打开"选择线型"对话框，该对话框中选项含义如下。

- ☑ "已加载的线型"列表框：显示在当前绘图中加载的线型，可供用户选用，其右侧显示出线型的形式。
- ☑ "加载"按钮：单击此按钮，打开"加载或重载线型"对话框，如图 4-10 所示。用户可通过此对话框加载线型并将其添加到线型列表中，不过加载的线型必须在线型库（LIN）文件中定义过。标准线型都保存在 acad.lin 文件中。

设置图层线型的方法为：在命令行中输入"LINETYPE"命令。

在命令行中输入上述命令后，系统打开"线型管理器"对话框，如图 4-11 所示。该对话框与前面讲述的相关知识相同，不再赘述。

图 4-10   "加载或重载线型"对话框

图 4-11   "线型管理器"对话框

4.1.3   颜色的设置

AutoCAD 绘制的图形对象都具有一定的颜色，为使绘制的图形清晰明了，可把同一类的图形对象用相同的颜色绘制，而使不同类的对象具有不同的颜色以示区分。为此，需要适当地对颜色进行设置。AutoCAD 允许用户为图层设置颜色，为新建的图形对象设置当前颜色，还可以改变已有图形对象的颜色。执行颜色命令，主要有如下 3 种调用方法：

- ☑ 在命令行中输入"COLOR"命令。
- ☑ 选择菜单栏中的"格式/颜色"命令。
- ☑ 单击"默认"选项卡"特性"面板中的"对象颜色"按钮●。

执行上述命令后，AutoCAD 打开"选择颜色"对话框。也可在图层操作中打开此对话框，具体方法 4.1.1 节已讲述。

4.1.4   实战——绘制励磁发电机

本案例利用图层特性管理器创建 3 个图层，再利用直线、圆、多段线等命令在"实线"图层绘制一系列图线，在"虚线"图层绘制线段，最后在"文字"图层标注文字说明，绘制流程如图 4-12

所示。

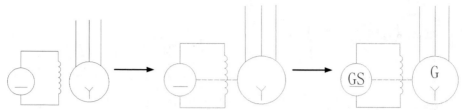

图 4-12　绘制励磁发电机流程图

操作步骤如下：（📹：光盘\配套视频\第 4 章\绘制励磁发电机.avi）

（1）单击"默认"选项卡"图层"面板中的"图层特性"按钮，打开"图层特性管理器"选项板。

（2）单击"新建图层"按钮，创建一个新图层，把该图层的名字由默认的"图层 1"改为"实线"，如图 4-13 所示。

（3）单击"实线"图层对应的"线宽"项，打开"线宽"对话框，选择 0.15mm 线宽，如图 4-14 所示。单击"确定"按钮退出。

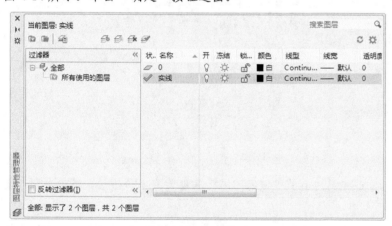

图 4-13　更改图层名

图 4-14　选择线宽

（4）再次单击"新建图层"按钮，创建一个新图层，并命名为"虚线"。

（5）单击"虚线"图层对应的"颜色"项，打开"选择颜色"对话框，选择蓝色为该图层颜色，如图 4-15 所示。单击"确定"按钮返回"图层特性管理器"选项板。

（6）单击"虚线"图层对应的"线型"项，打开"选择线型"对话框，如图 4-16 所示。

（7）单击"加载"按钮，系统打开"加载或重载线型"对话框，选择 ACAD_ISO02W100 线型，如图 4-17 所示。单击"确定"按钮返回"选择线型"对话框，再单击"确定"按钮返回"图层特性管理器"选项板。

（8）用相同的方法将"虚线"图层的线宽设置为 0.15mm。

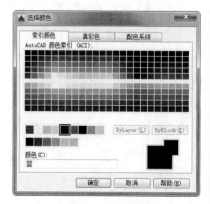

图 4-15　选择颜色

图 4-16　选择线型　　　　　　　　　　　　图 4-17　加载新线型

（9）用相同的方法再建立新图层，命名为"文字"，设置颜色为红色，线型为 Continuous，线宽为 0.15mm，并且让 3 个图层均处于打开、解冻和解锁状态，各项设置如图 4-18 所示。

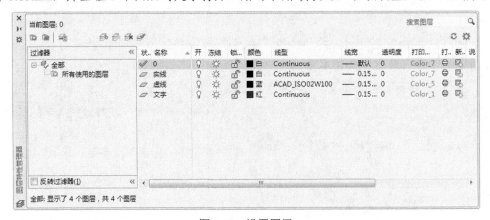

图 4-18　设置图层

（10）选中"实线"图层，单击"置为当前"按钮，将其设置为当前图层，然后关闭"图层特性管理器"选项板。

（11）在"实线"图层上利用"直线""圆""多段线"等命令绘制一系列图线，如图 4-19 所示。

（12）将"虚线"图层设置为当前图层，并在两个圆之间绘制一条水平连线，如图 4-20 所示。

（13）将当前图层设置为"文字"图层，并在"文字"图层上输入文字。

执行结果如图 4-21 所示。

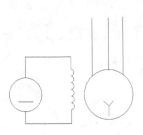

图 4-19　绘制实线

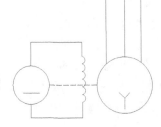

图 4-20　绘制虚线

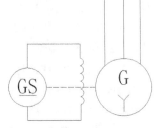

图 4-21　励磁发电机图形

提示：

　　有时绘制出的虚线在计算机屏幕上显示仍然是实线，这是由于显示比例过小所致，放大图形后可以显示出虚线。如果要在当前图形大小下明确显示出虚线，可以单击选择该虚线，这时，该虚线处于选中状态，再次双击鼠标，系统打开"特性"选项板，该选项板中包含对象的各种参数，可以将其中的"线型比例"参数设置为较大的数值，如图 4-22 所示，这样就可以在正常图形显示状态下清晰地看见虚线的细线段和间隔。

　　"特性"选项板的使用非常方便，读者注意灵活掌握。

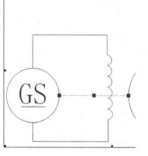

图 4-22　修改虚线参数

4.2　精确定位工具

　　精确定位工具是指能够帮助用户快速准确地定位某些特殊点（如端点、中点、圆心等）和特殊位置（如水平位置、垂直位置）的工具，包括"模型空间"、"栅格"、"捕捉模式"、"推断约束"、"动态输入"、"正交模式"、"极轴追踪"、"等轴测草图"、"对象捕捉追踪"、"二维对象捕捉"、"线宽"、"透明度"、"选择循环"、"三维对象捕捉"、"动态 UCS"、"选择过滤"、"小控件"、"注释可见性"、"自动缩放"、"注释比例"、"切换工作空间"、"注释监视器"、"单位"、"快捷特性"、"图形性能"、"全屏显示"和"自定义"27 个功能开关按钮，这些工具主要集中在状态栏上，如图 4-23 所示。

图 4-23　状态栏按钮

4.2.1 捕捉工具

为了准确地在屏幕上捕捉点，AutoCAD 提供了捕捉工具，可以在屏幕上生成一个隐含的栅格（捕捉栅格），这个栅格能够捕捉光标，约束它只能落在栅格的某一个节点上，使用户能够高精确度地捕捉和选择这个栅格上的点。本节介绍捕捉栅格参数的设置方法。

执行捕捉模式命令，主要有如下 4 种调用方法：

- ☑ 在命令行中输入"DSETTINGS"命令。
- ☑ 选择"工具/绘图设置"命令。
- ☑ 单击状态栏中的"捕捉模式"按钮。
- ☑ 按 F9 键打开与关闭"捕捉模式"功能。

执行上述命令，打开"草图设置"对话框，并选择"捕捉和栅格"选项卡，如图 4-24 所示。对话框中各选项含义如下。

图 4-24　"草图设置"对话框

- ☑ "启用捕捉"复选框：控制捕捉功能的开关，与按 F9 键或状态栏上的"捕捉模式"按钮功能相同。
- ☑ "捕捉间距"选项组：设置捕捉各参数。其中，"捕捉 X 轴间距"与"捕捉 Y 轴间距"确定捕捉栅格点在水平和垂直两个方向上的间距。"角度"、"X 基点"和"Y 基点"使捕捉栅格绕指定的一点旋转给定的角度。
- ☑ "捕捉类型"选项组：确定捕捉类型和样式。AutoCAD 提供了两种捕捉栅格的方式，即"栅格捕捉"和 PolarSnap（极轴捕捉）。"栅格捕捉"是指按正交位置捕捉位置点，而 PolarSnap（极轴捕捉）则可以根据设置的任意极轴角捕捉位置点。"栅格捕捉"又分为"矩形捕捉"和"等轴测捕捉"两种方式。在"矩形捕捉"方式下捕捉栅格是标准的矩形，在"等轴测捕捉"方式下捕捉栅格和光标十字线不再互相垂直，而是成绘制等轴测图时的特定角度，这种方式对于绘制等轴测图是十分方便的。
- ☑ PolarSnap（极轴捕捉）选项：该选项只有在 PolarSnap（极轴捕捉）类型下才可用。可在"极轴距离"文本框中输入距离值,也可以通过 SNAP 命令设置捕捉有关参数。

4.2.2 栅格工具

用户可以应用显示栅格工具使绘图区域上出现可见的网格,这是一个形象的画图工具,就像传统的坐标纸一样。本节介绍控制栅格的显示及设置栅格参数的方法。执行栅格命令,主要有如下 3 种调用方法:

- ☑ 选择菜单栏中的"工具/绘图设置"命令。
- ☑ 单击状态栏中的"栅格"按钮。
- ☑ 按 F7 键打开或关闭"栅格"功能。

执行上述命令后,打开"草图设置"对话框,并选择"捕捉和栅格"选项卡,如图 4-24 所示。其中的"启用栅格"复选框控制是否显示栅格。"栅格 X 轴间距"和"栅格 Y 轴间距"文本框用来设置栅格在水平与垂直方向的间距,如果"栅格 X 轴间距"和"栅格 Y 轴间距"均设置为 0,则 AutoCAD 会自动将捕捉栅格间距应用于栅格,且其原点和角度总是和捕捉栅格的原点和角度相同。还可以通过 GRID 命令在命令行设置栅格间距,这里不再赘述。

4.2.3 正交模式

在用 AutoCAD 绘图的过程当中,经常需要绘制水平直线和垂直直线,但是用鼠标拾取线段的端点时很难保证两个点严格沿水平或垂直方向,为此,AutoCAD 提供了正交功能。当启用正交模式时,画线或移动对象时只能沿水平方向或垂直方向移动光标,因此只能画平行于坐标轴的正交线段。执行正交命令,主要有如下 3 种调用方法:

- ☑ 在命令行中输入"ORTHO"命令。
- ☑ 单击状态栏中的"正交"按钮。
- ☑ 按 F8 键打开"正交"功能。

执行上述命令后,根据系统提示设置开或关。

4.2.4 实战——绘制电阻符号

本实例利用矩形、直线命令绘制电阻符号,在绘制过程中将利用正交、捕捉命令将绘制过程简化,绘制流程如图 4-25 所示。

图 4-25 绘制电阻符号流程图

操作步骤如下: (📹:光盘\配套视频\第 4 章\绘制电阻符号.avi)

(1)绘制矩形。单击"默认"选项卡"绘图"面板中的"矩形"按钮,用光标在绘图区捕捉第一点,采用相对输入法绘制一个长为 150mm、宽为 50mm 的矩形,如图 4-26 所示。

(2)绘制左端线。单击"默认"选项卡"绘图"面板中的"直线"按钮,按住 Shift 键并右击，弹出如图 4-27 所示的快捷菜单。选择"中点"命令，捕捉矩形左侧竖直边的中点，如图 4-28 所示，单击状态栏中的"正交"按钮，向左拖动鼠标，在目标位置单击，确定左端线段的另外一个端点，完成左端线段的绘制。

（3）生成右端线。单击"默认"选项卡"修改"面板中的"复制"按钮，复制并移动左端线，生成右端线。

① 在命令行提示"选择对象："后选择左端线。

② 在命令行提示"选择对象："后右击或按 Enter 键确认选择。

③ 在命令行提示"指定基点或 [位移(D)/模式(O)] <位移>："后单击状态栏中的"正交"按钮，然后指定左端线的左端点为复制的基点。

④ 在命令行提示"指定第二个点或 <使用第一个点作为位移>："后捕捉矩形右侧竖直边的中点作为移动复制的定位点。

（4）完成以上操作后，电阻符号绘制完毕，结果如图 4-29 所示。

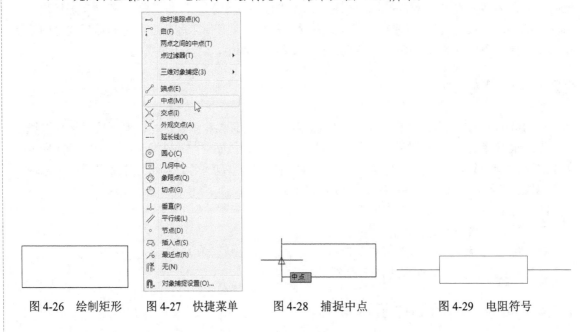

图 4-26　绘制矩形　　图 4-27　快捷菜单　　图 4-28　捕捉中点　　图 4-29　电阻符号

4.3　对象捕捉工具

在利用 AutoCAD 画图时经常要用到一些特殊的点，例如，圆心、切点、线段或圆弧的端点、中点等，但是如果用鼠标拾取，要准确地找到这些点是十分困难的。为此，AutoCAD 提供了对象捕捉工具，通过这些工具可轻易找到这些点。

4.3.1　特殊位置点捕捉

在绘制 AutoCAD 图形时，有时需要指定一些特殊位置的点，如圆心、端点、中点、平行线上的点等，这些点如表 4-4 所示。可以通过对象捕捉功能来捕捉这些点。

表 4-4　特殊位置点捕捉

捕 捉 模 式	功　　能
临时追踪点	建立临时追踪点
两点之间的中点	捕捉两个独立点之间的中点
自	建立一个临时参考点，作为指出后继点的基点
点过滤器	由坐标选择点
端点	线段或圆弧的端点
中点	线段或圆弧的中点
交点	线、圆弧或圆等的交点
外观交点	图形对象在视图平面上的交点
延长线	指定对象的延伸线
圆心	圆或圆弧的圆心
象限点	距光标最近的圆或圆弧上可见部分的象限点，即圆周上 0°、90°、180°、270° 位置上的点
切点	最后生成的一个点到选中的圆或圆弧上引切线的切点位置
垂足	在线段、圆、圆弧或它们的延长线上捕捉一个点，使之与最后生成的点的连线与该线段、圆或圆弧正交
平行线	绘制与指定对象平行的图形对象
节点	捕捉 POINT 或 DIVIDE 等命令生成的点
插入点	文本对象和图块的插入点
最近点	离拾取点最近的线段、圆、圆弧等对象上的点
无	关闭对象捕捉模式
对象捕捉设置	设置对象捕捉

AutoCAD 提供了命令行、工具栏和右键快捷菜单 3 种执行特殊点对象捕捉的方法。

1. 命令方式

绘图时，当在命令行中提示输入一点时，输入相应特殊位置点命令，然后根据提示操作即可。

2. 工具栏方式

使用如图 4-30 所示的"对象捕捉"工具栏可以使用户更方便地实现捕捉点的目的。当命令行提示输入一点时，从"对象捕捉"工具栏上单击相应的按钮，当把光标放在某一图标上时，会显示出该图标功能的提示，然后根据提示操作即可。

图 4-30　"对象捕捉"工具栏

3. 快捷菜单方式

快捷菜单可通过同时按下 Shift 键和鼠标右键来激活，其中列出了 AutoCAD 提供的对象捕捉模式，如图 4-31 所示。操作方法与工具栏相似，只要在 AutoCAD 提示输入点时选择快捷菜单中相应的命令，然后按提示操作即可。

图 4-31　对象捕捉快捷菜单

4.3.2 实战——通过线段的中点到圆的圆心画一条线段

本实例利用直线命令在图形中以捕捉中点与圆心来绘制连接线，绘制流程如图 4-32 所示。

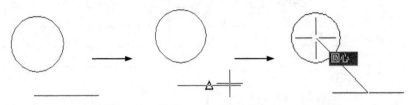

图 4-32 通过线段的中点到圆的圆心画一条线段

操作步骤如下：（：光盘\配套视频\第 4 章\通过线段的中点到圆的圆心画一条线段.avi）

（1）单击"默认"选项卡"绘图"面板中的"直线"按钮✓和"圆"按钮◎，绘制直线和圆。

（2）单击"默认"选项卡"绘图"面板中的"直线"按钮✓，在命令行提示"指定第一点:"后输入"MID"。

（3）在命令行提示"于:"后把十字光标放在线段上，如图 4-33 所示，在线段的中点处出现一个三角形的中点捕捉标记，单击拾取该点。

（4）在命令行提示"指定下一点或 [放弃(U)]:"后输入"CEN"。

（5）在命令行提示"于:"后把十字光标放在圆上，如图 4-34 所示，在圆心处出现一个圆形的圆心捕捉标记，单击拾取该点，结果如图 4-35 所示。

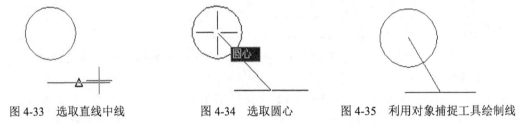

图 4-33 选取直线中线　　　图 4-34 选取圆心　　　图 4-35 利用对象捕捉工具绘制线

4.3.3 设置对象捕捉

在用 AutoCAD 绘图之前，可以根据需要事先设置运行一些对象捕捉模式，绘图时 AutoCAD 能自动捕捉这些特殊点，从而加快绘图速度，提高绘图质量。执行该命令，主要有如下 6 种调用方法：

☑　在命令行中输入"DDOSNAP"命令。

☑　选择菜单栏中的"工具/绘图设置"命令。

☑　单击"对象捕捉"工具栏中的"对象捕捉设置"按钮🧲。

☑　选择状态栏中"捕捉"按钮□下拉菜单中的"对象捕捉设置"命令。

☑　按 F3 键（功能仅限于打开与关闭）。

☑　选择快捷菜单中的"对象捕捉设置"命令。

执行上述命令后，系统打开"草图设置"对话框，选择"对象捕捉"选项卡，如图 4-36 所示。利用此对话框可以对对象捕捉方式进行设置。对话框中各参数含义如下。

图 4-36 "草图设置"对话框的"对象捕捉"选项卡

- ☑ "启用对象捕捉"复选框：打开或关闭对象捕捉方式。当选中此复选框时，在"对象捕捉模式"选项组中选中的捕捉模式处于激活状态。
- ☑ "启用对象捕捉追踪"复选框：打开或关闭自动追踪功能。
- ☑ "对象捕捉模式"选项组：其中列出了各种捕捉模式的复选框，选中则该模式被激活。单击"全部清除"按钮，则所有模式均被清除；单击"全部选择"按钮，则所有模式均被选中。
- ☑ "选项"按钮：在对话框的左下角有一个"选项"按钮，单击该按钮可打开"选项"对话框的"草图"选项卡，利用该对话框可决定捕捉模式的各项设置。

4.3.4 实战——绘制动合触点符号

本实例利用圆弧、直线命令，结合对象追踪功能绘制动合触点符号，绘制流程如图 4-37 所示。

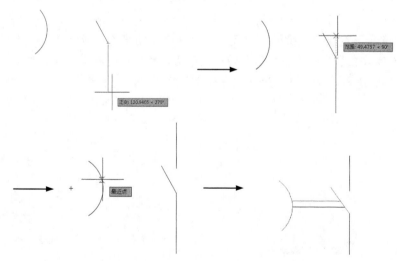

图 4-37 绘制动合触点符号流程图

Note

操作步骤如下：（ 📹 ：光盘\配套视频\第 4 章\绘制动合触点符号.avi）

（1）单击状态栏中的"对象捕捉"按钮右侧的下拉按钮，在打开的下拉菜单中选择"对象捕捉设置"命令，如图 4-38 所示，系统打开"草图设置"对话框，单击"全部选择"按钮，将所有特殊位置点设置为可捕捉状态，如图 4-39 所示。

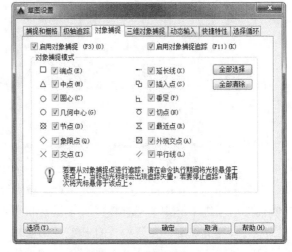

图 4-38　下拉菜单   图 4-39　"草图设置"对话框

（2）单击"默认"选项卡"绘图"面板中的"圆弧"按钮，绘制一个适当大小的圆弧。

（3）单击"默认"选项卡"绘图"面板中的"直线"按钮，在绘制的圆弧右边绘制连续线段，在绘制完一段斜线后，单击状态栏上的"正交"按钮，这样就能保证接下来绘制的部分线段是正交的，绘制完直线后的图形如图 4-40 所示。

> **提示：**
> 正交、对象捕捉等命令是透明命令，可以在其他命令的执行过程中操作，而不中断原命令操作。

（4）单击"默认"选项卡"绘图"面板中的"直线"按钮，同时单击状态栏上的"对象追踪"按钮，将光标放在刚绘制的竖线的起始端点附近，然后往上移动鼠标，这时，系统显示一条追踪线，如图 4-41 所示，表示目前光标位置处于竖直直线的延长线上。

图 4-40　绘制连续直线   图 4-41　显示追踪线

（5）在合适的位置单击，就确定了直线的起点，再向上移动鼠标，指定竖直直线的终点。

（6）再次单击"默认"选项卡"绘图"面板中的"直线"按钮，将光标移动到圆弧附近适当位置，系统会显示离光标最近的特殊位置点，单击后，系统将自动捕捉该特殊位置点为直线的起点，如图4-42所示。

（7）水平移动鼠标到斜线附近，这时，系统也会自动显示斜线上离光标位置最近的特殊位置点，单击后，系统将自动捕捉该点为直线的终点，如图4-43所示。

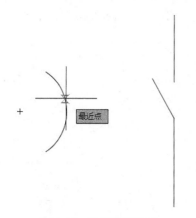

图4-42　捕捉直线起点

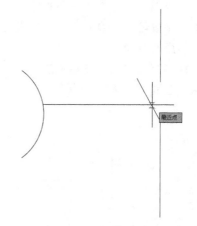

图4-43　捕捉直线终点

提示：

上面绘制水平直线的过程中，同时按下了"正交"按钮和"对象捕捉"按钮，但有时系统不能同时满足既保证直线正交又同时保证直线的端点为特殊位置点。这时，系统优先满足对象捕捉条件，即保证直线的端点是圆弧和斜线上的特殊位置点，而不能保证一定是正交直线，如图4-44所示。

解决这个矛盾的一个小技巧是先放大图形，再捕捉特殊位置点，这样往往能找到能够满足直线正交的特殊位置点作为直线的端点。

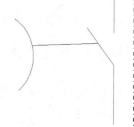

图4-44　直线不正交

（8）用相同的方法绘制第二条水平线，最终结果如图4-45所示。

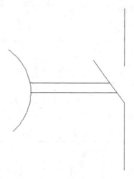

图4-45　动合触点符号

4.4 对象约束

约束能够用于精确地控制草图中的对象。草图约束有两种类型：尺寸约束和几何约束。

几何约束建立起草图对象的几何特性（如要求某一直线具有固定长度）或是两个或更多草图对象的关系类型（如要求两条直线垂直或平行，或是几个弧具有相同的半径）。在图形区用户可以使用"参数化"选项卡内的"全部显示"、"全部隐藏"或"显示"来显示有关信息，并显示代表这些约束的直观标记（如图 4-46 所示的水平标记 ═ 和共线标记 ╲）。

尺寸约束建立起草图对象的大小（如直线的长度、圆弧的半径等）或是两个对象之间的关系（如两点之间的距离）。如图 4-47 所示为一带有尺寸约束的示例。本节重点讲述几何约束的相关功能。

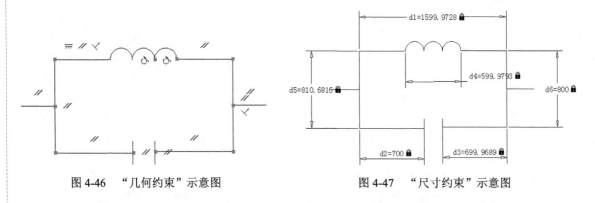

图 4-46 "几何约束"示意图   图 4-47 "尺寸约束"示意图

4.4.1 建立几何约束

使用几何约束，可以指定草图对象必须遵守的条件，或是草图对象之间必须维持的关系。"几何约束"面板及工具栏（面板在"参数化"选项卡的"几何"面板中）如图 4-48 所示，其主要几何约束选项功能如表 4-5 所示。

图 4-48 "几何约束"面板及工具栏

表 4-5 几何约束选项及功能

约 束 模 式	功　　能
重合	约束两个点使其重合，或者约束一个点使其位于曲线（或曲线的延长线）上。可以使对象上的约束点与某个对象重合，也可以使其与另一对象上的约束点重合
共线	使两条或多条直线段沿同一直线方向
同心	将两个圆弧、圆或椭圆约束到同一个中心点。结果与将重合约束应用于曲线的中心点所产生的结果相同

约 束 模 式	功　　能
固定	将几何约束应用于一对对象时，选择对象的顺序以及选择每个对象的点可能会影响对象彼此间的放置方式
平行	使选定的直线位于彼此平行的位置。平行约束在两个对象之间应用
垂直	使选定的直线位于彼此垂直的位置。垂直约束在两个对象之间应用
水平	使直线或点对位于与当前坐标系的 X 轴平行的位置。默认选择类型为对象
竖直	使直线或点对位于与当前坐标系的 Y 轴平行的位置
相切	将两条曲线约束为保持彼此相切或其延长线保持彼此相切。相切约束在两个对象之间应用
平滑	将样条曲线约束为连续，并与其他样条曲线、直线、圆弧或多段线保持 G2 连续性
对称	使选定对象受对称约束，相对于选定直线对称
相等	将选定圆弧和圆的尺寸重新调整为半径相同，或将选定直线的尺寸重新调整为长度相同

绘图中可指定二维对象或对象上的点之间的几何约束。之后编辑受约束的几何图形时，将保留约束。因此，通过使用几何约束，可以在图形中包括设计要求。

4.4.2　几何约束设置

在用 AutoCAD 绘图时，可以控制约束栏的显示，使用"约束设置"对话框，可控制约束栏上显示或隐藏的几何约束类型。可执行以下操作：

☑　显示（或隐藏）所有的几何约束。

☑　显示（或隐藏）指定类型的几何约束。

☑　显示（或隐藏）所有与选定对象相关的几何约束。

执行该命令，主要有如下 5 种调用方法：

☑　在命令行中输入"CONSTRAINTSETTINGS"命令。

☑　选择菜单栏中的"参数/约束设置"命令。

☑　单击"参数化"功能区"几何"选项组中的"对话框启动器"按钮 。

☑　单击"参数化"工具栏中的"参数化/约束设置"按钮 。

☑　利用 CSETTINGS 快捷键。

执行上述命令后，系统打开"约束设置"对话框，选择"几何"选项卡，如图 4-49 所示。利用此对话框可以控制约束栏上约束类型的显示。对话框中各参数含义如下。

☑　"约束栏显示设置"选项组：控制图形编辑器中是否为对象显示约束栏或约束点标记。例如，可以为水平约束和竖直约束隐藏约束栏的显示。

☑　"全部选择"按钮：选择全部几何约束类型。

图 4-49　"约束设置"对话框

☑ "全部清除"按钮：清除选定的几何约束类型。

☑ "仅为处于当前平面中的对象显示约束栏"复选框：仅为当前平面上受几何约束的对象显示约束栏。

☑ "约束栏透明度"选项组：设置图形中约束栏的透明度。

☑ "将约束应用于选定对象后显示约束栏"复选框：手动应用约束后或使用 AUTOCONSTRAIN 命令时显示相关约束栏。

Note

4.4.3 实战——绘制电感符号

本实例利用圆弧、直线命令分别绘制一段相切圆弧和两段直线，再利用相切约束命令使直线与圆弧相切，绘制流程图如图 4-50 所示。

图 4-50 绘制电感符号流程图

操作步骤如下：（ ：光盘\配套视频\第 4 章\绘制电感符号.avi）

1. 绘制绕线组

（1）单击"默认"选项卡"绘图"面板中的"圆弧"按钮，绘制半径为 10 的半圆弧。

（2）在命令行提示"指定圆弧的起点或 [圆心(C)]:"后指定一点作为圆弧起点。

（3）在命令行提示"指定圆弧的第二个点或 [圆心(C)/端点(E)]:"后输入"E"，采用端点方式绘制圆弧。

（4）在命令行提示"指定圆弧的端点:"后输入"@-20,0"，指定圆弧的第二个端点，采用相对方式输入点的坐标值。

（5）在命令行提示"指定圆弧的中心点（按住 Ctrl 键以切换方向）或 [角度(A)/方向(D)/半径(R)]:"后输入"R"。

（6）在命令行提示"指定圆弧的半径（按住 Ctrl 键以切换方向）:"后输入"10"，指定圆弧半径。

（7）用相同的方法绘制另外 3 段相同的圆弧，每段圆弧的起点为上一段圆弧的终点，结果如图 4-51 所示。

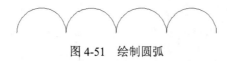

图 4-51 绘制圆弧

2. 绘制引线

单击状态栏中的"正交"按钮，然后单击"默认"选项卡"绘图"面板中的"直线"按钮，绘制竖直向下的电感两端引线，如图 4-52 所示。

3. 相切对象

（1）单击"参数化"选项卡"几何"面板中的"相切"按钮，选择需要约束的对象，使直线与圆弧相切。

（2）在命令行提示"GcTangent"。

（3）在命令行提示"选择第一个对象:"后选择最左端圆弧。

（4）在命令行提示"选择第二个对象:"后选择左侧竖直直线。

（5）采用同样的方式建立其他圆弧和圆弧及右侧直线和圆弧的相切关系，结果如图 4-53 所示。

图 4-52 绘制引线 图 4-53 电感符号

4.5 综合实战——绘制简单电路布局图

本实例通过图层特性管理器创建两个图层后利用矩形、直线等一些基础的绘图命令绘制图形，再利用多行文字命令进行标注。绘制流程图如图 4-54 所示。

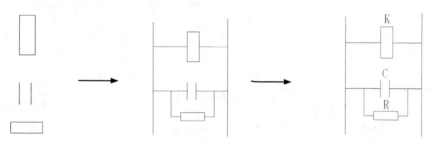

图 4-54 绘制简单电路布局图流程图

操作步骤如下:（ :光盘\配套视频\第 4 章\绘制简单电路布局图.avi）

（1）单击"默认"选项卡"图层"面板中的"图层特性"按钮 ，打开"图层特性管理器"选项板，新建两个图层:"实线"和"文字"，具体设置如图 4-55 所示。

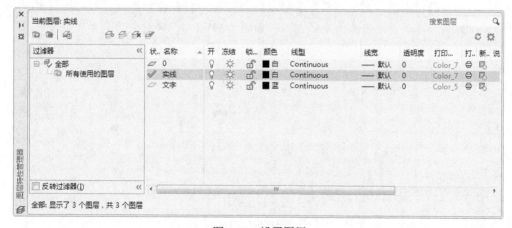

图 4-55 设置图层

（2）将"实线"图层设置为当前图层，单击状态栏上的"正交"按钮，单击"默认"选项卡"绘图"面板中的"矩形"按钮，绘制一个适当大小的矩形，表示操作器件符号。

（3）单击状态栏上的"对象追踪"按钮。单击"默认"选项卡"绘图"面板中的"直线"按钮，将光标放在刚绘制的矩形的左下角端点附近，然后往下移动鼠标，这时系统显示一条追踪线，如图 4-56 所示，表示目前光标处于矩形左边的延长线上，适当指定一点为直线起点，再往下适当指定一点为直线终点。

（4）单击"默认"选项卡"绘图"面板中的"直线"按钮，将光标放在刚绘制的竖线的上端点附近，然后往右移动鼠标，这时，系统显示一条追踪线，如图 4-57 所示，表示目前鼠标位置处于竖线的上端点同一水平线上，适当指定一点为直线起点。

（5）将光标放在刚绘制的竖线的下端点附近，然后往右移动鼠标，这时，系统也显示一条追踪线，如图 4-58 所示，表示目前光标处于竖线的下端点同一水平线上，在刚绘制的直线起点大约正下方指定一点为直线起点并单击，这样系统就捕捉到直线的终点，使该直线竖直，同时起点和终点与前面绘制的竖线的起点和终点在同一水平线上。这样，就完成了电容符号的绘制。

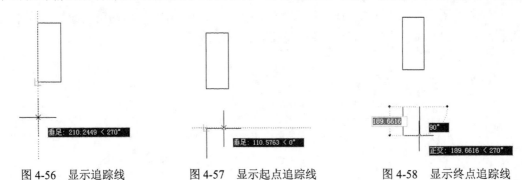

图 4-56　显示追踪线　　　　图 4-57　显示起点追踪线　　　　图 4-58　显示终点追踪线

（6）单击"默认"选项卡"绘图"面板中的"矩形"按钮，在电容符号下方适当位置绘制一个矩形，表示电阻符号，如图 4-59 所示。

（7）单击"默认"选项卡"绘图"面板中的"直线"按钮，在绘制的电气符号两侧绘制两条适当长度的竖直直线，表示导线主线，如图 4-60 所示。

（8）单击状态栏上的"对象捕捉"按钮，并将所有特殊位置点设置为可捕捉点。

（9）捕捉矩形左边直线中点为直线起点，如图 4-61 所示；捕捉左边导线主线上一点为直线终点，如图 4-62 所示。

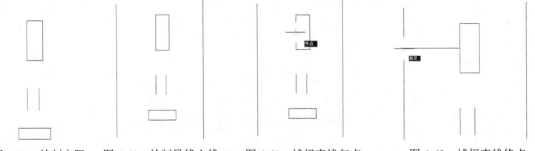

图 4-59　绘制电阻　　图 4-60　绘制导线主线　　图 4-61　捕捉直线起点　　图 4-62　捕捉直线终点

（10）用相同的方法，利用"直线"命令绘制操作器件和电容的连接导线以及电阻的连接导线，注意捕捉电阻导线的起点为电阻符号矩形左边的中点，终点为电容连线上的垂足，如图 4-63 所示。完成导线的绘制，如图 4-64 所示。

（11）将当前图层设置为"文字"图层，绘制文字。最终结果如图 4-65 所示。

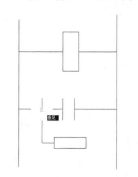

图 4-63　绘制电阻导线连线

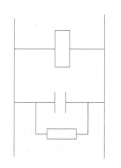

图 4-64　完成导线绘制

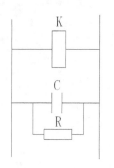

图 4-65　简单电路布局

4.6　实　战　演　练

通过前面的学习，读者对本章知识也有了大体的了解，本节通过两个操作练习使读者进一步掌握本章知识要点。

【实战演练 1】利用图层特性管理器和精确定位工具绘制如图 4-66 所示的手动开关。

操作提示：

（1）设置两个新图层。

（2）利用精确定位工具配合绘制各图线。

【实战演练 2】利用精确定位工具绘制如图 4-67 所示的密闭插座。

图 4-66　手动开关

图 4-67　密闭插座

操作提示：

利用精确定位工具绘制各图线。

第 5 章

编辑命令

本章学习要点和目标任务：

☑ 选择对象

☑ 删除及恢复类命令

☑ 复制类命令

☑ 改变位置类和改变几何特性类命令

☑ 对象编辑

二维图形编辑操作配合绘图命令可以进一步完成复杂图形对象的绘制工作，并可使用户合理安排和组织图形，保证作图准确，减少重复，因此，对编辑命令的熟练掌握和使用有助于提高设计和绘图的效率。本章主要介绍以下内容：复制类命令、改变位置类命令、删除及恢复类命令、改变几何特性类编辑命令和对象编辑等。

5.1　选　择　对　象

AutoCAD 2016 提供两种途径编辑图形：

☑　先执行编辑命令，然后选择要编辑的对象。

☑　先选择要编辑的对象，然后执行编辑命令。

这两种途径的执行效果是相同的，但选择对象是进行编辑的前提。AutoCAD 2016 提供了多种对象选择方法，如点取方法、用选择窗口选择对象、用选择线选择对象、用对话框选择对象等。AutoCAD 2016 可以把选择的多个对象组成整体，如选择集和对象组，进行整体编辑与修改。

选择集可以仅由一个图形对象构成，也可以是一个复杂的对象组，如位于某一特定层上，具有某种特定颜色的一组对象。选择集的构造可以在调用编辑命令之前或之后。

AutoCAD 2016 提供以下 4 种方法构造选择集：

☑　先选择一个编辑命令，然后选择对象，按 Enter 键结束操作。

☑　使用 SELECT 命令。

☑　用点取设备选择对象，然后调用编辑命令。

☑　定义对象组。

无论使用哪种方法，AutoCAD 2016 都将提示用户选择对象，并且光标的形状由十字光标变为拾取框。此时，可以用下面介绍的方法选择对象。

下面结合 SELECT 命令说明选择对象的方法。

SELECT 命令可以单独使用，即在命令行中输入"SELECT"命令后按 Enter 键，也可以在执行其他编辑命令时被自动调用。此时，屏幕出现提示"选择对象:"，等待用户以某种方式选择对象作为回答。AutoCAD 提供多种选择方式，可以输入"?"查看这些选择方式。选择该选项后，出现如下提示："需要点或窗口(W)/上一个(L)/窗交(C)/框选(BOX)/全部(ALL)/栏选(F)/圈围(WP)/圈交(CP)/编组(G)/添加(A)/删除(R)/多个(M)/上一个(P)/放弃(U)/自动(AU)/单选(SI)/子对象(SU)/对象(O)"。

上面主要选项含义如下。

☑　窗口(W)：用由两个对角顶点确定的矩形窗口选取位于其范围内部的所有图形，与边界相交的对象不会被选中，如图 5-1 所示。指定对角顶点时应该按照从左向右的顺序。

☑　窗交(C)：该方式与上述"窗口"方式类似，区别在于它不但选择矩形窗口内部的对象，也选中与矩形窗口边界相交的对象，如图 5-2 所示。

☑　框选(BOX)：使用时，系统根据用户在屏幕上给出的两个对角点的位置而自动引用"窗口"或"窗交"选择方式。若从左向右指定对角点，为"窗口"方式；反之，为"窗交"方式。

☑　栏选(F)：用户临时绘制一些直线，这些直线不必构成封闭图形，凡是与这些直线相交的对象均被选中。执行结果如图 5-3 所示。

☑　圈围(WP)：使用一个不规则的多边形来选择对象。根据提示，用户顺次输入构成多边形所有顶点的坐标，直到最后按 Enter 键作出空回答结束操作，系统将自动连接第一个顶点与最后一个顶点形成封闭的多边形。凡是被多边形围住的对象均被选中（不包括边界），执行结果如图 5-4 所示。

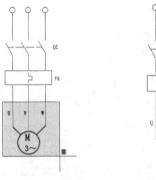

图中阴影覆盖为选择框　　选择后的图形

图 5-1　"窗口"对象选择方式

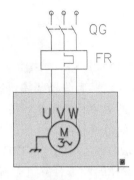

图中阴影覆盖为选择框　　选择后的图形

图 5-2　"窗交"对象选择方式

　　☑　添加(A)：添加下一个对象到选择集。也可用于从移走模式（Remove）到选择模式的切换。

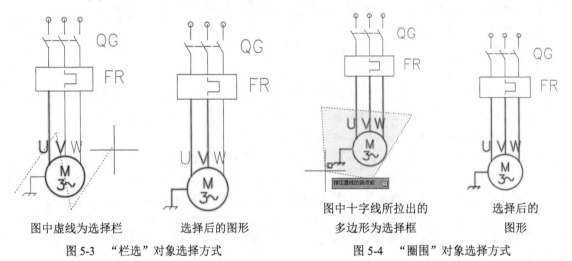

图中虚线为选择栏　　　选择后的图形

图 5-3　"栏选"对象选择方式

图中十字线所拉出的　　选择后的
多边形为选择框　　　　图形

图 5-4　"圈围"对象选择方式

5.2　删除及恢复类命令

　　这一类命令主要用于删除图形的某部分或对已被删除的部分进行恢复，包括删除、回退、重做、清除等命令。

5.2.1　删除命令

　　如果所绘制的图形不符合要求或不小心错绘了图形，可以使用删除命令 ERASE 将其删除。执行删除命令，主要有以下 5 种调用方法：
　　☑　在命令行中输入"ERASE"命令。
　　☑　选择菜单栏中的"修改/删除"命令。
　　☑　单击"修改"工具栏中的"删除"按钮 。

☑　在快捷菜单中选择"删除"命令。

☑　单击"默认"选项卡"修改"面板中的"删除"按钮 。

可以先选择对象后调用删除命令，也可以先调用删除命令然后再选择对象。选择对象时可以使用前面介绍的对象选择的各种方法。

当选择多个对象时，多个对象都被删除；若选择的对象属于某个对象组，则该对象组的所有对象都被删除。

> **提示：**
> 　绘图过程中，如果出现了绘制错误或者不太满意的图形需要删除，可以单击"标准"工具栏中的 按钮，也可以按键盘上的 Delete 键，命令行提示"_erase:"，单击要删除的图形，再右击。删除命令可以一次删除一个或多个图形，如果删除错误，可以利用 按钮来补救。

5.2.2　恢复命令

若不小心误删除了图形，可以使用恢复命令 OOPS 恢复误删除的对象。执行恢复命令，主要有以下 3 种调用方法：

☑　在命令行中输入"OOPS"或"U"命令。

☑　单击"标准"工具栏中的"重做"按钮 或单击快速访问工具栏中的"重做"按钮 。

☑　利用快捷键 Ctrl+Z。

执行其他命令后，在命令行窗口的提示行上输入"OOPS"，按 Enter 键。

5.2.3　清除命令

此命令与删除命令功能完全相同。执行清除命令，主要有以下两种调用方法：

☑　选择菜单栏中的"编辑/删除"命令。

☑　利用快捷键 Delete。

执行上述命令后，根据系统提示选择要清除的对象，按 Enter 键执行清除命令。

5.3　复制类命令

本节详细介绍 AutoCAD 2016 的复制类命令。

5.3.1　复制命令

执行复制命令，主要有以下 5 种调用方法：

☑　在命令行中输入"COPY"命令。

☑　选择菜单栏中的"修改/复制"命令。

☑　单击"修改"工具栏中的"复制"按钮 。

☑ 选择快捷菜单中的"复制选择"命令。

☑ 单击"默认"选项卡"修改"面板中的"复制"按钮 。

执行上述命令，将提示选择要复制的对象，按 Enter 键结束选择操作。在命令行提示"指定基点或 [位移(D)/模式(O)] <位移> :"后指定基点或位移。使用复制命令时，命令行提示中各选项的含义如下。

☑ 指定基点：指定一个坐标点后，AutoCAD 2016 把该点作为复制对象的基点，并提示指定第二个点。指定第二个点后，系统将根据这两点确定的位移矢量把选择的对象复制到第二处。如果此时直接按 Enter 键，即选择默认的"用第一点作位移"，则第一个点被当作相对于 X、Y、Z 的位移。例如，如果指定基点为(2,3)并在下一个提示下按 Enter 键，则该对象从当前的位置开始在 X 方向上移动 2 个单位，在 Y 方向上移动 3 个单位。复制完成后，根据提示指定第二个点或输入选项。这时，可以不断指定新的第二点，从而实现多重复制。

☑ 位移(D)：直接输入位移值，表示以选择对象时的拾取点为基准，以拾取点坐标为移动方向纵横比移动指定位移后确定的点为基点。例如，选择对象时拾取点坐标为(2,3)，输入位移为 5，则表示以(2,3)点为基准，沿纵横比为 3:2 的方向移动 5 个单位所确定的点为基点。

☑ 模式(O)：控制是否自动重复该命令。选择该项后，系统提示输入复制模式选项，可以设置复制模式是单个或多个。

5.3.2 实战——绘制电感符号

本实例利用圆弧、复制、直线、相切约束和修剪命令绘制电感符号，绘制流程如图 5-5 所示。

图 5-5 绘制电感符号流程图

操作步骤如下：（ ：光盘\配套视频\第 5 章\绘制电感符号.avi）

（1）绘制半圆弧。单击"默认"选项卡"绘图"面板中的"圆弧"按钮 ，绘制半径为 10 的半圆弧。

① 在命令行提示"指定圆弧的起点或 [圆心(C)]:"后选取一点。

② 在命令行提示"指定圆弧的第二个点或 [圆心(C)/端点(E)]:"后输入"E"。

③ 在命令行提示"指定圆弧的端点:"后输入"(@-20,0)"。

④ 在命令行提示"指定圆弧的中心点或 [角度(A)/方向(D)/半径(R)]:"后输入"R"。

⑤ 在命令行提示"指定圆弧的半径:"后输入"10"。

（2）复制圆弧。单击"默认"选项卡"绘图"面板中的"复制"按钮 ，复制其他 3 个半圆弧，使其相切。

① 在命令行提示"选择对象:"后选择圆弧。

② 在命令行提示"指定第二个点或 <使用第一个点作为位移>:"后选取圆弧的一个端点作为基点，另一端点作为复制放置点。

③ 在命令行提示"指定第二个点或 [阵列(A)/退出(E)/放弃(U)] <退出>:"后复制第 2 段圆弧。

④ 在命令行提示"指定第二个点或 [阵列(A)/退出(E)/放弃(U)] <退出>:"后复制第 3 段圆弧。

⑤ 在命令行提示"指定第二个点或 [阵列(A)/退出(E)/放弃(U)] <退出>:"后复制第 4 段圆弧。

结果如图 5-6 所示。

（3）单击状态栏上的"正交"按钮，单击"默认"选项卡"绘图"面板中的"直线"按钮，绘制竖直向下的电感两端引线，如图 5-7 所示。

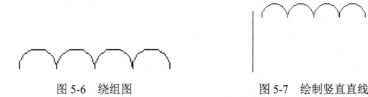

图 5-6　绕组图　　　　　　　　　图 5-7　绘制竖直直线

（4）利用"几何"面板或打开"几何约束"工具栏创建相切约束，如图 5-8 所示。

图 5-8　"几何"面板及工具栏

（5）单击"参数化"选项卡"几何"面板中的"相切"按钮，使两侧直线与圆弧相切。

① 在命令行提示"_GcTangent"。

② 在命令行提示"选择第一个对象:"后选择最左端圆弧。

③ 在命令行提示"选择第二个对象:"后选择最左端竖直直线。系统自动将竖直直线向与圆弧相切，用同样的方式建立其他相切的关系。

（6）单击"默认"选项卡"修改"面板中的"修剪"按钮，将多余的部分剪切掉。电感符号绘制完毕，效果如图 5-9 所示。

图 5-9　绘制电感符号

5.3.3　镜像命令

镜像对象是指把选择的对象围绕一条镜像线作对称复制。镜像操作完成后，可以保留原对象也可以将其删除。执行镜像命令，主要有如下 4 种调用方法：

☑　在命令行中输入"MIRROR"命令。

☑　选择菜单栏中的"修改/镜像"命令。

☑　单击"修改"工具栏中的"镜像"按钮。

☑　单击"默认"选项卡"修改"面板中的"镜像"按钮。

执行上述命令后，系统提示选择要镜像的对象，并指定镜像线的第一个点和第二个点，并确定是否删除源对象。这两点确定一条镜像线，被选择的对象以该线为对称轴进行镜像。包含该线的镜像平面与用户坐标系的 XY 平面垂直，即镜像操作工作在与用户坐标系的 XY 平面平行的平面上。

5.3.4 实战——绘制整流桥电路

本实例利用圆弧、复制、直线、相切约束和修剪命令绘制整流桥电路，绘制流程如图 5-10 所示。

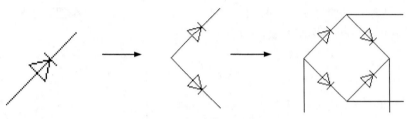

图 5-10 绘制整流桥电路流程图

操作步骤如下：（📷：光盘\配套视频\第 5 章\绘制整流桥电路.avi）

（1）单击"默认"选项卡"绘图"面板中的"直线"按钮╱，绘制一条 45° 的斜线。

（2）单击"默认"选项卡"绘图"面板中的"多边形"按钮⬡，绘制一个三角形，捕捉三角形中心为斜直线中点，并指定三角形一个顶点在斜线上。

（3）单击"默认"选项卡"绘图"面板中的"直线"按钮╱，打开状态栏上的"对象追踪"按钮，捕捉三角形在斜线上的顶点为端点，绘制一条与斜线垂直的短直线，完成二极管符号的绘制，如图 5-11 所示。

（4）镜像图形。单击"默认"选项卡"修改"面板中的"镜像"按钮⚏，向下镜像二极管符号。

① 在命令行提示"选择对象："后选择第（3）步绘制的对象。

② 在命令行提示"指定镜像线的第一点："后捕捉斜线下端点。

③ 在命令行提示"指定镜像线的第二点："后指定水平方向任意一点。

④ 在命令行提示"要删除源对象吗？[是(Y)/否(N)] <N>："后按 Enter 键。结果如图 5-12 所示。

（5）单击"默认"选项卡"修改"面板中的"镜像"按钮⚏，以过左下斜线中点并与本斜线垂直的直线为镜像轴，删除源对象，将左上角二极管符号进行镜像。用同样的方法，将左下角二极管符号进行镜像，结果如图 5-13 所示。

（6）单击"默认"选项卡"绘图"面板中的"直线"按钮╱，绘制 4 条导线，最终结果如图 5-14 所示。

　　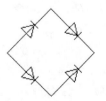　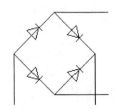

图 5-11 二极管符号　　图 5-12 镜像二极管　　图 5-13 再次镜像二极管　　图 5-14 整流桥电路

5.3.5 偏移命令

偏移对象是指保持选择的对象的形状，在不同的位置以不同的尺寸大小新建一个对象。执行偏移命令，主要有如下4种调用方法：

- ☑ 在命令行中输入"OFFSET"命令。
- ☑ 选择菜单栏中的"修改/偏移"命令。
- ☑ 单击"修改"工具栏中的"偏移"按钮。
- ☑ 单击"默认"选项卡"修改"面板中的"偏移"按钮。

执行上述命令后，将提示指定偏移距离或选择选项，选择要偏移的对象并指定偏移方向。使用偏移命令绘制构造线时，命令行提示中各选项的含义如下。

- ☑ 指定偏移距离：输入一个距离值，或按 Enter 键使用当前的距离值，系统把该距离值作为偏移距离，如图 5-15（a）所示。
- ☑ 通过(T)：指定偏移的通过点。选择该选项后，根据系统提示选择要偏移的对象，指定偏移对象的一个通过点。操作完毕后，系统根据指定的通过点绘出偏移对象，如图 5-15（b）所示。

图 5-15　偏移选项说明 1

- ☑ 删除(E)：偏移源对象后将其删除，如图 5-16（a）所示。选择该项，在系统提示"要在偏移后删除源对象吗？[是(Y)/否(N)] <当前>:"后输入"Y"或"N"。
- ☑ 图层(L)：确定将偏移对象创建在当前图层上还是源对象所在的图层上，这样就可以在不同图层上偏移对象。选择该项，如果偏移对象的图层选择为当前图层，则偏移对象的图层特性与当前图层相同，如图 5-16（b）所示。

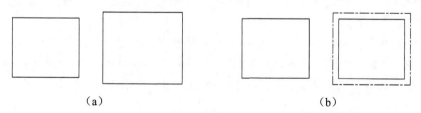

图 5-16　偏移选项说明 2

- ☑ 多个(M)：用当前偏移距离重复进行偏移操作，并接受附加的通过点，如图 5-17 所示。

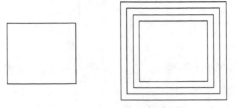

图 5-17　偏移选项说明 3

> **提示：**
> 　　AutoCAD 2016 中，可以使用"偏移"命令对指定的直线、圆弧、圆等对象作定距离偏移复制。在实际应用中，常利用"偏移"命令的特性创建平行线或等距离分布图形，效果同"阵列"。默认情况下，需要指定偏移距离，再选择要偏移复制的对象，然后指定偏移方向，以复制出对象。

5.3.6　实战——绘制手动三级开关符号

　　本实例利用直线命令绘制一级开关，再利用偏移、复制命令创建二、三级开关，最后利用直线命令将开关补充完整，绘制流程如图 5-18 所示。

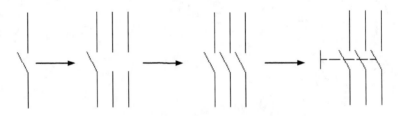

图 5-18　绘制手动三级开关符号流程图

　　操作步骤如下：（📷：光盘\配套视频\第 5 章\绘制手动三级开关符号.avi）

　　（1）结合"正交"和"对象追踪"功能，单击"默认"选项卡"绘图"面板中的"直线"按钮 ，绘制 3 条直线，完成一级开关的绘制，如图 5-19 所示。

　　（2）偏移处理。单击"默认"选项卡"修改"面板中的"偏移"按钮 ，将第（1）步绘制的一级开关向右偏移。

　　① 在命令行提示"指定偏移距离或 [通过(T)/删除(E)/图层(L)] <通过>:"后在适当位置指定一点，如图 5-20 所示的点 1。

　　② 在命令行提示"指定第二点:"后水平向右适当距离指定一点，如图 5-20 所示的点 2。

　　③ 在命令行提示"选择要偏移的对象，或[退出(E)/放弃(U)] <退出>:"后选择一条竖直直线。

　　④ 在命令行提示"指定要偏移的那一侧上的点，或 [退出(E)/多个(M)/放弃(U)] <退出>:"后向右指定一点。

　　⑤ 在命令行提示"选择要偏移的对象，或 [退出(E)/放弃(U)] <退出>:"后指定另一条竖线。

　　⑥ 在命令行提示"指定要偏移的那一侧上的点，或 [退出(E)/多个(M)/放弃(U)] <退出>:"后向右指定一点，结果如图 5-21 所示。

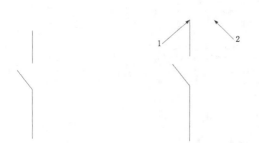

图 5-19　绘制直线　　　　图 5-20　指定偏移距离　　　　图 5-21　偏移结果

提示：

　　偏移是将对象按指定的距离沿对象的垂直或法向方向进行复制，在本实例中，如果采用与上面设置相同的距离将斜线进行偏移，就会得到如图 5-22 所示的结果，这与设想的结果不一样，是初学者应该注意的地方。

图 5-22　偏移斜线

　　（3）单击"默认"选项卡"修改"面板中的"偏移"按钮，绘制第三级开关的竖线，具体操作方法与上面相同，只是在系统提示"指定偏移距离或 [通过 (T)/ 删除 (E)/ 图层 (L)] <190.4771>:"时，直接按 Enter 键，接受上一次偏移指定的偏移距离为本次偏移的默认距离。结果如图 5-23 所示。

　　（4）单击"默认"选项卡"修改"面板中的"复制"按钮，复制斜线，捕捉基点和目标点分别为对应的竖线端点，结果如图 5-24 所示。

　　（5）单击"默认"选项卡"绘图"面板中的"直线"按钮，结合"对象捕捉"功能绘制一条竖直线和一条水平线，结果如图 5-25 所示。

图 5-23　完成偏移　　　　图 5-24　复制斜线　　　　图 5-25　绘制直线

　　（6）单击"默认"选项卡"图层"面板中的"图层特性"按钮，打开"图层特性管理器"选项板，如图 5-26 所示。单击 0 图层下的 Continuous 线型，打开"选择线型"对话框，如图 5-27 所示，单击"加载"按钮，打开"加载或重载线型"对话框，选择其中的 ACAD_ISO02W100 线型，如图 5-28 所示，单击"确定"按钮，回到"选择线型"对话框，再次单击"确定"按钮，回到"图层特性管理器"选项板，最后单击"确定"按钮退出。

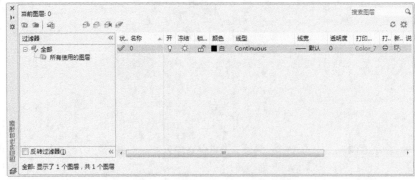

图 5-26 "图层特性管理器"选项板

图 5-27 "选择线型"对话框

图 5-28 "加载或重载线型"对话框

（7）选择上面绘制的水平直线，右击，在弹出的快捷菜单中选择"特性"命令，系统打开"特性"选项板，在"线型"下拉列表框中选择刚加载的 ACAD_ISO02W100 线型，在"线型比例"文本框中将线型比例改为 3，如图 5-29 所示。关闭"特性"选项板，可以看到水平直线的线型已经改为虚线。最终结果如图 5-30 所示。

图 5-29 "特性"选项板

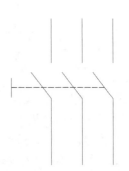

图 5-30 手动三级开关

5.3.7 阵列命令

建立阵列是指多重复制选择的对象并把这些副本按矩形或环形排列。把副本按矩形排列称为建立矩形阵列，把副本按环形排列称为建立极阵列。建立极阵列时，应该控制复制对象的次数和对象是否被旋转；建立矩形阵列时，应该控制行和列的数量以及对象副本之间的距离。

AutoCAD 2016 提供 ARRAY 命令建立阵列。用该命令可以建立矩形阵列、极阵列（环形）和旋转的矩形阵列。

阵列命令主要有如下 4 种调用方法：

☑ 在命令行中输入"ARRAY"命令。

☑ 选择菜单栏中的"修改/阵列/矩形阵列、路径阵列、环形阵列"命令。

☑ 单击"修改"工具栏中的"矩形阵列"按钮、"路径阵列"按钮、"环形阵列"按钮。

☑ 单击"默认"选项卡"修改"面板中的"矩形阵列"按钮/"路径阵列"按钮/"环形阵列"按钮。

执行阵列命令后，根据系统提示选择对象，按 Enter 键结束选择后输入阵列类型。在命令行提示下选择路径曲线或输入行列数。在执行阵列命令的过程中，命令行提示中各主要选项的含义如下。

☑ 方向(O)：控制选定对象是否将相对于路径的起始方向重定向（旋转），然后再移动到路径的起点。

☑ 表达式(E)：使用数学公式或方程式获取值。

☑ 基点(B)：指定阵列的基点。

☑ 关键点(K)：对于关联阵列，在源对象上指定有效的约束点（或关键点）以用作基点。如果编辑生成的阵列的源对象，阵列的基点保持与源对象的关键点重合。

☑ 定数等分(D)：沿整个路径长度平均定数等分项目。

☑ 全部(T)：指定第一个和最后一个项目之间的总距离。

☑ 关联(AS)：指定是否在阵列中创建项目作为关联阵列对象，或作为独立对象。

☑ 项目(I)：编辑阵列中的项目数。

☑ 行数(R)：指定阵列中的行数和行间距，以及它们之间的增量标高。

☑ 层级(L)：指定阵列中的层数和层间距。

☑ 对齐项目(A)：指定是否对齐每个项目以与路径的方向相切。对齐相对于第一个项目的方向（"方向"选项）。

☑ Z 方向(Z)：控制是否保持项目的原始 Z 方向或沿三维路径自然倾斜项目。

☑ 退出(X)：退出命令。

> **提示：**
> 阵列在平面作图时有两种方式，可以在矩形或环形（圆形）阵列中创建对象的副本。对于矩形阵列，可以控制行和列的数目以及它们之间的距离；对于环形阵列，可以控制对象副本的数目并决定是否旋转副本。

5.3.8 实战——绘制多级插头插座

本实例利用圆弧、图案填充、阵列、相切约束和修剪命令绘制多级插头插座，绘制流程如图 5-31 所示。

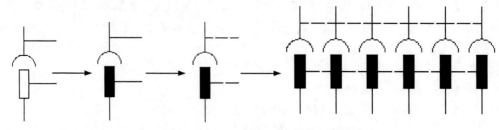

图 5-31 绘制多级插头插座流程图

操作步骤如下：（📹：光盘\配套视频\第 5 章\绘制多级插头插座.avi）

（1）单击"默认"选项卡"绘图"面板中的"圆弧"按钮、"直线"按钮、"矩形"按钮等，绘制如图 5-32 所示的图形。

> 💡 **提示：**
> 利用"正交"、"对象捕捉"和"对象追踪"等工具准确绘制图线，应保持相应端点对齐。

（2）单击"默认"选项卡"图层"面板中的"图案填充"按钮，对矩形进行填充，如图 5-33 所示。

（3）参照前面的方法将两条水平直线的线型改为虚线，如图 5-34 所示。

图 5-32 初步绘制图线   图 5-33 图案填充   图 5-34 修改线型

（4）阵列图形。单击"默认"选项卡"修改"面板中的"矩形阵列"按钮，设置行数为 1，列数为 6。

① 在命令行提示"选择对象:"后拾取要阵列的图形。

② 在命令行提示"选择夹点以编辑阵列或 [关联(AS)/基点(B)/计数(COU)/间距(S)/列数(COL)/行数(R)/层数(L)/退出(X)] <退出>:"后输入"COL"。

③ 在命令行提示"输入列数数或 [表达式(E)] <4>:"后输入"6"。

④ 在命令行提示"指定列数之间的距离或 [总计(T)/表达式(E)] <30.3891>:"后指定上面水平虚线的左端点到上面水平虚线的右端点为阵列间距，如图 5-35 所示。

⑤ 在命令行提示"选择夹点以编辑阵列或 [关联(AS)/基点(B)/计数(COU)/间距(S)/列数

(COL)/行数(R)/层数(L)/退出(X)] <退出>: " 后输入 "R"。

⑥ 在命令行提示 "输入行数数或 [表达式(E)] <3>:" 后输入 "1",按 Enter 键。

（5）单击 "默认" 选项卡 "修改" 面板中的 "删除" 按钮 ✍,将阵列后图形最右边的两条水平虚线删掉,最终结果如图 5-36 所示。

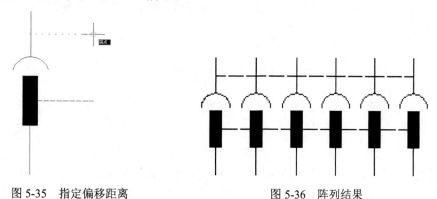

图 5-35 　指定偏移距离 　　　　　　　　图 5-36 　阵列结果

5.4 　改变位置类命令

这一类编辑命令的功能是按照指定要求改变当前图形或图形某部分的位置,主要包括移动、旋转和缩放等命令。

5.4.1 　移动命令

执行移动命令,主要有如下 5 种调用方法:

☑　在命令行中输入 "MOVE" 命令。
☑　选择菜单栏中的 "修改/移动" 命令。
☑　单击 "修改" 工具栏中的 "移动" 按钮 ✚。
☑　选择快捷菜单中的 "移动" 命令。
☑　单击 "默认" 选项卡 "修改" 面板中的 "移动" 按钮 ✚。

执行上述命令后,根据系统提示选择对象,按 Enter 键结束选择,然后在命令行提示下指定基点或移至点,并指定第二个点或位移量。各选项功能与 COPY 命令相关选项功能相同,所不同的是对象被移动后,原位置处的对象消失。

5.4.2 　旋转命令

执行旋转命令,主要有如下 5 种调用方法:

☑　在命令行中输入 "ROTATE" 命令。
☑　选择菜单栏中的 "修改/旋转" 命令。
☑　单击 "修改" 工具栏中的 "旋转" 按钮 ⟳。

☑ 在快捷菜单中选择"旋转"命令。

☑ 单击"默认"选项卡"修改"面板中的"旋转"按钮○。

执行上述命令后，根据系统提示选择要旋转的对象，并指定旋转的基点和旋转角度。在执行旋转命令的过程中，命令行提示中各主要选项的含义如下。

☑ 复制(C)：选择该项，旋转对象的同时，保留原对象，如图 5-37 所示。

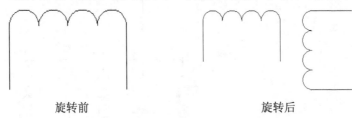

旋转前   旋转后

图 5-37   复制旋转

☑ 参照(R)：采用参考方式旋转对象时，根据系统提示指定要参考的角度和旋转后的角度值，操作完毕后，对象被旋转至指定的角度位置。

 提示：

　　可以用拖动鼠标的方法旋转对象。选择对象并指定基点后，从基点到当前光标位置会出现一条连线，移动鼠标选择的对象会动态地随着该连线与水平方向的夹角的变化而旋转，按 Enter 键会确认旋转操作，如图 5-38 所示。

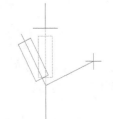

图 5-38   拖动鼠标旋转对象

5.4.3   实战——绘制电极探头符号

本实例主要是利用直线和移动等命令绘制探头的一部分，然后进行旋转复制绘制另一半，最后添加填充。绘制流程图如图 5-39 所示。

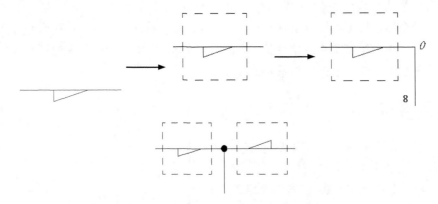

图 5-39   绘制电极探头符号流程图

操作步骤如下：（🎥：光盘\配套视频\第 5 章\绘制电极探头符号.avi）

（1）绘制三角形。单击"默认"选项卡"绘图"面板中的"直线"按钮 ✐，分别绘制直线 1{(0,0),(33,0)}、直线 2{(10,0),(10,-4)}、直线 3{(10,-4),(21,0)}，这 3 条直线构成一个直角三角形，如图 5-40 所示。

（2）绘制竖直直线。单击"默认"选项卡"绘图"面板中的"直线"按钮 ✐，开启"对象捕捉"和"正交"功能，捕捉直线 1 的左端点，以其为起点，向上绘制长度为 12mm 的直线 4，如图 5-41 所示。

（3）移动直线。单击"默认"选项卡"修改"面板中的"移动"按钮 ✛，将直线 4 向右平移 3.5mm。

① 在命令行提示"选择对象:"后拾取要移动的图形，按 Enter 键。

② 在命令行提示"指定基点或 [位移(D)] <位移>:"后捕捉直线 4 下端点。

③ 在命令行提示"指定第二个点或 <使用第一个点作为位移>:"后输入"3.5"。

（4）修改直线线型。新建一个名为"虚线层"的图层，线型为虚线。选中直线 4，单击"图层"工具栏中的下拉按钮 ⌄，在弹出的下拉列表中选择"虚线层"选项，将其图层属性设置为"虚线层"，更改后的效果如图 5-42 所示。

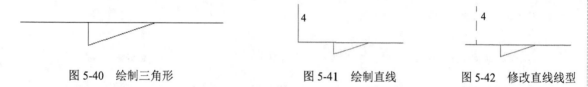

图 5-40 绘制三角形	图 5-41 绘制直线	图 5-42 修改直线线型

（5）镜像直线。单击"默认"选项卡"修改"面板中的"镜像"按钮 ⚎，选择直线 4 为镜像对象，以直线 1 为镜像线进行镜像操作，得到直线 5，如图 5-43 所示。

（6）偏移直线。单击"默认"选项卡"修改"面板中的"偏移"按钮 ⬚，将直线 4 和直线 5 向右偏移 24mm，如图 5-44 所示。

（7）绘制水平直线。单击"默认"选项卡"绘图"面板中的"直线"按钮 ✐，在"对象捕捉"绘图方式下，用鼠标分别捕捉直线 4 和直线 6 的上端点，绘制直线 8。采用相同的方法绘制直线 9，得到两条水平直线。

（8）更改图层属性。选中直线 8 和直线 9，单击"默认"选项卡"图层"面板中的"图层"下拉按钮 ⌄，在弹出的下拉列表中选择"虚线层"选项，将其图层属性设置为"虚线层"，如图 5-45 所示。

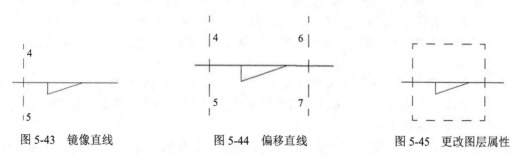

图 5-43 镜像直线	图 5-44 偏移直线	图 5-45 更改图层属性

（9）绘制竖直直线。返回"实线层"，单击"默认"选项卡"绘图"面板中的"直线"按钮 ✐，开启"对象捕捉"和"正交"功能，捕捉直线 1 的右端点，以其为起点向下绘制一条长度为

20mm 的竖直直线，如图 5-46 所示。

（10）旋转图形。单击"默认"选项卡"修改"面板中的"旋转"按钮○，旋转图形。

① 在命令行提示"选择对象:"后用矩形框选直线 8 以左的图形作为旋转对象。

② 在命令行提示"指定基点:"后选择 O 点作为旋转基点。

③ 在命令行提示"指定旋转角度，或[复制(C)/参照(R)] <180>:"后输入"C"。

④ 在命令行提示"指定旋转角度，或[复制(C)/参照(R)] <180>:"后输入"180"。旋转结果如图 5-47 所示。

（11）绘制圆。单击"默认"选项卡"绘图"面板中的"圆"按钮⊘，捕捉 O 点作为圆心，绘制一个半径为 1.5mm 的圆。

（12）填充圆。单击"默认"选项卡"绘图"面板中的"图案填充"按钮▨，弹出"图案填充创建"选项卡，选择 SOLID 图案，其他选项保持系统默认设置。选择第（11）步中绘制的圆作为填充边界，填充结果如图 5-48 所示。至此，电极探头符号绘制完成。

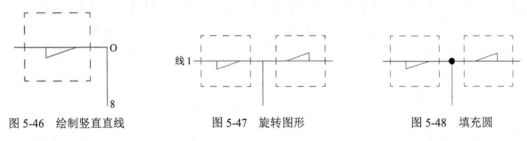

图 5-46　绘制竖直直线　　　　图 5-47　旋转图形　　　　图 5-48　填充圆

5.4.4　缩放命令

执行缩放命令，主要有以下 5 种调用方法：

☑　在命令行中输入"SCALE"命令。

☑　选择菜单栏中的"修改/缩放"命令。

☑　单击"修改"工具栏中的"缩放"按钮▢。

☑　在快捷菜单中选择"缩放"命令。

☑　单击"默认"选项卡"修改"面板中的"缩放"按钮▢。

执行上述命令后，根据系统提示选择要缩放的对象，指定缩放操作的基点，指定比例因子或选项。在执行缩放命令的过程中，命令行提示中各主要选项的含义如下。

☑　参照(R)：采用参考方向缩放对象时，根据系统提示输入参考长度值并指定新长度值。若新长度值大于参考长度值，则放大对象；否则，缩小对象。操作完毕后，系统以指定的基点按指定的比例因子缩放对象。如果选择"点(P)"选项，则指定两点来定义新的长度。

☑　指定比例因子：选择对象并指定基点后，从基点到当前光标位置会出现一条线段，线段的长度即为比例大小。鼠标选择的对象会动态地随着该连线长度的变化而缩放，按 Enter 键，确认缩放操作。

☑　复制(C)：选择"复制(C)"选项时，可以复制缩放对象，即缩放对象时，保留原对象，如图 5-49 所示。

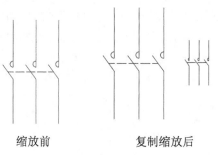

缩放前　　　　　　复制缩放后

图 5-49　复制缩放

5.5　改变几何特性类命令

这一类编辑命令在对指定对象进行编辑后，使编辑对象的几何特性发生改变，包括倒斜角、倒圆角、断开、修剪、延伸、拉长、打断等命令。

5.5.1　修剪命令

执行修剪命令，主要有以下 4 种调用方法：

☑　在命令行中输入"TRIM"命令。

☑　选择菜单栏中的"修改/修剪"命令。

☑　单击"修改"工具栏中的"修剪"按钮 。

☑　单击"默认"选项卡"修改"面板中的"修剪"按钮 。

执行上述命令后，根据系统提示选择剪切边，选择一个或多个对象并按 Enter 键，或者按 Enter 键选择所有显示的对象。使用修剪命令对图形对象进行修剪时，命令行提示中主要选项的含义如下。

☑　在选择对象时，如果按住 Shift 键，系统就自动将"修剪"命令转换成"延伸"命令。"延伸"命令将在 5.5.3 节介绍。

☑　选择"边(E)"选项时，可以选择对象的修剪方式。

　　↳　延伸(E)：延伸边界进行修剪。在此方式下，如果修剪边没有与要修剪的对象相交，系统会延伸剪切边直至与对象相交，然后再修剪，如图 5-50 所示。

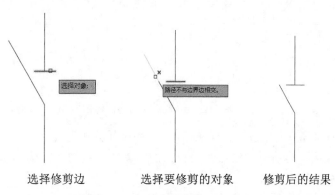

选择修剪边　　　　　选择要修剪的对象　　　　修剪后的结果

图 5-50　延伸方式修剪对象

⤷　不延伸(N)：不延伸边界修剪对象。只修剪与修剪切边相交的对象。

☑　选择"栏选(F)"选项时，系统以栏选的方式选择被修剪对象，如图 5-51 所示。

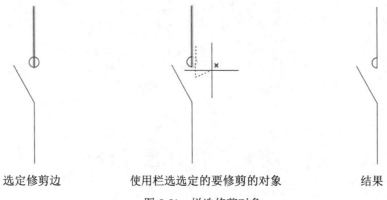

　　　选定修剪边　　　使用栏选选定的要修剪的对象　　　结果

图 5-51　栏选修剪对象

☑　选择"窗交(C)"选项时，系统以窗交的方式选择被修剪对象，如图 5-52 所示。被选择的对象可以互为边界和被修剪对象，此时系统会在选择的对象中自动判断边界，如图 5-52 所示。

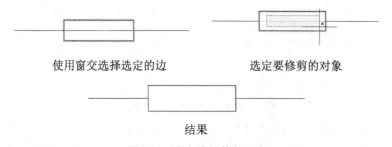

　　　使用窗交选择选定的边　　　选定要修剪的对象

结果

图 5-52　窗交选择修剪对象

5.5.2　实战——绘制桥式电路

本实例利用直线、复制、矩形和修剪命令绘制桥式电路，绘制流程如图 5-53 所示。

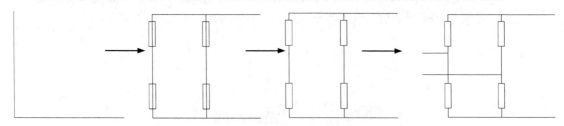

图 5-53　绘制桥式电路流程图

操作步骤如下：（📹：光盘\配套视频\第 5 章\绘制桥式电路.avi）

（1）单击"默认"选项卡"绘图"面板中的"直线"按钮✐，绘制两条适当长度的正交垂直线段，如图 5-54 所示。

（2）单击"默认"选项卡"修改"面板中的"复制"按钮❀，将水平线段进行复制，复制基点为竖直线段下端点，第 2 点为竖直线段上端点；用同样的方法将竖直直线向右复制，复制基点为水平线段左端点，第 2 点为水平线段中点，结果如图 5-55 所示。

（3）单击"默认"选项卡"绘图"面板中的"矩形"按钮▭，在左侧竖直线段靠上适当位置绘制一个矩形，使矩形穿过线段，如图 5-56 所示。

（4）单击"默认"选项卡"修改"面板中的"复制"按钮❀，将矩形向正下方适当位置进行复制；重复"复制"命令，将复制后的两个矩形向右复制，复制基点为水平线段左端点，第 2 点为水平线段中点，结果如图 5-57 所示。

图 5-54　绘制线段　　　　图 5-55　复制线段　　　　图 5-56　绘制矩形　　　　图 5-57　复制矩形

（5）修剪处理。单击"默认"选项卡"修改"面板中的"修剪"按钮，修剪多余的线段。

① 在命令行提示"选择对象或 <全部选择>:"后框选 4 个矩形，如图 5-58 所示的阴影部分为拉出的选择框。

② 在命令行提示"选择对象:"后按 Enter 键。

③ 在命令行提示"选择要修剪的对象，或按住 Shift 键选择要延伸的对象，或[栏选(F)/窗交(C)/投影(P)/边(E)/删除(R)/放弃(U)]:"后选择竖直直线穿过矩形的部分，如图 5-59 所示。

④ 在命令行提示"选择要修剪的对象，或按住 Shift 键选择要延伸的对象，或[栏选(F)/窗交(C)/投影(P)/边(E)/删除(R)/放弃(U)]:"后继续选择竖直直线穿过矩形的部分。

⑤ 在命令行提示"选择要修剪的对象，或按住 Shift 键选择要延伸的对象，或[栏选(F)/窗交(C)/投影(P)/边(E)/删除(R)/放弃(U)]:"后继续选择竖直直线穿过矩形的部分。

⑥ 在命令行提示"选择要修剪的对象，或按住 Shift 键选择要延伸的对象，或[栏选(F)/窗交(C)/投影(P)/边(E)/删除(R)/放弃(U)]:"后继续选择竖直直线穿过矩形的部分。这样，就完成了电阻符号的绘制，结果如图 5-60 所示。

（6）单击"默认"选项卡"绘图"面板中的"直线"按钮，分别捕捉两条竖直线段上的适当位置点为端点，向左绘制两条水平线段，最终结果如图 5-61 所示。

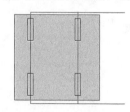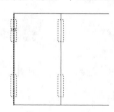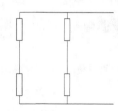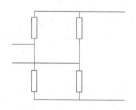

图 5-58　框选对象　　　　图 5-59　修剪对象　　　　图 5-60　修剪结果　　　　图 5-61　桥式电路

5.5.3　延伸命令

延伸对象是指延伸对象直至另一个对象的边界线，如图 5-62 所示。

选择边界　　　　　　选择要延伸的对象　　　　　　执行结果

图 5-62　延伸对象

执行延伸命令，主要有以下 4 种调用方法：

☑　在命令行中输入"EXTEND"命令。

☑　选择菜单栏中的"修改/延伸"命令。

☑　单击"修改"工具栏中的"延伸"按钮⊸⁄。

☑　单击"默认"选项卡"修改"面板中的"延伸"按钮⊸⁄。

执行上述命令后，根据系统提示选择边界的边。此时可以选择对象来定义边界。若直接按 Enter 键，则选择所有对象作为可能的边界对象。

系统规定可以用作边界对象的对象有直线段、射线、双向无限长线、圆弧、圆、椭圆、二维和三维多段线、样条曲线、文本、浮动的视口、区域。如果选择二维多段线作边界对象，系统会忽略其宽度而把对象延伸至多段线的中心线。

选择边界对象后，系统继续提示"选择要延伸的对象，或按住 Shift 键选择要修剪的对象，或[栏选(F)/窗交(C)/投影(P)/边(E)/放弃(U)]："。

☑　如果要延伸的对象是适配样条多段线，则延伸后会在多段线的控制框上增加新节点。如果要延伸的对象是锥形的多段线，系统会修正延伸端的宽度，使多段线从起始端平滑地延伸至新终止端。如果延伸操作导致终止端宽度可能为负值，则取宽度值为 0，如图 5-63 所示。

选择边界对象　　　　　选择要延伸的多段线　　　　延伸后的结果

图 5-63　延伸对象

☑　选择对象时，如果按住 Shift 键，系统就自动将"延伸"命令转换成"修剪"命令。

5.5.4　实战——绘制暗装插座

本实例利用直线、偏移、圆弧和图案填充命令绘制暗装插座，绘制流程如图 5-64 所示。

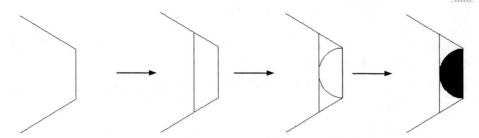

图 5-64 绘制暗装插座流程图

操作步骤如下：（：光盘\配套视频\第 5 章\绘制暗装插座.avi）

（1）绘制直线。单击"默认"选项卡"绘图"面板中的"直线"按钮，绘制一条长为 2mm 的竖直直线，以此直线上下端点为起点，绘制长度为 3mm，且与水平方向成 30°角的两条斜线，如图 5-65 所示。

（2）偏移直线。单击"默认"选项卡"修改"面板中的"偏移"按钮，将折线中的竖直直线向左偏移复制一份，偏移的距离为 1mm。

（3）延伸直线。单击"默认"选项卡"修改"面板中的"延伸"按钮，以两条斜线为延伸边界，将偏移得到的直线向两边延伸，如图 5-66 所示。

（4）绘制圆弧。单击"默认"选项卡"绘图"面板中的"圆弧"按钮，绘制起点在右边垂直直线的上端点，通过左边垂直直线的中点，终点在右边垂直直线的下端点的圆弧，如图 5-67 所示。

（5）填充图形。单击"默认"选项卡"绘图"面板中的"图案填充"按钮，用 SOLID 图案填充半圆，如图 5-68 所示，即为绘制完成的暗装插座符号。

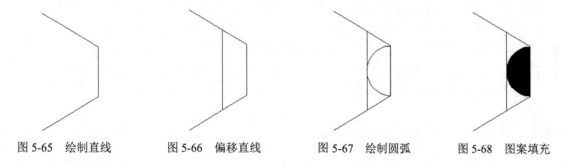

图 5-65 绘制直线　　　图 5-66 偏移直线　　　图 5-67 绘制圆弧　　　图 5-68 图案填充

5.5.5 拉伸命令

拉伸对象是指拖拉选择的对象，且对象的形状发生改变。拉伸对象时应指定拉伸的基点和移置点。利用一些辅助工具，如捕捉、钳夹功能及相对坐标等可以提高拉伸的精度。

执行拉伸命令，主要有以下 4 种调用方法：

☑ 在命令行中输入"STRETCH"命令。

☑ 选择菜单栏中的"修改/拉伸"命令。

☑ 单击"修改"工具栏中的"拉伸"按钮。

☑ 单击"默认"选项卡"修改"面板中的"拉伸"按钮。

执行上述命令后，根据系统提示输入"C"，采用交叉窗口的方式选择要拉伸的对象，指定拉伸的基点和第二点。

此时，若指定第二个点，系统将根据这两点决定的矢量拉伸对象。若直接按 Enter 键，系统会把第一个点作为 X 和 Y 轴的分量值。

拉伸命令移动完全包含在交叉选择窗口内的顶点和端点，部分包含在交叉选择窗口内的对象将被拉伸，如图 5-69 所示。

选取对象　　　　　　　　　　　　　　　拉伸后

图 5-69　拉伸

5.5.6　拉长命令

执行拉长命令，主要有以下 3 种调用方法：

☑　在命令行中输入"LENGTHEN"命令。

☑　选择菜单栏中的"修改/拉长"命令。

☑　单击"默认"选项卡"修改"面板中的"拉长"按钮。

执行上述命令后，根据系统提示选择对象。使用拉长命令对图形对象进行拉长时，命令行提示中主要选项的含义如下。

☑　增量(DE)：用指定增加量的方法改变对象的长度或角度。

☑　百分数(P)：用指定占总长度的百分比的方法改变圆弧或直线段的长度。

☑　全部(T)：用指定新的总长度或总角度值的方法来改变对象的长度或角度。

☑　动态(DY)：打开动态拖拉模式。在这种模式下，可以使用拖拉鼠标的方法动态地改变对象的长度或角度。

5.5.7　实战——绘制变压器绕组

本实例利用圆、复制、直线、拉长、平移、镜像和修剪等命令绘制变压器绕组，绘制流程如图 5-70 所示。

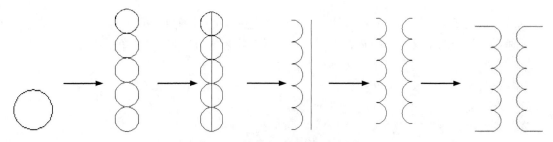

图 5-70　绘制变压器绕组流程图

操作步骤如下：（■：光盘\配套视频\第 5 章\绘制变压器绕组.avi）

（1）绘制圆。单击"默认"选项卡"绘图"面板中的"圆"按钮⊙，在
屏幕中的适当位置绘制一个半径为 4 的圆，如图 5-71 所示。

（2）复制圆。单击"默认"选项卡"修改"面板中的"复制"按钮᠐，
选择第（1）步绘制的圆，捕捉圆的上象限点为基点，捕捉圆的下象限点，完
成第二个圆的复制，连续选择最下方圆的下象限点，向下平移复制 4 个圆，
最后按 Enter 键，结束复制操作，结果如图 5-72 所示。

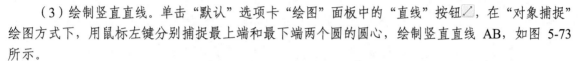

图 5-71　绘制圆

（3）绘制竖直直线。单击"默认"选项卡"绘图"面板中的"直线"按钮╱，在"对象捕捉"
绘图方式下，用鼠标左键分别捕捉最上端和最下端两个圆的圆心，绘制竖直直线 AB，如图 5-73
所示。

（4）拉长直线。单击"默认"选项卡"修改"面板中的"拉长"按钮╱，将直线 AB 拉长。

①　在命令行提示"选择要测量的对象或 [增量(DE)/百分比(P)/总计(T)/动态(DY)] <总计
(T)>:"后输入"DE"。

②　在命令行提示"输入长度增量或[角度(A)]<0.0000>:"后输入"4"。

③　在命令行提示"选择要修改的对象或[放弃(U)]:"后选择直线 AB。

绘制的拉长直线如图 5-74 所示。

（5）修剪图形。单击"默认"选项卡"修改"面板中的"修剪"按钮╱，以竖直直线为修
剪边，对圆进行修剪，修剪结果如图 5-75 所示。

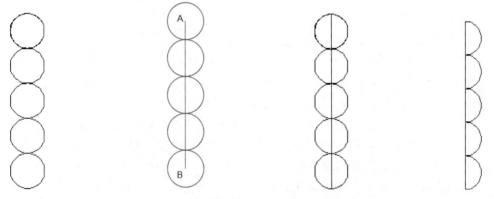

图 5-72　复制圆　　　　图 5-73　绘制竖直直线　　　　图 5-74　拉长直线　　　　图 5-75　修剪图形

（6）平移直线。单击"默认"选项卡"修改"面板中的"移动"按钮✛，将直线向右平移
7，平移结果如图 5-76 所示。

（7）镜像图形。单击"默认"选项卡"修改"面板中的"镜像"按钮▲，选择 5 段半圆弧作
为镜像对象，以竖直直线作为镜像线，进行镜像操作，得到竖直直线右边的一组半圆弧，如图 5-77
所示。

（8）删除直线。单击"默认"选项卡"修改"面板中的"删除"按钮╱，删除竖直直线，
结果如图 5-78 所示。

（9）绘制连接线。单击"默认"选项卡"绘图"面板中的"直线"按钮╱，在"对象捕捉"
和"正交"绘图方式下，捕捉 C 点为起点，向左绘制一条长度为 12 的水平直线；重复上面的操

作，以 D 点为起点，向左绘制长度为 12 的水平直线；分别以 E 点和 F 点为起点，向右绘制长度为 12 的水平直线，作为变压器的输入输出连接线，如图 5-79 所示。

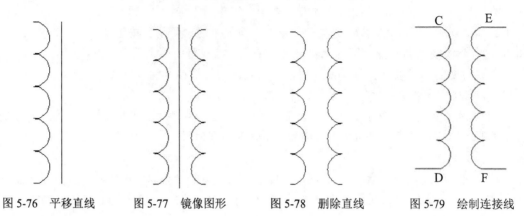

图 5-76　平移直线　　　图 5-77　镜像图形　　　图 5-78　删除直线　　　图 5-79　绘制连接线

5.5.8　圆角命令

圆角是指用指定的半径决定的一段平滑的圆弧连接两个对象。系统规定可以圆滑连接一对直线段、非圆弧的多段线段、样条曲线、双向无限长线、射线、圆、圆弧和椭圆。可以在任何时刻圆滑连接多段线的每个节点。执行圆角命令，主要有以下 4 种调用方法：

- ☑　在命令行中输入"FILLET"命令。
- ☑　选择菜单栏中的"修改/圆角"命令。
- ☑　单击"修改"工具栏中的"圆角"按钮◻。
- ☑　单击"默认"选项卡"修改"面板中的"圆角"按钮◻。

执行上述命令后，根据系统提示选择第一个对象或其他选项，再选择第二个对象。使用圆角命令对图形对象进行圆角时，命令行提示中主要选项的含义如下。

- ☑　多段线(P)：在一条二维多段线的两段直线段的节点处插入圆滑的弧。选择多段线后，系统会根据指定的圆弧的半径把多段线各顶点用圆滑的弧连接起来。
- ☑　修剪(T)：决定在圆滑连接两条边时，是否修剪这两条边，如图 5-80 所示。
- ☑　多个(M)：同时对多个对象进行圆角编辑，而不必重新起用命令。
- ☑　快速创建零距离倒角或零半径圆角：按住 Shift 键并选择两条直线，可以快速创建零距离倒角或零半径圆角。

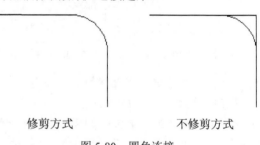

修剪方式　　　　　　不修剪方式

图 5-80　圆角连接

5.5.9　实战——绘制变压器

本实例利用矩形、直线、分解、偏移、剪切等命令绘制变压器外轮廓，再利用直线、偏移、剪切等命令绘制变压器上下部分，最后利用矩形、直线命令创建变压器的中心部分，绘制流程图如图 5-81 所示。

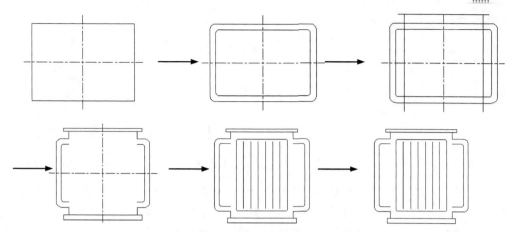

图 5-81 绘制变压器流程图

操作步骤如下：（📷：光盘\配套视频\第 5 章\绘制变压器.avi）

1. 绘制矩形及中心线

（1）绘制矩形。单击"默认"选项卡"绘图"面板中的"矩形"按钮▢，绘制一个长为 630mm、宽为 455mm 的矩形，如图 5-82 所示。

（2）分解矩形。单击"默认"选项卡"修改"面板中的"分解"按钮▦，将绘制的矩形分解为直线 1～直线 4。

（3）绘制中心线。将直线 1 向下偏移 227.5mm，将直线 3 向右偏移 315mm，得到两条中心线。新建"中心线层"图层，线型为点划线。选择偏移得到的两条中心线，单击"默认"选项卡"图层"面板中的"图层"下拉按钮▾，在弹出的下拉列表中选择"中心线层"

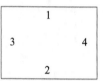

图 5-82 绘制矩形

选项，完成图层属性设置。选择"修改/拉长"命令，将两条中心线向两端方向分别拉长 50mm，结果如图 5-83 所示。

2. 修剪直线

（1）偏移并修剪直线。返回"实线层"图层，单击"默认"选项卡"修改"面板中的"偏移"按钮▱，将直线 1 向下偏移 35mm，直线 2 向上偏移 35mm，直线 3 向右偏移 35mm，直线 4 向左偏移 35mm。单击"默认"选项卡"修改"面板中的"修剪"按钮▱，修剪掉多余的直线，如图 5-84 所示。

（2）矩形倒圆角。单击"默认"选项卡"修改"面板中的"圆角"按钮▱，对图形进行倒圆角操作。

① 在命令行提示"选择第一个对象或 [放弃(U)/多段线(P)/半径(R)/修剪(T)/多个(M)]:"后输入 "R"。

② 在命令行提示"指定圆角半径 <0.0000>:"后输入 "35"。

③ 在命令行提示"选择第一个对象或 [放弃(U)/多段线(P)/半径(R)/修剪(T)/多个(M)]:"后选择直线 1。

④ 在命令行提示"选择第二个对象，或按住 Shift 键选择要应用角点的对象:"后选择直线 3。按顺序完成较大矩形的倒角后，继续对较小的矩形进行倒圆角，圆角半径为 17.5mm，结果

如图 5-85 所示。

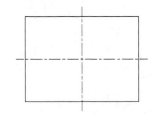

图 5-83 绘制中心线

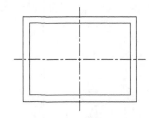

图 5-84 偏移并修剪直线

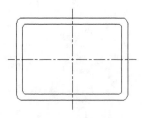

图 5-85 矩形倒圆角

（3）偏移中心线。单击"默认"选项卡"修改"面板中的"偏移"按钮，将竖直中心线分别向左和向右偏移 230mm，并将偏移后直线的线型改为实线，如图 5-86 所示。

（4）绘制水平直线。单击"默认"选项卡"绘图"面板中的"直线"按钮，开启"对象捕捉"模式，以直线 5、直线 6 的上端点为两端点绘制水平直线 7，并将水平直线向两端分别拉长 35mm，结果如图 5-87 所示。将水平直线 7 向上偏移 20mm，得到直线 8，然后分别连接直线 7 和 8 的左右端点，如图 5-88 所示。

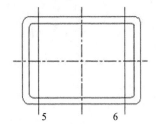

图 5-86 偏移中心线

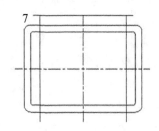

图 5-87 绘制水平直线

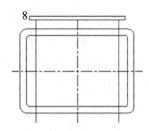

图 5-88 偏移水平直线

（5）绘制下半部分图形。采用相同的方法绘制图形的下半部分，下半部分两水平直线的距离为 35mm。单击"默认"选项卡"修改"面板中的"修剪"按钮，修剪掉多余的直线，得到的结果如图 5-89 所示。

（6）绘制矩形。单击"默认"选项卡"绘图"面板中的"矩形"按钮，以两中心线的交点为中心绘制一个带圆角的矩形，矩形的长为 380mm、宽为 460mm，圆角的半径为 35mm。

① 在命令行提示"指定第一个角点或 [倒角(C)/标高(E)/圆角(F)/厚度(T)/宽度(W)]:"后输入"F"。

② 在命令行提示"指定矩形的圆角半径 <0.0000>:"后输入"35"。

③ 在命令行提示"指定第一个角点或 [倒角(C)/标高(E)/圆角(F)/厚度(T)/宽度(W)]:"后单击"对象捕捉"下拉列表框中的"捕捉自"按钮。

④ 在命令行提示"基点:<偏移>:"后输入"@-190,-230"。

⑤ 在命令行提示"指定另一个角点或 [面积(A)/尺寸(D)/旋转(R)]:"后输入"D"。

⑥ 在命令行提示"指定矩形的长度 <0.0000>:"后输入"380"。

⑦ 在命令行提示"指定矩形的宽度 <0.0000>:"后输入"460"。

⑧ 在命令行提示"指定另一个角点或 [面积(A)/尺寸(D)/旋转(R)]:"后移动光标，在目标位置单击。绘制矩形的结果如图 5-90 所示。

提示：

根据已知一个角点位置以及长度和宽度的方式绘制矩形时，矩形另一个角点的位置有 4 种可能情况，通过移动光标指定大概位置方向即可确定矩形位置。

（7）绘制竖直直线。单击"默认"选项卡"绘图"面板中的"直线"按钮，以竖直中心线为对称轴，绘制 6 条竖直直线，长度均为 420mm，相邻直线间的距离为 55mm，结果如图 5-91 所示。至此，变压器图形绘制完毕。

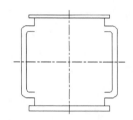

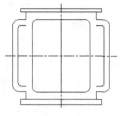
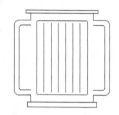

图 5-89　绘制下半部分图形　　　　图 5-90　绘制矩形　　　　图 5-91　绘制竖直直线

5.5.10　倒角命令

倒角是指用斜线连接两个不平行的线型对象。可以用斜线连接直线段、双向无限长线、射线和多段线。

系统采用以下两种方法确定连接两个线型对象的斜线。

1．指定斜线距离

斜线距离是指从被连接的对象与斜线的交点到被连接的两对象的可能的交点之间的距离，如图 5-92 所示。

2．指定斜线角度和一个斜距离连接选择的对象

采用这种方法斜线连接对象时，需要输入两个参数：斜线与一个对象的斜线距离和斜线与该对象的夹角，如图 5-93 所示。

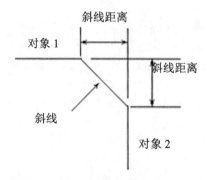
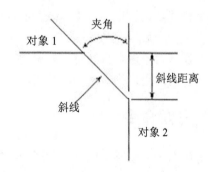

图 5-92　斜线距离　　　　　　　　图 5-93　斜线距离与夹角

执行倒角命令，主要有以下 4 种调用方法：

☑　在命令行中输入"CHAMFER"命令。

☑　选择菜单栏中的"修改/倒角"命令。

☑ 单击"修改"工具栏中的"倒角"按钮◻。

☑ 单击"默认"选项卡"修改"面板中的"倒角"按钮◻。

执行上述命令后，根据系统提示选择第一条直线或其他选项，再选择第二条直线。执行倒角命令对图形进行倒角处理时，命令行提示中各选项含义如下。

☑ 多段线(P)：对多段线的各个交叉点倒角。为了得到最好的连接效果，一般设置斜线是相等的值。系统根据指定的斜线距离把多段线的每个交叉点都作斜线连接，连接的斜线成为多段线新添加的构成部分，如图 5-94 所示。

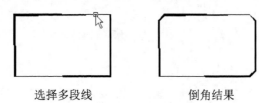

选择多段线　　　　　　　　倒角结果

图 5-94　斜线连接多段线

☑ 距离(D)：选择倒角的两个斜线距离。这两个斜线距离可以相同或不相同，若二者均为0，则系统不绘制连接的斜线，而是把两个对象延伸至相交并修剪超出的部分。

☑ 角度(A)：选择第一条直线的斜线距离和第一条直线的倒角角度。

☑ 修剪(T)：与圆角命令 FILLET 相同，该选项决定连接对象后是否修剪原对象。

☑ 方式(M)：决定采用"距离"方式还是"角度"方式来倒角。

☑ 多个(U)：同时对多个对象进行倒角编辑。

5.5.11　打断命令

执行打断命令，主要有以下 4 种调用方法：

☑ 在命令行中输入"BREAK"命令。

☑ 选择菜单栏中的"修改/打断"命令。

☑ 单击"修改"工具栏中的"打断"按钮◻。

☑ 单击"默认"选项卡"修改"面板中的"打断"按钮◻。

执行上述命令后，根据系统提示选择要打断的对象，并指定第二个打断点或输入"F"。使用打断命令对图形对象进行打断时，如果选择"第一点(F)"，AutoCAD 2016 将丢弃前面的第一个选择点，重新提示用户指定两个断开点。

5.5.12　分解命令

执行分解命令，主要有以下 4 种调用方法：

☑ 在命令行中输入"EXPLODE"命令。

☑ 选择菜单栏中的"修改/分解"命令。

☑ 单击"修改"工具栏中的"分解"按钮◻。

☑ 单击"默认"选项卡"修改"面板中的"分解"按钮◻。

执行上述命令后，根据系统提示选择要分解的对象。选择一个对象后，该对象会被分解。系统将继续提示该行信息，允许分解多个对象。选择的对象不同，分解的结果就不同。

> **提示：**
> 分解命令是将一个合成图形分解成为其部件的工具。例如，一个矩形被分解之后会变成 4 条直线，而一个有宽度的直线分解之后会失去其宽度属性。

5.5.13 实战——绘制热继电器

本实例利用矩形、分解、偏移、打断、直线和修剪等命令绘制热继电器，绘制流程如图 5-95 所示。

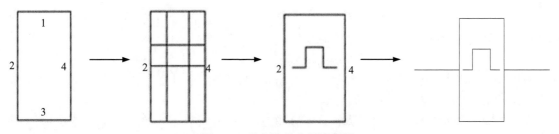

图 5-95 绘制热继电器流程图

操作步骤如下：（📷：光盘\配套视频\第 5 章\绘制热继电器.avi）

（1）绘制矩形。单击"默认"选项卡"绘图"面板中的"矩形"按钮▭，绘制一个长为 5、宽为 10 的矩形，效果如图 5-96 所示。

（2）分解矩形。单击"默认"选项卡"修改"面板中的"分解"按钮▦，在命令行提示"选择对象："后选取第（1）步绘制的矩形，将其分解为 4 条直线。

（3）偏移直线。单击"默认"选项卡"修改"面板中的"偏移"按钮▱，将图 5-96 中的直线 1 向下偏移，偏移距离为 3；重复"偏移"命令，将直线 1 再向下偏移 5，然后将直线 2 向右偏移，偏移距离分别为 1.5 和 3.5，结果如图 5-97 所示。

（4）修剪。单击"默认"选项卡"修改"面板中的"修剪"按钮≁，修剪多余的线段。

（5）打断图形。单击"默认"选项卡"修改"面板中的"打断"按钮▢，打断直线。

① 在命令行提示"选择对象："后选择与直线 2 和直线 4 相交的中间的水平直线。

② 在命令行提示"指定第二个打断点或[第一点(F)]："后输入"F"。

③ 在命令行提示"指定第一个打断点："后捕捉交点。

④ 在命令行提示"指定第二个打断点："后在适当位置单击。结果如图 5-98 所示。

（6）绘制水平直线。单击"默认"选项卡"绘图"面板中的"直线"按钮╱，在"对象捕捉"和"正交"绘图方式下捕捉如图 5-98 所示的直线 2 的中点，以其为起点，向左绘制长度为 5 的水平直线；用相同的方法捕捉直线 4 的中点，以其为起点，向右绘制长度为 5 的水平直线，完成热继电器的绘制，结果如图 5-99 所示。

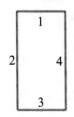

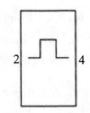

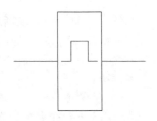

图 5-96 绘制矩形　　　图 5-97 偏移直线　　　图 5-98 打断图形　　　图 5-99 热继电器

5.6 对　象　编　辑

在对图形进行编辑时，还可以对图形对象本身的某些特性进行编辑，从而方便地进行图形绘制。

5.6.1 钳夹功能

利用钳夹功能可以快速方便地编辑对象。AutoCAD 在图形对象上定义了一些特殊点，称为夹持点，利用夹持点可以灵活地控制对象，如图 5-100 所示。

要使用钳夹功能编辑对象必须先打开钳夹功能，其打开方法有以下两种：

☑　在命令行中输入"GRIPS"命令。1 代表打开，0 代表关闭。

☑　选择菜单栏中的"工具/选项/选择集"命令，在弹出对话框的"选择集"选项卡的"夹点"选项组中，

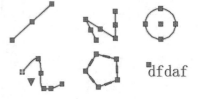

图 5-100 夹持点

选中"显示夹点"复选框。在该选项卡上还可以设置代表夹点的小方格的尺寸和颜色。

打开钳夹功能后，应该在编辑对象之前先选择对象。夹点表示了对象的控制位置。

使用夹点编辑对象，要选择一个夹点作为基点，称为基准夹点。然后，选择一种编辑操作：镜像、移动、旋转、拉伸和缩放。可以用空格键、Enter 键或键盘上的快捷键循环选择这些功能。下面仅就其中的拉伸对象操作为例进行讲述，其他操作类似。

在图形上拾取一个夹点，该夹点改变颜色，此点为夹点编辑的基准点。这时根据系统提示指定拉伸点或输入选项。在上述拉伸编辑提示下输入镜像命令，或右击，在弹出的快捷菜单中选择"镜像"命令，如图 5-101 所示，系统就会转换为"镜像"操作，其他操作类似。

5.6.2 "特性"选项板

执行特性匹配命令，主要有以下 4 种调用方法：

☑　在命令行中输入"MATCHPROP"命令。

☑　选择菜单栏中的"修改/特性匹配"命令。

☑　单击"标准"工具栏中的"特性"按钮🔲。

☑　单击"视图"选项卡"选项板"面板中的"特性"按钮🔲。

执行上述命令后，根据系统提示选择源对象和目标对象，AutoCAD 打开"特性"选项板，

如图 5-102 所示。利用该选项板可以方便地设置或修改对象的各种属性。

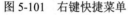

图 5-101　右键快捷菜单　　　　　　图 5-102　"特性"选项板

不同的对象属性种类和值不同，修改属性值，对象即改变为新的属性。

5.7　综合实战——绘制变电站避雷针布置图

如图 5-103 所示是某厂用 35kV 变电站避雷针布置及其保护范围图，由图可知，这个变电站装有 3 支 17m 的避雷针和一支利用进线终端杆的 12m 的避雷针，是按照被保护高度为 7m 而确定的保护范围图。此图表明，凡是 7m 高度以下的设备和构筑物均在此保护范围之内。但是，高于 7m 的设备，如果离某支避雷针很近，也能被保护；低于 7m 的设备，超过图示范围也可能在保护范围之内。其绘制流程图如图 5-103 所示。

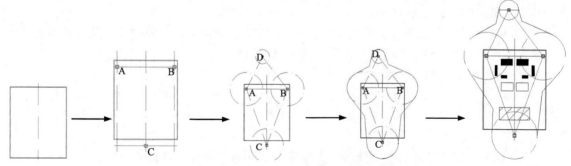

图 5-103　绘制变电站避雷针布置图流程图

操作步骤如下：（📹：光盘\配套视频\第 5 章\绘制变电站避雷针布置图.avi）

1. 设置绘图环境

设置图层。单击"默认"选项卡"图层"面板中的"图层特性"按钮，弹出"图层特性管理器"选项板，新建"中心线层"和"绘图层"两个图层，设置好的各图层的属性如图 5-104 所示。

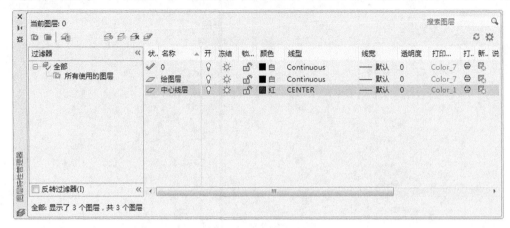

图 5-104   图层设置

2. 绘制矩形边框

（1）将"中心线层"图层设置为当前图层，单击"默认"选项卡"绘图"面板中的"直线"按钮，绘制一条竖直直线。

（2）绘制多线。将"绘图层"图层设置为当前图层，选择菜单栏中的"绘图/多线"命令，绘制边框。

① 在命令行提示"指定起点或[对正(J)/比例(S)/样式(ST)]:"后输入"S"。

② 在命令行提示"输入多线比例<20.00>:"后输入"0.3"。

③ 在命令行提示"指定起点或[对正(J)/比例(S)/样式(ST)]:"后输入"J"。

④ 在命令行提示"输入对正类型[上(T)/无(Z)/下(B)]<无>:"后输入"Z"。

⑤ 打开"对象捕捉"功能捕捉最近点获得多线在中心线的起点，移动鼠标使直线保持水平，在屏幕上出现如图 5-105 所示的情形，跟随光标的提示在"指定下一点"右面的方格中输入下一点到起点的距离 15.6mm，接着移动光标使直线保持竖直，竖直向上绘制，绘制长度为 38mm，继续移动光标使直线保持水平，利用同样的方法水平向右绘制，绘制长度为 15.6mm，如图 5-106（a）所示。

图 5-105   多段线的绘制

（3）单击"默认"选项卡"修改"面板中的"镜像"按钮，选择镜像对象为绘制的左边框，镜像线为中心线，镜像后的效果如图 5-106（b）所示。

3. 绘制终端杆，同时进行连接

（1）单击"默认"选项卡"修改"面板中的"分解"按钮，将图 5-106 所示的矩形边框进行分解，并单击"默认"选项卡"修改"面板中的"合并"按钮，将上下边框分别合并为一条直线。

（2）单击"默认"选项卡"修改"面板中的"偏移"按钮，将矩形上边框直线向下偏移，偏移距离分别为 3mm 和 41mm，同时将中心线分别向左右偏移，偏移距离均为 14.1mm，如图 5-107（a）所示。

（3）单击"默认"选项卡"绘图"面板中的"矩形"按钮，绘制一个长为 1.1mm、宽为 1.1mm 的正方形，使矩形的中心与 B 点重合。

（4）单击"默认"选项卡"修改"面板中的"偏移"按钮，偏移距离为 0.3mm，偏移对象选择上面绘制的正方形，点取矩形外面的一点，偏移后的效果如图 5-107（b）所示。

（5）单击"默认"选项卡"修改"面板中的"复制"按钮，将绘制的矩形在 A、C 两点各复制一份，如图 5-107（b）所示。

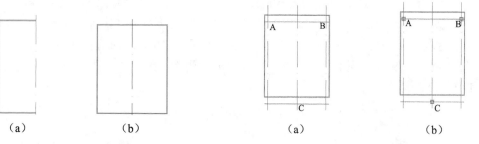

图 5-106　矩形边框图　　　　　　　　　　　图 5-107　绘制终端杆

（6）单击"默认"选项卡"修改"面板中的"偏移"按钮，将直线 AB 向上偏移 22mm，同时将中心线向左偏移 3mm，并将偏移后的直线进行拉长，效果如图 5-108（a）所示。

（7）单击"默认"选项卡"修改"面板中的"复制"按钮，将绘制的终端杆在 D 点复制一份。

（8）缩放图形。单击"默认"选项卡"修改"面板中的"缩放"按钮，缩小位于 D 点的终端杆。

① 在命令行提示"选择对象:"后选择绘制的终端杆，按 Enter 键。

② 在命令行提示"指定基点:"后选择终端杆的中心。

③ 在命令行提示"指定比例因子或[复制(C)/参照(R)]<1.0000>:"后输入"0.8"。绘制结果如图 5-108（b）所示。

（9）将"中心线层"图层设置为当前图层，连接各终端杆的中心，结果如图 5-108（b）所示。

4. 绘制以各终端杆中心为圆心的圆

（1）将"绘图层"图层设置为当前图层，单击"默认"选项卡"绘图"面板中的"圆"按钮，分别以点 A、B、C 为圆心，绘制半径是 11.3mm 的圆，效果如图 5-109 所示。

（2）单击"默认"选项卡"绘图"面板中的"圆"按钮，以点 D 为圆心，绘制半径是 4.8mm 的圆，效果如图 5-109 所示。

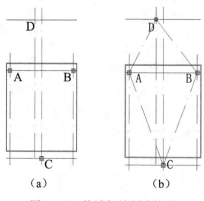
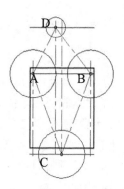

图 5-108　终端杆绘制连接图　　　　　　　　图 5-109　绘制以终端杆为圆心的圆

5. 连接各圆的切线

（1）单击"默认"选项卡"修改"面板中的"偏移"按钮，将图 5-109 中直线 AC、BC、AD、BD 分别向外偏移 5.6mm、5.6mm、2.7mm、1.9mm，如图 5-110（a）所示。

（2）将"绘图层"图层设置为当前图层，单击"默认"选项卡"绘图"面板中的"直线"按钮，以顶圆 D 与 AD 的交点为起点向圆 A 作切线，与上面偏移的直线相交于点 E，再以点 E 为起点作圆 D 的切线，单击"默认"选项卡"修改"面板中的"修剪"按钮，修剪多余的线段，按照这种方法分别得到交点 F、G、H，结果如图 5-110（b）所示。

（3）单击"默认"选项卡"修改"面板中的"删除"按钮，删除掉多余的直线，结果如图 5-110（c）所示。

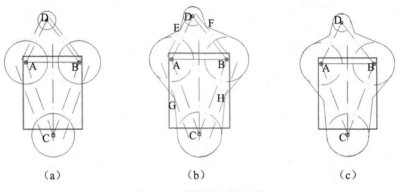

| （a） | （b） | （c） |

图 5-110　连接各圆的切线

6. 绘制各个变压器

（1）单击"默认"选项卡"绘图"面板中的"矩形"按钮，分别绘制长为 6mm、宽为 3mm，长为 3mm、宽为 1.5mm，以及长为 5mm、宽为 1.4mm 的 3 个矩形，并将这 3 个矩形放到合适的位置。

（2）单击"默认"选项卡"绘图"面板中的"图案填充"按钮，系统打开"图案填充创建"选项卡，如图 5-111 所示。单击"图案"面板中的"图案填充图案"按钮，系统打开"图案填充图案"下拉列表，如图 5-112 所示。选择 SOLID 图案，其他设置为默认值。

图 5-111　"图案填充创建"选项卡

（3）单击"边界"面板中的"拾取点"按钮，暂时回到绘图窗口中进行选择。依次选择 3 个矩形的各个边作为填充边界，按 Enter 键完成各个变压器的填充，效果如图 5-113（a）所示。

（4）单击"默认"选项卡"修改"面板中的"镜像"按钮，把上面绘制的矩形以中心线作为镜像线，镜像复制到右边，如图 5-113（b）所示。

（5）单击"默认"选项卡"绘图"面板中的"矩形"按钮，绘制一个长为 6mm、宽为 4mm 的矩形，如图 5-114（a）所示。

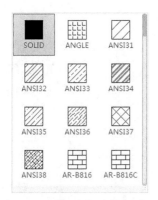

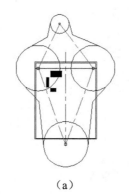

(a)   (b)

图 5-112 "图案填充图案"下拉列表   图 5-113 绘制变压器

Note

（6）单击"默认"选项卡"修改"面板中的"镜像"按钮⚌，把上面绘制的矩形以中心线作为镜像线，镜像复制到右边，如图 5-114（b）所示。

7. 绘制并填充配电室

（1）单击"默认"选项卡"绘图"面板中的"矩形"按钮□，绘制一个长为 15mm、宽为 6mm 的矩形，将其放到合适的位置。

（2）选择填充图案。单击"默认"选项卡"绘图"面板中的"图案填充"按钮▨，系统打开"图案填充创建"选项卡。单击"图案"面板中的"图案填充图案"按钮▨，系统打开"图案填充图案"下拉列表。选择 ANSI31 图案，在"图案填充创建"选项卡中，将"角度"设置为 0，"比例"设置为 1，其他为默认值。

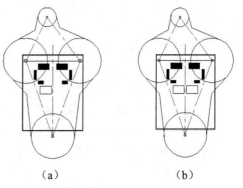

(a)   (b)

图 5-114 绘制设备

（3）进行图案填充。单击"边界"面板中的"拾取点"按钮⊞，暂时回到绘图窗口中进行选择。选择配电室符号的 4 条边作为填充边界，按 Enter 键再次回到"图案填充创建"选项卡，完成配电室的绘制，如图 5-115 所示。

8. 绘制并填充设备

（1）单击"默认"选项卡"绘图"面板中的"矩形"按钮□，绘制一个长为 1mm、宽为 2mm 的矩形，如图 5-116（a）所示。

（2）选择填充图案。单击"默认"选项卡"绘图"面板中的"图案填充"按钮▨，系统打开"图案填充创建"选项卡。单击"图案"面板中的"图案填充图案"按钮▨，系统打开"图案填充图案"下拉列表。选择 ANSI31 图案，在"图案填充创建"选项卡中，将"角度"设置为 0，"比例"设置为 0.125，其他为默认值。

（3）进行图案填充。单击"边界"面板中的"拾取点"按钮⊞，暂时回到绘图窗口中进行选择。选择图 5-116（a）所示矩形的 4 条边作为填充边界，按 Enter 键再次回到"图案填充创建"选项卡，完成设备的填充，如图 5-116（b）所示。

绘制完成的变电站避雷针布置图如图 5-117 所示。

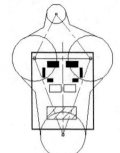

图 5-115　绘制配电室

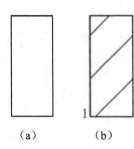

（a）　　　（b）

图 5-116　绘制设备

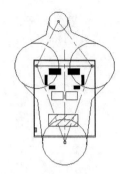

图 5-117　变电站避雷针布置图

5.8　实战演练

通过前面的学习，读者对本章知识也有了大体的了解，本节通过两个操作练习使读者进一步掌握本章知识要点。

【**实战演练 1**】绘制如图 5-118 所示的可变电阻器。

操作提示：

（1）利用"矩形"命令绘制电阻符号。

（2）利用"直线"和"镜像"命令绘制导线。

（3）利用"直线"命令绘制箭头，利用"图案填充"命令填充箭头。

【**实战演练 2**】绘制如图 5-119 所示的低压电气图。

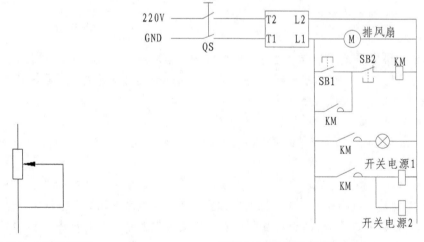

图 5-118　可变电阻器　　　　　　图 5-119　低压电气图

操作提示：

（1）绘制主要电路干线。

（2）依次绘制各个电气符号。

（3）修改线型。

（4）标注文字。

第**6**章

辅助绘图工具

本章学习要点和目标任务：
- ☑ 文本标注
- ☑ 表格
- ☑ 尺寸标注
- ☑ 图块及其属性
- ☑ 设计中心与工具选项板

　　文字注释是图形中很重要的一部分内容，进行各种设计时，通常不仅要绘出图形，还要在图形中标注一些文字，如技术要求、注释说明等，对图形对象加以解释。AutoCAD 提供了多种写入文字的方法，本章将介绍文本的注释和编辑功能。图表在 AutoCAD 图形中也有大量的应用，如明细表、参数表和标题栏等。AutoCAD 新增的图表功能使绘制图表变得方便快捷。尺寸标注是绘图设计过程当中相当重要的一个环节。AutoCAD 2016 提供了方便、准确的标注尺寸功能。图块、设计中心和工具选项板等则为快速绘图带来了方便，本章将简要介绍这些知识。

6.1 文本标注

文本是电子图形的基本组成部分，在图签、说明、图纸目录等处都要用到文本。本节讲述文本标注的基本方法。

6.1.1 设置文本样式

执行文字样式命令，主要有以下 4 种调用方法：

- ☑ 在命令行中输入"STYLE"或"DDSTYLE"命令。
- ☑ 选择菜单栏中的"格式/文字样式"命令。
- ☑ 单击"文字"工具栏中的"文字样式"按钮 🅰。
- ☑ 单击"默认"选项卡"注释"面板中的"文字样式"按钮 🅰 或单击"注释"选项卡"文字"面板上"文字样式"下拉菜单中的"管理文字样式"按钮或单击"注释"选项卡"文字"面板的"对话框启动器"按钮 ˎ。

执行上述命令后，系统打开"文字样式"对话框，如图 6-1 所示。

图 6-1   "文字样式"对话框

利用该对话框可以新建文字样式或修改当前文字样式。如图 6-2 和图 6-3 所示为各种文字样式。

图 6-2   文字倒置标注与反向标注   图 6-3   垂直标注文字

6.1.2 单行文本标注

执行单行文字命令，主要有以下 4 种调用方法：

- ☑ 在命令行中输入"TEXT"命令。

☑ 选择菜单栏中的"绘图/文字/单行文字"命令。

☑ 单击"文字"工具栏中的"单行文字"按钮A。

☑ 单击"默认"选项卡"注释"面板中的"单行文字"按钮A或单击"注释"选项卡"文字"面板中的"单行文字"按钮A。

执行上述命令后，根据系统提示指定文字的起点或选择选项。执行该命令后，命令行提示中主要选项的含义如下。

☑ 指定文字的起点：在此提示下直接在作图屏幕上点取一点作为文本的起始点，输入一行文本后按 Enter 键，AutoCAD 继续显示"输入文字:"提示，可继续输入文本，待全部输入完后在此提示下直接按 Enter 键，则退出 TEXT 命令。可见，由 TEXT 命令也可创建多行文本，只是这种多行文本每一行是一个对象，不能对多行文本同时进行操作。

☑ 对正(J)：在上面的提示下输入"J"，用来确定文本的对齐方式，对齐方式决定文本的哪一部分与所选的插入点对齐。执行此选项，AutoCAD 提示选择文本的对齐方式。当文本串水平排列时，AutoCAD 为标注文本串定义了如图 6-4 所示的顶线、中线、基线和底线，各种对齐方式如图 6-5 所示，图中大写字母对应上述提示中各命令。

图 6-4　文本行的底线、基线、中线和顶线

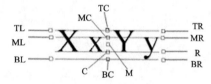

图 6-5　文本的对齐方式

实际绘图时，有时需要标注一些特殊字符，例如，直径符号、上划线或下划线、温度符号等，由于这些符号不能直接从键盘上输入，AutoCAD 提供了一些控制码，用来实现这些要求。控制码用两个百分号（%%）加一个字符构成，常用的控制码如表 6-1 所示。

表 6-1　AutoCAD 常用控制码

符　号	功　能	符　号	功　能
%%O	上划线	\u+0278	电相位
%%U	下划线	\u+E101	流线
%%D	度符号	\u+2261	标识
%%P	正负符号	\u+E102	界碑线
%%C	直径符号	\u+2260	不相等
%%%	百分号%	\u+2126	欧姆
\u+2248	几乎相等	\u+03A9	欧米加
\u+2220	角度	\u+214A	低界线
\u+E100	边界线	\u+2082	下标 2
\u+2104	中心线	\u+00B2	上标 2
\u+0394	差值		

6.1.3　多行文本标注

执行多行文字命令，主要有以下 4 种调用方法：

☑ 在命令行中输入"MTEXT"命令。

☑ 选择菜单栏中的"绘图/文字/多行文字"命令。

☑ 单击"绘图"工具栏中的"多行文字"按钮A或单击"文字"工具栏中的"多行文字"按钮A。

☑ 单击"默认"选项卡"注释"面板中的"多行文字"按钮A或单击"注释"选项卡"文字"面板中的"多行文字"按钮A。

执行上述命令后，根据系统提示指定矩形框的范围，创建多行文字。命令行提示中各选项含义如下。

☑ 指定对角点：指定对角点后，系统打开如图 6-6 所示的"文字编辑器"选项卡和多行文字编辑器，可利用此编辑器输入多行文本并对其格式进行设置。该编辑器与 Word 软件界面类似，不再赘述。

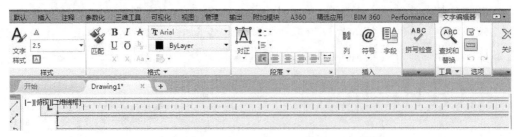

图 6-6 "文字编辑器"选项卡和多行文字编辑器

☑ 其他选项。

　　↳ 高度(H)：指定多行文本的高度。

　　↳ 对正(J)：确定所标注文本的对齐方式。

　　↳ 行距(L)：确定多行文本的行间距，这里所说的行间距是指相邻两文本行的基线之间的垂直距离。

　　↳ 旋转(R)：确定文本行的倾斜角度。

　　↳ 样式(S)：确定当前的文本样式。

　　↳ 宽度(W)：指定多行文本的宽度。

　　↳ 栏(C)：根据栏宽、栏间距宽度和栏高组成矩形框，打开如图 6-6 所示的"文字编辑器"选项卡和多行文字编辑器。

☑ 在多行文字绘制区域右击，系统打开快捷菜单，如图 6-7 所示。该快捷菜单提供标准编辑选项和多行文字特有的选项。菜单顶层的选项是基本编辑选项，如放弃、重做、剪切、复制和粘贴，后面的选项是多行文字编辑器特有的选项，下面分别进行介绍。

☑ "文字编辑器"选项卡：用来控制文本文字的显示特性。可以在输入文本文字前设置文本的特性，也可以改变已输入的文本文字特性。要改变已有文本文字显示特性，首先应选择要修改的文本，选择文本的方式有以下 3 种：

　　↳ 将光标定位到文本文字开始处，按住鼠标左键，拖到文本末尾。

图 6-7 右键快捷菜单

↳　双击某个文字，则该文字被选中。

　　↳　3 次单击鼠标，则选中全部内容。

下面介绍面板中部分选项的功能。

1. "格式" 面板

☑　"高度"下拉列表框：确定文本的字符高度，可在文本编辑框中直接输入新的字符高度，也可从下拉列表中选择已设定过的高度。

☑　**B**和*I*按钮：设置黑体或斜体效果，只对 TrueType 字体有效。

☑　"删除线"按钮 ：用于在文字上添加水平删除线。

☑　"下划线"按钮U与"上划线"按钮Ō：设置或取消上（下）划线。

☑　"堆叠"按钮 ：即层叠/非层叠文本按钮，用于层叠所选的文本，也就是创建分数形式。当文本中某处出现 "/"、"^" 或 "#" 这 3 种层叠符号之一时可层叠文本，方法是选中需层叠的文字，然后单击此按钮，则符号左边的文字作为分子，右边的文字作为分母。AutoCAD 提供了 3 种分数形式，如果选中 "abcd/efgh" 后单击此按钮，得到如图 6-8（a）所示的分数形式；如果选中 "abcd^efgh" 后单击此按钮，则得到如图 6-8（b）所示的形式，此形式多用于标注极限偏差；如果选中 "abcd # efgh" 后单击此按钮，则创建斜排的分数形式，如图 6-8（c）所示。如果选中已经层叠的文本对象后单击此按钮，则恢复到非层叠形式。

☑　"倾斜角度"下拉列表框 ：设置文字的倾斜角度，如图 6-9 所示。

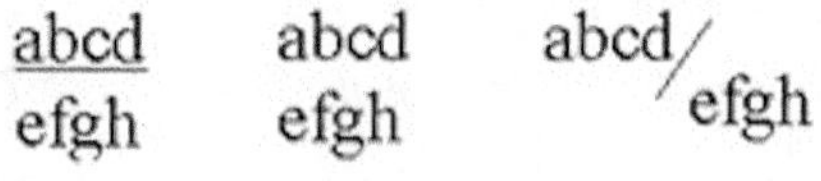

$$\frac{abcd}{efgh} \qquad \frac{abcd}{efgh} \qquad abcd\Big/efgh$$

　　（a）　　　　（b）　　　　（c）

图 6-8　文本层叠

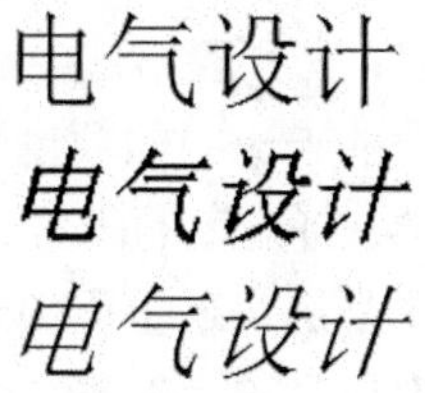

电气设计
电气设计
电气设计

图 6-9　倾斜角度与斜体效果

☑　"符号"按钮 ：用于输入各种符号。单击该按钮，系统打开符号列表，如图 6-10 所示，可以从中选择符号输入到文本中。

☑　"插入字段"按钮 ：插入一些常用或预设字段。单击该按钮，系统打开"字段"对话框，如图 6-11 所示，用户可以从中选择字段插入到标注文本中。

☑　"追踪"按钮 ：增大或减小选定字符之间的空隙。

2. "段落" 面板

☑　"多行文字对正"按钮 ：显示"多行文字对正"菜单，并且有 9 个对齐选项可用。

☑　"宽度因子"按钮 ：扩展或收缩选定字符。

☑　"上标"按钮x：将选定文字转换为上标，即在输入线的上方设置稍小的文字。

☑　"下标"按钮x：将选定文字转换为下标，即在输入线的下方设置稍小的文字。

☑　"清除格式"下拉列表框：删除选定字符的字符格式，或删除选定段落的段落格式，或删除选定段落中的所有格式。

☑　关闭：如果选择此选项，将从应用了列表格式的选定文字中删除字母、数字和项目符号，不更改缩进状态。

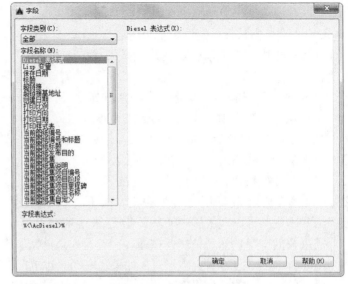

图 6-10　符号列表　　　　　　　　　　　图 6-11　"字段"对话框

☑　以数字标记：应用将带有句点的数字用于列表中的项的列表格式。

☑　以字母标记：应用将带有句点的字母用于列表中的项的列表格式。如果列表含有的项多于字母中含有的字母，可以使用双字母继续序列。

☑　以项目符号标记：应用将项目符号用于列表中的项的列表格式。

☑　起点：在列表格式中启动新的字母或数字序列。如果选定的项位于列表中间，则选定项下面的未选中的项也将成为新列表的一部分。

☑　连续：将选定的段落添加到上面最后一个列表然后继续序列。如果选择了列表项而非段落，则选定项下面的未选中的项将继续序列。

☑　允许自动项目符号和编号：在输入时应用列表格式。以下字符可以用作字母和数字后的标点，但不能用作项目符号：句点（.）、逗号（,）、右括号（)）、右尖括号（>）、右方括号（]）和右花括号（}）。

☑　允许项目符号和列表：如果选择此选项，列表格式将应用到外观类似列表的多行文字对象中的所有纯文本。

☑　段落：为段落和段落的第一行设置缩进。指定制表位和缩进，控制段落对齐方式、段落间距和段落行距，如图 6-12 所示。

3."拼写检查"面板

☑　拼写检查：确定输入时拼写检查处于打开还是关闭状态。

☑　编辑词典：显示"词典"对话框，从中可添加或删除在拼写检查过程中使用的自定义词典。

4."工具"面板

输入文字：选择此项，系统打开"选择文件"对话框，如图 6-13 所示。选择任意 ASCII 或 RTF 格式的文件。输入的文字保留原始字符格式和样式特性，但可以在多行文字编辑器中编辑和格式化输入的文字。选择要输入的文本文件后，可以替换选定的文字或全部文字，或在文字边界内将插入的文字附加到选定的文字中。输入文字的文件必须小于 32KB。

图 6-12 "段落"对话框

图 6-13 "选择文件"对话框

5. "选项"面板

☑ "标尺"按钮▤：在编辑器顶部显示标尺。拖动标尺末尾的箭头可更改文字对象的宽度。列模式处于活动状态时，还显示高度和列夹点。

☑ "更多"按钮▧▾：单击该按钮，选择弹出的快捷命令"编辑器设置/显示工具栏"，弹出如图 6-14 所示的工具栏。

图 6-14 "文字格式"工具栏

6.1.4 多行文本编辑

执行多行文本编辑命令，主要有以下 4 种调用方法：

☑ 在命令行中输入"DDEDIT"命令。

☑ 选择菜单栏中的"修改/对象/文字/编辑"命令。

☑ 单击"文字"工具栏中的"编辑"按钮▲。

☑ 在快捷菜单中选择"修改多行文字"或"编辑文字"命令。

执行上述命令后，根据系统提示选择想要修改的文本，同时光标变为拾取框。用拾取框选取对象。如果选取的文本是用 TEXT 命令创建的单行文本，可对其直接进行修改。如果选取的文本是用 MTEXT 命令创建的多行文本，选取后则打开多行文字编辑器（见图 6-6），可根据前面的介绍对各项设置或内容进行修改。

6.1.5 实战——绘制可变电阻器

本实例利用圆弧、复制、直线、相切约束和修剪命令绘制可变电阻器 R1，绘制流程如图 6-15

所示。

图 6-15　绘制可变电阻器 R1 流程图

操作步骤如下：（📹：光盘\配套视频\第 6 章\绘制可变电阻器.avi）

（1）单击"默认"选项卡"绘图"面板中的"矩形"按钮▢，绘制一个矩形，指定矩形两个角点的坐标分别为(100,100)和(500,200)。单击"默认"选项卡"绘图"面板中的"直线"按钮／，分别捕捉矩形左右边的中点为端点，向左和向右绘制两条适当长度的水平线段，如图 6-16 所示。

> **提示：**
> 在命令行中输入坐标值时，坐标数值之间的间隔逗号必须在西文状态下输入，否则系统无法识别。

（2）创建多段线。单击"默认"选项卡"绘图"面板中的"多段线"按钮⊅，命令行提示和操作如下：

① 在命令行提示"指定起点:"后捕捉右边线段中点 1，如图 6-17 所示。

② 在命令行提示"指定下一个点或 [圆弧(A)/半宽(H)/长度(L)/放弃(U)/宽度(W)]:"后竖直向上合适位置处指定一点 2。

③ 在命令行提示"指定下一点或 [圆弧(A)/闭合(C)/半宽(H)/长度(L)/放弃(U)/宽度(W)]:"后水平向左合适位置处指定一点 3。

④ 在命令行提示"指定下一点或 [圆弧(A)/闭合(C)/半宽(H)/长度(L)/放弃(U)/宽度(W)]:"后竖直向下合适位置处指定一点 4，如图 6-17 所示。

图 6-16　绘制矩形和直线　　　　　　　图 6-17　绘制多段线

⑤ 在命令行提示"指定下一点或 [圆弧(A)/闭合(C)/半宽(H)/长度(L)/放弃(U)/宽度(W)]:"后输入"W"。

⑥ 在命令行提示"指定起点宽度 <0.0000>:"后输入"10"。

⑦ 在命令行提示"指定端点宽度 <10.0000>:"后输入"0"。

⑧ 在命令行提示"指定下一点或 [圆弧(A)/闭合(C)/半宽(H)/长度(L)/放弃(U)/宽度(W)]:"后竖直向下捕捉矩形上的垂足点。

⑨ 在命令行提示"指定下一点或 [圆弧(A)/闭合(C)/半宽(H)/长度(L)/放弃(U)/宽度(W)]:"后按 Enter 键。效果如图 6-17 所示。

（3）单击"默认"选项卡"绘图"面板中的"多行文字"按钮Ａ，在图 6-17 中点 3 位置正上方指定文本范围框，系统打开"文字编辑器"选项卡，如图 6-18 所示，输入文字"R1"，并设置文字的各项参数，最终结果如图 6-19 所示。

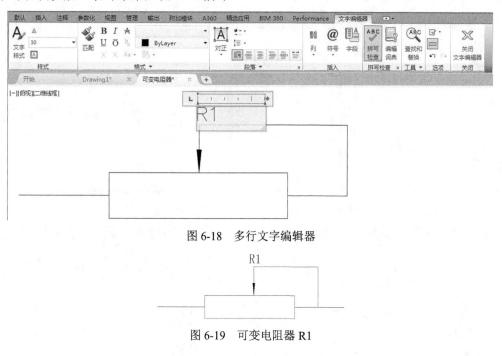

图 6-18　多行文字编辑器

图 6-19　可变电阻器 R1

6.2　表　　格

在以前的版本中，要绘制表格必须采用绘制图线或者图线结合偏移或复制等编辑命令来完成，这样的操作过程烦琐而复杂，不利于提高绘图效率。从 AutoCAD 2005 开始，新增加了一个表格绘图功能，有了该功能，创建表格就变得非常容易，用户可以直接插入设置好样式的表格，而不用绘制由单独的图线组成的表格。

6.2.1　设置表格样式

执行表格样式命令，主要有以下 4 种调用方法：

☑　在命令行中输入"TABLESTYLE"命令。

☑　选择菜单栏中的"格式/表格样式"命令。

☑　单击"样式"工具栏中的"表格样式管理器"按钮 。

☑　单击"默认"选项卡"注释"面板中的"表格样式"按钮 ，或单击"注释"选项卡"表格"面板上"表格样式"下拉菜单中的"管理表格样式"按钮，或单击"注释"选项卡"表格"面板中的"对话框启动器"按钮 。

执行上述命令，系统打开"表格样式"对话框，如图 6-20 所示。

1."新建"按钮

单击该按钮，系统打开"创建新的表格样式"对话框，如图 6-21 所示。输入新的表格样式名后，单击"继续"按钮，系统打开"新建表格样式"对话框，如图 6-22 所示。从中可以定义新的表格样式，如控制表格中数据、列标题和总标题的有关参数，如图 6-23 所示。

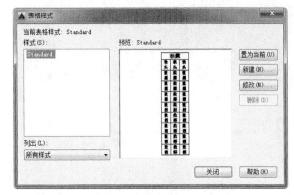

图 6-20　"表格样式"对话框　　　　　　　图 6-21　"创建新的表格样式"对话框

图 6-22　"新建表格样式"对话框

　　如图 6-24 所示为数据文字样式为 Standard，文字高度为 4.5，文字颜色为"红色"，填充颜色为"黄色"，对齐方式为"右下"；没有列标题行，标题文字样式为 Standard，文字高度为 6，文字颜色为"蓝色"，填充颜色为"无"，对齐方式为"正中"；表格方向为"上"，水平单元边距和垂直单元边距都为 1.5 的表格样式。

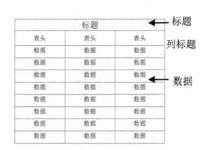

图 6-23　表格样式

标题		
表头	表头	表头
数据	数据	数据
数据	数据	数据
数据	数据	数据
数据	数据	数据
数据	数据	数据
数据	数据	数据
数据	数据	数据
数据	数据	数据

图 6-24　表格示例

2．"修改"按钮

用于对当前表格样式进行修改，方式与新建表格样式相同。

6.2.2　创建表格

执行表格命令，主要有以下 4 种调用方法：

☑　在命令行中输入"TABLE"命令。

☑　选择菜单栏中的"绘图/表格"命令。

☑　单击"绘图"工具栏中的"表格"按钮 。

☑　单击"默认"选项卡"注释"面板中的"表格"按钮 或单击"注释"选项卡"表格"面板中的"表格"按钮 。

执行上述命令后，系统打开"插入表格"对话框，如图 6-25 所示。对话框中的各选项含义如下。

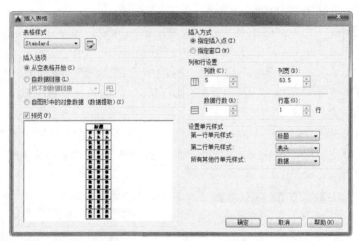

图 6-25　"插入表格"对话框

☑　表格样式：在要从中创建表格的当前图形中选择表格样式。通过单击下拉列表框旁边的按钮，用户可以创建新的表格样式。

☑　插入选项：指定插入表格的方式。

↪ 从空表格开始：创建可以手动填充数据的空表格。

↪ 自数据链接：从外部电子表格中的数据创建表格。

↪ 自图形中的对象数据（数据提取）：启动"数据提取"向导。

☑ 预览：显示当前表格样式的样例。

☑ 插入方式：指定表格位置。

↪ 指定插入点：指定表格左上角的位置。可以使用定点设备，也可以在命令行提示下输入坐标值。如果表格样式将表格的方向设置为由下而上读取，则插入点位于表格的左下角。

↪ 指定窗口：指定表格的大小和位置。可以使用定点设备，也可以在命令行提示下输入坐标值。选中此单选按钮时，行数、列数、列宽和行高取决于窗口的大小以及列和行设置。

☑ 列和行设置：设置列和行的数目和大小。

↪ 列数：指定列数。选中"指定窗口"单选按钮并指定列宽时，"自动"选项将被选定，且列数由表格的宽度控制。如果已指定包含起始表格的表格样式，则可以选择要添加到此起始表格的其他列的数量。

↪ 列宽：指定列的宽度。选中"指定窗口"单选按钮并指定列数时，则选定了"自动"选项，且列宽由表格的宽度控制，最小列宽为一个字符。

↪ 数据行数：指定行数。选中"指定窗口"单选按钮并指定行高时，则选定了"自动"选项，且行数由表格的高度控制。带有标题行和表格头行的表格样式最少应有 3 行，最小行数为一个文字行。如果已指定包含起始表格的表格样式，则可以选择要添加到此起始表格的其他数据行的数量。

↪ 行高：按照行数指定行高。文字行高基于文字高度和单元边距，这两项均在表格样式中设置。选中"指定窗口"单选按钮并指定行数时，则选定了"自动"选项，且行高由表格的高度控制。

☑ 设置单元样式：对于那些不包含起始表格的表格样式，请指定新表格中行的单元格式。

↪ 第一行单元样式：指定表格中第一行的单元样式。默认情况下，使用标题单元样式。

↪ 第二行单元样式：指定表格中第二行的单元样式。默认情况下，使用表头单元样式。

↪ 所有其他行单元样式：指定表格中所有其他行的单元样式。默认情况下，使用数据单元样式。

　　在上面的"插入表格"对话框中进行相应设置后，单击"确定"按钮，系统在指定的插入点或窗口自动插入一个空表格，并显示"文字编辑器"选项卡，用户可以逐行逐列输入相应的文字或数据，如图 6-26 所示。

图 6-26　多行文字编辑器

6.2.3 编辑表格文字

执行编辑文字命令，主要有以下 3 种调用方法：

☑ 在命令行中输入"TABLEDIT"命令。

☑ 在快捷菜单中选择"编辑文字"命令。

☑ 在表单元内双击。

执行上述命令后，系统打开如图 6-27 所示的"文字编辑器"选项卡，用户可以对指定表格单元的文字进行编辑。

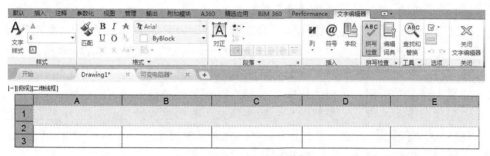

图 6-27　文字编辑器

6.3　尺　寸　标　注

尺寸标注相关命令的菜单方式集中在"标注"菜单中，工具栏方式集中在"标注"下拉列表中，功能区方式集中在"标注"面板中，如图 6-28～图 6-30 所示。

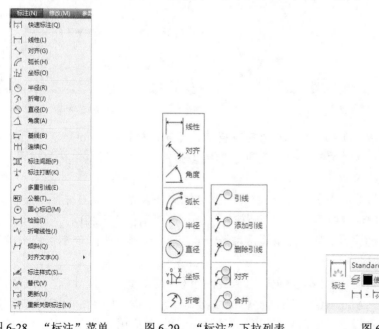

图 6-28　"标注"菜单　　　图 6-29　"标注"下拉列表　　　图 6-30　"标注"面板

6.3.1 设置尺寸样式

执行标注样式命令，主要有如下 4 种调用方法：

☑ 在命令行中输入"DIMSTYLE"命令。

☑ 选择菜单栏中的"格式/标注样式"或"标注/标注样式"命令。

☑ 单击"标注"工具栏中的"标注样式"按钮。

☑ 单击"默认"选项卡"注释"面板中的"标注样式"按钮，或单击"注释"选项卡"标注"面板上"标注样式"下拉菜单中的"管理标注样式"按钮，或单击"注释"选项卡"标注"面板中"对话框启动器"按钮。

执行上述命令后，系统打开"标注样式管理器"对话框，如图 6-31 所示。利用此对话框可方便直观地定制和浏览尺寸标注样式，包括产生新的标注样式、修改已存在的样式、设置当前尺寸标注样式、样式重命名以及删除一个已有样式等。对话框中的主要选项含义如下。

☑ "置为当前"按钮：单击此按钮，把在"样式"列表框中选中的样式设置为当前样式。

☑ "新建"按钮：定义一个新的尺寸标注样式。单击此按钮，AutoCAD 打开"创建新标注样式"对话框，如图 6-32 所示，利用此对话框可创建一个新的尺寸标注样式，单击"继续"按钮，系统打开"新建标注样式"对话框，如图 6-33 所示，利用此对话框可对新样式的各项特性进行设置。该对话框中各部分的含义和功能将在后面介绍。

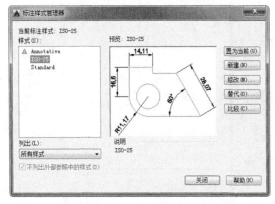

图 6-31 "标注样式管理器"对话框

图 6-32 "创建新标注样式"对话框

☑ "修改"按钮：修改一个已存在的尺寸标注样式。单击此按钮，AutoCAD 打开"修改标注样式"对话框，该对话框中的各选项与"新建标注样式"对话框中完全相同，可以对已有标注样式进行修改。

☑ "替代"按钮：设置临时覆盖尺寸标注样式。单击此按钮，AutoCAD 打开"替代当前样式"对话框，该对话框中各选项与"新建标注样式"对话框完全相同，用户可改变选项的设置覆盖原来的设置，但这种修改只对指定的尺寸标注起作用，而不影响当前尺寸变量的设置。

☑ "比较"按钮：比较两个尺寸标注样式在参数上的区别或浏览一个尺寸标注样式的参数设置。单击此按钮，AutoCAD 打开"比较标注样式"对话框，如图 6-34 所示。可以把比较结果复制到剪贴板上，然后再粘贴到其他的 Windows 应用软件上。

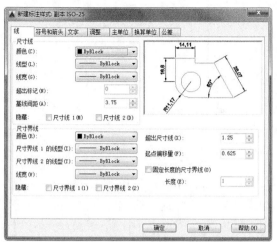

图 6-33 "新建标注样式"对话框

Note

图 6-34 "比较标注样式"对话框

在如图 6-35 所示的"新建标注样式"对话框中,有 7 个选项卡,分别说明如下。

☑ 线:在此选项卡中可设置尺寸线、延伸线的形式和特性。包括尺寸线的特性、用户设置的尺寸样式和尺寸界线的形式。

☑ 符号和箭头:该选项卡用于对箭头、圆心标记、弧长符号和半径标注折弯的各个参数进行设置,如图 6-35 所示,包括箭头的大小、引线形状、圆心标记的类型、大小、弧长符号位置、半径折弯标注的折弯角度、线性折弯标注的折弯高度因子以及折断标注的折断大小等参数。

☑ 文字:该选项卡用于对文字的外观、位置、对齐方式等各个参数进行设置,如图 6-36 所示,包括"文字外观"选项组中的文字样式、文字颜色、填充颜色、文字高度、分数高度比例、是否绘制文字边框等参数,以及"文字位置"选项组中的垂直、水平、观察方向和从尺寸线偏移量等参数。对齐方式有水平、与尺寸线对齐、ISO 标准 3 种方式。如图 6-37 所示为尺寸在垂直方向放置的 4 种不同情形,如图 6-38 所示为尺寸在水平方向放置的 5 种不同情形。

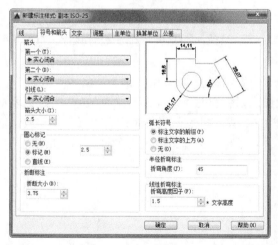

图 6-35 "新建标注样式"对话框的"符号和箭头"
选项卡

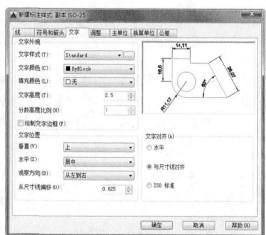

图 6-36 "新建标注样式"对话框的"文字"
选项卡

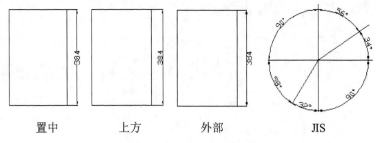

图 6-37　尺寸文本在垂直方向的放置

☑ 调整：该选项卡对调整选项、文字位置、标注特征比例、优化等各个参数进行设置，如图 6-39 所示，包括调整选项的选择、文字不在默认位置时的放置位置、标注特征比例选择以及调整尺寸要素位置等参数。如图 6-40 所示为文字不在默认位置时的放置位置的 3 种不同情形。

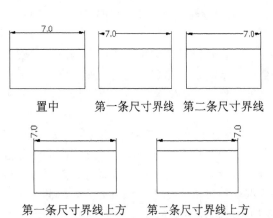

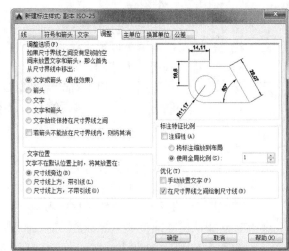

图 6-38　尺寸文本在水平方向的放置　　　图 6-39　"新建标注样式"对话框的"调整"选项卡

☑ 主单位：该选项卡用来设置尺寸标注的主单位和精度，以及给尺寸文本添加固定的前缀或后缀。该选项卡包含两个选项组，分别对长度型标注和角度型标注进行设置，如图 6-41 所示。

☑ 换算单位：该选项卡用于对替换单位进行设置，如图 6-42 所示。

☑ 公差：该选项卡用于对尺寸公差进行设置，如图 6-43 所示。其中，"方式"下拉列表框中列出了 AutoCAD 提供的 5 种标注公差的形式，即"无"、"对称"、"极限偏差"、"极限尺寸"和"基本尺寸"，其中，"无"表示不标注公差，即上面的通常标注情形。

6.3.2　尺寸标注

1．线性标注

执行线性标注命令，主要有如下 4 种调用方法：

☑ 在命令行中输入"DIMLINEAR"（快捷命令：DIMLIN）命令。

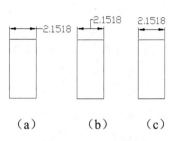

图 6-40 尺寸文本的位置

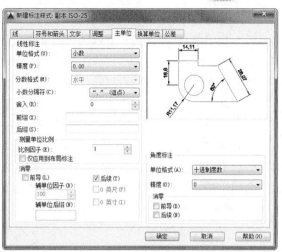

图 6-41 "新建标注样式"对话框的"主单位"
选项卡

图 6-42 "新建标注样式"对话框的"换算单位"
选项卡

图 6-43 "新建标注样式"对话框的"公差"
选项卡

☑ 选择菜单栏中的"标注/线性"命令。

☑ 单击"标注"工具栏中的"线性"按钮┝┥。

☑ 单击"默认"选项卡"注释"面板中的"线性"按钮┝┥或单击"注释"选项卡"标注"
面板中的"线性"按钮┝┥。

执行上述命令后,根据系统提示直接按 Enter 键选择要标注的对象或确定尺寸界线的起始点,
按 Enter 键并选择要标注的对象或指定两条尺寸界线的起始点后,命令行提示中各选项含义如下。

☑ 指定尺寸线位置:确定尺寸线的位置。用户可移动光标选择合适的尺寸线位置,然后按
Enter 键或单击,AutoCAD 则自动测量所标注线段的长度并标注出相应的尺寸。

☑ 多行文字(M):用多行文本编辑器确定尺寸文本。

☑ 文字(T):在命令行提示下输入或编辑尺寸文本。选择此选项后,AutoCAD 提示输入标
注线段的长度,直接按 Enter 键即可采用此长度值,也可输入其他数值代替默认认值。当

尺寸文本中包含默认值时，可使用尖括号"<>"表示默认值。

☑ 角度(A)：确定尺寸文本的倾斜角度。

☑ 水平(H)：水平标注尺寸，不论标注什么方向的线段，尺寸线均水平放置。

☑ 垂直(V)：垂直标注尺寸，不论被标注线段沿什么方向，尺寸线总保持垂直。

☑ 旋转(R)：输入尺寸线旋转的角度值，旋转标注尺寸。

对齐标注的尺寸线与所标注的轮廓线平行；坐标尺寸标注点的纵坐标或横坐标；角度标注标注两个对象之间的角度；直径或半径标注标注圆或圆弧的直径或半径；圆心标记则标注圆或圆弧的中心或中心线，具体由"新建（修改）标注样式"对话框"符号和箭头"选项卡中的"圆心标记"选项组决定。上面所述这几种尺寸标注与线性标注类似，不再赘述。

2．基线标注

基线标注用于产生一系列基于同一条尺寸界线的尺寸标注，适用于长度尺寸标注、角度标注和坐标标注等。在使用基线标注方式之前，应该先标注出一个相关的尺寸，如图 6-44 所示。基线标注两平行尺寸线间距由"新建（修改）标注样式"对话框"符号和箭头"选项卡中"线"选项组中的"基线间距"文本框的值决定。

执行基线标注命令，主要有如下 4 种调用方法：

☑ 在命令行中输入"DIMBASELINE"命令。

☑ 选择菜单栏中的"标注/基线"命令。

☑ 单击"标注"工具栏中的"基线"按钮╆。

☑ 单击"注释"选项卡"标注"面板中的"基线"按钮╆。

执行上述命令后，根据系统提示指定第二条尺寸界线原点或选择其他选项。执行此命令时，命令行提示中各选项含义如下。

☑ 指定第二条尺寸界线原点：直接确定另一个尺寸的第二条尺寸界线的起点，AutoCAD以上次标注的尺寸为基准标注，标注出相应尺寸。

☑ <选择>：在上述提示下直接按 Enter 键，在命令行提示下选择作为基准的尺寸标注。

3．连续标注

连续标注又叫尺寸链标注，用于产生一系列连续的尺寸标注，后一个尺寸标注均把前一个标注的第二条尺寸界线作为其第一条尺寸界线。与基线标注一样，在使用连续标注方式之前，应该先标注出一个相关的尺寸。

连续标注命令的调用方法主要有如下 4 种：

☑ 在命令行中输入"DIMCONTINUE"命令。

☑ 选择菜单栏中的"标注/连续"命令。

☑ 单击"标注"工具栏中的"连续标注"按钮┼┼┼。

☑ 单击"注释"选项卡"标注"面板中的"连续"按钮┼┼┼。

执行上述命令后，根据系统提示拾取相关尺寸，在命令行提示下指定第二条尺寸界线原点或选择其他选项。执行此命令时，命令行提示中各选项与基线标注中完全相同，不再赘述。标注过程与基线标注类似，如图 6-45 所示。

4．快速标注

快速尺寸标注命令使用户可以交互地、动态地、自动化地进行尺寸标注。执行该命令可以同时选择多个圆或圆弧标注直径或半径，也可同时选择多个对象进行基线标注和连续标注，选择一次即可完成多个标注，因此可节省时间，提高工作效率。快速尺寸标注命令的调用方法主要有如下 4 种：

- ☑ 在命令行中输入"QDIM"命令。
- ☑ 选择菜单栏中的"标注/快速标注"命令。
- ☑ 单击"标注"工具栏中的"快速标注"按钮⊢。
- ☑ 单击"注释"选项卡"标注"面板中的"快速标注"按钮⊢。

执行上述命令后，根据系统提示选择要标注尺寸的多个对象后按 Enter 键，并指定尺寸线位置或选择其他选项。执行此命令时，命令行提示中各选项含义如下。

- ☑ 指定尺寸线位置：直接确定尺寸线的位置，按默认尺寸标注类型标注出相应尺寸。
- ☑ 连续(C)：产生一系列连续标注的尺寸。
- ☑ 并列(S)：产生一系列交错的尺寸标注，如图 6-46 所示。

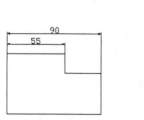

图 6-44　基线标注

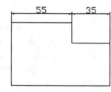

图 6-45　连续标注

图 6-46　交错尺寸标注

- ☑ 基线(B)：产生一系列基线标注的尺寸。后面的"坐标(O)""半径(R)""直径(D)"含义与此类同。
- ☑ 基准点(P)：为基线标注和连续标注指定一个新的基准点。
- ☑ 编辑(E)：对多个尺寸标注进行编辑。系统允许对已存在的尺寸标注添加或移去尺寸点。选择此选项，根据系统提示确定要移去的点之后按 Enter 键，AutoCAD 对尺寸标注进行更新。如图 6-47 所示为将图 6-46 删除中间两个标注点后的尺寸标注。

5．引线标注

快速引线标注命令的调用方法为：在命令行中输入"QLEADER"命令。

执行上述命令后，根据系统提示指定第一个引线点或选择其他选项。此时，命令行提示中各选项含义如下。

- ☑ 指定第一个引线点：根据系统提示指定指引线的第二点和第三点。AutoCAD 提示用户输入的点的数目由"引线设置"对话框确定。输入完指引线的点后输入多行文本的宽度和注释文字的第一行或其他选项。
- ☑ 设置(S)：也可以在上面操作过程中选择"设置(S)"选项，弹出"引线设置"对话框进行相关参数设置，如图 6-48 所示。

另外还有一个名为 LEADER 的命令也可以进行引线标注，与 QLEADER 命令类似，不再赘述。

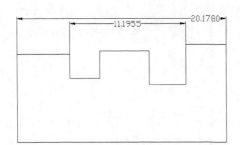

图 6-47　删除标注点

图 6-48　"引线设置"对话框

6.3.3　实战——变电站避雷针布置图尺寸标注

本实例接 5.7 节的综合实例，对避雷针布置图进行尺寸标注。本实例将用到尺寸样式设置、线性尺寸标注、对齐尺寸标注、直径尺寸标注以及文字标注等知识。其绘制流程图如图 6-49 所示。

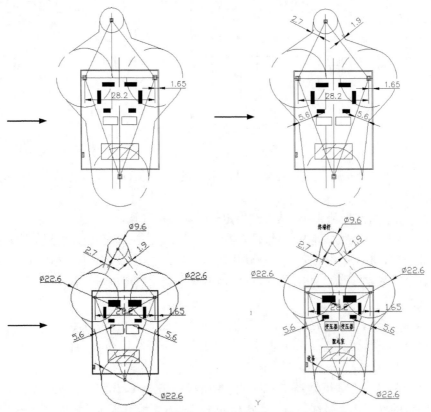

图 6-49　变电站避雷针布置图尺寸标注流程图

📷：光盘\配套视频\第 6 章\变电站避雷针布置图尺寸标注.avi

为方便操作，本书将用到的实例保存到源文件中，打开随书光盘中"源文件\第 6 章\变电站避雷针布置图尺寸标注"文件，进行以下操作。

1. 标注样式设置

（1）选择菜单栏中的"格式/标注样式"命令，打开"标注样式管理器"对话框，如图 6-50

所示。单击"新建"按钮，打开"创建新标注样式"对话框，设置"新样式名"为"避雷针布置图标注样式"，如图 6-51 所示。

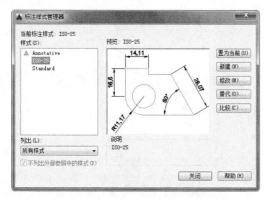

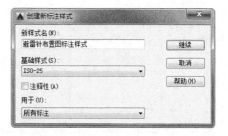

图 6-50 "标注样式管理器"对话框　　　　图 6-51 "创建新标注样式"对话框

（2）单击"继续"按钮，打开"新建标注样式"对话框。其中有 7 个选项卡，可对新建的"避雷针布置图标注样式"的风格进行设置。"线"选项卡设置如图 6-52 所示，"基线间距"设置为 3.75，"超出尺寸线"设置为 2。

（3）"符号和箭头"选项卡设置如图 6-53 所示，"箭头大小"设置为 2.5。

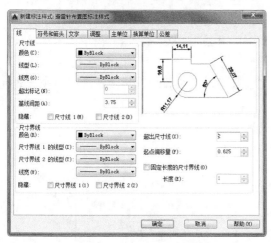

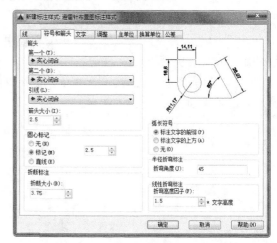

图 6-52 "线"选项卡设置　　　　　　图 6-53 "符号和箭头"选项卡设置

（4）"文字"选项卡设置如图 6-54 所示，"文字高度"设置为 2.5，"从尺寸线偏移"设置为 0.625，"文字对齐"采用"与尺寸线对齐"方式。

（5）设置完毕后，回到"标注样式管理器"对话框，单击"置为当前"按钮，将新建的"避雷针布置图标注样式"设置为当前使用的标注样式。单击"新建"按钮，打开"创建新标注样式"对话框，如图 6-55 所示，在"用于"下拉列表框中选择"直径标注"选项。

（6）单击"继续"按钮，打开"新建标注样式"对话框，对新建的直径标注样式的风格进行设置。

（7）设置完毕后，回到"标注样式管理器"对话框，选择"避雷针布置图标注样式"，单击"置为当前"按钮，将"避雷针布置图标注样式"设置为当前使用的标注样式。

Note

图 6-54 "文字"选项卡设置

图 6-55 "创建新标注样式"对话框

2. 标注尺寸

（1）单击"默认"选项卡"注释"面板中的"线性"按钮，标注点 A 与点 B 之间的距离，阶段效果如图 6-56（a）所示。

（2）单击"默认"选项卡"注释"面板中的"线性"按钮，标注终端杆中心到矩形外边框之间的距离，阶段效果如图 6-56（a）所示。

（3）单击"默认"选项卡"注释"面板中的"对齐标注"按钮，标注图中的各个尺寸，结果如图 6-56（b）所示。

（4）单击"默认"选项卡"注释"面板中的"直径标注"按钮，标注图形中各个圆的直径尺寸，结果如图 6-56（c）所示。

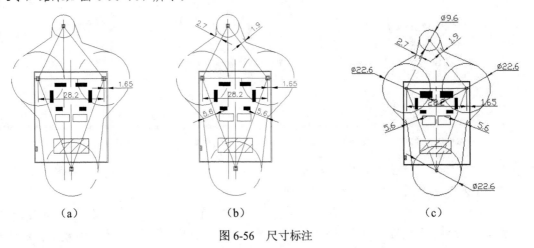

（a）　　　　　　　（b）　　　　　　　（c）

图 6-56 尺寸标注

3. 添加文字

（1）创建文字样式。单击"默认"选项卡"注释"面板中的"文字样式"按钮，打开"文字样式"对话框，创建一个样式名为"避雷针布置图"的文字样式。设置"字体名"为"仿宋_GB2312"，"字体样式"为"常规"，"高度"为 1.5，"宽度因子"为 0.7，如图 6-57 所示。

（2）添加注释文字。单击"默认"选项卡"注释"面板中的"多行文字"按钮，一次输入几行文字，然后调整其位置，以对齐文字。调整位置时，可结合使用"正交"功能。

图 6-57　"文字样式"对话框

（3）使用文字编辑命令修改文字，得到需要的文字。

添加注释文字后，即完成了整张图纸的绘制，如图 6-49 所示。

6.4　图块及其属性

把一组图形对象组合成图块加以保存，需要时可以把图块作为一个整体以任意比例和旋转角度插入到图中任意位置，这样不仅避免了大量的重复工作，提高了绘图速度和工作效率，而且可大大节省磁盘空间。

6.4.1　图块操作

在使用图块时，首先要定义图块，图块的定义方法有如下 4 种：

☑　在命令行中输入"BLOCK"命令。

☑　选择菜单栏中的"绘图/块/创建"命令。

☑　单击"绘图"工具栏中的"创建块"按钮 。

☑　单击"默认"选项卡"块"面板中的"创建"按钮 或单击"插入"选项卡"块定义"面板中的"创建块"按钮 。

执行上述命令后，系统打开如图 6-58 所示的"块定义"对话框，利用该对话框指定定义对象、基点以及其他参数，可定义图块并命名。

1．图块保存

图块的保存方法为：在命令行中输入"WBLOCK"命令。

执行上述命令后，系统打开如图 6-59 所示的"写块"对话框。利用此对话框可把图形对象保存为图块或把图块转换成图形文件。

以 BLOCK 命令定义的图块只能插入到当前图形，以 WBLOCK 命令保存的图块则既可以插入到当前图形，也可以插入到其他图形。

图 6-58 "块定义"对话框

图 6-59 "写块"对话框

2. 图块插入

执行块插入命令，主要有以下 4 种调用方法：

☑ 在命令行中输入"INSERT"命令。

☑ 选择菜单栏中的"插入/块"命令。

☑ 单击"插入"工具栏中的"插入块"按钮或单击"绘图"工具栏中的"插入块"按钮。

☑ 单击"默认"选项卡"块"面板中的"插入"按钮或单击"插入"选项卡"块"面板中的"插入"按钮。

执行上述命令后，系统打开"插入"对话框，如图 6-60 所示。利用此对话框设置插入点位置、插入比例以及旋转角度可以指定要插入的图块及插入位置。

6.4.2 图块的属性

1. 属性定义

定义属性命令的调用方法有如下 3 种：

☑ 在命令行中输入"ATTDEF"命令。

☑ 选择菜单栏中的"绘图/块/定义属性"命令。

☑ 单击"默认"选项卡"块"面板中的"定义属性"按钮或单击"插入"选项卡"块定义"面板中的"定义属性"按钮。

执行上述命令后，系统打开"属性定义"对话框，如图 6-61 所示。

☑ "模式"选项组。

  ↳ "不可见"复选框：选中此复选框，属性为不可见显示方式，即插入图块并输入属性值后，属性值在图中并不显示出来。

  ↳ "固定"复选框：选中此复选框，属性值为常量，即属性值在属性定义时给定，在插入图块时 AutoCAD 不再提示输入属性值。

  ↳ "验证"复选框：选中此复选框，当插入图块时，AutoCAD 重新显示属性值让用户验证该值是否正确。

图 6-60 "插入"对话框

图 6-61 "属性定义"对话框

Note

- ↳ "预设"复选框：选中此复选框，当插入图块时，AutoCAD 自动把事先设置好的默认值赋予属性，而不再提示输入属性值。
- ↳ "锁定位置"复选框：选中此复选框，当插入图块时，AutoCAD 锁定块参照中属性的位置。解锁后，属性可以相对于使用夹点编辑的块的其他部分移动，并且可以调整多行属性的大小。
- ↳ "多行"复选框：指定属性值可以包含多行文字。选中此复选框后，可以指定属性的边界宽度。
- ☑ "属性"选项组。
  - ↳ "标记"文本框：输入属性标签。属性标签可由除空格和感叹号以外的所有字符组成。AutoCAD 自动把小写字母改为大写字母。
  - ↳ "提示"文本框：输入属性提示。属性提示是插入图块时，AutoCAD 要求输入属性值的提示。如果不在此文本框内输入文本，则以属性标签作为提示。如果在"模式"选项组中选中"固定"复选框，即设置属性为常量，则不需设置属性提示。
  - ↳ "默认"文本框：设置默认的属性值。可把使用次数较多的属性值作为默认值，也可不设默认值。

其他各选项组比较简单，不再赘述。

2．修改属性定义

文字编辑命令的调用方法有如下两种：

- ☑ 在命令行中输入"DDEDIT"命令。
- ☑ 选择菜单栏中的"修改/对象/文字/编辑"命令。

执行上述命令后，根据系统提示选择要修改的属性定义，AutoCAD 打开"编辑属性定义"对话框，如图 6-62 所示。可以在该对话框中修改属性定义。

3．图块属性编辑

图块属性编辑命令的调用方法有如下 3 种：

- ☑ 在命令行中输入"ATTEDIT"命令。
- ☑ 选择菜单栏中的"修改/对象/属性/单个"命令。
- ☑ 单击"修改 II"工具栏中的"块属性管理器"按钮 。

执行该命令后，根据系统提示选择块参照，系统打开"增强属性编辑器"对话框，如图 6-63 所示。该对话框不仅可以编辑属性值，还可以编辑属性的文字选项和图层、线型、颜色等特性值。

设置标记

设置提示

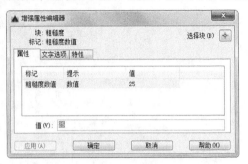

图 6-62   "编辑属性"对话框   图 6-63   "增强属性编辑器"对话框

6.4.3   实战——绘制转换开关

本实例利用圆弧、复制、直线、相切约束和修剪命令绘制转换开关，绘制流程如图 6-64 所示。

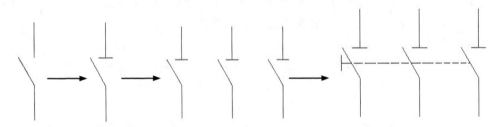

图 6-64   绘制转换开关流程图

操作步骤如下：（ ：光盘\配套视频\第 6 章\绘制转换开关.avi）

1. 插入普通开关图块

单击"默认"选项卡"块"面板中的"插入块"按钮，弹出"插入"对话框，如图 6-65（a）所示；单击"浏览"按钮，弹出"选择图形文件"对话框，选择随书光盘中的"源文件\图块\普通开关"图块作为插入对象，选中"插入点"选项组中的"在屏幕上指定"复选框，其他选项接受系统默认设置即可，然后单击"确定"按钮，插入的普通开关如图 6-65（b）所示。

（a）   （b）

图 6-65   插入"普通开关"图块

2．绘制水平直线

单击"默认"选项卡"绘图"面板中的"直线"按钮，以"普通开关"图块中的端点 A 为起点水平向右绘制长度为 3 的直线，绘制结果如图 6-66 所示。

3．镜像水平直线

（1）单击"默认"选项卡"修改"面板中的"镜像"按钮，将第 2 步绘制的直线进行镜像处理。

（2）在命令行提示"选择对象:"后选择水平直线，按 Enter 键。

（3）在命令行提示"指定镜像线的第一点:"后选择 A 点。

（4）在命令行提示"指定镜像线的第二点:"后选择 B 点。

（5）在命令行提示"要删除源对象吗？[是(Y)/否(N)] <N>:"后按 Enter 键。N 表示不删除原有直线，Y 表示删除原有直线，镜像后的效果如图 6-67 所示。

4．阵列图形

单击"默认"选项卡"修改"面板中的"矩形阵列"按钮，选择如图 6-67 所示的图形作为阵列对象，设置行数为 1，列数为 3，列间距为 24，阵列结果如图 6-68 所示。

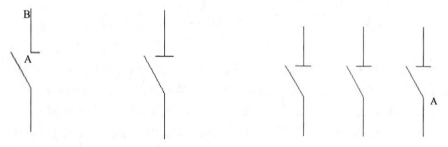

图 6-66　绘制直线　　　图 6-67　镜像水平直线　　　图 6-68　阵列图形

5．绘制水平直线

单击"默认"选项卡"绘图"面板中的"直线"按钮，以图 6-68 中的端点 A 为起点水平向左绘制长度为 52 的直线，绘制结果如图 6-69 所示。

6．绘制竖直直线

单击"默认"选项卡"绘图"面板中的"直线"按钮，以图 6-69 中的端点 B 为起点，竖直向下绘制长度为 3 的直线，绘制结果如图 6-70 所示。

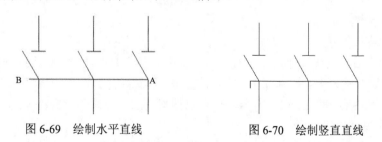

图 6-69　绘制水平直线　　　　　图 6-70　绘制竖直直线

7．镜像竖直直线

单击"默认"选项卡"修改"面板中的"镜像"按钮，将第 6 步绘制的竖直直线沿水平直线 AB 进行镜像处理，镜像后的效果如图 6-71 所示。

8. 平移直线

单击"默认"选项卡"修改"面板中的"移动"按钮✛，将水平直线 AB 和竖直短线移动到点((@-3.5,6)。

9. 更改线型

选中平移后的水平直线，在"默认"选项卡"特性"面板的"线型控制"下拉列表框中选择虚线线型，将水平直线的线型改为虚线，结果如图 6-72 所示，至此完成转换开关的绘制。

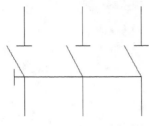

图 6-71　镜像竖直直线　　　　　　　　图 6-72　更改线型

6.5　设计中心与工具选项板

使用 AutoCAD 设计中心可以很容易地组织设计内容，并将其拖动到当前图形中。工具选项板是工具选项板窗口中选项卡形式的区域，是组织、共享和放置块及填充图案的有效方法。工具选项板还可以包含由第三方开发人员提供的自定义工具，也可以利用设计中心组织内容，并将其创建为工具选项板。设计中心与工具选项板的使用大大地方便了绘图，提高了绘图的效率。

6.5.1　设计中心

1. 启动设计中心

启动设计中心的方法有如下 5 种：

☑　在命令行中输入"ADCENTER"命令。

☑　选择菜单栏中的"工具/选项板/设计中心"命令。

☑　单击"标准"工具栏中的"设计中心"按钮▨。

☑　利用快捷键 Ctrl+2。

☑　单击"视图"选项卡"选项板"面板中的"设计中心"按钮▨。

执行上述命令后，系统打开设计中心。第一次启动设计中心时，它默认打开的选项卡为"文件夹"。左边的资源管理器显示系统的树形结构，浏览资源的同时，在内容显示区将显示所浏览资源的有关细目或内容，如图 6-73 所示。也可以搜索资源，方法与 Windows 资源管理器类似。

2. 利用设计中心插入图形

设计中心的一个最大的优点是可以将系统文件夹中的 DWG 图形当成图块插入到当前图形中。

（1）从查找结果列表框中选择要插入的对象，双击对象。

（2）弹出"插入"对话框，如图 6-74 所示。

（3）在对话框中设置插入点、比例和旋转角度等数值。

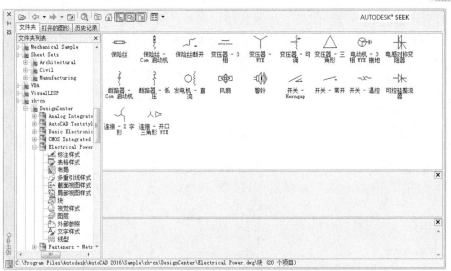

图 6-73　AutoCAD 2016 设计中心的资源管理器和内容显示区

Note

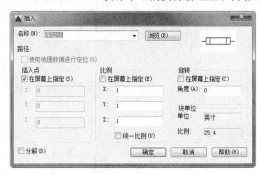

图 6-74　"插入"对话框

被选择的对象根据指定的参数插入到图形当中。

6.5.2　工具选项板

1．打开工具选项板

打开工具选项板的方法主要有如下 5 种：

☑　在命令行中输入"TOOLPALETTES"命令。

☑　选择菜单栏中的"工具/选项板/工具选项板窗口"命令。

☑　单击"标准"工具栏中的"工具选项板窗口"按钮 。

☑　单击"视图"选项卡"选项板"面板中的"设计中心"按钮 。

☑　利用快捷键 Ctrl+3。

执行上述命令后，系统自动打开工具选项板，如图 6-75 所示。该工具选项板上有系统预设置的多个选项卡。可以右击，在弹出的快捷菜单中选择"新建选项板"命令，如图 6-76 所示，系统将新建一个空白选项卡，可以命名该选项卡，如图 6-77 所示。

2．将设计中心内容添加到工具选项板

在选中的文件夹上右击，在弹出的快捷菜单中选择"创建工具选项板"命令，如图 6-78 所示。设计中心中存储的图元就出现在工具选项板中新建的设计中心选项卡上，如图 6-79 所示，这样就可以将设计中心与工具选项板结合起来，建立一个快捷方便的工具选项板。

图 6-75　工具选项板

图 6-76　快捷菜单

图 6-77　新建选项卡

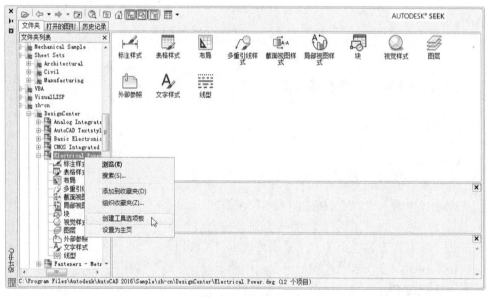

图 6-78　快捷菜单

3．利用工具选项板绘图

只需要将工具选项板中的图形单元拖动到当前图形，该图形单元就以图块的形式插入到当前图形中。如图 6-80 所示就是将工具选项板中"电力"选项卡中的图形单元拖动到当前图形绘制的电气布置图。

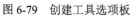

图 6-79　创建工具选项板

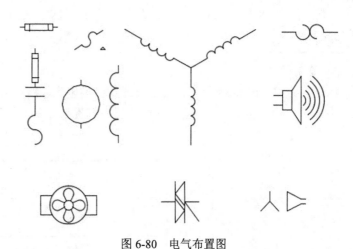

图 6-80　电气布置图

6.6　综合实战——绘制电气 A3 样板图

本实例首先设置图幅，然后利用矩形命令绘制图框，再利用表格命令绘制标题栏，最后利用多行文字命令输入文字并调整，其绘制流程如图 6-81 所示。

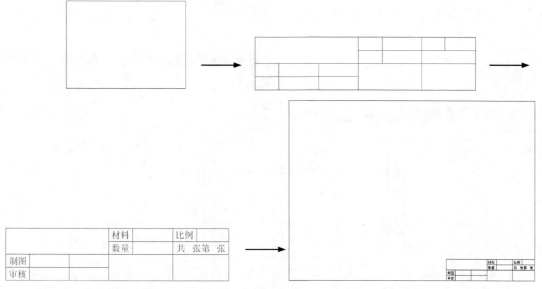

图 6-81　电气 A3 样板图绘制流程

操作步骤如下：（ 📹 ：光盘\配套视频\第 6 章\绘制电气 A3 样板图.avi）

1. 绘制图框

单击"默认"选项卡"绘图"面板中的"矩形"按钮□，绘制一个矩形，指定矩形两个角点的坐标分别为(25,10)和(410,287)，如图 6-82 所示。

> **提示：**
> 《国家标准》规定 A3 图纸的幅面大小是 420×297，这里留出了带装订边的图框到纸面边界的距离。

2. 绘制标题栏

标题栏结构如图 6-83 所示。由于分隔线并不整齐，所以可以先绘制一个 28×4（每个单元格的尺寸是 5×8）的标准表格，然后在此基础上编辑合并单元格形成图 6-83 所示形式。

图 6-82　绘制矩形

图 6-83　标题栏示意图

（1）选择菜单栏中的"格式/表格样式"命令，打开"表格样式"对话框，如图 6-84 所示。

（2）单击"修改"按钮，系统打开"修改表格样式"对话框，在"单元样式"下拉列表框中选择"数据"选项，在下面的"文字"选项卡中将"文字高度"设置为 3，如图 6-85 所示，再选择"常规"选项卡，将"页边距"选项组中的"水平"和"垂直"选项都设置成 1，对齐方式为"正中"，如图 6-86 所示。

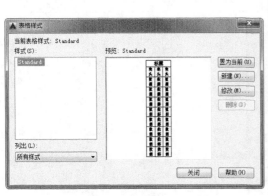

图 6-84　"表格样式"对话框

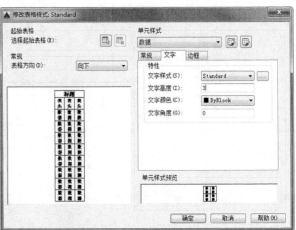

图 6-85　"修改表格样式"对话框

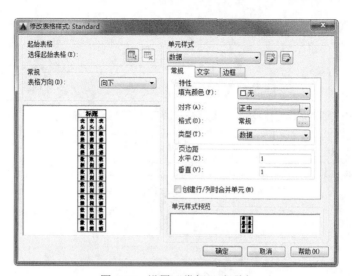

图 6-86 设置"常规"选项卡

> **提示:**
> 表格的行高=文字高度+2×垂直页边距，此处设置为 3+2×1=5。

（3）系统回到"表格样式"对话框，单击"置为当前"按钮，将表格样式设置为当前使用的样式，单击"关闭"按钮退出。

（4）单击"默认"选项卡"注释"面板中的"表格"按钮，系统打开"插入表格"对话框，在"列和行设置"选项组中将"列数"设置为 28，将"列宽"设置为 5，将"数据行数"设置为 2（加上标题行和表头行共 4 行），将"行高"设置为 1 行（即为 10）；在"设置单元样式"选项组中将"第一行单元样式"、"第二行单元样式"和"所有其他行单元样式"均设置为"数据"，如图 6-87 所示。

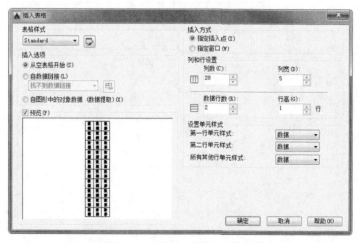

图 6-87 "插入表格"对话框

（5）在图框线右下角附近指定表格位置，系统生成表格，同时打开"文字编辑器"选项卡，如图 6-88 所示，直接按 Enter 键，不输入文字，生成的表格如图 6-89 所示。

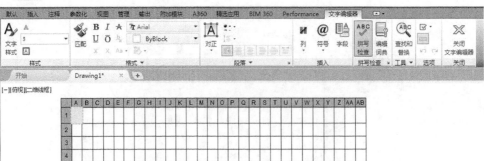

图 6-88　表格和"文字编辑器"选项卡

图 6-89　生成表格

（6）单击表格中的一个单元格，系统显示其编辑夹点，右击，在弹出的快捷菜单中选择"特性"命令，如图 6-90 所示，系统打开"特性"选项板，将"单元高度"选项改为 8，如图 6-91 所示，这样该单元格所在行的高度就统一改为 8。用相同的方法将其他行的高度改为 8，如图 6-92 所示。

图 6-90　快捷菜单

图 6-91 "特性"选项板

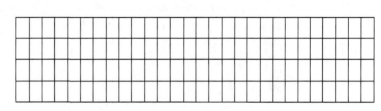

图 6-92 修改表格高度

（7）选择 A1 单元格，按住 Shift 键，同时选择右边的 M2 单元格，选择"表格单元"选项卡中的"合并单元/合并全部"选项，如图 6-93 所示，完成单元格的合并，如图 6-94 所示。

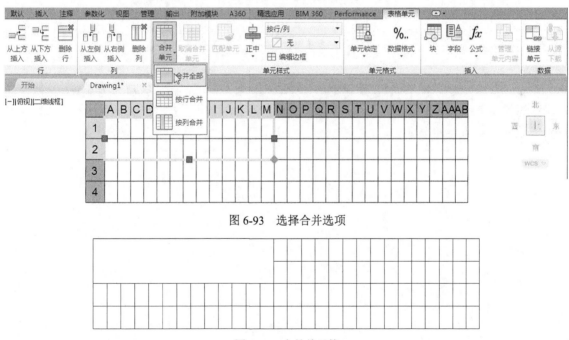

图 6-93 选择合并选项

图 6-94 合并单元格

（8）用相同的方法合并其他单元格，结果如图 6-95 所示。

（9）在单元格中双击，打开"文字编辑器"选项卡，在单元格中输入文字，将文字大小改为 4，如图 6-96 所示。

图 6-95　完成表格绘制

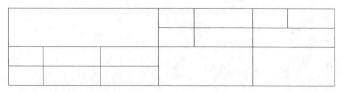

图 6-96　输入文字

（10）用相同的方法输入其他单元格文字，结果如图 6-97 所示。

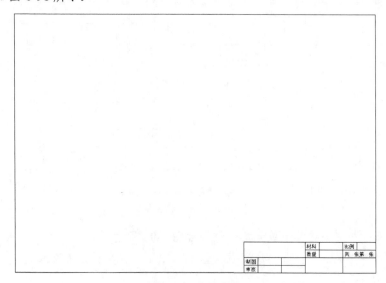

图 6-97　完成标题栏文字输入

3．移动标题栏

单击"默认"选项卡"修改"面板中的"移动"按钮✛，在命令行提示下选择上面绘制的表格，并捕捉表格的右下角点为基点，将其移动到图框的右下角点。这样，就将表格准确放置在图框的右下角，如图 6-98 所示。

图 6-98　移动表格

4. 保存样板图

单击快速访问工具栏中的"另存为"按钮，打开"图形另存为"对话框，将图形保存为 DWT 格式文件即可，如图 6-99 所示。

图 6-99 "图形另存为"对话框

6.7 实战演练

【**实战演练 1**】绘制如图 6-100 所示的三相电机简图，并将绘制好的图形定义为图块。

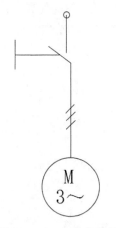

图 6-100 三相电机简图

操作提示：

（1）利用"直线"和"圆"命令绘制各部分。

（2）利用"多行文字"命令标注文字。

（3）利用"块定义"命令将绘制好的图形定义为图块。

【实战演练 2】利用设计中心插入图块的方法绘制如图 6-101 所示的三相电机启动控制电路图。

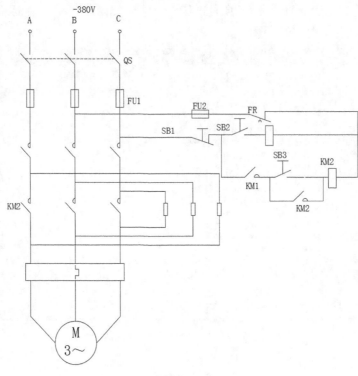

图 6-101　三相电机启动控制电路图

操作提示：

（1）利用二维绘图命令，绘制如图 6-101 所示的各电气元件并保存。

（2）在设计中心中找到各电气元件保存的文件夹，在右边的内容显示区中选择需要的元件，拖动到所绘制的图形中，并指定其缩放比例和旋转角度。

第2篇

设计实例篇

本篇包括机械电气设计、控制电气设计、电路图设计、电力电气设计、通信电气设计、工厂电气设计、建筑电气设计以及柴油发电机 PLC 控制系统电气图的绘制等。

本篇内容是本书知识的落脚点，通过实例完整讲述了各种类型的电气设计的方法与技巧，培养读者的电气设计工程应用能力。

第7章

机械电气设计

本章学习要点和目标任务：

- ☑ 绘制 KE-Jetronic 汽油喷射装置电路图
- ☑ 绘制某发动机点火装置电路图
- ☑ 铣床电气设计
- ☑ 绘制组合机床液压系统原理图

机械电气是电气工程的重要组成部分。随着相关技术的发展，机械电气的使用日益广泛。本章主要着眼于机械电气设计，通过几个具体的实例由浅入深地讲述在 AutoCAD 2016 环境下进行机械电气设计的过程。

7.1　机械电气系统简介

机械电气系统是一类比较特殊的电气系统，主要指应用在机床上的电气系统，故也可以称为机床电气系统，包括应用在车床、磨床、钻床、铣床以及镗床上的电气系统，以及机床的电气控制系统、伺服驱动系统和计算机控制系统等。随着数控系统的发展，机床电气系统也成为了电气工程的一个重要组成部分。

机床电气系统主要由以下几部分组成。

1．电力拖动系统

电力拖动系统以电动机为动力驱动控制对象（工作机构）做机械运动。按照不同的分类方式，可以分为直流拖动系统与交流拖动系统或单电动机拖动系统与多电动机拖动系统。

（1）直流拖动系统：具有良好的启动、制动性能和调速性能，可以方便地在很宽的范围内平滑调速，尺寸大、价格高、运行可靠性差。

（2）交流拖动系统：具有单机容量大、转速高、体积小、价钱便宜、工作可靠和维修方便等优点，但调速困难。

（3）单电动机拖动系统：在每台机床上安装一台电动机，再通过机械传动装置将机械能传递到机床的各运动部件。

（4）多电动机拖动系统：在一台机床上安装多台电动机，分别拖动各运动部件。

2．电气控制系统

对各拖动电动机进行控制，使其按规定的状态、程序运动，并使机床各运动部件的运动得到合乎要求的静态和动态特性。

（1）继电器－接触器控制系统：由按钮开关、行程开关、继电器、接触器等电气元件组成，控制方法简单直接，价格低。

（2）计算机控制系统：由数字计算机控制，具有高柔性、高精度、高效率、高成本等特点。

（3）可编程控制器控制系统：克服了继电器－接触器控制系统的缺点，又具有计算机控制系统的优点，并且编程方便，可靠性高，价格便宜。

7.2　绘制 KE-Jetronic 汽油喷射装置电路图

如图 7-1 所示为 KE-Jetronic 汽油喷射装置的电路图。其绘制思路为：首先设置绘图环境，然后利用绘图命令绘制主要连接导线和主要电气元件，并将它们组合在一起，最后对图形添加文字注释。

📹：光盘\配套视频\第 7 章\绘制 KE-Jetronic 汽油喷射装置电路图.avi

7.2.1　设置绘图环境

在绘制电路图之前，需要进行基本的操作，包括文件的创建、保存、栅格的显示、图形界限的设定及图层的管理等，根据不同的需要，读者选择必备的操作，本实例中主要讲述文件的创建、保存与图层的设置。

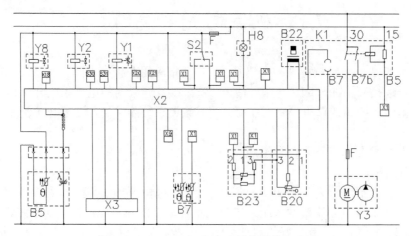

图 7-1　KE-Jetronic 汽油喷射装置的电路图

操作步骤如下：

（1）建立新文件。打开 AutoCAD 2016 应用程序，选择随书光盘中的"源文件\样板图\ A3 样板图.dwt"样板文件为模板，建立新文件，将其命名为 KE-Jetronic.dwg 并保存。

（2）设置图层。单击"默认"选项卡"图层"面板中的"图层特性"按钮，在弹出的"图层特性管理器"选项板中单击"新建图层"按钮，新建"连接线层"、"实体符号层"和"虚线层"3 个图层，各图层的参数设置如图 7-2 所示；设置完毕后，选择"连接线层"图层，然后单击"置为当前"按钮，将其设置为当前图层。

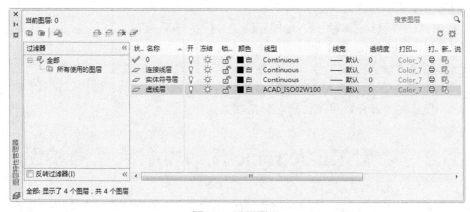

图 7-2　设置图层

7.2.2　绘制电气线路图

电路图的布局与实际线路无关，因此电路图的绘制在保证元件连接正确的情况下，尽量要求大方、美观。

操作步骤如下：

1.　绘制主导线和接线模块

（1）单击"默认"选项卡"绘图"面板中的"直线"按钮，绘制长度为 300 的直线 1。

（2）单击"默认"选项卡"修改"面板中的"偏移"按钮，将直线 1 向下偏移 10 得到直线 2，再将直线 2 向下偏移 150 得到直线 3。

（3）单击"默认"选项卡"绘图"面板中的"直线"按钮，绘制长度为 160 的直线 4。

（4）单击"默认"选项卡"绘图"面板中的"矩形"按钮，在图中适当位置绘制结构图中的主导线和接线模块，尺寸分别为 230×15 和 40×10，如图 7-3 所示。

2. 添加主要连接导线

通过单击"默认"选项卡"绘图"面板中的"直线"按钮、"修改"面板中的"偏移"按钮和"修剪"按钮，在第 1 步绘制好的结构图中添加连接导线，如图 7-4 所示。本图对各导线之间的尺寸关系要求并不十分严格，只要能大体表达各电气元件之间的位置关系即可，可以根据具体情况进行调整。

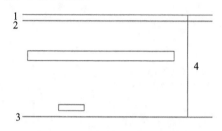

图 7-3　绘制主导线和接线模块

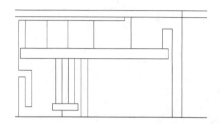

图 7-4　添加主要连接导线

7.2.3　绘制各主要电气元件

电路图中实际发挥作用的是电气元件，不同的元件实现不同的功能，将这些电气元件通过电信号组合起来就能达到所需作用。

操作步骤如下：

1. 绘制 λ 探测器

（1）单击"默认"选项卡"绘图"面板中的"直线"按钮，以坐标点 {(100,30),(100,57)} 绘制竖直直线，如图 7-5（a）所示；重复"直线"命令，以坐标点 {(100,42),(105,42)} 绘制水平直线，如图 7-5（b）所示。

（2）单击"默认"选项卡"修改"面板中的"偏移"按钮，将图 7-5（b）中的直线 2 向上偏移 2 得到直线 3，将直线 3 向上偏移 2 得到直线 4，如图 7-5（c）所示。

（3）单击"默认"选项卡"修改"面板中的"拉长"按钮，将直线 3 和直线 4 分别向右拉长 1 和 2，如图 7-5（d）所示。

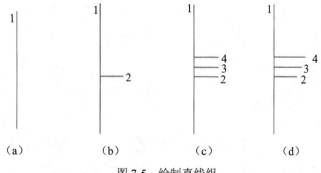

图 7-5　绘制直线组

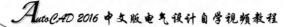

（4）选中直线 3，在"默认"选项卡下"图层"面板中的"图层"下拉列表框中选择"虚线层"选项，将直线 3 移至"虚线层"图层，更改后的效果如图 7-6 所示。

（5）单击"默认"选项卡"修改"面板中的"镜像"按钮，选择直线 2、3 和 4 作为镜像对象，以直线 1 为镜像线进行镜像操作，结果如图 7-7 所示。

（6）单击"默认"选项卡"绘图"面板中的"直线"按钮，在"对象捕捉"与"极轴"绘图方式下，用鼠标捕捉 O 点，以其为起点，绘制一条与水平方向夹角为 60°、长度为 6 的倾斜直线 5，如图 7-8 所示。

（7）单击"默认"选项卡"修改"面板中的"拉长"按钮，将直线 5 向下拉长 6，如图 7-9所示。

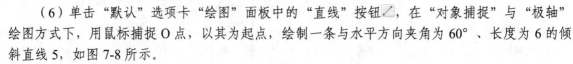

图 7-6　更改图层属性　　图 7-7　镜像直线　　图 7-8　绘制倾斜直线　　图 7-9　拉长直线

（8）关闭"极轴"功能，在"正交"绘图方式下，单击"默认"选项卡"绘图"面板中的"直线"按钮，用鼠标捕捉直线 5 的下端点，以其为起点，向左绘制长度为 2 的水平直线，如图 7-10 所示。

（9）单击"默认"选项卡"修改"面板中的"修剪"按钮，选择水平直线 2、4 作为修剪边，选择直线 1 作为要修剪的对象，进行修剪，得到如图 7-11 所示的效果。

（10）单击"默认"选项卡"绘图"面板中的"多行文字"按钮，在图形的左上角和右下角分别添加文字 λ 和 t°，得到如图 7-12 所示的图形，完成 λ 探测器符号的绘制。

2．绘制双极开关

（1）单击"默认"选项卡"绘图"面板中的"直线"按钮，以坐标点 {(50,50),(58,50)} 绘制直线，如图 7-13 所示。

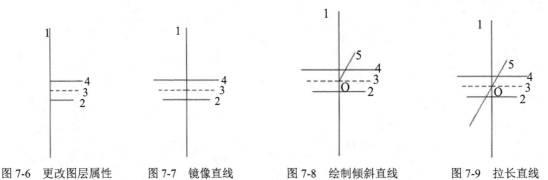

图 7-10　绘制水平直线　　图 7-11　修剪图形　　图 7-12　添加文字　　图 7-13　绘制水平直线

（2）单击"默认"选项卡"绘图"面板中的"直线"按钮，在"对象追踪"和"正交"

绘图方式下，用鼠标左键捕捉直线 1 的左端点为起点，向下依次绘制直线 2、3 和 4，长度分别为 2、8 和 6，如图 7-14 所示。

（3）单击"默认"选项卡"修改"面板中的"偏移"按钮，分别将直线 2、3 和 4 向右偏移，偏移距离为 8，得到直线 5、6 和 7，如图 7-15 所示。

（4）单击"默认"选项卡"修改"面板中的"旋转"按钮，选择直线 3，在"对象捕捉"绘图方式下，捕捉 A 点为基点，将直线 3 绕 A 点顺时针旋转 20°，采用相同的方法，将直线 6 绕 B 点顺时针旋转 20°，如图 7-16 所示。

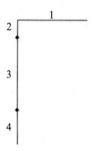
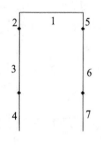
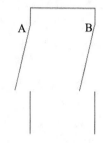

| 图 7-14 绘制竖直直线 | 图 7-15 偏移直线 | 图 7-16 旋转直线 |

（5）单击"默认"选项卡"绘图"面板中的"直线"按钮，在"对象追踪"和"正交"绘图方式下，捕捉 A 点为起点，绘制一条长为 10.5 的水平直线 8，如图 7-17 所示。

（6）单击"默认"选项卡"修改"面板中的"移动"按钮，在"正交"绘图方式下，将直线 8 先向下平移 3，再向左平移 1，如图 7-18 所示。

（7）选择直线 8，在"默认"选项卡下"图层"面板中的"图层"下拉列表框中选择"虚线层"选项，将直线 8 移至"虚线层"图层，更改后的效果如图 7-19 所示，完成双极开关的绘制。

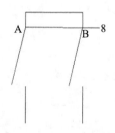
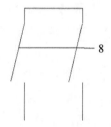
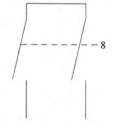

| 图 7-17 绘制水平直线 | 图 7-18 平移直线 | 图 7-19 更改图层属性 |

3. 绘制电动机（带燃油泵）

（1）单击"默认"选项卡"绘图"面板中的"圆"按钮，以(200,50)为圆心，绘制一个半径为 10 的圆，如图 7-20 所示。

（2）单击"默认"选项卡"绘图"面板中的"直线"按钮，在"对象捕捉"和"正交"绘图方式下，以圆心 O 为起点，向上绘制一条长度为 15 的竖直直线 1，如图 7-21 所示。

（3）单击"默认"选项卡"修改"面板中的"拉长"按钮，将直线 1 向下拉长 15，结果如图 7-22 所示。

（4）单击"默认"选项卡"修改"面板中的"复制"按钮，将前面绘制的圆与直线向右平移 24，复制一份，如图 7-23 所示。

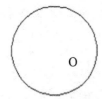

图 7-20　绘制圆

图 7-21　绘制竖直直线

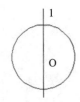

图 7-22　拉长直线

（5）单击"默认"选项卡"绘图"面板中的"直线"按钮 ✎，在"对象捕捉"绘图方式下，捕捉圆心 O 和 P 绘制水平直线 3，如图 7-24 所示。

（6）单击"默认"选项卡"修改"面板中的"偏移"按钮 ▣，将直线 3 分别向上和向下偏移 1.5，得到直线 4 和直线 5，如图 7-25 所示。

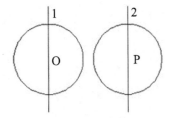

图 7-23　复制图形

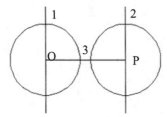

图 7-24　绘制水平直线

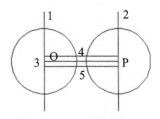

图 7-25　偏移直线

（7）单击"默认"选项卡"修改"面板中的"删除"按钮 ✐，选择直线 3，将其删除。

（8）单击"默认"选项卡"修改"面板中的"修剪"按钮 ✂，以圆弧为修剪边，对直线 1、2、4 和 5 进行修剪，得到如图 7-26 所示的结果。

（9）单击"默认"选项卡"绘图"面板中的"多边形"按钮 ⬠，以直线 2 的下端点为上顶点，绘制一个边长为 6.5 的正三角形，如图 7-27 所示。

（10）单击"默认"选项卡"绘图"面板中的"图案填充"按钮 ▨，弹出"图案填充创建"选项卡，如图 7-28 所示，选择 SOLID 图案；将三角形的 3 条边作为填充边界，完成三角形的填充，效果如图 7-29 所示。

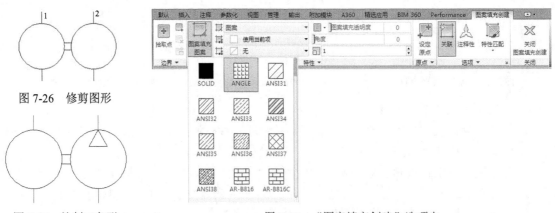

图 7-26　修剪图形

图 7-27　绘制三角形

图 7-28　"图案填充创建"选项卡

（11）单击"默认"选项卡"注释"面板中的"多行文字"按钮 A，在左侧圆的中心输入文字"M"，并在"文字编辑器"选项卡下"格式"面板中单击"下划线"按钮 U，使文字带下划线，设置文字高度为 12，如图 7-30 所示，完成带燃油泵的电动机的绘制。

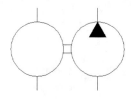

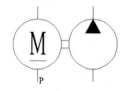

图 7-29　填充图案　　　　　　　图 7-30　添加文字

7.2.4　组合图形

本图涉及的电气元件比较多，种类各不相同。各主要电气元件的绘制方法前面已经介绍过，本节将介绍如何将如此繁多的电气元件插入到已经绘制完成的线路连接图中。

实际上将各电气元件插入到线路图中的方法大同小异，下面以电动机为例介绍插入元件的方法。

操作步骤如下：

（1）插入电动机符号。单击"默认"选项卡"修改"面板中的"移动"按钮✛，选择如图 7-30 所示的电动机符号作为平移对象，捕捉图 7-30 中的点 P 为平移基点，捕捉图 7-31 中的点 Q 为目标点，将电动机符号移到连接线图中。

（2）平移电动机符号。单击"默认"选项卡"修改"面板中的"移动"按钮✛，将电动机符号沿竖直方向向上平移 15。

（3）修剪图形。单击"默认"选项卡"修改"面板中的"修剪"按钮↗，以电动机符号左边的圆为剪切边，对竖直导线进行修剪操作，得到的结果如图 7-32 所示。

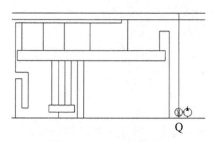

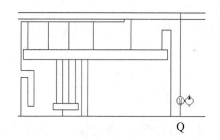

图 7-31　插入电动机符号　　　　　　　图 7-32　平移并修剪电动机符号

至此，就完成了电动机符号的插入工作。采用相同的方法，将其他电气元件插入到连接线路图中，结果如图 7-33 所示。

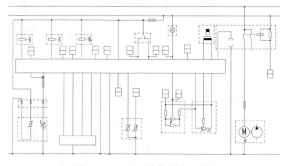

图 7-33　插入其他电气元件

7.2.5　添加注释

本实例主要对元件的名称一一对应注释，以方便读者快速读懂图纸。

操作步骤如下：

（1）创建文字样式。单击"默认"选项卡"注释"面板中的"文字样式"按钮，弹出"文字样式"对话框，如图7-34所示，设置"字体名"为"仿宋_GB2312"、"字体样式"为"常规"、"高度"为8、"宽度因子"为0.7，然后单击"确定"按钮。

图7-34　"文字样式"对话框

（2）添加注释文字。单击"默认"选项卡"注释"面板中的"多行文字"按钮，绘制文字注释。

添加注释文字后，即完成整张图的绘制，如图7-1所示。

7.3　绘制某发动机点火装置电路图

如图7-35所示为某发动机点火装置电路图。其绘制思路为：首先设置绘图环境，然后绘制线路结构图和主要电气元件，最后将各部分组合在一起。

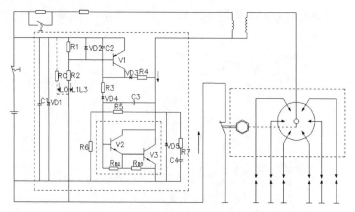

图7-35　某发动机点火装置电路图

：光盘\配套视频\第 7 章\绘制某发动机点火装置电路图.avi

7.3.1 设置绘图环境

在电路图的环境设置中图层的设置至关重要，但其与电路图本身无关，是根据读者的绘制习惯进行设置，方便绘制与阅读。

操作步骤如下：

（1）建立新文件。打开 AutoCAD 2016 应用程序，选择随书光盘中的"源文件\样板图\A3样板图.dwt"样板文件为模板，建立新文件，将其命名为"发动机点火装置电气原理图.dwg"。

（2）设置图层。单击"默认"选项卡"图层"面板中的"图层特性"按钮 ，在弹出的"图层特性管理器"选项板中新建"连接线层"、"实体符号层"和"虚线层"3 个图层，根据需要设置各图层的颜色、线型、线宽等参数，并将"连接线层"图层设置为当前图层。

7.3.2 绘制线路结构图

本节利用"直线"命令精确绘制线路，以方便后面电气元件的放置。

操作步骤如下：

单击"默认"选项卡"绘图"面板中的"直线"按钮 ，在"正交"绘图方式下，连续绘制直线，得到如图 7-36 所示的线路结构图。各直线段尺寸如下：AB=280，BC=80，AD=40，CE=500，EF=100，FG=225，AN=BM=80，NQ=MP=20，PS=QT=50，RS=100，TW=40，TJ=200，LJ=30，RZ=OL=250，WV=300，UV=230，UK=50，OH=150，EH=80，ZL=100。

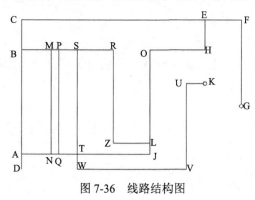

图 7-36　线路结构图

7.3.3 绘制主要电气元件

发动机点火装置的中心在于点火元件，同时利用晶体管与蓄电池等元件相互作用，达到最终目的。

操作步骤如下：

1. 绘制蓄电池

（1）单击"默认"选项卡"绘图"面板中的"直线"按钮 ，以坐标点 {(100,0),(200,0)} 绘制水平直线，如图 7-37 所示。

（2）选择菜单栏中的"视图/缩放/全部"命令，将视图调整到易于观察的程度。

（3）单击"默认"选项卡"绘图"面板中的"直线"按钮，以坐标点 {(125,0),(125,10)} 绘制竖直直线，如图 7-38 中直线 1 所示。

（4）单击"默认"选项卡"修改"面板中的"偏移"按钮，将直线 1 依次向右偏移 5、45 和 50，得到直线 2、直线 3 和直线 4，如图 7-38 所示。

图 7-37　绘制水平直线　　　　　　　图 7-38　偏移竖直直线

（5）单击"默认"选项卡"修改"面板中的"拉长"按钮，将直线 2 和直线 4 分别向上拉长 5，如图 7-39 所示。

（6）单击"默认"选项卡"修改"面板中的"修剪"按钮，以 4 条竖直直线作为修剪边，对水平直线进行修剪，结果如图 7-40 所示。

图 7-39　拉长竖直直线　　　　　　　图 7-40　修剪水平直线

（7）选择水平直线的中间部分，在"图层"面板的下拉列表框中选择"虚线层"选项，将该直线移至"虚线层"图层，如图 7-41 所示。

（8）单击"默认"选项卡"修改"面板中的"镜像"按钮，选择直线 1、直线 2、直线 3 和直线 4 作为镜像对象，以水平直线为镜像线进行镜像操作，结果如图 7-42 所示，完成蓄电池的绘制。

图 7-41　更改图形对象的图层属性　　　图 7-42　镜像图形

2．绘制二极管

（1）单击"默认"选项卡"绘图"面板中的"直线"按钮，以坐标点 {(100,50),(115,50)} 绘制水平直线，如图 7-43 所示。

（2）单击"默认"选项卡"修改"面板中的"旋转"按钮，选择"复制"模式，将第（1）步绘制的水平直线绕直线的左端点逆时针旋转 60°；重复"旋转"命令，将水平直线绕右端点顺时针旋转 60°，得到一个边长为 15 的等边三角形，如图 7-44 所示。

（3）单击"默认"选项卡"绘图"面板中的"直线"按钮，在"正交"和"对象捕捉"绘图方式下，捕捉等边三角形最上面的顶点 A，以此为起点，向上绘制一条长度为 15 的竖直直线，如图 7-45 所示。

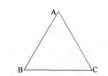

图 7-43　绘制水平直线　　　　　图 7-44　绘制等边三角形　　　图 7-45　绘制竖直直线

（4）单击"默认"选项卡"修改"面板中的"拉长"按钮，将第（3）步绘制的直线向下拉长 27，如图 7-46 所示。

（5）单击"默认"选项卡"绘图"面板中的"直线"按钮，在"正交"和"对象捕捉"绘图方式下，捕捉点 A 为起点，向左绘制一条长度为 8 的水平直线。

（6）单击"默认"选项卡"修改"面板中的"镜像"按钮，选择第（5）步绘制的水平直线为镜像对象，以竖直直线为镜像线进行镜像操作，结果如图 7-47 所示，完成二极管的绘制。

3．绘制晶体管

（1）单击"默认"选项卡"绘图"面板中的"直线"按钮，以坐标{(50,50),(50,51)}绘制竖直直线 1，如图 7-48 所示。

图 7-46　拉长直线　　　　　图 7-47　绘制并镜像水平直线　　　图 7-48　绘制竖直直线

（2）单击"默认"选项卡"绘图"面板中的"直线"按钮，在"对象捕捉"和"正交"绘图方式下，捕捉直线 1 的下端点为起点，向右绘制长度为 5 的水平直线 2，如图 7-49 所示。

（3）单击"默认"选项卡"修改"面板中的"拉长"按钮，将直线 1 向下拉长 1，如图 7-50 所示。

（4）关闭"正交"绘图方式，单击"默认"选项卡"绘图"面板中的"直线"按钮，分别捕捉直线 1 的上端点和直线 2 的右端点，绘制直线 3；然后捕捉直线 1 的下端点和直线 2 的右端点，绘制直线 4，如图 7-51 所示。

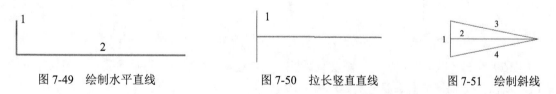

图 7-49　绘制水平直线　　　　　图 7-50　拉长竖直直线　　　　图 7-51　绘制斜线

（5）单击"默认"选项卡"修改"面板中的"删除"按钮，选择直线 2 将其删除，结果如图 7-52 所示。

（6）单击"默认"选项卡"绘图"面板中的"图案填充"按钮，在弹出的"图案填充创建"选项卡中选择 SOLID 图案，选择三角形的 3 条边作为填充边界，如图 7-53 所示，填充结果如图 7-54 所示。

（7）单击"默认"选项卡"绘图"面板中的"直线"按钮 ，在"对象捕捉"和"正交"绘图方式下，捕捉直线 3 的右端点为起点，向右绘制一条长度为 5 的水平直线，如图 7-55 所示。

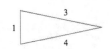

图 7-52　删除直线

图 7-53　拾取填充区域

图 7-54　图案填充

图 7-55　添加连接线

（8）单击"默认"选项卡"修改"面板中的"拉长"按钮 ，选择水平直线作为拉长对象，将其向左拉长 10，如图 7-56 所示。

（9）单击"默认"选项卡"修改"面板中的"复制"按钮 ，将前面绘制的二极管中的三角形复制过来，如图 7-57 所示。

（10）单击"默认"选项卡"修改"面板中的"旋转"按钮 ，将三角形绕其端点 C 逆时针旋转 90°，如图 7-58 所示。

图 7-56　拉长直线

图 7-57　复制三角形

图 7-58　旋转三角形

（11）单击"默认"选项卡"修改"面板中的"偏移"按钮 ，将竖直边 AB 向左偏移 10，如图 7-59 所示。

（12）单击"默认"选项卡"绘图"面板中的"直线"按钮 ，在"对象捕捉"和"正交"绘图方式下，捕捉 C 点为起点，向左绘制长度为 12 的水平直线。

（13）单击"默认"选项卡"修改"面板中的"拉长"按钮 ，将第（12）步绘制的水平直线向右拉长 15，如图 7-60 所示。

（14）单击"默认"选项卡"修改"面板中的"修剪"按钮 ，对图形进行剪切，结果如图 7-61 所示。

图 7-59　偏移直线

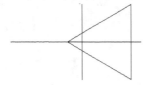

图 7-60　绘制并拉长水平直线

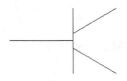

图 7-61　修剪图形

（15）单击"默认"选项卡"修改"面板中的"移动"按钮 ，将前面绘制的箭头以水平直线的左端点为基点移动到图形中来，如图 7-62 所示。

（16）单击"默认"选项卡"修改"面板中的"删除"按钮 ，删除直线 5，如图 7-63 所示。

（17）单击"默认"选项卡"修改"面板中的"旋转"按钮 ，将箭头绕其左端点顺时针旋转 30°，如图 7-64 所示，完成晶体管的绘制。

4. 绘制点火分离器

（1）按照晶体管中箭头的绘制方法绘制箭头，其尺寸如图 7-65 所示。

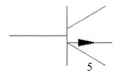

图 7-62　移动箭头

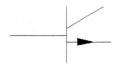

图 7-63　删除直线

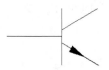

图 7-64　旋转箭头

（2）单击"默认"选项卡"绘图"面板中的"圆"按钮⊘，以(50,50)为圆心，绘制半径为 1.5 的圆 1 和半径为 20 的圆 2，如图 7-66 所示。

（3）单击"默认"选项卡"绘图"面板中的"直线"按钮✓，在"对象捕捉"和"正交"绘图方式下，捕捉圆心为起点，向右绘制一条长为 20 的水平直线，直线的终点 A 刚好落在圆 2 上，如图 7-67 所示。

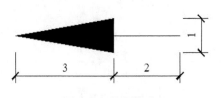

图 7-65　绘制箭头

图 7-66　绘制圆

图 7-67　绘制水平直线

（4）单击"默认"选项卡"修改"面板中的"移动"按钮✛，捕捉箭头直线的右端点，以此为基点将箭头平移到圆 2 以内，目标点为点 A。

（5）单击"默认"选项卡"修改"面板中的"拉长"按钮✓，将箭头直线向右拉长 7，如图 7-68 所示。

（6）单击"默认"选项卡"修改"面板中的"删除"按钮✐，删除第（3）步中绘制的水平直线，如图 7-69 所示。

（7）单击"默认"选项卡"修改"面板中的"环形阵列"按钮✛，选择箭头及其连接线并绕圆心进行环形阵列，设置"项目总数"为 6、"填充角度"为 360，结果如图 7-70 所示。

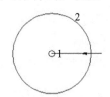

图 7-68　拉长直线

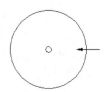

图 7-69　删除直线

图 7-70　阵列箭头

其他所需电气元件用户可根据实际情况进行绘制。

7.3.4　图形各装置的组合

元件独立放置无法产生任何作用，将各个元件按照电流信号进行连接后，才能实现各自的作用。

操作步骤如下：

（1）单击"默认"选项卡"修改"面板中的"移动"按钮✛，在"对象追踪"和"正交"绘图方式下，将断路器、火花塞、点火分离器、启动自举开关等电气元器件组合在一起，形成启动装置，如图 7-71 所示。

（2）同理，将其他元件进行组合，形成开关装置，如图 7-72 所示。

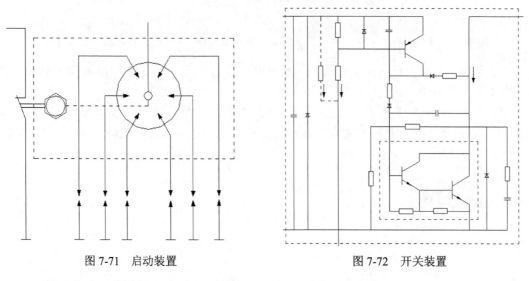

图 7-71　启动装置　　　　　　　　　　图 7-72　开关装置

（3）最后将这两个装置组合在一起并添加注释，即可形成如图 7-35 所示的结果。

7.4　铣床电气设计

铣床可以加工平面、斜面、沟槽等，装上分度头，还可以铣削直齿轮和螺旋面。铣床的运动方式可分为主运动、进给运动和辅助运动。由于铣床的工艺范围广，运动形式也很多，因此其控制系统比较复杂，主要特点有以下几方面。

（1）中小型铣床一般采用三相交流异步电动机拖动。

（2）铣床工艺有顺铣和逆铣之分，故要求主轴电动机可以正转和反转。

（3）铣床主轴装有飞轮，停车时惯性较大，一般采用制动停车方式。

（4）为避免铣刀碰伤工件，要求起动时，先开动主轴电动机，然后才可以开动进给电动机；停车时，最好先停进给电动机，后停主轴电动机。

X62W 型万能铣床在铣床中具有代表性，下面以如图 7-73 所示的 X62W 型铣床电气原理图为例讨论铣床电气设计过程。

　：光盘\配套视频\第 7 章\绘制 X62W 型铣床电气原理图.avi

7.4.1　设置绘图环境

电路图绘图环境需要进行基本的操作，包括文件的创建、保存及图层的管理。

操作步骤如下：

（1）建立新文件。打开 AutoCAD 2016 应用程序，进入 AutoCAD 2016 绘图环境，选择随书光盘中的"源文件\图块\A3 样板图.dwg"样板文件为模板，并将其命名为"X62W 电气设计.dwg"。

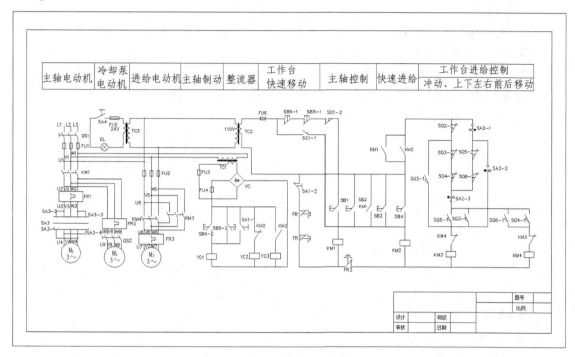

图 7-73　X62W 型铣床电气原理图

（2）设置图层。单击"默认"选项卡"图层"面板中的"图层特性"按钮 ，在弹出的"图层特性管理器"选项板中新建"主回路层"、"控制回路层"和"文字说明层"3 个图层，各图层的属性设置如图 7-74 所示。

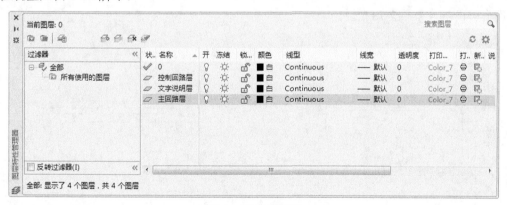

图 7-74　设置图层

7.4.2　主回路设计

主回路包括 3 台三相交流异步电动机：主轴电动机 M_1、进给电动机 M_2 和冷却泵电动机 M_3。其中，M_1 和 M_2 要求能够正反向起动，M_1 的正反转由手动换向开关实现，M_2 的正反转由辅助触点控制线路的接通与断开来实现。只有在 M_1 接通时，才有必要打开 M_3。M_3 的接通由手动开关控制。

操作步骤如下：

（1）主回路和控制回路由三相交流总电源供电，通断由总开关控制，各相电流设熔断器，防止短路，保证电路安全，如图 7-75 所示。

（2）主轴电动机的接通与断开由接触器主触点 KM1 控制，防止主轴过载，在各相电流上装有熔断器 FR1，主轴换向由手动换向开关 SA3 控制，如图 7-76 所示。

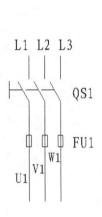

图 7-75　总开关

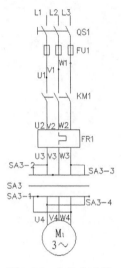

图 7-76　主轴电动机

（3）进给电动机 M_2 要求正反向起动，防止过载，如图 7-77 所示。

（4）冷却泵电动机在 KM_1 的下游，保证主轴电动机接通，才可以手动打开冷却泵，为防止过载设有熔断器，如图 7-78 所示。

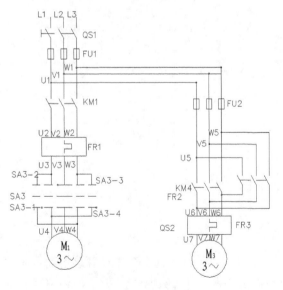

图 7-77　进给电动机

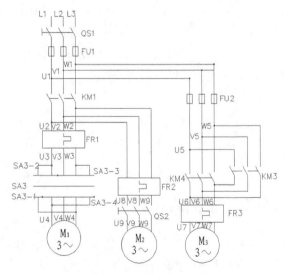

图 7-78　冷却泵电动机

7.4.3 控制回路设计

控制回路包括主轴制动、供电控制、安全装置等部分。

操作步骤如下：

（1）主轴制动是通过电磁离合器 YC1 吸合，摩擦片抱紧，对主轴电动机进行制动。在"控制回路层"图层中，设计整流变压器为电磁摩擦片供电，如图 7-79 所示。设计制动按钮，当 YC1 得电时，摩擦片抱紧，铣床制动；YC2、YC3 分别用于正常进给和快速进给，如图 7-80 所示。

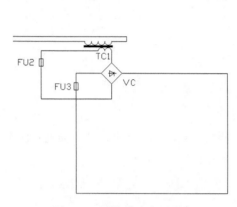

图 7-79 设计整流变压器

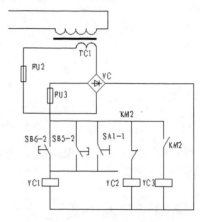

图 7-80 设计制动按钮

（2）设计变压器为控制系统供电，如图 7-81 所示。

（3）为控制线路设置急停开关和热继电器触点等安全装置，如图 7-82 所示。

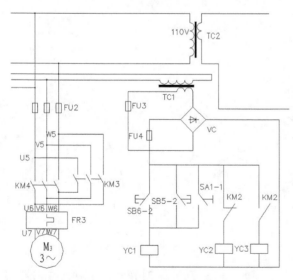

图 7-81 设计控制系统变压器

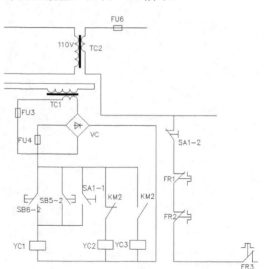

图 7-82 设计控制线路安全装置

（4）设计主轴起动控制系统，SB1、SB2、SQ1 接通时，KM1 得电并自锁，主轴电动机运转，如图 7-83 所示。

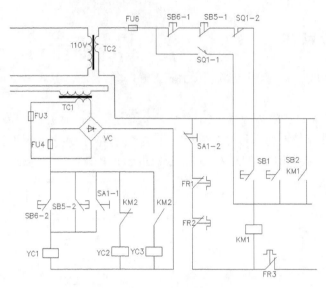

图 7-83　设计主轴起动装置

（5）快速进给由 SB3 和 SB4 控制，当某一按钮接通时，KM2 得电，其辅助触点闭合，YC3 得电，如图 7-84 所示。

7.4.4　照明指示回路设计

变压器次级 24V 为照明灯供电，熔断器起保护作用，手动开关 SA4 控制灯的亮灭，如图 7-85 所示。

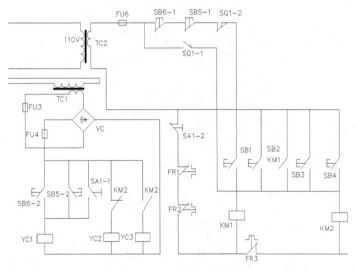

图 7-84　设计快速进给装置

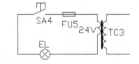

图 7-85　照明指示回路设计

7.4.5　工作台进给控制回路设计

工作台进给控制包括冲动、上下、左右和前后移动控制，设计回路如图 7-86 所示。

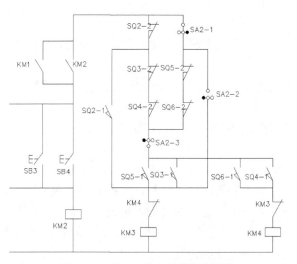

图 7-86 绘制工作台进给控制回路

7.4.6 添加文字说明

本实例主要对电气部分的不同模块功能进行注释，以方便读者快速读懂图纸。

操作步骤如下：

（1）绘制矩形区域。将"文字说明层"图层设置为当前图层，单击"默认"选项卡"绘图"面板中的"矩形"按钮□，在各个功能块的正上方绘制矩形区域，如图 7-87 所示。

图 7-87 绘制矩形区域

（2）填写文字。单击"默认"选项卡"绘图"面板中的"多行文字"按钮A，在相应的区域填写文字，如图 7-88 所示。

主轴电动机	冷却泵 电动机	进给电动机	主轴制动	整流器	工作台 快速移动	主轴控制	快速进给	工作台进给控制
								冲动、上下左右前后移动

图 7-88 填写文字

至此，X62W 型铣床电气原理图设计完毕，总图如图 7-73 所示。

7.4.7 电路原理说明

1. 主轴电动机 M1 的控制

（1）主轴电动机的起动。X62W 型铣床采用两地控制方式，控制按钮分别安装在工作台和机床床身上，以便于操作。起动前，选择好主轴转速，并将 SA3 扳到需要的转向上，然后按 SB1 或者 SB2，KM1 得电，其常开主触点闭合，M1 起动，其常开辅助触点闭合，起到自锁作用。

（2）主轴电动机的制动。当按下停车按钮 SB5-1 或 SB6-1 时，接触器 KM1 断电释放，M1 断电减速，同时按下常开触点 SB5-2 或 SB6-2 接通电磁离合器 YC1，离合器吸合，摩擦片抱紧，对主轴电动机进行制动。

2. 冷却泵电动机的控制

由主回路可以看出，只有主轴电动机起动后，冷却泵电动机 M3 才能起动。

3. 照明电路

变压器 TC3 将 380V 交流变为 24V 安全电压供给照明系统，转换开关 SA4 控制其亮灭。

4. 摇臂升降控制

摇臂升降控制是在零压继电器 FV 得电并自锁的前提下进行的，用来调整工件与钻头的相对高度。这些动作是通过十字开关 SA、接触器 KM2 和 KM3 以及位置开关 SQ1 和 SQ2 控制电动机 M3 来实现的。SQ1 是能够自动复位的鼓形转换开关，其两对触点都调整在常闭状态。SQ2 是不能自动复位的鼓形转换开关，其两对触点常开，由机械装置来带动其通断。

为了使摇臂上升或下降时不致超过允许的极限位置，在摇臂上升和下降的控制电路中，分别串入位置开关 SQ1-1、SQ1-2 的常闭触点。当摇臂上升或下降到极限位置时，挡块将相应的位置开关压下，使电动机停转，从而避免事故发生。

5. 立柱夹紧与松开的控制

立柱的夹紧与放松是通过接触器 KM1 控制电动机 M1 的正反转来实现的。当需要摇臂和外立柱绕内立柱移动时，应先按下按钮 SB1，使接触器 KM1 得电吸合，电动机 M1 正转，通过齿式离合器驱动齿轮式液压泵送出高压油，经一定油路系统和传动机构将内外立柱松开。

7.5 绘制组合机床液压系统原理图

组合机床是由一些通用部件（如动力头、滑台、床身、立柱、底座、回转台工作台等）和少量的专用部件（如主轴箱、夹具等）组成的加工一种或几种工件的一道或者几道工序的高效率机床。YT4543 滑台液压系统原理图如图 7-89 所示。

📷：光盘\配套视频\第 7 章\绘制 YT4543 滑台液压系统原理图.avi

7.5.1 绘制液压缸

液压缸属缸体移动活塞不动形式，活塞杆固定于机架上。

操作步骤如下：

（1）绘制床身。单击"默认"选项卡"绘图"面板中的"矩形"按钮□，绘制长为 12、宽为 70 的矩形；选择 ACAD_ISO04W100 线型，单击"默认"选项卡"绘图"面板中的"直线"按钮✍，绘制穿过矩形中心的直线，如图 7-90 所示，完成床身的绘制。

（2）图案填充。单击"默认"选项卡"绘图"面板中的"图案填充"按钮▨，选择第（1）步绘制的矩形为填充边界，选择填充图案为 ANSI31，设置"填充

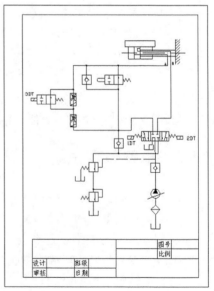

图 7-89　YT4543 滑台液压系统原理图

角度"为 0、"填充比例"为 1,然后单击"默认"选项卡"修改"面板中的"分解"按钮，选择矩形将其分解，删除其上侧边、下侧边和右侧边，如图 7-91 所示。

（3）绘制矩形。单击"默认"选项卡"绘图"面板中的"矩形"按钮□，绘制如图 7-92 所示的两个矩形，第一个矩形长为 120、宽为 20，第二个矩形长为 20、宽为 40。

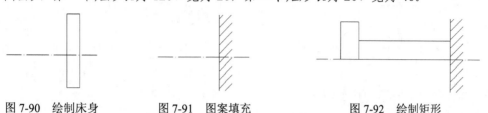

图 7-90　绘制床身　　　　图 7-91　图案填充　　　　图 7-92　绘制矩形

（4）绘制活塞和活塞杆。单击"默认"选项卡"修改"面板中的"移动"按钮✥，将第（3）步绘制的两个矩形沿 Y 轴负方向平移 10，即可得活塞和活塞杆符号，如图 7-93 所示。

（5）绘制矩形。单击"默认"选项卡"绘图"面板中的"矩形"按钮□，绘制如图 7-94 所示的两个矩形，第一个矩形长为 90、宽为 40，第二个矩形长为 100、宽为 20。

（6）移动矩形。单击"默认"选项卡"修改"面板中的"移动"按钮✥，把第（5）步绘制的两个矩形沿 X 轴正方向平移 40，如图 7-95 所示。

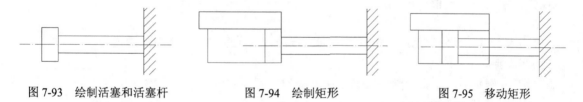

图 7-93　绘制活塞和活塞杆　　　　图 7-94　绘制矩形　　　　图 7-95　移动矩形

（7）移动矩形。单击"默认"选项卡"修改"面板中的"移动"按钮✥，把长为 100、宽为 20 的矩形沿 X 轴正方向移动 5，即可得到工作台符号，如图 7-96 所示。

（8）绘制矩形。单击"默认"选项卡"绘图"面板中的"矩形"按钮□，绘制如图 7-97 所示的长为 10、宽为 10 的矩形。

（9）移动矩形。单击"默认"选项卡"修改"面板中的"移动"按钮✥，把第（8）步绘制的矩形沿 Y 轴正方向移动 5，如图 7-98 所示。

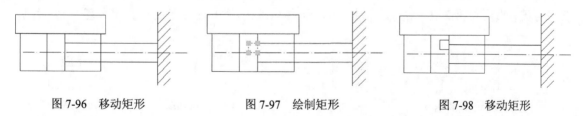

图 7-96　移动矩形　　　　图 7-97　绘制矩形　　　　图 7-98　移动矩形

（10）绘制液压缸两侧进出管。单击"默认"选项卡"绘图"面板中的"直线"按钮╱，绘制如图 7-99 所示的直线，表示液压缸两侧进出液压油的导管。

（11）添加编号。单击"默认"选项卡"绘图"面板中的"多行文字"按钮A，为两侧进出油管编号，即可得到活塞杆不动液压缸移动式的液压缸符号，如图 7-100 所示。

（12）创建液压缸块。在命令行中输入"WBLOCK"命令，系统弹出如图 7-101 所示的"写块"对话框，指定保存路径、基点、选择对象，输入保存名称"液压缸"等，单击"确定"按钮保存图块，方便后面设计液压系统时调用。

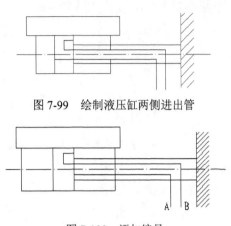

图 7-99　绘制液压缸两侧进出管

图 7-100　添加编号

图 7-101　"写块"对话框

7.5.2　绘制单向阀

单向阀的符号十分形象，沿角发散方向液压油可以通过，反方向不能通过。

操作步骤如下：

（1）绘制矩形。单击"默认"选项卡"绘图"面板中的"矩形"按钮□，绘制长、宽均为 30 的矩形，如图 7-102 所示。

（2）绘制直线。单击"默认"选项卡"绘图"面板中的"直线"按钮，过矩形上、下边的中点绘制一条竖直直线，如图 7-103 所示。

图 7-102　绘制矩形

（3）绘制圆。单击"默认"选项卡"绘图"面板中的"圆"按钮，以第（2）步绘制的直线中点为圆心，绘制一个半径为 5 的圆，如图 7-104 所示。

（4）绘制直线。单击"默认"选项卡"绘图"面板中的"直线"按钮，绘制连续直线，在命令行提示下捕捉直线的上端点，向下绘制长度为 7.5 的直线，在命令行中输入"TAN"命令，按空格键，出现如图 7-105 所示的效果，单击选择切点处，绘制完成的直线效果如图 7-106 所示。

图 7-103　绘制竖直直线　　图 7-104　绘制圆　　图 7-105　绘制切线　　图 7-106　绘制直线

（5）绘制并延伸直线。单击"默认"选项卡"绘图"面板中的"直线"按钮，过矩形的左、右两边的中点绘制一条直线；单击"默认"选项卡"修改"面板中的"延伸"按钮，以刚绘制的水平直线为剪刀线将第（4）步绘制的斜线延伸与之相交，效果如图 7-107 所示。

（6）镜像直线。单击"默认"选项卡"修改"面板中的"镜像"按钮，把延伸得到的斜线沿竖直中心线进行镜像复制，效果如图 7-108 所示。

（7）修剪图形。单击"默认"选项卡"修改"面板中的"删除"按钮，选择水平直线将其删除；单击"默认"选项卡"修改"面板中的"修剪"按钮，修剪图形，结果如图 7-109 所示。

（8）绘制引出线。单击"默认"选项卡"绘图"面板中的"直线"按钮，以矩形上、下边的中心为起点绘制引出线，作为单向阀的进油和出油线，如图 7-110 所示。

图 7-107　绘制并延伸直线　　图 7-108　镜像直线　　图 7-109　修剪图形　　图 7-110　绘制引出线

（9）创建块。在命令行中输入"WBLOCK"命令，将绘制的单向阀符号生成图块并保存，供后面设计液压系统时调用。

7.5.3　绘制机械式二位阀

机械式二位阀只有开和闭两条路线，当触动触头时阀由常开（常闭）转为常闭（常开）。

操作步骤如下：

（1）绘制两个连接矩形。单击"默认"选项卡"绘图"面板中的"矩形"按钮，绘制如图 7-111 所示的两个连接矩形，矩形的长和宽均为 30。

（2）绘制箭头。单击"默认"选项卡"绘图"面板中的"多段线"按钮，绘制如图 7-112 所示的箭头，表示液压油流动的方向。

① 在命令行提示"指定起点："后捕捉右侧矩形下边线中点。

② 在命令行提示"指定下一个点或 [圆弧(A)/半宽(H)/长度(L)/放弃(U)/宽度(W)]："后输入"@0,20"。

③ 在命令行提示"指定下一点或 [圆弧(A)/闭合(C)/半宽(H)/长度(L)/放弃(U)/宽度(W)]："后输入"W"。

④ 在命令行提示"指定起点宽度 <0.0000>："后输入"2"。

⑤ 在命令行提示"指定端点宽度 <2.0000>："后输入"0"。

⑥ 在命令行提示"指定下一点或 [圆弧(A)/闭合(C)/半宽(H)/长度(L)/放弃(U)/宽度(W)]："后捕捉右侧矩形上边线中点。箭头绘制完毕。

（3）绘制连续直线。单击"默认"选项卡"绘图"面板中的"直线"按钮，绘制如图 7-113 所示的连续直线，尺寸可根据需要进行设置。

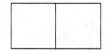
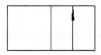
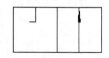

图 7-111　绘制两个连接矩形　　图 7-112　绘制箭头　　图 7-113　绘制连续直线

（4）镜像图形。单击"默认"选项卡"修改"面板中的"镜像"按钮，对第（3）步绘制的水平直线以竖直直线为镜像线进行镜像操作，效果如图 7-114 所示；重复"镜像"命令镜像图形，结果如图 7-115 所示，表示机械阀处于左侧位置时，油路被切断。

（5）绘制矩形。单击"默认"选项卡"绘图"面板中的"矩形"按钮□，绘制如图 7-116 所示的矩形，矩形长为 20、宽为 10。

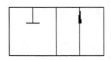

图 7-114　镜像直线

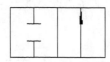

图 7-115　镜像图形

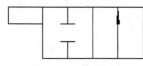

图 7-116　绘制矩形

（6）绘制半圆弧。单击"默认"选项卡"绘图"面板中的"圆弧"按钮，以第（5）步绘制的矩形的左上角点为起点，左下角点为端点，绘制半径为 5 的半圆弧，如图 7-117 所示。

（7）删除矩形边。单击"默认"选项卡"修改"面板中的"分解"按钮，分解第（5）步中绘制的矩形，并将其左侧边删除，效果如图 7-118 所示。

（8）平移图形。单击"默认"选项卡"修改"面板中的"移动"按钮，将左侧图形沿 Y 轴负方向平移 10，效果如图 7-119 所示。

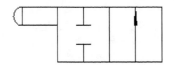

图 7-117　绘制半圆弧

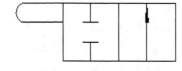

图 7-118　删除矩形边

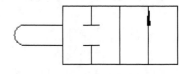

图 7-119　平移图形

（9）绘制折线。单击"默认"选项卡"绘图"面板中的"直线"按钮，绘制如图 7-120 所示的折线，表示机械阀的复位弹簧。

（10）绘制引出线。单击"默认"选项卡"绘图"面板中的"直线"按钮，为机械式二位阀绘制两条引出线，如图 7-121 所示，完成机械式二位阀的绘制。

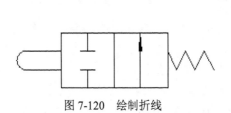

图 7-120　绘制折线

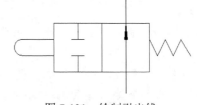

图 7-121　绘制引出线

（11）创建块。在命令行中输入"WBLOCK"命令，将机械式二位阀符号生成图块并保存，供后面设计液压系统时调用。

7.5.4　绘制电磁式二位阀

与机械式二位阀类似，电磁式二位阀的开合由电磁铁触电控制。绘制符号时可以调用复制命令复制机械式二位阀，然后修改获得电磁式二位阀。

操作步骤如下：

（1）删除机械二位阀的半圆弧。单击"默认"选项卡"绘图"面板中的"插入块"按钮，插入 7.5.3 节绘制的机械式二位阀图块；再单击"默认"选项卡"修改"面板中的"分解"按钮，分解插入的图块，并删除左边的半圆弧，如图 7-122 所示。

（2）绘制直线。单击"默认"选项卡"绘图"面板中的"直线"按钮，将图形左侧的两个端点连接，如图 7-123 所示。

（3）生成电磁式二位阀。单击"默认"选项卡"绘图"面板中的"直线"按钮，绘制如图 7-124 所示的直线，表示电磁符号，完成电磁式二位阀的绘制。

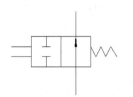 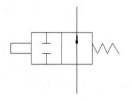 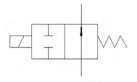

图 7-122　删除机械二位阀的半圆弧　　图 7-123　绘制直线　　图 7-124　电磁式二位阀

（4）创建块。在命令行中输入"WBLOCK"命令，把绘制的电磁式二位阀符号生成图块并保存，供以后设计液压系统时调用。

7.5.5　绘制调速阀

调速阀用于控制油路的液压油流量。

操作步骤如下：

（1）绘制矩形。单击"默认"选项卡"绘图"面板中的"矩形"按钮，绘制一个长为 20、宽为 40 的矩形，如图 7-125 所示。

（2）绘制箭头。单击"默认"选项卡"绘图"面板中的"多段线"按钮，过矩形上侧边和下侧边的中点，绘制指向朝上的箭头，表示液压油流过调速阀的方向，如图 7-126 所示。

（3）绘制椭圆弧。单击"默认"选项卡"绘图"面板中的"椭圆弧"按钮，绘制如图 7-127 所示的一段椭圆弧。

（4）镜像椭圆弧。单击"默认"选项卡"修改"面板中的"镜像"按钮，把椭圆弧以箭头所在直线为镜像线镜像复制图形，如图 7-128 所示。

图 7-125　绘制矩形　图 7-126　绘制液压油流向箭头　　图 7-127　椭圆弧　　图 7-128　镜像椭圆弧

（5）绘制箭头。单击"默认"选项卡"绘图"面板中的"多段线"按钮，绘制如图 7-129 所示的箭头；重复"多段线"命令，绘制如图 7-130 所示的箭头。

（6）绘制直线。单击"默认"选项卡"绘图"面板中的"直线"按钮，以矩形上、下边的中点为起点引出两条直线，作为调速阀的引出线，如图 7-131 所示，完成调速阀的绘制。

（7）创建块。在命令行中输入"WBLOCK"命令，把绘制的调速阀符号生成图块并保存，供以后设计液压系统时调用。

图 7-129　绘制箭头 1

图 7-130　绘制箭头 2

图 7-131　绘制引线

7.5.6　绘制三位五通阀

三位五通阀一般指三位五通电磁阀，其中，Y 为中逆式，P 为中压式。

操作步骤如下：

（1）绘制矩形。单击"默认"选项卡"绘图"面板中的"矩形"按钮□，绘制连续的 3 个矩形，表示出阀的 3 个位置，每个矩形的长和宽均为 30，如图 7-132 所示。

（2）绘制复位弹簧。单击"默认"选项卡"绘图"面板中的"直线"按钮✓，绘制端部的复位弹簧；单击"默认"选项卡"修改"面板中的"镜像"按钮▲，把复位弹簧沿阀的中心线镜像复制，如图 7-133 所示。

图 7-132　绘制矩形

图 7-133　绘制复位弹簧

（3）绘制电磁铁。单击"默认"选项卡"绘图"面板中的"矩形"按钮□，在复位弹簧两端绘制长为 20、宽为 10 的矩形；单击"默认"选项卡"绘图"面板中的"直线"按钮✓，在矩形中绘制斜线，表示两端电磁铁，如图 7-134 所示。

（4）绘制三位五通符号。单击"默认"选项卡"绘图"面板中的"直线"按钮✓和"多段线"按钮⌐⌐，绘制 5 个液压油通道，如图 7-135 所示。

图 7-134　绘制电磁铁

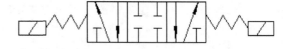

图 7-135　绘制三位五通符号

（5）创建块。在命令行中输入"WBLOCK"命令，将绘制的三位五通阀符号生成图块并保存，以便后面绘制液压系统时调用。

7.5.7　绘制顺序阀

顺序阀是把压力作为控制信号，自动接通或者切断某一油路，控制执行元件做顺序动作的压力阀。

操作步骤如下：

（1）绘制外壳。单击"默认"选项卡"绘图"面板中的"矩形"按钮□，绘制一个长和宽均为 30 的矩形，表示顺序阀的外壳，如图 7-136 所示。

（2）绘制弹簧。单击"默认"选项卡"绘图"面板中的"直线"按钮 ✍，绘制一段折线，表示顺序阀是靠弹簧复位的，如图 7-137 所示。

（3）绘制箭头。单击"默认"选项卡"绘图"面板中的"多段线"按钮 ⊃，绘制一段向下的箭头，表示顺序阀允许的液压油流动方向，如图 7-138 所示。

（4）平移箭头。单击"默认"选项卡"修改"面板中的"平移"按钮 ✛，把绘制的箭头沿 X 轴正方向平移 5，效果如图 7-139 所示。

图 7-136　绘制外壳　　　图 7-137　绘制弹簧　　　图 7-138　绘制箭头　　　图 7-139　平移箭头

（5）绘制引线。单击"默认"选项卡"绘图"面板中的"直线"按钮 ✍，过外壳上、下边的中点绘制两端引线，如图 7-140 所示。

（6）绘制折线。选择虚线线型 ACAD_ISO02W100，单击"默认"选项卡"绘图"面板中的"直线"按钮 ✍，绘制如图 7-141 所示的一段折线，表示顺序阀受入口压力控制开启或者关闭，完成顺序阀的绘制。

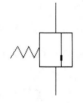 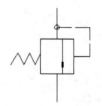

图 7-140　绘制引线　　　　　　　图 7-141　绘制折线

（7）创建块。在命令行中输入"WBLOCK"命令，将上面绘制的顺序阀符号生成图块并保存，以便后面设计液压系统时调用。

7.5.8　绘制油泵、滤油器和油箱

油泵、滤油器和油箱均包含液体油，有储存、过滤油的作用。

操作步骤如下：

（1）绘制圆。单击"默认"选项卡"绘图"面板中的"圆"按钮 ⊙，绘制半径为 15 的圆，如图 7-142 所示。

（2）绘制直线。单击"默认"选项卡"绘图"面板中的"直线"按钮 ✍，在如图 7-143 所示的位置绘制一条与 X 轴正方向夹角为-60°、长为 15 的直线。

（3）绘制三角形。单击"默认"选项卡"绘图"面板中的"多边形"按钮 ⬠，以绘制的斜线为边，绘制一个正三角形，如图 7-144 所示。

（4）图案填充。单击"默认"选项卡"绘图"面板中的"图案填充"按钮 ▨，选择 SOLID 图案样式，对绘制的正三角形进行图案填充，如图 7-145 所示。

| 图 7-142 绘制圆 | 图 7-143 绘制直线 | 图 7-144 绘制正三角形 | 图 7-145 图案填充 |

（5）绘制箭头。单击"默认"选项卡"绘图"面板中的"多段线"按钮，绘制如图 7-146 所示的箭头，完成液压泵的绘制。

（6）绘制直线。单击"默认"选项卡"绘图"面板中的"直线"按钮，在如图 7-147 所示的位置绘制一条与 X 轴正方向夹角为-45°、长为 15 的直线。

（7）绘制正方形。单击"默认"选项卡"绘图"面板中的"多边形"按钮，以第（6）步绘制的斜线为边，绘制一个正方形，如图 7-148 所示，作为滤油器外壳。

（8）绘制虚线。选择虚线线型 ACAD_ISO02W100，单击"默认"选项卡"绘图"面板中的"直线"按钮，绘制如图 7-149 所示的直线，作为滤油器的滤纸，完成滤油器的绘制。

| 图 7-146 绘制箭头 | 图 7-147 绘制直线 | 图 7-148 绘制正方形 | 图 7-149 绘制虚线 |

（9）绘制油箱。单击"默认"选项卡"绘图"面板中的"矩形"按钮，绘制一个矩形，矩形的长为 30、宽为 15；单击"默认"选项卡"修改"面板中的"分解"按钮，分解矩形；删除其上侧边，如图 7-150 所示，完成油箱的绘制。

（10）连接元件。单击"默认"选项卡"绘图"面板中的"直线"按钮，把以上 3 个元件用油管线连接起来，即可得到液压油发生系统，如图 7-151 所示。

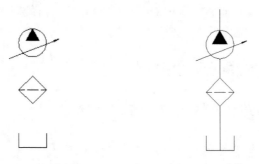

| 图 7-150 绘制油箱 | 图 7-151 连接元件 |

（11）创建块。在命令行中输入"WBLOCK"命令，把上面绘制的图形生成图块并保存，以便后面绘制液压系统时调用。

7.5.9 绘制系统图

本实例没有采用一般的创建空白文件并设置绘图环境的方法，而是直接插入模板文件，减少绘制步骤。

操作步骤如下：

（1）新建文件。新建一个文件，调用随书光盘中的"源文件\样板图\A4 样板图"样板文件为模板，新建文件"YT4543 滑台液压系统电气设计.dwg"。

（2）插入块。单击"默认"选项卡"块"面板中的"插入块"按钮，弹出"插入"对话框，如图 7-152 所示，选择刚绘制好的图块，插入到图形中，按图 7-153 所示布局好液压系统元件。

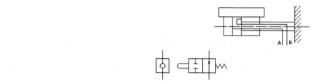

图 7-152 "插入"对话框

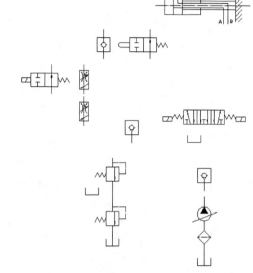

图 7-153 布局元件

（3）标注文字。单击"默认"选项卡"绘图"面板中的"直线"按钮，连接油压回路；单击"默认"选项卡"注释"面板中的"多行文字"按钮A，为元件标上文字标识，完成 YT4543 滑台液压系统原理图的绘制，结果如图 7-89 所示。

7.6 实 战 演 练

通过前面的学习，读者对本章知识也有了大体的了解，本节通过两个操作练习使读者进一步掌握本章知识要点。

【实战演练 1】绘制如图 7-154 所示的 Z35 型摇臂钻床的电气原理图。

操作提示：

（1）绘制主回路。

（2）绘制控制回路。

（3）绘制照明回路。

（4）添加文字说明。

【实战演练 2】绘制如图 7-155 所示的 C630 车床电气原理图。

操作提示：

（1）绘制主回路。

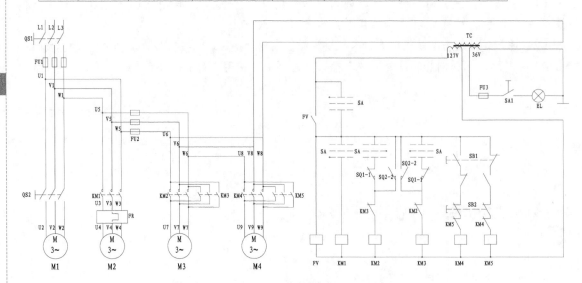

图 7-154　Z35 型摇臂钻床的电气原理图

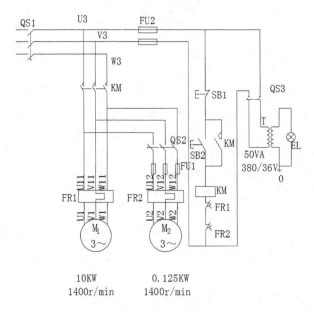

图 7-155　C630 车床电气原理图

（2）绘制控制回路。

（3）绘制照明回路。

（4）添加文字说明。

第 8 章

控制电气设计

本章学习要点和目标任务：

- ☑ 控制电气简介
- ☑ 绘制装饰彩灯控制电路图
- ☑ 绘制启动器原理图
- ☑ 绘制数控机床电气控制系统图
- ☑ 绘制多指灵巧手控制电路图

随着电厂生产管理的要求及电气设备智能化水平的不断提高，电气控制系统（ECS）功能得到了进一步扩展，其设计理念和水平都有了更深意义的延伸。将 ECS 及电气各类专用智能设备（如同期、微机保护、自动励磁等）采用通信方式与分散控制系统接口，作为一个分散控制系统中相对独立的子系统，实现同一平台，便于监控、管理、维护，即实现厂级电气综合保护监控。

8.1 控制电气简介

8.1.1 控制电路简介

从研究电路的角度来看，一个实验电路一般可分为电源、控制电路和测量电路 3 部分。测量电路是事先根据实验方法确定好的，可以把它抽象地用一个电阻 R 来代替，称为负载。根据负载所要求的电压值 U 和电流值 I，即可选定电源，一般电学实验对电源并不苛求，只要选择电源的电动势 E 略大于 U，电源的额定电流大于工作电流即可。负载和电源都确定后，就可以安排控制电路，使负载能获得所需的各个不同的电压和电流值。一般来说，控制电路中电压或电流的变化，都可用滑线式可变电阻来实现。控制电路有制流和分压两种最基本接法，两种接法的性能和特点可由调节范围、特性曲线和细调程度来表征。

一般在安排控制电路时，并不一定要求设计出一个最佳方案，只要根据现有的设备设计出既安全又省电，且能满足实验要求的电路就可以了。设计方法一般也不必做复杂的计算，可以边实验边改进。先根据负载的阻值 R 要求调节的范围，确定电源电压 E，然后综合比较采用分压还是制流，确定了 R 后，估计一下细调程度是否足够，然后做一些初步试验，看看在整个范围内细调是否满足要求，如果不能满足，则可以加接变阻器，分段逐级细调。

控制电路可分为开环控制系统和闭环控制系统（也称为反馈控制系统）。其中，开环控制系统包括前向控制、程控（数控）、智能化控制等，如录音机的开机、关机、自动录放、程序工作等。闭环控制系统则是反馈控制，受控物理量会自动调整到预定值。

反馈控制是最常用的一种控制电路，下面介绍 3 种常用的反馈控制方式。

（1）自动增益控制 AGC（AVC）：反馈控制量为增益（或电平），以控制放大器系统中某级（或几级）的增益大小。

（2）自动频率控制 AFC：反馈控制量为频率，以稳定频率。

（3）自动相位控制 APC（PLL）：反馈控制量为相位，PLL 可实现调频、鉴频、混频、解调、频率合成等。

如图 8-1 所示是一种常见的反馈控制系统的模式。

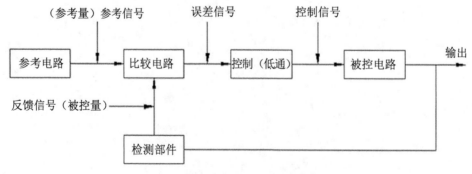

图 8-1 常见的反馈控制系统的模式

8.1.2 控制电路图简介

控制电路大致可以包括自动控制电路、报警控制电路、开关电路、灯光控制电路、定时控制电路、温控电路、保护电路、继电器控制电路、晶闸管控制电路、电机控制电路、电梯控制电路等类型。下面对其中几种控制电路的典型电路图进行举例。

如图 8-2 所示的电路是报警控制电路中的一种典型电路，即汽车多功能报警器电路图。其功能要求为：当系统检测到汽车出现各种故障时进行语音提示报警。

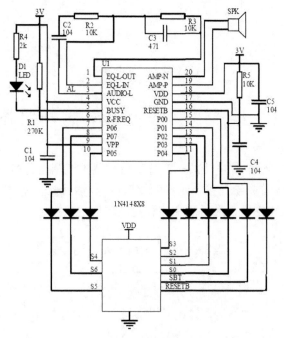

图 8-2　汽车多功能报警器电路图

如图 8-3 所示的电路是温控电路中的一种典型电路。该电路是由双 D 触发器 CD4013 中的一个 D 触发器组成，电路结构简单，具有上、下限温度控制功能。控制温度可通过电位器预置，当超过预置温度后，自动断电，电路中将 D 触发器连接成一个 RS 触发器，以工业控制用的热敏电阻 MF51 作为温度传感器。

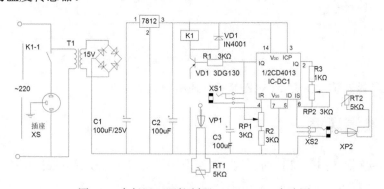

图 8-3　高低温双限控制器（CD4013）电路图

如图 8-4 所示的电路是继电器电路中的一种典型电路。图 8-4（a）中，集电极为负，发射极为正，对于 PNP 型管而言，这种极性的电源是正常的工作电压；图 8-4（b）中，集电极为正，发射极为负，对于 NPN 型管而言，这种极性的电源是正常的工作电压。

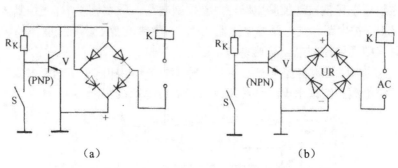

（a）　　　　　　　　　　　　　　　（b）

图 8-4　交流电子继电器电路图

8.2　绘制装饰彩灯控制电路图

如图 8-5 所示为装饰彩灯控制电路的一部分，可按要求编制出有多种连续流水状态的彩灯。绘制本图的大致思路如下：首先绘制各个元器件图形符号，然后按照线路的分布情况绘制结构图，再将各个元器件插入到结构图中，最后添加注释完成本图的绘制。

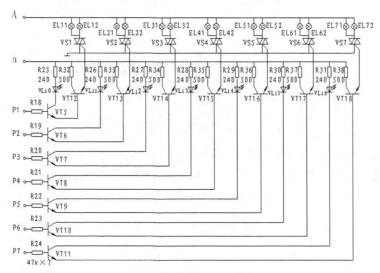

图 8-5　装饰彩灯控制电路

📹：光盘\配套视频\第 8 章\绘制装饰彩灯控制电路图.avi

8.2.1　设置绘图环境

在电路图的绘制过程中，文件的创建、保存及图层的管理，读者可根据电路设计的情况进行自定义设置。

操作步骤如下：

（1）建立新文件。打开 AutoCAD 2016 应用程序，选择随书光盘中的"源文件\样板图\A3 样板图.dwg"样板文件为模板建立新文件，并将其命名为"装饰彩灯控制电路图.dwg"。

（2）设置图层。单击"默认"选项卡"图层"面板中的"图层特性"按钮，弹出"图层特性管理器"选项板，新建"连接线层"和"实体符号层"两个图层，并将"连接线层"图层设置为当前图层，各图层的属性设置如图 8-6 所示。

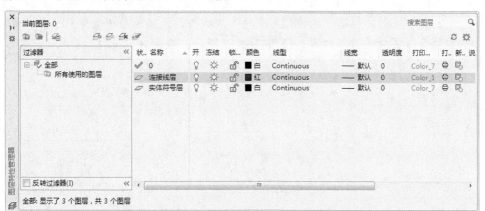

图 8-6　设置图层

8.2.2　绘制控制电路

控制电路的绘制包括元件的绘制与线路的绘制，两者可分别进行设计，也可交错进行，根据放置的元件位置，随时调整线路的位置。

操作步骤如下：

1. 绘制结构图

（1）单击"默认"选项卡"绘图"面板中的"直线"按钮，绘制长度为 577 的直线 1。

（2）单击"默认"选项卡"修改"面板中的"偏移"按钮，将直线 1 分别向下偏移 60、75 和 160，得到直线 2、直线 3 和直线 4，如图 8-7 所示。

（3）单击"默认"选项卡"绘图"面板中的"直线"按钮，在"对象捕捉"绘图方式下，绘制直线 5 和直线 6，如图 8-8 所示。

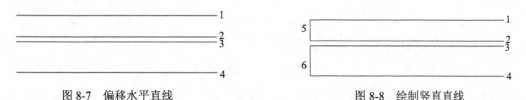

图 8-7　偏移水平直线　　　　　　　　　　图 8-8　绘制竖直直线

（4）单击"默认"选项卡"修改"面板中的"偏移"按钮，将直线 5 向右偏移 82；重复"偏移"命令，将直线 6 分别向右偏移 53 和 82，如图 8-9 所示。

（5）单击"默认"选项卡"修改"面板中的"删除"按钮，删除直线 5 和直线 6，结果如图 8-10 所示。

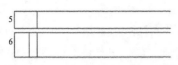

图 8-9　偏移竖线直线

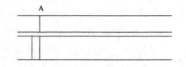

图 8-10　删除直线

2．连接信号灯与晶闸管

（1）插入图形。单击"默认"选项卡"块"面板中的"插入块"按钮，弹出"插入"对话框，单击"浏览"按钮，弹出"选择图形文件"对话框，选择随书光盘中的"源文件\图块\信号灯"和"晶闸管"图块插入，如图 8-11 和图 8-12 所示。将图 8-11 的 M 点插入到图 8-10 的 A 点，结果如图 8-13 所示。

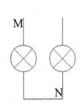

图 8-11　信号灯符号

图 8-12　晶闸管符号

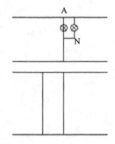

图 8-13　插入信号灯符号

（2）同理，将图 8-12 以 P 点为基点插入到图 8-13 的 N 点，结果如图 8-14 所示。

（3）单击"默认"选项卡"修改"面板中的"分解"按钮，选择晶闸管符号将其分解；单击"默认"选项卡"修改"面板中的"延伸"按钮，以图 8-14 中的 O 点为起点，将晶闸管下端直线竖直向下延伸至下端水平线，结果如图 8-15 所示。

（4）单击"默认"选项卡"绘图"面板中的"直线"按钮，以图 8-16 所示的 S 点为起点，在"极轴追踪"绘图方式下绘制一斜线，与竖直直线夹角为 45°，然后以斜线的末端点为起点绘制竖直直线，端点落在水平直线上，如图 8-16 所示。

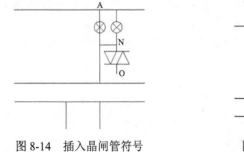

图 8-14　插入晶闸管符号

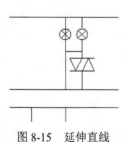

图 8-15　延伸直线

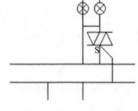

图 8-16　绘制折线

（5）单击"默认"选项卡"修改"面板中的"删除"按钮，除掉多余的直线，效果如图 8-17 所示。

（6）单击"默认"选项卡"修改"面板中的"矩形阵列"按钮，将前面绘制的图形进行矩形阵列，设置"行数"为 1、"列数"为 7、"行间距"为 1、"列间距"为 80，阵列结果如图 8-18 所示。

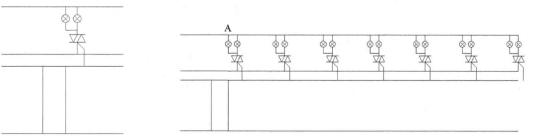

Note

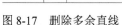

图 8-17　删除多余直线　　　　　　　　　　图 8-18　阵列信号灯和晶闸管

3．将电阻和发光二极管符号插入结构图

（1）单击"默认"选项卡"块"面板中的"插入块"按钮，弹出"插入"对话框，单击"浏览"按钮，弹出"选择图形文件"对话框，选择随书光盘中的"源文件\图块\电阻和发光二极管"图块，如图 8-19 所示。将其插入到如图 8-20 所示的 B 点。

（2）单击"默认"选项卡"修改"面板中的"删除"按钮，删除掉多余的直线，结果如图 8-20 所示。

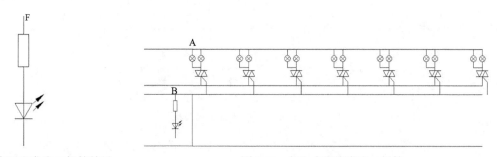

图 8-19　电阻和发光二极管符号　　　　　　　图 8-20　插入电阻和发光二极管

（3）单击"默认"选项卡"修改"面板中的"矩形阵列"按钮，弹出"阵列创建"选项卡，将刚插入到结构图中的电阻和二极管符号进行矩形阵列，设置"行数"为 1、"列数"为 7、"行间距"为 0、"列间距"为 80、"阵列角度"为 0，阵列结果如图 8-21 所示。

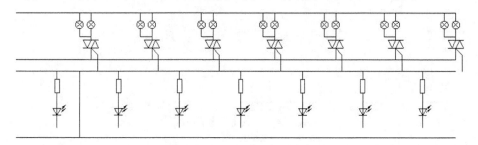

图 8-21　阵列电阻和发光二极管

4．将电阻和晶体管图形符号插入结构图

（1）单击"默认"选项卡"块"面板中的"插入块"按钮，弹出"插入"对话框，单击"浏览"按钮，弹出"选择图形文件"对话框，选择随书光盘中的"源文件\图块\电阻"和"晶体管"图块，如图 8-22（a）和图 8-22（b）所示。

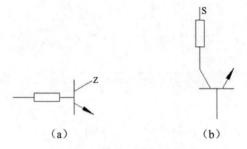

图 8-22　插入电阻和晶体管符号

（2）单击"默认"选项卡"修改"面板中的"移动"按钮✣，在"对象捕捉"绘图方式下，捕捉图 8-22（b）中端点 S 作为平移基点，并捕捉图 8-23 中的 C 点作为平移目标点，将图形符号平移到结构图中来，删除多余的直线，结果如图 8-23 所示。

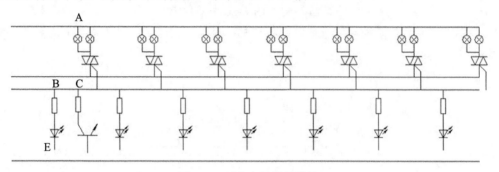

图 8-23　平移电阻和晶体管

（3）单击"默认"选项卡"修改"面板中的"矩形阵列"按钮🞂，将前面刚插入到结构图中的电阻和晶体管符号进行矩形阵列，设置"行数"为 1、"列数"为 7、"行间距"为 0、"列间距"为 80，阵列结果如图 8-24 所示。

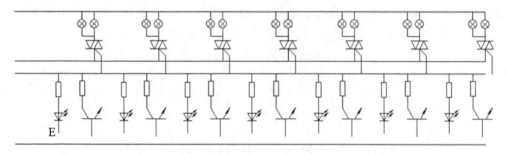

图 8-24　阵列电阻和晶体管

（4）单击"默认"选项卡"修改"面板中的"移动"按钮✣，在"对象捕捉"绘图方式下，捕捉图 8-22（a）中端点 Z 作为平移基点，并捕捉图 8-25 中的 E 点作为平移目标点，将图形符号平移到结构图中来，删除多余的直线，结果如图 8-25 所示。

（5）单击"默认"选项卡"修改"面板中的"矩形阵列"按钮🞂，将图 8-25 中刚插入到结构图中的电阻和晶体管符号进行矩形阵列，设置"行数"为 7、"列数"为 1、"行间距"为-40、"列间距"为 0，阵列结果如图 8-26 所示。

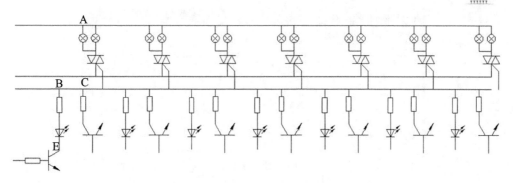

图 8-25　平移电阻和晶体管

（6）单击"默认"选项卡"绘图"面板中的"直线"按钮，添加连接线，并补充绘制其他图形符号，如图 8-27 所示。

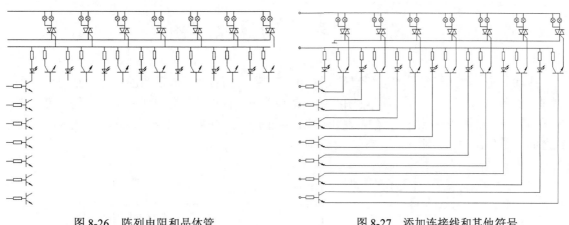

图 8-26　阵列电阻和晶体管　　　　　　图 8-27　添加连接线和其他符号

8.2.3　添加注释

电气元件与线路的完美结合虽然可以达到相应的作用，但是对于图纸的使用者来说，对元件的名称添加注释有助于对图纸的理解。

操作步骤如下：

（1）设置文字样式。单击"默认"选项卡"注释"面板中的"文字样式"按钮，弹出"文字样式"对话框，如图 8-28 所示；单击"新建"按钮，弹出"新建文字样式"对话框，设置样式名为"装饰彩灯控制电路图"，单击"确定"按钮返回"文字样式"对话框；在"字体名"下拉列表框中选择"仿宋_GB2312"选项，设置"高度"为 6、"宽度因子"为 1、"倾斜角度"为 0；检查预览区文字外观，如果合适，则单击"应用"和"关闭"按钮。

（2）添加注释文字。单击"默认"选项卡"注释"面板中的"多行文字"按钮A，一次输入几行文字，然后调整其位置，以对齐文字；在调整文字位置时，需结合使用"正交"命令。

（3）使用文字编辑命令修改文字得到需要的文字。添加注释文字后，即完成了所有图形的绘制，效果如图 8-5 所示。

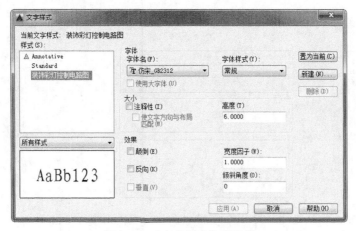

图 8-28　"文字样式"对话框

8.3　绘制启动器原理图

启动器是一种比较常见的电气装置，如图 8-29 所示的启动器原理图由 4 张图纸组合而成：主图、附图 1、附图 2 和附图 3。附图的结构都很简单，依次绘制各导线和电气元件即可。其绘制思路如下：先根据图纸结构大致绘制出图纸导线的布局，然后依次绘制各元件并插入到主要导线之间，最后添加文字注释即可完成图纸的绘制。

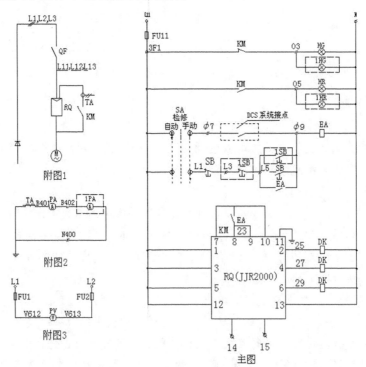

图 8-29　启动器原理图

: 光盘\配套视频\第 8 章\绘制启动器原理图.avi

8.3.1　设置绘图环境

绘图环境包括文件的创建、保存、栅格的显示、图形界限的设定及图层的管理等，本节主要讲述文件的创建、保存与图层的设置。

操作步骤如下：

（1）建立新文件。打开 AutoCAD 2016 应用程序，选择随书光盘中的"源文件\样板图\A3 样板图.dwt"样板文件为模板建立新文件，并将其命名为"启动器原理图.dwg"。

（2）设置图层。单击"默认"选项卡"图层"面板中的"图层特性"按钮，弹出"图层特性管理器"选项板，新建"连接线层"、"实线层"和"虚线层" 3 个图层，各图层的属性设置如图 8-30 所示，将"连接线层"图层设置为当前图层。

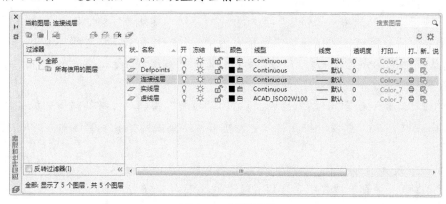

图 8-30　设置图层

8.3.2　绘制主电路图

主电路是整个启动器电路的主要功能实现电路，通过主电路，用软启动集成块作为调压器，将其接入电源和电动机定子之间。

操作步骤如下：

1. 图纸布局

（1）单击"默认"选项卡"绘图"面板中的"直线"按钮，以坐标点{(100,100),(250,100)}绘制直线。

（2）单击"默认"选项卡"修改"面板中的"偏移"按钮，将第（1）步绘制的直线依次向上偏移，偏移后相邻直线间的距离分别为 15、15、15、70、35、35 和 35。

（3）单击"默认"选项卡"绘图"面板中的"直线"按钮，在"对象追踪"绘图方式下，捕捉直线 1 和最上面一条水平直线的左端点并连接起来，得到竖直直线 2，如图 8-31（a）所示。

（4）选择菜单栏中的"修改/拉长"命令，将直线 2 向上拉长 30。

（5）单击"默认"选项卡"修改"面板中的"偏移"按钮，将竖直直线 2 向右偏移 150 得到直线 3；所绘制的水平直线和竖直直线构成了如图 8-31（b）所示的图形，即为主图的图纸布局。

2. 绘制软启动集成块

（1）单击"默认"选项卡"绘图"面板中的"矩形"按钮□，绘制一个长为 65、宽为 75 的矩形，如图 8-32 所示。

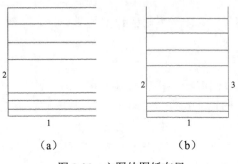

图 8-31 主图的图纸布局

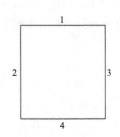

图 8-32 绘制矩形

（2）单击"默认"选项卡"修改"面板中的"分解"按钮◎，将绘制的矩形分解为直线。

（3）单击"默认"选项卡"修改"面板中的"偏移"按钮⚏，将直线 1 依次向下偏移，偏移后相邻直线间的距离分别为 12、17、17 和 17；重复"偏移"命令，将直线 2 依次向右偏移 17 和 48，如图 8-33 所示。

（4）单击"默认"选项卡"修改"面板中的"拉长"按钮✎，将偏移得到的 4 条水平直线分别向左和向右拉长 46；重复"拉长"命令，将偏移得到的两条竖直直线向下拉长 13，结果如图 8-34 所示。

（5）单击"默认"选项卡"修改"面板中的"修剪"按钮✄和"删除"按钮✎，修剪图中的水平和竖直直线，并删除掉其中多余的直线，结果如图 8-35 所示。

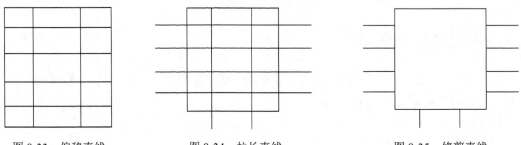

图 8-33 偏移直线   图 8-34 拉长直线   图 8-35 修剪直线

（6）单击"默认"选项卡"绘图"面板中的"圆"按钮⊙，在图中下部两条竖直直线的下端点处绘制两个半径为 1 的圆；单击"默认"选项卡"绘图"面板中的"直线"按钮✎，绘制两条过圆心、与水平方向夹角为 45°、长度为 4 的倾斜直线，作为接线头，如图 8-36 所示。

（7）单击"默认"选项卡"注释"面板中的"多行文字"按钮A，在图中的各相应接线处添加文字，文字的高度为 6；在矩形的中心处添加字母文字，文字的高度为 8，结果如图 8-37 所示。

3. 绘制中间继电器

（1）单击"默认"选项卡"绘图"面板中的"矩形"按钮□，绘制一个长为 45、宽为 25 的矩形，如图 8-38 所示；再单击"默认"选项卡"修改"面板中的"分解"按钮◎，将绘制的矩形分解为直线。

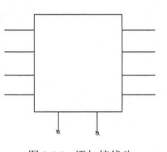

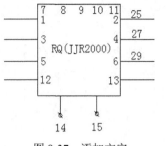

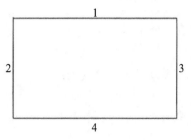

图 8-36　添加接线头　　　　图 8-37　添加文字　　　　图 8-38　绘制矩形

（2）单击"默认"选项卡"修改"面板中的"偏移"按钮▣，将直线 2 分别向右偏移 16 和 29，得到两条竖直直线；重复"偏移"命令，将直线 4 分别向上偏移 5、10 和 14 得到 3 条水平直线，如图 8-39 所示。

（3）单击"默认"选项卡"修改"面板中的"修剪"按钮▣和"删除"按钮▣，修剪图中的水平直线和竖直直线，并删除掉其中多余的直线，得到如图 8-40 所示的结果。

（4）单击"默认"选项卡"绘图"面板中的"直线"按钮▣，在"对象捕捉"和"极轴追踪"绘图方式下，捕捉图 8-40 中的 A 点为起点，绘制一条与水平方向夹角为 115°、长度为 7 的倾斜直线，如图 8-41 所示，完成中间继电器的绘制。

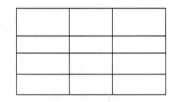

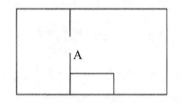

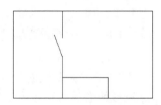

图 8-39　偏移直线　　　　　图 8-40　修剪直线　　　　图 8-41　绘制倾斜直线

4．绘制接地线

（1）单击"默认"选项卡"绘图"面板中的"直线"按钮▣，以坐标点{(20,20),(22,20)}绘制水平直线 1。

（2）单击"默认"选项卡"修改"面板中的"偏移"按钮▣，将直线 1 分别向上偏移 1 和 2，得到直线 2 和直线 3，如图 8-42 所示。

（3）单击"默认"选项卡"修改"面板中的"拉长"按钮▣，将直线 2 向左右两端分别拉长 0.5，将直线 3 分别向两端拉长 1，结果如图 8-43 所示。

（4）单击"默认"选项卡"绘图"面板中的"直线"按钮▣，在"对象捕捉"和"正交"绘图方式下，捕捉直线 3 的左端点为起点，向上绘制长度为 10 的竖直直线 4，如图 8-44 所示。

图 8-42　偏移直线　　　　　图 8-43　拉长直线　　　　图 8-44　绘制竖直直线

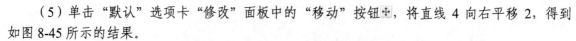

（5）单击"默认"选项卡"修改"面板中的"移动"按钮✛，将直线4向右平移2，得到如图8-45所示的结果。

（6）单击"默认"选项卡"绘图"面板中的"直线"按钮✒，在"对象捕捉"和"正交"绘图方式下，捕捉直线4的上端点为起点，向左绘制长度为11的水平连接线，如图8-46所示。

（7）单击"默认"选项卡"绘图"面板中的"直线"按钮✒，在"对象捕捉"和"正交"绘图方式下，捕捉直线5的左端点为起点，向下绘制长度为6的竖直连接线，如图8-47所示，完成接地线的绘制。

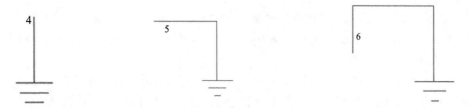

图8-45 平移竖直直线　　图8-46 绘制水平连接线　　图8-47 绘制竖直连接线

5. 组合图形

前面已经分别绘制好了软启动装置的集成块、中间继电器和接地线，本步的工作就是把它们组合起来，并添加其他附属元件。

（1）单击"默认"选项卡"绘图"面板中的"矩形"按钮▢，绘制一个长为4、宽为7的矩形。

（2）在"对象捕捉"绘图方式下，单击"默认"选项卡"修改"面板中的"移动"按钮✛，捕捉矩形的左下角点作为平移基点，以导线接出点2为目标点，平移矩形，得到如图8-48所示的结果。

（3）单击"默认"选项卡"修改"面板中的"移动"按钮✛，将第（2）步平移过来的矩形向下平移3.5，向右平移32。

（4）单击"默认"选项卡"修改"面板中的"修剪"按钮✂，以水平直线为剪切边，对小矩形内的直线进行修剪，得到如图8-49所示的结果；按照相同的方法在下面相邻的两条直线上插入两个矩形，如图8-50所示。

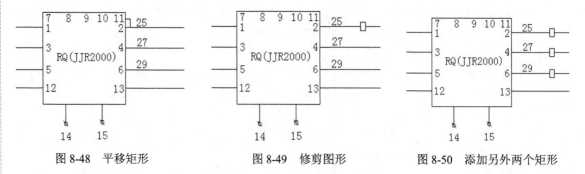

图8-48 平移矩形　　　　图8-49 修剪图形　　　　图8-50 添加另外两个矩形

（5）单击"默认"选项卡"修改"面板中的"移动"按钮✛，将如图8-51（a）所示的中间继电器和接地线分别平移到对应位置，结果如图8-51（b）所示。

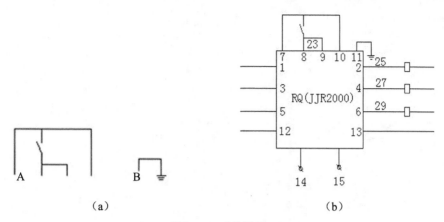

图 8-51 平移图形

6. 绘制 DCS 系统接入模块

（1）单击"默认"选项卡"绘图"面板中的"多段线"按钮 ，依次绘制各条直线，得到如图 8-52 所示的结构图，图中各直线段的长度分别如下：AB＝34，AD=135，DC=55，BG=100，EM=34，EG=15，GP=34，MP=15，GF=15，FN=34，PN=15，DM=19。

图 8-52 绘制连接线

（2）分别绘制起动按钮、停止按钮、中间继电器等图形符号，如图 8-53 所示。也可以把预先画好的起动按钮、停止按钮、中间继电器等图形符号存储为图块，然后逐个插入到结构图中。

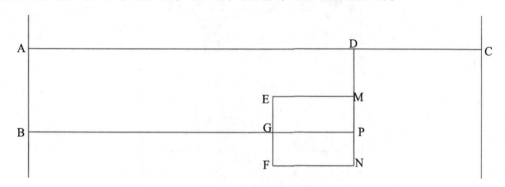

图 8-53 绘制图形符号

（3）将绘制好的图形符号插入到接线图中，然后单击"默认"选项卡"修改"面板中的"修剪"按钮 和"删除"按钮 ，修剪图中各种图形符号以及连接线，并删除多余的图形，得到如图 8-54 所示的结果。

（4）将绘制好的各个模块通过平移组合起来，并添加文字注释，就构成了主图。在平移过程中，注意要在"对象捕捉"绘图方式下，以便于精确定位，具体方法可以参考前面各节的内容，绘制完成的主图如图 8-55 所示。

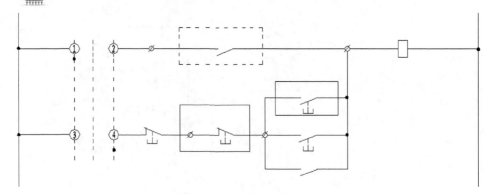

图 8-54 插入图形符号

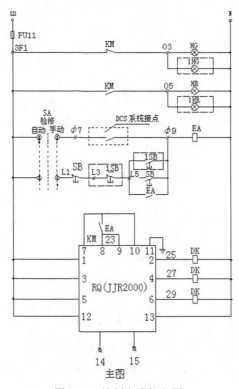

图 8-55 绘制完成的主图

8.3.3 绘制附图 1

使用软启动器启动电动机时，晶闸管的输出电压逐渐增加，电动机逐渐加速，直到晶闸管全导通，电动机工作在额定电压的机械特性上，实现平滑启动，降低启动电流，避免启动过流跳闸。

操作步骤如下：

（1）单击"默认"选项卡"绘图"面板中的"直线"按钮，以坐标点 {(120,50),(120,78)} 绘制直线，如图 8-56（a）所示。

（2）单击"默认"选项卡"绘图"面板中的"圆"按钮，在"对象捕捉"绘图方式下，捕捉直线的上端点为圆心，绘制一个半径为 1.5 的圆，如图 8-56（b）所示。

（3）单击"默认"选项卡"修改"面板中的"移动"按钮✛，将圆向下平移 12，结果如图 8-56（c）所示。

（4）单击"默认"选项卡"绘图"面板中的"直线"按钮╱，在"对象捕捉"和"正交"绘图方式下，捕捉圆心为起点，向右绘制一条长度为 18 的水平直线，如图 8-56（d）所示。

（5）单击"默认"选项卡"绘图"面板中的"直线"按钮╱，在"对象捕捉"和"极轴追踪"绘图方式下，以圆心为起点，绘制与水平方向夹角分别为 30°和 210°、长度均为 1 的两条倾斜直线，如图 8-56（e）所示。

（6）单击"默认"选项卡"修改"面板中的"移动"按钮✛，将倾斜直线向右平移 10。

（7）单击"默认"选项卡"修改"面板中的"复制"按钮，将平移后的倾斜直线进行复制，并向右平移 1。

（8）单击"默认"选项卡"修改"面板中的"修剪"按钮╱，修剪图形，得到如图 8-56（f）所示的结果，完成电流互感器的绘制。

（9）由于其他元器件都比较简单，这里不再介绍。将各元器件绘制完成后，用导线连接起来，并适当调整图形的大小和位置，就构成了附图 1，如图 8-57 所示。

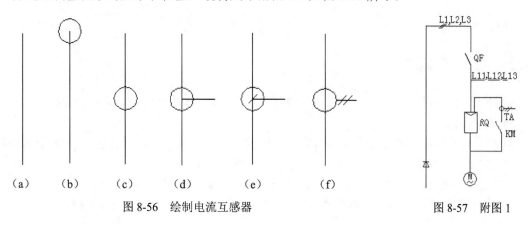

图 8-56　绘制电流互感器　　　　　　图 8-57　附图 1

8.3.4　绘制附图 2

软启动器自动用旁路接触器取代已完成任务的晶闸管，为电动机正常运转提供额定电压，以降低晶闸管的热损耗，延长软启动器的使用寿命，提高其工作效率，又使电网避免了谐波污染。

操作步骤如下：

（1）单击"默认"选项卡"绘图"面板中的"圆"按钮，绘制一个半径为 2 的圆。

（2）单击"默认"选项卡"修改"面板中的"复制"按钮，将第（1）步绘制的圆进行复制，并向右平移 4，如图 8-58 所示。

（3）单击"默认"选项卡"绘图"面板中的"直线"按钮╱，在"对象捕捉"绘图方式下，分别捕捉两个圆的圆心，绘制一条水平直线 1，如图 8-59 所示。

（4）选择菜单栏中的"修改/拉长"命令，将直线 1 向左右两端分别拉长 4，结果如图 8-60 所示。

（5）单击"默认"选项卡"修改"面板中的"复制"按钮，将直线复制，并向上平移 1，如图 8-61 所示。

图 8-58　复制圆

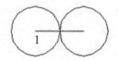

图 8-59　绘制直线

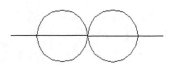

图 8-60　拉长直线

（6）单击"默认"选项卡"修改"面板中的"修剪"按钮 ┴，以水平直线为修剪边，对两个圆进行修剪，剪切掉水平直线下侧的半圆；单击"默认"选项卡"修改"面板中的"删除"按钮 ✐，删除下侧水平直线，如图 8-62 所示，完成互感器的绘制。

（7）绘制连接线，将绘制好的互感器、接线头、接地线等图形符号插入到合适的位置，然后修剪图形，并添加文字注释，得到如图 8-63 所示的结果。

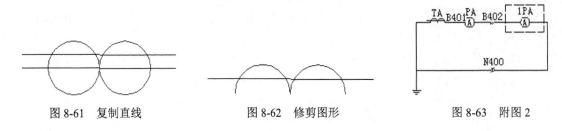

图 8-61　复制直线　　　　　　　　图 8-62　修剪图形　　　　　　　　图 8-63　附图 2

8.3.5　绘制附图 3

附图是对主电路的补充，该附图包括熔断器元件，熔断器的使用是对电路的保护。

操作步骤如下：

（1）绘制连接线。单击"默认"选项卡"绘图"面板中的"直线"按钮 ⁄，分别以坐标点 (30,37)、(30,10)、(100,10)、(100,37)绘制 3 条直线，如图 8-64 所示。

（2）绘制并平移圆。单击"默认"选项卡"绘图"面板中的"圆"按钮 ⊙，以点(30,10)为圆心，绘制一个半径为 3 的圆，然后单击"默认"选项卡"修改"面板中的"移动"按钮 ✛，将圆向右平移 35，结果如图 8-65 所示。

（3）修剪图形。单击"默认"选项卡"修改"面板中的"修剪"按钮 ┴，以圆作为修剪边，对连接线进行剪切，结果如图 8-66 所示。

图 8-64　绘制直线　　　　　　图 8-65　绘制并平移圆　　　　　　图 8-66　修剪图形

（4）绘制矩形。单击"默认"选项卡"绘图"面板中的"矩形"按钮 ▭，分别绘制两个矩形，并平移到图形中，作为电阻的图形符号，如图 8-67 所示。

（5）绘制并平移圆。单击"默认"选项卡"绘图"面板中的"圆"按钮 ⊙，在"对象捕捉"绘图方式下，分别捕捉两条竖直直线的上端点作为圆心，绘制两个半径为 1 的圆，然后单击"默认"选项卡"修改"面板中的"移动"按钮 ✛，将刚绘制的两个圆分别向上平移 2，如图 8-68 所示。

（6）添加注释文字。在图中相应的位置添加注释文字，如图 8-69 所示，完成附图 3 的绘制。

图 8-67　绘制矩形　　　　　　图 8-68　绘制并平移圆　　　　　图 8-69　添加注释文字

8.4　绘制数控机床电气控制系统图

西门子公司是生产数控系统的著名厂家，产品有 SINUMERIK3、8、810、820、850 及 880。SINUMERIK820 系统是西门子公司推出的适应普通车床、铣床、磨床控制的，集 CNC 和 PLC 于一体的安全可靠的数控系统。SINUMERIK820 控制系统由 CPU 模块、位置控制模块、系统程序存储模块、文字图形处理模块、接口模块、I/O 模块、CRT 显示器及操作面板组成，是结构紧凑、经济、易于实现机电一体化的产品。

如图 8-70 所示是 SINUMERIK820 控制系统的硬件结构图，下面介绍如何在 AutoCAD 2016 环境下设计该硬件结构图。

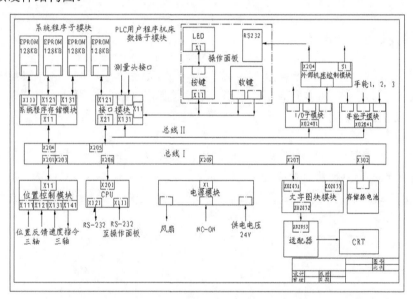

图 8-70　SINUMERIK820 控制系统的硬件结构图

📷：光盘\配套视频\第 8 章\绘制 SINUMERIK820 控制系统的硬件结构图.avi

8.4.1　配置绘图环境

在绘制电路图之前，需要进行基本的操作，包括文件的创建、保存、栅格的显示、图形界限的设定及图层的管理等。

操作步骤如下：

（1）建立新文件。打开 AutoCAD 2016 应用程序，选择随书光盘中的"源文件\样板图\A2样板图.dwt"样板文件为模板建立新文件，将其命名为 SINUMERIK820.dwg 并保存。

（2）开启栅格。单击状态栏中的"栅格显示"按钮▦，或者按 F7 键，在绘图区中显示栅格，命令行中会提示"命令:<栅格 开>"；若想关闭栅格，可以再次单击状态栏中的"栅格显示"按钮▦，或者按 F7 键。

为了方便图层的管理和操作，本设计项目创建 3 个图层："模块层"、"标注层"和"连线层"，各图层的属性设置如图 8-71 所示。

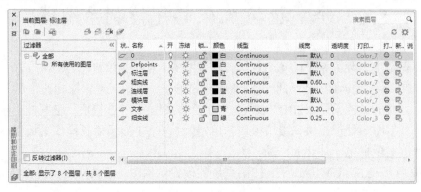

图 8-71　设置图层

8.4.2　绘制及注释模块

在控制图中，各个功能模块通常以矩形代替，同类模块的大小相同，各个模块按逻辑功能布局。在布局模块的过程中，可重复调用"矩形"命令绘制各类模块，再调用"复制"命令复制生成同类模块，避免多次绘制矩形。

操作步骤如下：

（1）选择"模块层"图层作为当前图层，单击"默认"选项卡"绘图"面板中的"矩形"按钮▭，绘制各类模块，效果如图 8-72 所示。

（2）单击"默认"选项卡"修改"面板中的"复制"按钮❀和"镜像"按钮⚠，完成全部模块的绘制，如图 8-73 所示。

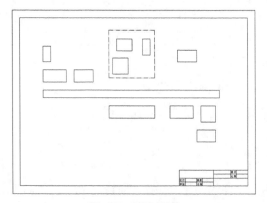

图 8-72　绘制模块

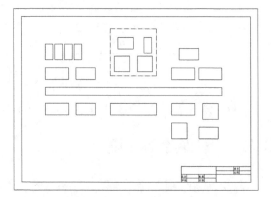

图 8-73　全部模块

其中各个模块的尺寸如下。

EPROM 模块: 20×40;

LED 模块: 40×30;

RS-232 模块: 20×40;

外部机床控制模块: 50×30;

系统程序存储模块: 60×30;

接口模块: 50×30;

按键: 40×40;

软键: 40×40;

I/O 子模块: 60×30;

手轮子模块: 60×30;

总线: 460×20;

位置控制模块: 60×30;

CPU: 50×30;

电源模块: 120×30;

文字图块模块: 60×30;

存储器电池: 40×40;

适配器: 40×40;

CRT: 50×30。

（3）选择"标注层"图层作为当前图层，单击"默认"选项卡"注释"面板中的"多行文字"按钮 A，为各个模块添加文字注释，选择字体为"仿宋_GB2312"、字号为 5；相同的文字注释可单击"默认"选项卡"修改"面板中的"复制"按钮进行复制，以减少设置文字格式的工作量。为模块添加完文字注释后的效果如图 8-74 所示。

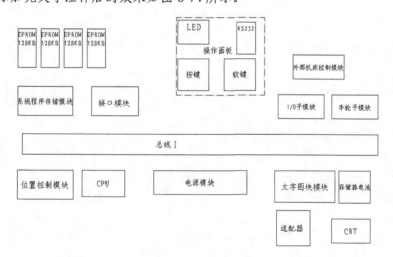

图 8-74　添加文字注释

8.4.3　连接模块

系统图不像连线图代表实际意义的电气连接，但模块根据不同名称，按照功能进行连接，同样表示出电路的实际作用过程。

操作步骤如下：

（1）单击"默认"选项卡"绘图"面板中的"矩形"按钮▢，绘制各个模块的接口，效果如图 8-75 所示。

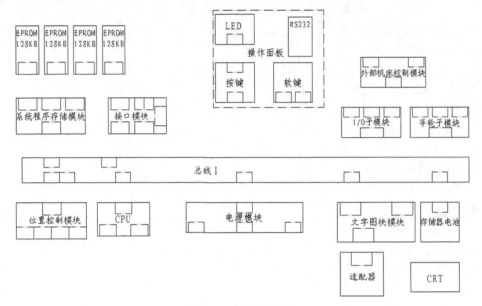

图 8-75　绘制模块接口

（2）选择"标注层"图层作为当前图层，单击"默认"选项卡"注释"面板中的"多行文字"按钮Ⓐ，选择字体为"仿宋_GB2312"、字号为 5，为各个模块接口添加注释，效果如图 8-76 所示。

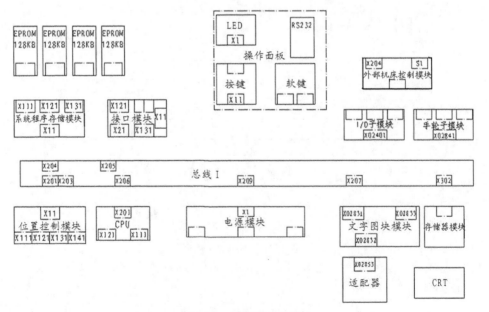

图 8-76　添加接口注释

（3）选择"连线层"图层作为当前图层，单击"默认"选项卡"绘图"面板中的"多段线"按钮🗗，绘制箭头，按逻辑关系连接各个模块，连接后的效果如图 8-77 所示。

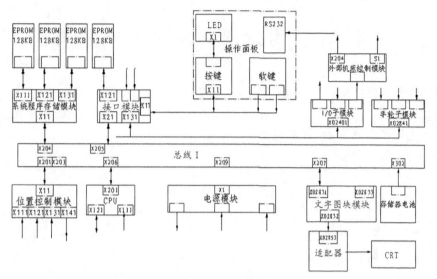

图 8-77　连接模块接口

8.4.4　添加其他文字说明

在完成模块连接过后，对模块的功能进行注释，让系统图变得容易理解，有助于后期进行原理图的绘制。

操作步骤如下：

（1）添加其他文字说明。选择"文字"图层作为当前图层，单击"默认"选项卡"注释"面板中的"多行文字"按钮A，选择字体为"仿宋_GB2312"、字号为 5，为控制系统图的其他地方添加注释，以便于图纸的阅读。添加注释后的效果如图 8-78 所示。

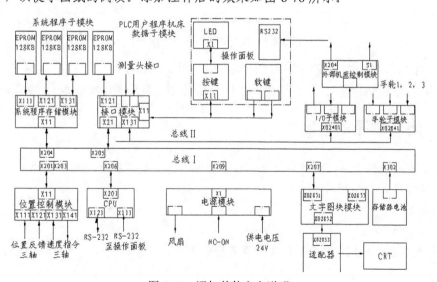

图 8-78　添加其他文字说明

（2）填写标题栏。在图纸的标题栏中填写设计者姓名、设计项目名称、设计时间、图号和比例等要素，完善图纸。

8.5 绘制多指灵巧手控制电路图

随着机构学和计算机控制技术的发展，多指灵巧手的研究也获得了长足的进步。由早期的二指钢丝绳传动发展到了仿人手型、多指锥齿轮传动的阶段。本节将详细讲述如何在 AutoCAD 2016 绘图环境下，设计多指灵巧手的控制电路图，如图 8-79 所示。

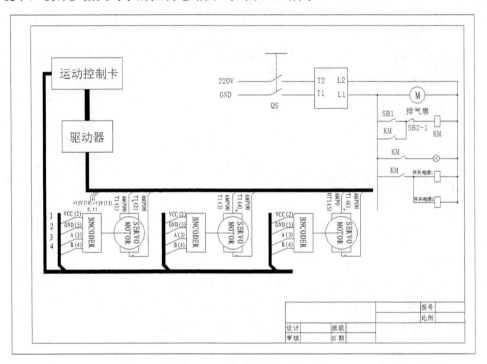

图 8-79　多指灵巧手控制电路图

📷：光盘\配套视频\第 8 章\绘制多指灵巧手控制电路图.avi

本灵巧手共有 5 个手指，11 个自由度，由 11 个微小型直流伺服电动机驱动，采用半闭环控制。

8.5.1 半闭环框图的绘制

半闭环监控的是整个系统最终执行环节的驱动环节，对最终执行机构不作监控。半闭环精度较高，控制灵敏度适中，使用广泛。

操作步骤如下：

1. 绘制半闭环框图

（1）进入 AutoCAD 2016 绘图环境，设置好绘图环境，新建文件"半闭环框图.dwg"，设置路径并保存。

（2）单击"默认"选项卡"绘图"面板中的"矩形"按钮□、"圆"按钮⊙和"直线"按钮╱，并单击"默认"选项卡"修改"面板中的"修剪"按钮⊬，按图 8-80 所示绘制并摆放各个功能部件。

（3）单击"默认"选项卡"注释"面板中的"多行文字"按钮A，为各个功能块添加文字注释，如图 8-81 所示。

图 8-80　绘制各个功能部件　　　　　　　图 8-81　为功能块添加文字注释

（4）单击"默认"选项卡"绘图"面板中的"多段线"按钮⌐，绘制箭头，按信号流向绘制各元件之间的逻辑连接关系，如图 8-82 所示。

2．绘制控制系统框图

（1）进入 AutoCAD 2016 绘图环境，新建文件"控制系统框图.dwg"，设置路径并保存。

（2）单击"默认"选项卡"绘图"面板中的"矩形"按钮□和"修改"面板中的"复制"按钮⅋，绘制如图 8-83 所示的各个功能部件。第一个矩形的长和宽分别为 50 和 30，表示工业控制计算机模块；第二个矩形的长和宽分别为 70 和 30，表示十二轴运动控制模块；其余矩形的长和宽分别为 20 和 20，表示驱动器、直流伺服电动机和指端力传感器模块。

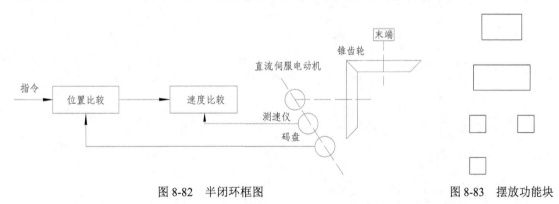

图 8-82　半闭环框图　　　　　　　　　　图 8-83　摆放功能块

（3）单击"默认"选项卡"注释"面板中的"多行文字"按钮A，在各个功能块中添加文字注释，如图 8-84 所示。

3．绘制双向箭头

（1）单击"默认"选项卡"绘图"面板中的"多段线"按钮⌐，绘制双向箭头，如图 8-85 所示。

（2）单击"默认"选项卡"修改"面板中的"复制"按钮⅋，生成另外 3 条连接线，完成控制系统框图的绘制，如图 8-86 所示。

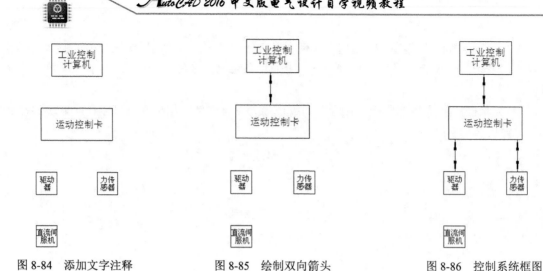

图 8-84　添加文字注释　　　　图 8-85　绘制双向箭头　　　　图 8-86　控制系统框图

8.5.2　低压电气设计

低压电气部分是整个控制系统的重要组成部分，为控制系统提供开关控制、散热、指示和供电等，是设计整个控制系统的基础。

操作步骤如下：

（1）建立新文件。进入 AutoCAD 2016 绘图环境，新建文件"灵巧手控制.dwg"，设置路径并保存。

（2）设置图层。单击"默认"选项卡"图层"面板中的"图层特性"按钮，弹出"图层特性管理器"选项板，新建"低压电气"图层，属性设置如图 8-87 所示。

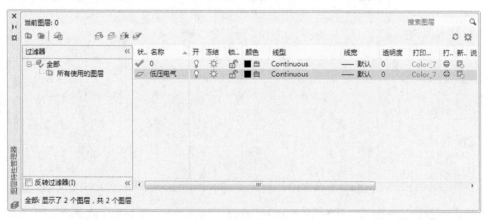

图 8-87　新建图层

（3）设计电源部分，为低压电气部分引入电源。单击"默认"选项卡"绘图"面板中的"多段线"按钮和"修改"面板中的"复制"按钮，绘制电源线，如图 8-88 所示。两条线分别表示火线和零线，低压电气部分为 220V 交流供电。

（4）单击"默认"选项卡"绘图"面板中的"矩形"按钮，绘制长为 50、宽为 60 的矩形作为空气开关；单击"默认"选项卡"修改"面板中的"移动"按钮，将空气开关移动到如图 8-89 所示的位置。

图 8-88 绘制电源线　　　　　　图 8-89 绘制空气开关

（5）单击"默认"选项卡"修改"面板中的"分解"按钮🗗，分解多段线；单击"默认"选项卡"修改"面板中的"删除"按钮✎，删除竖线；单击"默认"选项卡"绘图"面板中的"直线"按钮✎，绘制手动开关按钮，并将竖直直线的线型改为虚线，如图 8-90 所示。

（6）单击"默认"选项卡"注释"面板中的"多行文字"按钮 A，为控制开关的各个端子添加文字注释，如图 8-91 所示。

图 8-90 绘制手动开关　　　　　　图 8-91 添加文字注释

（7）绘制排风扇。单击"默认"选项卡"绘图"面板中的"直线"按钮✎，绘制连通火线和零线的导线；按住 Shift 键并右击，在弹出的快捷菜单中选择"中点"命令，捕捉连通导线的中点为圆心，绘制半径为 12 的圆，并添加文字说明"排风扇"，如图 8-92 所示。

（8）绘制接触器支路，控制指示灯亮灭，如图 8-93 所示。当开机按扭 SB1 接通时，接触器 KM 得电，触点闭合，维持 KM 得电，达到自锁的目的；当关机按钮常闭触点 SB2-1 断开时，KM 失电。

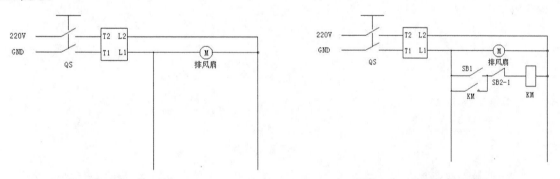

图 8-92 排风扇　　　　　　　　　图 8-93 绘制接触器支路

（9）绘制开机灯指示支路。单击"默认"选项卡"块"面板中的"插入块"按钮🗗，选择随书光盘中的"源文件\图块\指示灯"图块插入；单击"默认"选项卡"绘图"面板中的"多段线"按钮⤵，绘制连通导线和触点 KM，如图 8-94 所示。当触点 KM 闭合时，开机灯亮。

（10）绘制主控系统供电支路。单击"默认"选项卡"修改"面板中的"复制"按钮🗐，复制导线和电气元件，并对复制后的图形进行修改，设计开关电源为主控系统供电，如图 8-95 所示。当 KM 接通时，开关电源 1 和开关电源 2 得电。

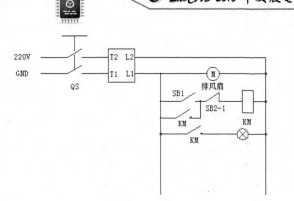

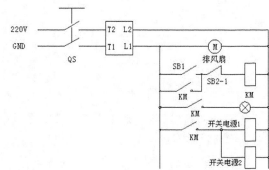

图 8-94　开机指示灯　　　　　　　　　图 8-95　绘制主控系统供电支路

8.5.3　主控系统设计

主控系统分为 3 个部分，每个部分的基本结构和原理相似，这里选择其中的一个部分作为讨论对象。每部分的控制对象为 3 个直流微型伺服电动机，运动控制卡采集码盘返回角度位置信号，给电动机驱动器发出控制脉冲，实现如图 8-82 所示的半闭环控制。

操作步骤如下：

（1）建立新图层。打开"灵巧手控制.dwg"文件，新建"主控电气"图层，图层属性设置如图 8-96 所示。

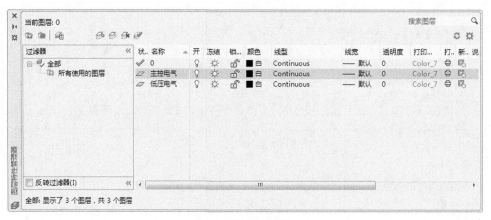

图 8-96　新建图层

（2）连接运动控制卡和驱动器单元。在"主控电气"图层中放置运动控制卡和驱动器单元，单击"默认"选项卡"绘图"面板中的"多段线"按钮⏜，设置线宽为5，绘制它们之间的连接关系，如图 8-97 所示。

（3）绘制直流伺服电动机符号。单击"默认"选项卡"绘图"面板中的"矩形"按钮▭，绘制一个长为 30、宽为 60 的矩形，如图 8-98所示。

（4）单击"默认"选项卡"修改"面板中的"复制"按钮❀，将第（3）步绘制的矩形向右复制，距离为 60，作为编码器符号，如图 8-99所示。

图 8-97　连接运动控制卡和驱动器单元

（5）单击"默认"选项卡"绘图"面板中的"圆"按钮⊙，过复制矩形的上侧边中点绘制半径为 25 的圆，如图 8-100 所示。

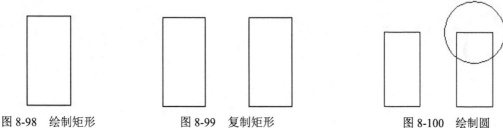

图 8-98　绘制矩形　　　　　　图 8-99　复制矩形　　　　　　图 8-100　绘制圆

（6）单击"默认"选项卡"修改"面板中的"移动"按钮✥，将第（5）步绘制的圆向下移动 30，如图 8-101 所示。

（7）单击"默认"选项卡"修改"面板中的"修剪"按钮⊬，把复制得到的矩形以平移后的圆为边界进行修剪，效果如图 8-102 所示。

（8）单击"默认"选项卡"绘图"面板中的"直线"按钮∕，用虚线连接编码器和电动机中心；用实线绘制 2 条电动机正负端引线和 4 条编码器引线，如图 8-103 所示。

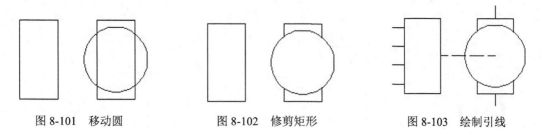

图 8-101　移动圆　　　　　　图 8-102　修剪矩形　　　　　　图 8-103　绘制引线

（9）单击"默认"选项卡"注释"面板中的"多行文字"按钮A，为电动机和编码器添加文字注释，如图 8-104 所示。

（10）单击"默认"选项卡"注释"面板中的"多行文字"按钮A，为电动机的各个引线端子编号，并添加文字说明，如图 8-105 所示，完成直流伺服电动机符号的绘制。

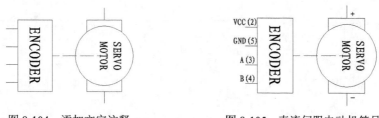

图 8-104　添加文字注释　　　　　　图 8-105　直流伺服电动机符号

（11）单击"默认"选项卡"块"面板中的"创建块"按钮🖿，将绘制的直流伺服电动机创建为块，以便后面设计系统时调用。

（12）摆放元件。单击"默认"选项卡"块"面板中的"插入块"按钮🖿，插入"直流伺服电动机"图块，按图 8-106 所示摆放 3 台直流伺服电动机。

（13）绘制排线。单击"默认"选项卡"绘图"面板中的"多段线"按钮⮌，绘制排线，如

图 8-107 所示。

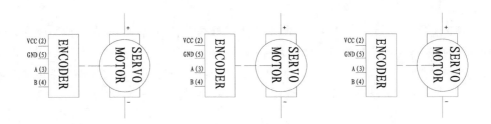

图 8-106　摆放元件

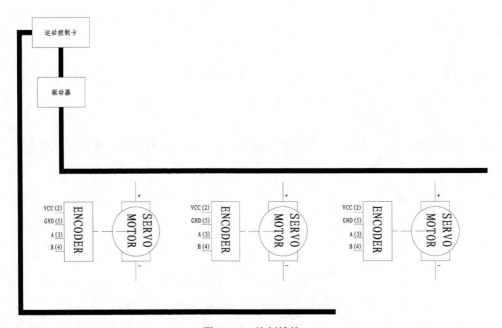

图 8-107　绘制排线

（14）连接驱动器和电动机。单击"默认"选项卡"绘图"面板中的"直线"按钮 ，用直线连接驱动器与伺服电动机的两端，绘制接地引脚并添加文字注释，如图 8-108 所示。

（15）连接运动控制卡与编码器。单击"默认"选项卡"绘图"面板中的"直线"按钮 ，用直线连接运动控制卡与编码器，并添加引脚文字标注，如图 8-109 所示。

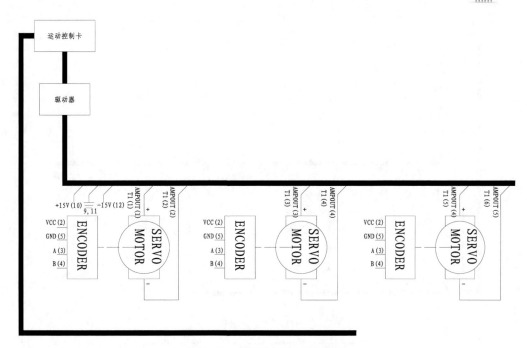

图 8-108　连接驱动器和电动机

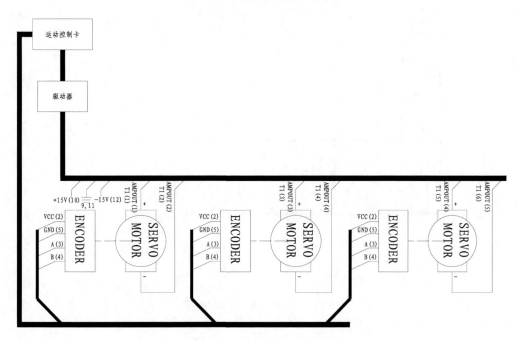

图 8-109　连接控制卡和编码器

（16）倒角处理。单击"默认"选项卡"修改"面板中的"倒角"按钮，在导线拐弯处进行 45° 倒角处理，如图 8-110 所示。

（17）插入图框。选择随书光盘中的"源文件\样板图\A3 样板图.dwt"样板文件并插入，适当调整字体，结果如图 8-111 所示。

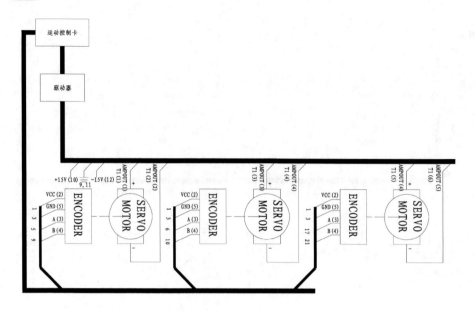

图 8-110   倒角处理

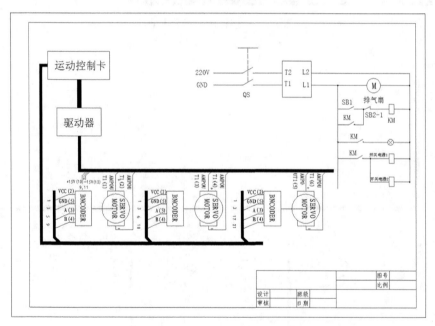

图 8-111   多指灵巧手控制电路图

8.6   实 战 演 练

通过前面的学习，读者对本章知识也有了大体的了解，本节通过两个操作练习使读者进一步掌握本章知识要点。

【实战演练 1】绘制如图 8-112 所示的并励直流电动机串连电阻启动电路。

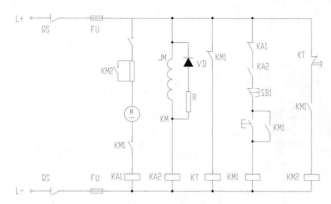

图 8-112 并励直流电动机串联电阻启动电路

操作提示：

（1）设置 3 个新图层。

（2）绘制线路结构图。

（3）绘制实体符号。

（4）将绘制的实体符号插入到图形中。

【实战演练 2】绘制如图 8-113 所示的三相笼型异步电动机的自耦降压启动控制电路。

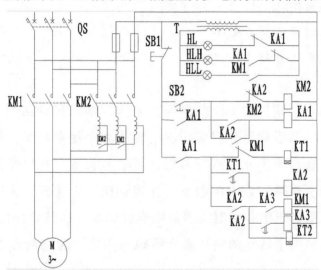

图 8-113 三相笼型异步电动机的自耦降压启动控制电路

操作提示：

（1）设置 3 个新图层。

（2）绘制线路结构图。

（3）绘制实体符号。

（4）将绘制的实体符号插入到图形中。

（5）添加注释文字。

电路图设计

本章学习要点和目标任务:

☑ 电路图基本理论

☑ 绘制程控交换机系统图

☑ 绘制日光灯的调节器电路

☑ 绘制停电来电自动告知线路图

　　电路图是人们为了研究和工作的需要,用约定的符号绘制的一种表示电路结构的图形,通过它可以知道电路的实际情况。电子线路是最常见,也是应用最为广泛的一类电气线路,在各个工业领域都占据了重要的位置。在日常生活中,几乎每个环节都和电子线路有着或多或少的联系,如电话机、电视机、电冰箱等都是电子线路应用的例子。本章将简单介绍电路图的概念和分类,以及电路图基本符号的绘制,然后结合3个具体的电子线路的例子来介绍电路图的一般绘制方法。

9.1 电路图基本理论

在学习设计和绘制电路图之前，先来了解一下电路图的基本概念和电子线路的分类。

9.1.1 基本概念

电路图是用图形符号按工作顺序排列，详细表示电路、设备或成套装置的全部基本组成和连接关系，而不考虑其实际位置的一种简图。

电子线路是由电子器件（又称有源器件，如电子管、半导体二极管、晶体管、集成电路等）和电子元件（又称无源器件，如电阻器、电容器、变压器等）组成的具有一定功能的电路。电路图一般包括以下主要内容。

（1）电路中元件或功能件的图形符号。

（2）元件或功能件之间的连接线，单线或多线，连接线或中断线。

（3）项目代号，如高层代号、种类代号和必要的位置代号、端子代号。

（4）用于信号的电平约定。

（5）了解功能件必需的补充信息。

电路图的主要用途，是用于了解实现系统、分系统、电器、部件、设备、软件等功能所需的实际元器件及其在电路中的作用；详细表达和理解设计对象（电路、设备或装置）的作用原理，分析和计算电路特性；作为编制接线图的依据；为测试和寻找故障提供信息。

9.1.2 电子线路的分类

1．信号的分类

电子信号可以分为数字信号和模拟信号两类。

（1）数字信号：指那些在时间上和数值上都是离散的信号。

（2）模拟信号：除数字信号外的所有其他形式的信号统称为模拟信号。

2．电路的分类

根据不同的划分标准，电路可以按照如下类别来划分。

（1）根据工作信号，分为模拟电路和数字电路。

☑ 模拟电路：工作信号为模拟信号的电路。模拟电路的应用十分广泛，从收音机、音响到精密的测量仪器、复杂的自动控制系统、数字数据采集系统等。

☑ 数字电路：工作信号为数字信号的电路。绝大多数的数字系统仍需做到以下过程：模拟信号→数字信号→模拟信号；数据采集→A\D 转换→D\A 转换→应用。

如图 9-1 所示为一个由模拟电路和数字电路共同组成的电子系统实例。

（2）根据信号的频率范围，分为低频电子线路和高频电子线路。高频电子线路和低频电子线路的频率划分为如下等级。

☑ 极低频：3kHz 以下。

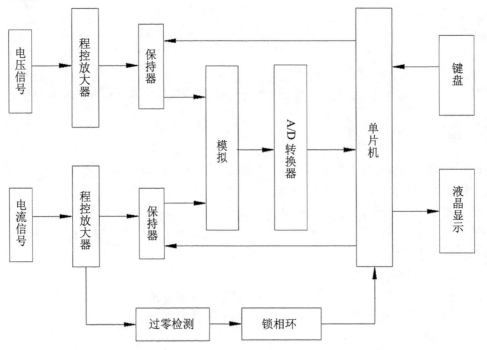

图 9-1　电子系统的组成框图

- ☑　甚低频：3～30kHz。
- ☑　低频：30～300kHz。
- ☑　中频：300～3MHz。
- ☑　高频：3～30MHz。
- ☑　甚高频：30～300MHz。
- ☑　特高频：300～3GHz。
- ☑　超高频：3G～30GHz。

也有的按下列方式划分。

- ☑　超低频：0.03～300Hz。
- ☑　极低频：300～3000Hz（音频）。
- ☑　甚低频：3～300kHz。
- ☑　长波：30～300kHz。
- ☑　中波：300～3000kHz。
- ☑　短波：3～30MHz。
- ☑　甚高频：30～300MHz。
- ☑　超高频：300～3000MHz。
- ☑　特高频：3～30GHz。
- ☑　极高频：30～300GHz。
- ☑　远红外：300～3000GHz。

（3）根据核心元件的伏安特性，可将整个电子线路分为线性电子线路和非线性电子线路。

☑ 线性电子线路：指电路中的电压和电流在向量图上同相，互相之间既不超前，也不滞后。纯电阻电路就是线性电路。

☑ 非线性电子线路：包括容性电路，电流超前电压（如补偿电容）；感性电路，电流滞后电压（如变压器）；以及混合型电路（如各种晶体管电路）。

9.2 绘制程控交换机系统图

随着通信网和综合业务数字网（ISDN）的快速发展，用户对通信提出了更高的要求。而作为这一领域有代表性的产品——程控交换机，对其加以了解就显得尤为重要。本节将通过介绍HJC-SDS 数字程控用户交换机系统框图的画法，让读者对这种交换机有一定的了解，如图 9-2所示。

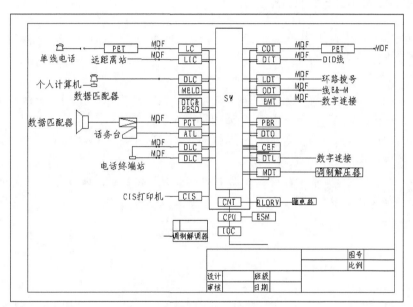

图 9-2 程控交换机系统图

📹：光盘\配套视频\第 9 章\绘制程控交换机系统图.avi

9.2.1 配置绘图环境

绘图环境中图层的管理可根据不同的需要，对需要绘制的对象进行细致划分。

操作步骤如下：

（1）建立新文件。打开 AutoCAD 2016 应用程序，选择随书光盘中的"源文件\样板图\A3-1样板图.dwt"样板文件为模板建立新文件，并命名为"程控交换机.dwg"。

（2）设置图层。单击"默认"选项卡"图层"面板中的"图层特性"按钮，弹出"图层特性管理器"选项板，新建"粗线"、"文字"、"细线"和"虚线"4 个图层，各图层的属性设置如图 9-3 所示。

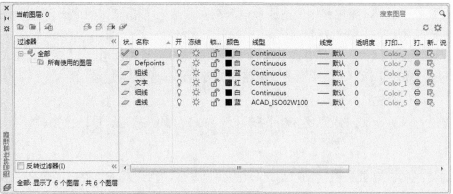

图 9-3　设置图层

9.2.2　常见设备元件的画法

在图纸的绘制过程中，首先绘制主要元件备用，在连线绘制过程中，再进行查漏补缺。
操作步骤如下：

1．绘制话务台符号

（1）将"粗线"图层设置为当前图层，单击"默认"选项卡"绘图"面板中的"矩形"按钮□，绘制一个长为 50、宽为 35 的矩形，如图 9-4 所示。

（2）单击"默认"选项卡"绘图"面板中的"直线"按钮，关闭"正交"功能，在相邻两边选择两点绘制一条斜线，如图 9-5 所示。

（3）单击"默认"选项卡"修改"面板中的"修剪"按钮，以第（2）步绘制的斜线为剪切边修剪矩形，结果如图 9-6 所示。

 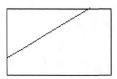 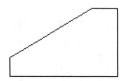

图 9-4　绘制矩形　　　　　　图 9-5　绘制斜线　　　　　　图 9-6　修剪矩形

2．绘制扬声器符号

（1）单击"默认"选项卡"绘图"面板中的"矩形"按钮□，绘制一个长为 60、宽为 30 的矩形，如图 9-7 所示。

（2）单击"默认"选项卡"绘图"面板中的"直线"按钮，在"对象捕捉"绘图方式下，捕捉矩形右侧边的中点，连接该点与矩形的左上角点绘制一条斜线，如图 9-8 所示。

（3）单击"默认"选项卡"修改"面板中的"镜像"按钮，以第（2）步绘制的斜线为镜像对象，捕捉矩形左、右两侧边的中点为镜像轴，镜像结果如图 9-9 所示，完成扬声器符号的绘制。

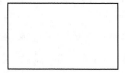 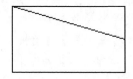 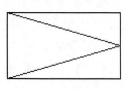

图 9-7　绘制矩形　　　　　　图 9-8　绘制斜线　　　　　　图 9-9　镜像斜线

（4）单击"默认"选项卡"块"面板中的"创建块"按钮，将上面绘制的图形生成图块并保存，以便后面绘制数字电路系统时调用。

9.2.3 绘制程控交换机系统框图

程控交换机的主要任务是实现用户间通话的接续，基本划分为两大部分：话路设备和控制设备。话路设备主要包括各种接口电路（如用户线接口和中继线接口电路等）和交换（或接续）网络；控制设备在纵横制交换机中主要包括标志器与记发器，而在程控交换机中，控制设备则为电子计算机，包括中央处理器（CPU）、存储器和输入/输出设备。

操作步骤如下：

（1）绘制定位设备的矩形框。将"粗线"图层设置为当前图层，单击"默认"选项卡"绘图"面板中的"矩形"按钮，绘制定位设备的矩形框，如图 9-10 所示。

（2）绘制连接线。将"细线"图层设置为当前图层，单击"默认"选项卡"绘图"面板中的"直线"按钮，将代表各部分的方框用直线连接，如图 9-11 所示。

（3）插入外围设备图块。单击"默认"选项卡"块"面板中的"插入块"按钮，在当前绘图环境中插入随书光盘"源文件\图块"文件夹中的"话务台"、"放

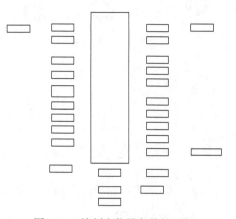

图 9-10 绘制定位设备的矩形框

大器"和"CIS 打印机"等外围设备图块，再单击"默认"选项卡"绘图"面板中的"直线"按钮，将各个元件连接起来，如图 9-12 所示。

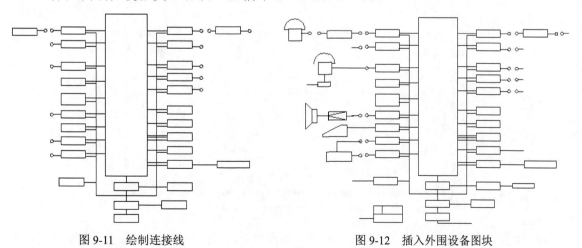

图 9-11 绘制连接线   图 9-12 插入外围设备图块

（4）绘制圆环。此时选择"虚线"图层作为当前操作层，可用绘制圆环的方法来绘制连线交点。选择菜单栏中的"绘图/圆环"命令，设定圆环的内径为 5、外径为 10，在绘图区的任意位置单击，确定圆心，绘制的圆环如图 9-13 所示。此时的系统图如图 9-14 所示。

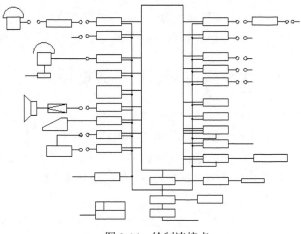

图 9-13　绘制圆环　　　　　　　　　　　图 9-14　绘制连接点

 提示：
　　如果要绘制实心圆作为连接点，只要将圆环内径设为 0，再选择适当的外径即可。

9.2.4　标注文字

本实例主要对元件的名称一一对应注释，以方便读者快速读懂图纸。
操作步骤如下：
（1）打开"文字样式"对话框。单击"默认"选项卡"注释"面板中的"文字样式"按钮，弹出"文字样式"对话框，如图 9-15 所示。

图 9-15　"文字样式"对话框

（2）新建文字样式。单击"新建"按钮，弹出"新建样式"对话框，设置样式名为"工程字"，单击"确定"按钮回到"文字样式"对话框；在"字体名"下拉列表框中选择"仿宋_GB2312"选项，设置"高度"为 7、"宽度因子"为 1，"倾斜角度"保持系统默认值 0，将"工程字"置为当前文字样式，单击"应用"按钮。
（3）添加注释文字。单击"默认"选项卡"注释"面板中的"多行文字"按钮，一次输入几行文字，然后调整其位置，以对齐文字；调整位置时，结合使用"正交"命令，标注完后的 HJC-SDS 数字程控交换机的系统图如图 9-16 所示。

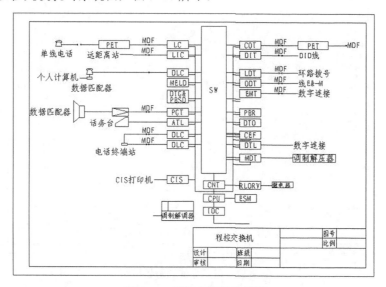

图 9-16 程控交换机系统图

提示：

主要的电路板介绍：

AP——应用处理器电路板。 ATI——话务台控制电路板。

FP——固件处理器电路板。 MEM——存储器电路板。

MP——主处理器电路板。 2LC——用户电路板。

2LLC——远距离用户板。 2COT——局用中继板。

LDT——环路拨号中继。 ODT——4 线 E 和 M 中继。

EMT——2 线 E 和 M 中继。 DIT——直入拨号中继。

DLC——数字式用户电路。 8DTD——拨号音检测器。

9.3 绘制日光灯的调节器电路

当客人临门、欢度节日、幸逢喜事时，人们希望灯光通亮；而当人们在休息、观看电视、照料婴儿时，就需要将灯光调暗一些。为了实现这种要求，可以用调节器调节灯光的亮度。如图 9-17 所示为所要得到的日光灯的调节器电路图。绘图思路为：首先观察并分析图纸的结构，绘制出大体的结构框图，也就是绘制出主要的电路图导线，然后绘制出各个电子元件，接着将各个电子元件插入到结构图中相应的位置，最后在电路图的适当位置添加相应的文字和注释说明，即可完成电路图的绘制。

📷：光盘\配套视频\第 9 章\绘制日光灯的调节器电路.avi

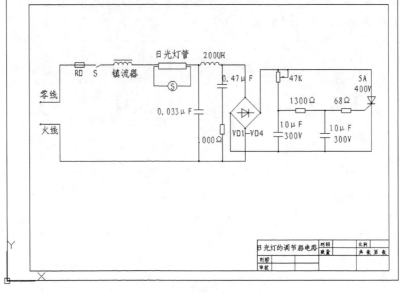

图 9-17　日光灯的调节器电路

9.3.1　设置绘图环境

设置电路图的绘图环境，包括文件的创建、保存、栅格的显示、图形界限的设定及图层的管理等。

操作步骤如下：

（1）插入 A3 样板图。打开 AutoCAD 2016 应用程序，单击快速访问工具栏中的"新建"按钮□，选择随书光盘中的"源文件\样板图\A3-2 样板图.dwt"样板文件，返回绘图区，选择的样板图也会出现在绘图区内，其中，样板图左下角点坐标为(0,0)，如图 9-18 所示。

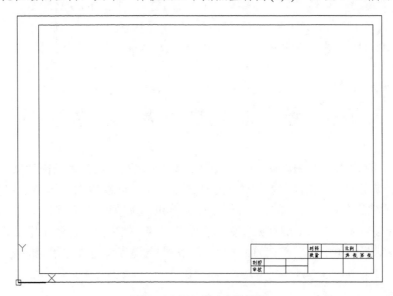

图 9-18　插入的 A3 样板图

（2）设置图层。单击"默认"选项卡"图层"面板中的"图层特性"按钮 ，弹出"图层特性管理器"选项板，新建"连接线层"和"实体符号层"图层，图层的属性设置如图 9-19 所示，并将"连接线层"图层设置为当前图层。

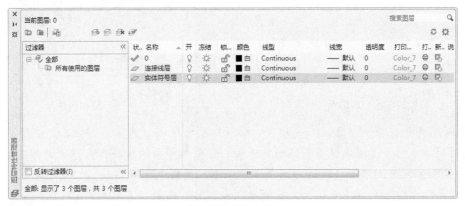

图 9-19　新建图层

9.3.2　绘制线路结构图

当接通电源时，由于灯管没有点燃，启辉器的辉光管上（管内的固定触头与倒 U 形双金属片之间）因承受了 220V 的电源电压而辉光放电，使倒 U 形双金属片受热弯曲而与固定触头接触，电流通过镇流器及灯管两端的灯丝及启辉器构成回路。灯丝因有电流（启动电流）流过被加热而发射电子。

操作步骤如下：

（1）绘制水平直线。单击"默认"选项卡"绘图"面板中的"直线"按钮 ，绘制一条长度为 200 的水平直线 AB；单击"默认"选项卡"修改"面板中的"偏移"按钮 ，将水平直线 AB 向下偏移 100 得到水平直线 CD，如图 9-20 所示。

（2）绘制竖直直线。单击"默认"选项卡"绘图"面板中的"直线"按钮 ，在"正交"和"对象捕捉"绘图方式下，捕捉点 B 作为竖直直线的起点，绘制竖直直线 BD；单击"默认"选项卡"修改"面板中的"偏移"按钮 ，将竖直直线 BD 分别向左偏移 25 和 50，得到竖直直线 EF 和 GH，绘制结果如图 9-21 所示。

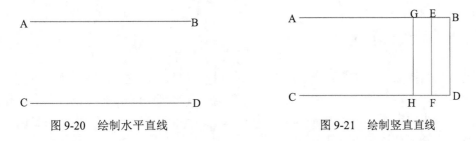

图 9-20　绘制水平直线　　　　　　　　图 9-21　绘制竖直直线

（3）绘制四边形。单击"默认"选项卡"绘图"面板中的"多边形"按钮 ，设置边数为 4，在"对象捕捉"绘图方式下，捕捉直线 BD 的中点为四边形的中心，输入内接圆的半径为 16，绘制的四边形如图 9-22 所示。

（4）旋转四边形。单击"默认"选项卡"修改"面板中的"旋转"按钮○，选择绘制的四边形作为旋转对象，逆时针旋转 45°，旋转结果如图 9-23 所示。

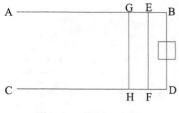

图 9-22　绘制四边形

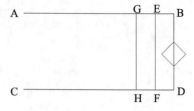

图 9-23　旋转四边形

（5）修剪图形。单击"默认"选项卡"修改"面板中的"修剪"按钮┳，选择需要修剪的对象范围后，命令行中提示选择需要修剪的对象，修剪掉多余的线段，修剪结果如图 9-24 所示。

（6）绘制多段线。单击"默认"选项卡"绘图"面板中的"多段线"按钮⤵，在"正交"和"对象捕捉"绘图方式下，用鼠标左键捕捉四边形的一个角点 I 为起点，绘制一条多段线，如图 9-25 所示。其中，IJ = 40，JK = 150，KL = 85。

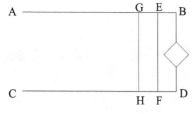

图 9-24　修剪图形

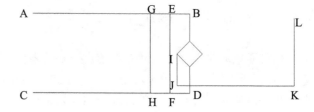

图 9-25　绘制多线段

（7）按照如上所述类似的方法，绘制结构线路图中的其他线段，绘制结果如图 9-26 所示。

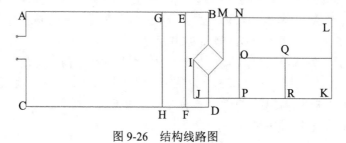

图 9-26　结构线路图

9.3.3　绘制各实体符号

日光灯管的内壁涂有一层荧光物质，管两端装有灯丝电极，灯丝上涂有受热后易发射电子的氧化物，管内充有稀薄的惰性气体和水银蒸气。镇流器是一个带有铁心的电感线圈。启辉器由一个辉光管（管内由固定触头和倒 U 形双金属片构成）和一个小容量的电容组成，装在一个圆柱形的外壳内。

操作步骤如下：

1. 绘制熔断器

（1）单击"默认"选项卡"绘图"面板中的"矩形"按钮▭，绘制一个长为 10、宽为 5 的矩形。

（2）单击"默认"选项卡"修改"面板中的"分解"按钮 ，将矩形分解成为直线，如图9-27所示。

（3）在"对象捕捉"绘图方式下，单击"默认"选项卡"绘图"面板中的"直线"按钮 ，捕捉直线2和直线4的中点作为直线的起点和终点，如图9-28所示。

（4）单击"默认"选项卡"修改"面板中的"拉长"按钮 ，将直线5分别向左和向右拉长5，如图9-29所示，完成熔断器的绘制。

2. 绘制开关

（1）单击"默认"选项卡"绘图"面板中的"直线"按钮 ，绘制一条长为5的直线1；重复"直线"命令，在"对象捕捉"绘图方式下，捕捉直线1的右端点作为新绘制直线的左端点，绘制长度为5的直线2；采用相同的方法绘制长度为5的直线3，结果如图9-30所示。

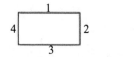　　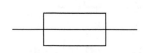　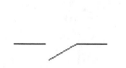

图9-27　绘制并分解矩形　　图9-28　绘制直线　　图9-29　拉长直线　　图9-30　绘制三段直线

（2）单击"默认"选项卡"修改"面板中的"旋转"按钮 ，在"对象捕捉"绘图方式下，关闭"正交"功能，捕捉直线2的右端点，输入旋转的角度为30°，得到如图9-31所示的图形，完成开关符号的绘制。

3. 绘制镇流器

（1）单击"默认"选项卡"绘图"面板中的"圆"按钮 ，在适当的位置绘制一个半径为2.5的圆，如图9-32所示。

（2）单击"默认"选项卡"修改"面板中的"矩形阵列"按钮 ，将第（1）步绘制的圆进行矩形阵列，设置"行数"为1、"列数"为4，"行偏移"为0，"列偏移"为5，阵列结果如图9-33所示。

（3）单击"默认"选项卡"绘图"面板中的"直线"按钮 ，在"对象捕捉"绘图方式下，捕捉圆1和圆4的圆心作为直线的起点和终点，绘制出水平直线，结果如图9-34所示。

　　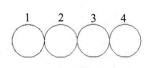　　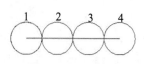

图9-31　绘制开关　　图9-32　绘制圆　　图9-33　绘制阵列圆　　图9-34　绘制水平直线

（4）单击"默认"选项卡"修改"面板中的"拉长"按钮 ，将水平直线分别向左和向右拉长2.5，结果如图9-35所示。

（5）单击"默认"选项卡"修改"面板中的"修剪"按钮 ，以水平直线为修剪边，对圆进行修剪，结果如图9-36所示。

（6）单击"默认"选项卡"修改"面板中的"移动"按钮 ，将水平直线向上平移5，结果如图9-37所示，完成镇流器的绘制。

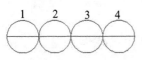

图 9-35 拉长直线

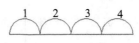

图 9-36 修剪图形

图 9-37 镇流器

4. 绘制日光灯管和启辉器

（1）单击"默认"选项卡"绘图"面板中的"矩形"按钮□，绘制一个长为30、宽为6的矩形，如图9-38所示。

（2）单击"默认"选项卡"绘图"面板中的"直线"按钮╱，在"正交"和"对象追踪"绘图方式下，捕捉矩形左侧边上的一点作为直线的起点，向右边绘制一条长为35的水平直线，如图9-39所示。

图 9-38 绘制矩形   图 9-39 绘制水平直线

（3）单击"默认"选项卡"修改"面板中的"拉长"按钮╱，在"对象捕捉"绘图方式下，捕捉水平直线的左端点，将直线向左拉长5，结果如图9-40所示。

（4）单击"默认"选项卡"修改"面板中的"偏移"按钮△，将拉伸后的水平直线向下偏移2，如图9-41所示。

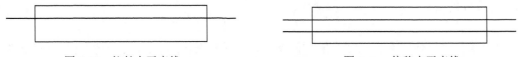

图 9-40 拉长水平直线   图 9-41 偏移水平直线

（5）单击"默认"选项卡"修改"面板中的"修剪"按钮╱，选择矩形作为修剪边，对两条水平直线进行修剪，修剪结果如图9-42所示。

（6）单击"默认"选项卡"绘图"面板中的"多段线"按钮⅃，在"对象捕捉"绘图方式下，捕捉图9-43中的B1点作为多段线的起点，捕捉D1点作为多段线的终点，绘制多段线，使得B1E1 = 20，E1F1 = 40，F1D1 = 20，结果如图9-43所示。

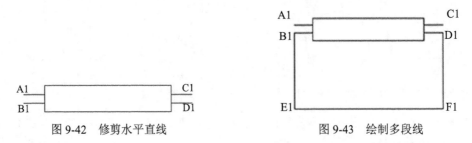

图 9-42 修剪水平直线   图 9-43 绘制多段线

（7）绘制圆并输入文字。单击"默认"选项卡"绘图"面板中的"圆"按钮⊙，绘制一个半径为5的圆；单击"默认"选项卡"绘图"面板中的"多行文字"按钮A，在圆的中心输入"S"，结果如图9-44所示。

（8）单击"默认"选项卡"修改"面板中的"移动"按钮✛，在"对象捕捉"绘图方式下，关闭"正交"功能，选择如图9-45所示的图形作为移动对象，按Enter键，命令行中提示选择移动基点，捕捉圆心作为移动基点，并捕捉线段 E1F1 的中点作为移动插入点，平移结果如图 9-45 所示。

（9）单击"默认"选项卡"修改"面板中的"修剪"按钮，选择如图 9-44 所示图形中的圆作为剪切边，对直线 E1F1 进行修剪，修剪结果如图 9-46 所示，完成日光灯管和启辉器的绘制。

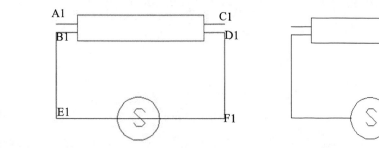

图 9-44　绘制圆并输入文字　　　图 9-45　平移图形　　　　图 9-46　日光灯管和起辉器

5．绘制电感线圈

单击"默认"选项卡"修改"面板中的"复制"按钮，复制图 9-37 所示镇流器图形中的 4 个圆弧，结果如图 9-47 所示。

6．绘制电阻

（1）单击"默认"选项卡"绘图"面板中的"矩形"按钮，绘制一个长为 10、宽为 4 的矩形，如图 9-48 所示。

（2）单击"默认"选项卡"绘图"面板中的"直线"按钮，在"对象捕捉"绘图方式下，分别捕捉矩形左、右两侧边的中点为直线的起点，绘制长度为 2.5 的直线，绘制结果如图 9-49 所示。

图 9-47　电感线圈　　　　图 9-48　绘制矩形　　　　　图 9-49　电阻

7．绘制电容

（1）单击"默认"选项卡"绘图"面板中的"直线"按钮，在"正交"绘图方式下，绘制一条长度为 10 的水平直线。

（2）单击"默认"选项卡"修改"面板中的"偏移"按钮，将第（1）步绘制的直线向下偏移 4，偏移结果如图 9-50 所示。

（3）单击"默认"选项卡"绘图"面板中的"直线"按钮，在"对象捕捉"绘图方式下，分别捕捉两条水平直线的中点作为要绘制的竖直直线的起点，绘制长度为 2.5 的直线，绘制结果如图 9-51 所示。

图 9-50　绘制并偏移直线

8．绘制二极管

（1）单击"默认"选项卡"绘图"面板中的"多边形"按钮，绘制一个等边三角形，将内接圆的半径设置为 5，如图 9-52 所示。

（2）单击"默认"选项卡"修改"面板中的"旋转"按钮⟳，以顶点 B 为旋转中心点，逆时针旋转 30°，旋转结果如图 9-53 所示。

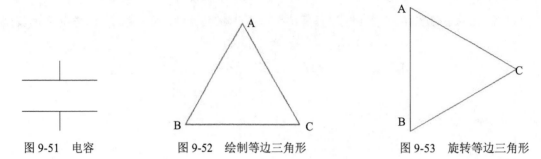

图 9-51　电容　　　　图 9-52　绘制等边三角形　　　　图 9-53　旋转等边三角形

（3）单击"默认"选项卡"绘图"面板中的"直线"按钮╱，在"对象捕捉"绘图方式下，捕捉线段 AB 的中点和 C 点作为水平直线的起点和终点，绘制水平直线，结果如图 9-54 所示。

（4）单击"默认"选项卡"修改"面板中的"拉长"按钮╱，将第（3）步绘制的水平直线分别向左和向右拉长 5，结果如图 9-55 所示。

（5）单击"默认"选项卡"绘图"面板中的"直线"按钮╱，在"正交"绘图方式下，捕捉右侧顶点作为直线的起点，向上绘制一条长为 4 的竖直直线；单击"默认"选项卡"修改"面板中的"镜像"按钮△，以水平直线为镜像轴，将刚刚绘制的竖直直线进行镜像操作，结果如图 9-56 所示，完成二极管的绘制。

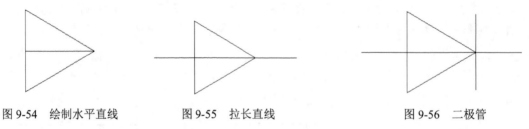

图 9-54　绘制水平直线　　　　图 9-55　拉长直线　　　　图 9-56　二极管

9．绘制滑动变阻器

（1）单击"默认"选项卡"修改"面板中的"复制"按钮⟳，将图 9-49 所示绘制好的电阻复制一份，如图 9-57 所示。

（2）单击"默认"选项卡"绘图"面板中的"多段线"按钮⟲，在"对象捕捉"绘图方式下，捕捉矩形上侧边的中点作为多线段的起点，绘制如图 9-58 所示的多段线。

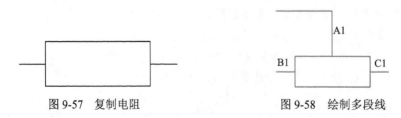

图 9-57　复制电阻　　　　图 9-58　绘制多段线

（3）单击"默认"选项卡"块"面板中的"插入块"按钮⟳，弹出"插入"对话框，如图 9-59 所示；单击"名称"右侧的"浏览"按钮，选择随书光盘中的"源文件\图块\箭头"图块，单击"确定"按钮；捕捉如图 9-58 所示的 A1 点作为"箭头"图块的插入点，然后设置箭头旋转的角度为 0，将箭头移动到合适的位置，如图 9-60 所示，完成滑动变阻器的绘制。

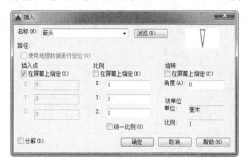

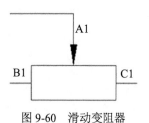

图 9-59 "插入"对话框   图 9-60 滑动变阻器

9.3.4 将实体符号插入到结构线路图

根据日光灯调节器电路的原理图，将前面绘制好的实体符号插入到结构线路图合适的位置。由于在单独绘制实体符号时，符号大小以方便看清楚为标准，所以插入到结构线路中时，可能会出现不协调，这时可以根据实际需要调用"缩放"功能来及时调整。在插入实体符号的过程中，应结合"对象捕捉"、"对象追踪"或"正交"等功能，选择合适的插入点。下面将选择几个典型的实体符号插入结构线路图。

操作步骤如下：

（1）移动镇流器。将前面绘制的如图 9-61 所示的镇流器移动到如图 9-62 所示的导线 AG 合适的位置上，步骤如下：

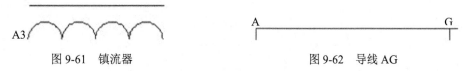

图 9-61 镇流器   图 9-62 导线 AG

① 单击"默认"选项卡"修改"面板中的"移动"按钮✣，在"对象捕捉"绘图方式下，关闭"正交"功能，捕捉如图 9-61 所示的 A3 点，拖动图形，选择导线 AG 的左端点 A 作为图形的插入点，插入结果如图 9-63 所示。

② 单击"默认"选项卡"修改"面板中的"移动"按钮✣，在"正交"绘图方式下，捕捉镇流器的端点 A 点作为移动基点，继续向右移动图形到合适的位置，移动结果如图 9-64 所示。

图 9-63 插入结果   图 9-64 继续移动图形

③ 单击"默认"选项卡"修改"面板中的"修剪"按钮✂，对如图 9-64 所示的图形进行修剪，修剪结果如图 9-65 所示。

图 9-65 修剪图形

（2）移动二极管。将如图 9-66 所示的二极管移动到如图 9-67 所示的结构图的四边形中。

方法为：单击"默认"选项卡"修改"面板中的"移动"按钮✛，在"对象捕捉"绘图方式下，关闭"正交"功能，捕捉接近二极管的等边三角形中心的位置作为移动基点，将二极管移动到四边形中央，移动结果如图 9-68 所示。

图 9-66　二极管

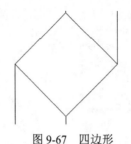

图 9-67　四边形

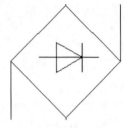

图 9-68　移动二极管

（3）移动滑动变阻器。将如图 9-69 所示的滑动变阻器移动到如图 9-70 所示的导线 NO 上，步骤如下：

① 单击"默认"选项卡"修改"面板中的"旋转"按钮◌，在"对象捕捉"绘图方式下，捕捉滑动变阻器的端点 B1 作为旋转基点，将其旋转 270°（也就是-90°），结果如图 9-71 所示。

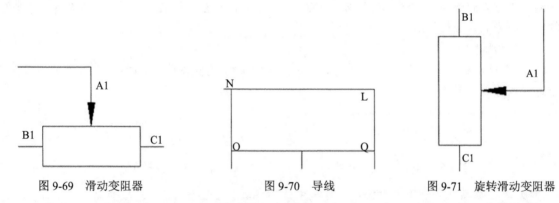

图 9-69　滑动变阻器　　　　　　　图 9-70　导线　　　　　　　图 9-71　旋转滑动变阻器

② 单击"默认"选项卡"修改"面板中的"移动"按钮✛，选择滑动变阻器作为移动对象，捕捉端点 B1 作为移动基点，将图形拖到导线处，捕捉导线端点 N 作为图形的插入点，结果如图 9-72 所示。

③ 单击"默认"选项卡"修改"面板中的"修剪"按钮⊬，对图形进行适当的修剪，修剪结果如图 9-73 所示。

图 9-72　插入图形　　　　　　　　　　　图 9-73　修剪图形

（4）其他的符号图形同样可以按照类似上面的方法进行平移、修剪，这里就不再一一列举了。将所有电气符号插入到线路结构图中，结果如图 9-74 所示。

（5）需要注意的是，图 9-74 中各导线之间的交叉点处并没有标明是实心还是空心，这对读图也是一项很大的障碍。根据日光灯的调节器的工作原理，在适当的交叉点处加上实心圆。加上实心交点后的图形如图 9-75 所示。

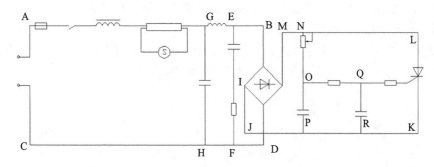

图 9-74　插入各图形符号到线路结构图中

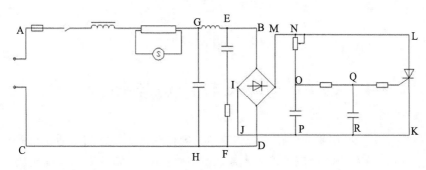

图 9-75　加入实心交点后的图形

9.3.5　添加文字和注释

本实例主要对元件的名称一一进行注释，以方便读者快速读懂图纸。

操作步骤如下：

（1）单击"默认"选项卡"注释"面板中的"文字样式"按钮，弹出"文字样式"对话框，如图 9-76 所示；单击"新建"按钮，弹出"新建样式"对话框，设置样式名为"注释"，单击"确定"按钮回到"文字样式"对话框。

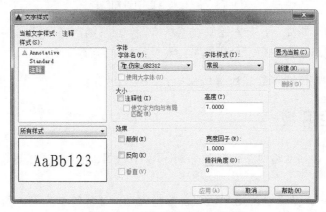

图 9-76　"文字样式"对话框

（2）在"字体名"下拉列表框中选择"仿宋_GB2312"选项，设置"高度"为默认值 7、"宽度因子"为 1、"倾斜角度"为默认值 0；将"注释"置为当前文字样式，单击"应用"按钮。

（3）单击"默认"选项卡"注释"面板中的"多行文字"按钮 A ，在需要注释的地方划定一个矩形框，弹出"文字格式"工具栏。

（4）选择"注释"作为文字样式，根据需要可以调整文字的高度，还可以结合"左对齐"、"居中"和"右对齐"等功能调整文字的位置，结果如图 9-77 所示。

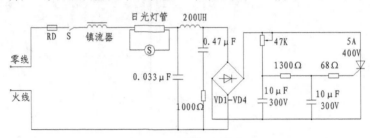

图 9-77 添加文字和注释

9.4 绘制停电来电自动告知线路图

如图 9-78 所示是一种由集成电路构成的停电来电自动告知线路图，适用于需要提示停电、来电的场合。VT1、VD5、R3 组成了停电告知控制电路；IC1、VD1～VD4 等构成了来电告知控制电路；IC2、VT2、BL 为报警声驱动电路。

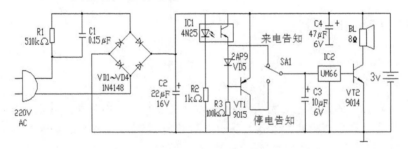

图 9-78 停电来电自动告知线路图

绘制此图的大致思路如下：首先绘制线路结构图，然后绘制各个元器件的图形符号，将元器件图形符号插入到线路结构图中，最后添加注释文字完成绘制。

📹：光盘\配套视频\第 9 章\绘制停电来电自动告知线路图.avi

9.4.1 设置绘图环境

在图层的设置中，需要将线路与元件分别选用不同的图层，在连接过程中不易出错。

操作步骤如下：

（1）建立新文件。打开 AutoCAD 2016 应用程序，选择随书光盘中的"源文件\样板图\A2 样板图.dwt"样板文件为模板，建立新文件，将其命名为"停电来电自动告知线路图.dwg"并保存。

（2）图层设置。单击"默认"选项卡"图层"面板中的"图层特性"按钮，弹出"图层特性管理器"选项板，新建"连接线层"和"实体符号层"两个图层，各图层的属性设置如图 9-79 所示，并将"连接线层"图层设置为当前图层。

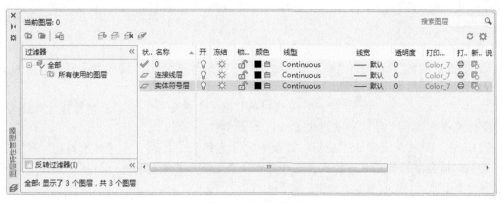

图 9-79　图层设置

9.4.2　绘制线路结构图

观察图 9-78 可以看出，此图中所有的元器件之间都是用导线连接而成的。

单击"默认"选项卡"绘图"面板中的"直线"按钮，绘制一系列的水平直线和竖直直线，得到停电来电自动告知线路图的连接线。

在绘制过程中，可以使用"对象捕捉"和"正交"绘图功能。绘制相邻直线时，先捕捉已经绘制好的直线端点，以其为起点来绘制下一条直线。

由于图中所有的直线都是正交直线，因此，使用"正交"方式可以大大减少工作量，提高绘图效率。

在如图 9-80 所示的结构图中，各个连接直线的长度如下所示：AB=42，BC=65，CD=60，DE=40，EF=30，FG=30，GH=105，HI=45，IJ=35，JK=155，LM=75，LN=32，NP=50，OP=35，PQ=45，RQ=25，FV=45，UB=55，TZ=50，AW=80。

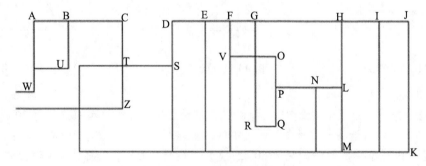

图 9-80　线路结构图

实际上，在这里绘制各连接线时，用了各种命令，如"偏移"命令、"拉长"命令、"多线段"命令等。类似的技巧如果能熟练应用，可以大大地减少工作量，快速准确地绘制所需图形。

9.4.3 绘制各图形符号

停电来电自动告知系统中主要包括插座、开关、扬声器、电源、整流桥等元件。

操作步骤如下：

1. 绘制插座

（1）单击"默认"选项卡"绘图"面板中的"圆弧"按钮，绘制一条起点为(100,100)、端点为(60,100)、半径为 20 的圆弧，如图 9-81 所示。

（2）单击"默认"选项卡"绘图"面板中的"直线"按钮，在"对象捕捉"绘图方式下，捕捉圆弧的起点和终点，绘制一条水平直线，如图 9-82 所示。

（3）单击"默认"选项卡"绘图"面板中的"直线"按钮，在"对象捕捉"和"正交"绘图方式下，捕捉圆弧的起点为起点，向下绘制长度为 10 的竖直直线 1；捕捉圆弧的终点为起点，向下绘制长度为 10 的竖直直线 2，如图 9-83 所示。

图 9-81　绘制圆弧

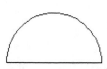

图 9-82　绘制直线

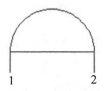

图 9-83　绘制竖直直线

（4）单击"默认"选项卡"修改"面板中的"移动"按钮，将直线 1 向右平移 10，将直线 2 向左平移 10，结果如图 9-84 所示。

（5）单击"默认"选项卡"修改"面板中的"拉长"按钮，将直线 1 和直线 2 均向上拉长 40，如图 9-85 所示。

（6）单击"默认"选项卡"修改"面板中的"修剪"按钮，以水平直线和圆弧为修剪边，对竖直直线进行修剪，结果如图 9-86 所示。

图 9-84　平移直线

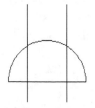

图 9-85　拉长直线

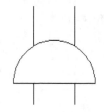

图 9-86　修剪图形

2. 绘制开关

（1）单击"默认"选项卡"绘图"面板中的"直线"按钮，绘制一条长为 20 的竖直直线。

（2）单击"默认"选项卡"修改"面板中的"旋转"按钮，选择"复制"模式，将第（1）步绘制的竖直直线绕下端点顺时针旋转 60°；重复"旋转"命令，选择"复制"模式，将第（1）步绘制的竖直直线绕上端点逆时针旋转 60°，结果如图 9-87 所示。

（3）单击"默认"选项卡"绘图"面板中的"圆"按钮，以如图 9-87 所示的三角形的顶点为圆心，绘制半径为 2 的圆，如图 9-88 所示。

（4）单击"默认"选项卡"修改"面板中的"删除"按钮，删除三角形的 3 条边，如图 9-89 所示。

图 9-87　绘制等边三角形　　　　图 9-88　绘制圆　　　　　　图 9-89　删除直线

（5）单击"默认"选项卡"绘图"面板中的"直线"按钮，以如图9-90（a）所示的象限点为起点，图9-90（b）所示的切点为终点，绘制直线，结果如图9-90（c）所示。

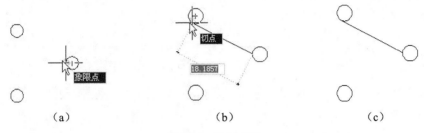

（a）　　　　　　　　　　（b）　　　　　　　　　　（c）

图 9-90　绘制直线

（6）单击"默认"选项卡"修改"面板中的"拉长"按钮，将图9-90（c）中所绘制的直线拉长4，如图9-91所示。

（7）单击"默认"选项卡"绘图"面板中的"直线"按钮，分别以3个圆的圆心为起点，绘制长度为5的直线，如图9-92所示。

（8）单击"默认"选项卡"修改"面板中的"修剪"按钮，以圆为修剪边，修剪掉圆内的线头，如图9-93所示，完成开关符号的绘制。

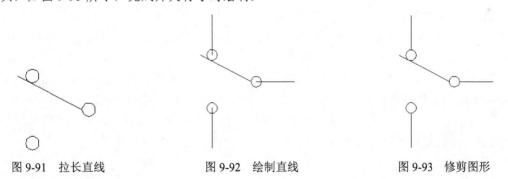

图 9-91　拉长直线　　　　　图 9-92　绘制直线　　　　　图 9-93　修剪图形

3. 绘制扬声器

（1）单击"默认"选项卡"绘图"面板中的"矩形"按钮，绘制一个长为 18、宽为 45 的矩形，结果如图9-94所示。

（2）单击"默认"选项卡"绘图"面板中的"直线"按钮，关闭"正交"功能；选择菜单栏中的"工具/绘图设置"命令，在弹出的"草图设置"对话框的"极轴追踪"选项卡中设置极轴增量角为45°，如图9-95所示，然后绘制一定长度的倾斜直线，如图9-96所示。

（3）单击"默认"选项卡"修改"面板中的"镜像"按钮，将如图9-96所示的斜线以矩形左、右两侧边的中点为镜像轴，对称镜像到下边，如图9-97所示。

Note

图 9-94　绘制矩形

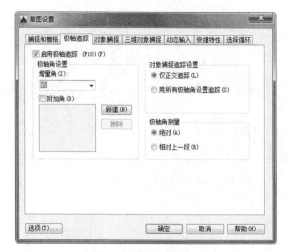

图 9-95　"草图设置"对话框

（4）单击"默认"选项卡"绘图"面板中的"直线"按钮，连接两斜线的端点，如图 9-98 所示，完成扬声器的绘制。

图 9-96　绘制倾斜直线　　　　图 9-97　镜像图形　　　　图 9-98　扬声器符号

4．绘制电源符号

（1）单击"默认"选项卡"绘图"面板中的"直线"按钮，绘制长度为 20 的直线 1，如图 9-99（a）所示。

（2）单击"默认"选项卡"修改"面板中的"偏移"按钮，将直线 1 依次向下偏移，偏移后相邻直线间的距离均为 10，得到直线 2、直线 3 和直线 4，如图 9-99（b）所示。

（3）单击"默认"选项卡"修改"面板中的"拉长"按钮，分别向左、右两侧拉长直线 1 和直线 3，拉长长度均为 15，如图 9-99（c）所示，完成电源符号的绘制。

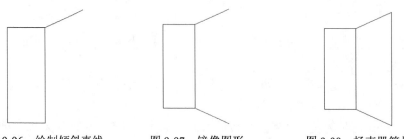

（a）　　　　　　　　　（b）　　　　　　　　　（c）

图 9-99　绘制电源符号

5．绘制整流桥

（1）单击"默认"选项卡"绘图"面板中的"矩形"按钮，绘制一个长为 50、宽为 50

的矩形，并将其移动到合适的位置，如图 9-100 所示。

（2）单击"默认"选项卡"修改"面板中的"旋转"按钮○，将矩形以 P 点为基点逆时针旋转 45°，旋转后的效果如图 9-101 所示。

（3）单击"默认"选项卡"修改"面板中的"复制"按钮％，打开随书光盘中的"源文件\第 9 章\二极管"图形，将"二极管"图形复制到当前绘图区，如图 9-102（a）所示。

（4）单击"默认"选项卡"修改"面板中的"旋转"按钮○，将如图 9-102（a）所示的二极管符号以 O 点为基点旋转-45°，旋转后的效果如图 9-102（b）所示。

图 9-100　绘制矩形

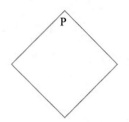
图 9-101　旋转矩形

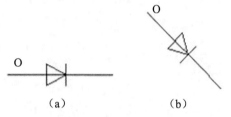
图 9-102　旋转二极管

（5）单击"默认"选项卡"修改"面板中的"移动"按钮✛，以图 9-102（b）中的 O 点为移动基准点，以图 9-101 所示 P 点为移动目标点移动二极管，移动后的效果如图 9-103 所示；采用同样的方法移动另一个二极管（绕点旋转45°）到 P 点，如图 9-104 所示。

（6）单击"默认"选项卡"修改"面板中的"镜像"按钮▲，镜像上面移动的二极管，选择镜像轴为矩形的左右两个端点的连线，结果如图 9-105 所示，完成整流桥的绘制。

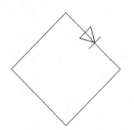
图 9-103　插入第一个二极管

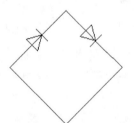
图 9-104　插入第二个二极管

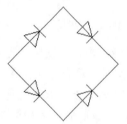
图 9-105　镜像图形

6. 绘制光电耦合器

（1）单击"默认"选项卡"块"面板中的"插入块"按钮🗗，弹出"插入"对话框，如图 9-106 所示；单击"浏览"按钮，弹出"选择图形文件"对话框，选择随书光盘中的"源文件\第 9 章\箭头"图块作为插入对象，输入比例为 0.15，单击"确定"按钮，插入结果如图 9-107 所示。

（2）单击"默认"选项卡"绘图"面板中的"直线"按钮╱，在"对象捕捉"绘图方式下，捕捉图 9-107 中箭头竖直线的中点，以其为起点，水平向左绘制长为 4 的直线，如图 9-108 所示。

（3）单击"默认"选项卡"修改"面板中的"旋转"按钮○，将图 9-108 中绘制的箭头绕顶点旋转-40°，结果如图 9-109 所示。

（4）单击"默认"选项卡"修改"面板中的"复制"按钮％，将图 9-109 中绘制的箭头向下复制，复制距离为 3，如图 9-110 所示。

图 9-106　"插入"对话框　　　　图 9-107　插入箭头符号　图 9-108　绘制直线

（5）重复"复制"命令，复制图 9-102（a）所示的二极管符号，并将其旋转到如图 9-111 所示的方向。

（6）单击"默认"选项卡"修改"面板中的"移动"按钮✥，移动图 9-110 所示的箭头到合适的位置，得到发光二极管符号，如图 9-112 所示。

图 9-109　旋转图形　　　图 9-110　复制图形　　　图 9-111　复制二极管　　　图 9-112　移动图形

（7）单击"默认"选项卡"修改"面板中的"复制"按钮❀，打开随书光盘中的"源文件\第 9 章\光电耦合器"图形，将"光电耦合器"图形复制到当前绘图区，如图 9-113（a）所示。

（8）单击"默认"选项卡"修改"面板中的"删除"按钮✐，将图 9-113（a）中的水平线删除，删除后的效果如图 9-113（b）所示，得到光敏符号。

（9）单击"默认"选项卡"修改"面板中的"移动"按钮✥，将图 9-112 所示的发光二极管符号和 9-113（b）所示的光敏符号平移到长为 45、宽为 23 的矩形中，如图 9-114 所示，完成 IC1 光电耦合器的绘制。

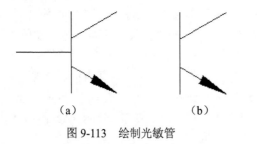

（a）　　　　　　　（b）

图 9-113　绘制光敏管　　　　　　　图 9-114　IC1 光电耦合器

7.　绘制 PNP 型晶体管

（1）单击"默认"选项卡"修改"面板中的"复制"按钮❀，打开随书光盘中的"源文件\

第9章\晶体管"图形，将"晶体管"图形复制到当前绘图区。

（2）单击"默认"选项卡"修改"面板中的"删除"按钮 ✎，将图中箭头删除，删除后的效果如图9-115所示。

（3）单击"默认"选项卡"块"面板中的"插入块"按钮 🔂，弹出"插入"对话框，如图9-116所示；单击"浏览"按钮，弹出"选择图形文件"对话框，选择随书光盘中的"源文件\第9章\箭头"图块作为插入对象，设置比例为0.15，单击"确定"按钮，回到绘图屏幕；捕捉直线的端点为插入点，如图9-117所示；在"指定旋转角度"文本框中输入旋转角度"-150"，插入箭头后的结果如图9-118所示。

图9-115　删除箭头　　　　　　　图9-116　"插入"对话框　　　　　　图9-117　捕捉端点

（4）单击"默认"选项卡"修改"面板中的"移动"按钮 ✛，将图9-118中的图形以箭头顶点为平移基准点，以图9-119（a）所示的端点为平移目标点进行移动，平移后的效果如图9-119（b）所示，完成PNP二极管的绘制。

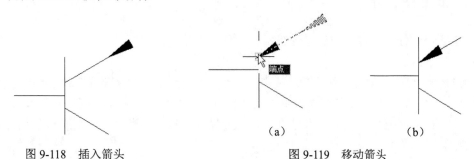

（a）　　　　　　　　（b）

图9-118　插入箭头　　　　　　　　　　　图9-119　移动箭头

8. 绘制其他图形符号

二极管、电阻、电容符号在以前绘制过，在此不再赘述，单击"默认"选项卡"修改"面板中的"复制"按钮 🗐，把二极管、电阻、电容符号复制到当前绘图窗口，如图9-120所示。

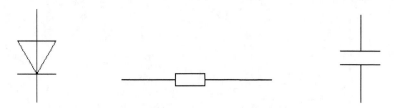

图9-120　复制二极管、电阻、电容符号

9.4.4　将图形符号插入结构图

在线路的主要位置放置对应的元件，同时根据需求进行相应的修剪，最终完善电路。

操作步骤如下：

（1）单击"默认"选项卡"修改"面板中的"移动"按钮✛，将绘制好的各图形符号插入到线路结构图中对应的位置。

（2）单击"默认"选项卡"修改"面板中的"修剪"按钮 ⼄和"删除"按钮 ，删除掉多余的图形。

（3）在插入图形符号时，根据需要可以单击"默认"选项卡"修改"面板中的"缩放"按钮 ，调整图形符号的大小，以保持整个图形的美观整齐，完成后的结果如图 9-121 所示。

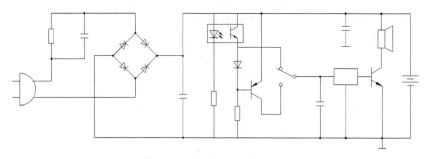

图 9-121　将图形符号插入线路结构图

9.4.5　添加注释文字

本实例主要对元件的名称一一进行注释，以方便读者快速读懂图纸。

操作步骤如下：

（1）创建文字样式。单击"默认"选项卡"注释"面板中的"文字样式"按钮 ，弹出"文字样式"对话框，创建一个名为"来电停电自动告知线路图"的文字样式，用来标注文字；设置"字体名"为"仿宋_GB2312"、"字体样式"为"常规"、"高度"为 10、"宽度因子"为 0.7，如图 9-122 所示。

图 9-122　"文字样式"对话框

（2）添加注释文字。单击"默认"选项卡"注释"面板中的"多行文字"按钮 **A**，一次输入几行文字，然后调整其位置，以对齐文字。在调整位置时，可以结合"正交"功能。至此，停电来电自动告知线路图绘制完毕，效果如图 9-78 所示。

9.5　实战演练

通过前面的学习，读者对本章知识也有了大体的了解，本节通过两个操作练习使读者进一步掌握本章知识要点。

【实战演练 1】绘制如图 9-123 所示的直流数字电压表线路图。

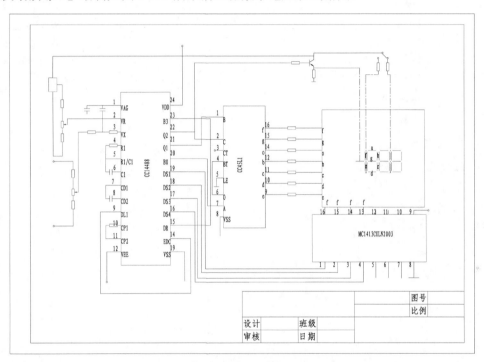

图 9-123　直流数字电压表线路图

操作提示：

（1）设置 3 个新图层。

（2）绘制线路结构图。

（3）绘制实体符号。

（4）将绘制的实体符号插入到图形中。

（5）添加注释文字。

（6）插入图框。

【实战演练 2】绘制如图 9-124 所示的键盘显示器接口电路。

操作提示：

（1）设置新图层。

Note

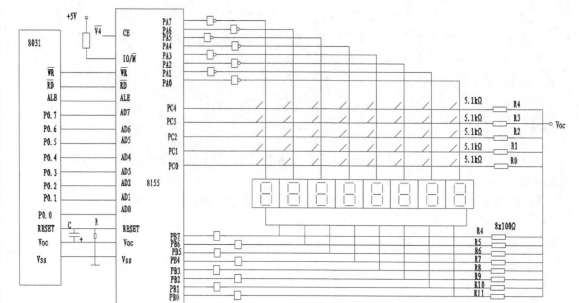

图 9-124 键盘显示器接口电路

（2）绘制连接线。
（3）绘制各个元器件。
（4）连接各个元器件。
（5）添加注释文字。

第 **10** 章

电力电气设计

本章学习要点和目标任务：

☑ 电力电气工程图简介

☑ 绘制变电所主接线图

☑ 绘制电力消耗工程图

☑ 绘制 110kV 变电所二次接线图

☑ 绘制电缆线路工程图

☑ 绘制线路钢筋混凝土杆装配图

电能的生产、传输和使用是同时进行的。从发电厂出来的电力，需要经过升压后才能够输送给远方的用户。输电电压一般很高，用户一般不能直接使用，高压电要经过变电所变压才能分配给电能用户使用。由此可见，变电所和输电线路是电力系统重要的组成部分，所以本章将对变电工程图、输电工程图进行介绍，并结合具体实例来介绍其绘制方法。

10.1 电力电气工程图简介

电能的生产、传输和使用是同时进行的。发电厂生产的电能，有一小部分供给本厂和附近的用户使用，其余绝大部分都要经过升压变电站将电压升高，由高压输电线路送至距离很远的负荷中心，再经过降压变电站将电压降低到用户所需要的电压等级，分配给电能用户使用。由此可知，电能从生产到应用，一般需要 5 个环节来完成，即发电→输电→变电→配电→用电，其中，配电又根据电压等级不同分为高压配电和低压配电。

由各种电压等级的电力线路，将各种类型的发电厂、变电站和电力用户联系起来，形成一个集合了发电、输电、变电、配电和用电的整体，称为电力系统。电力系统由发电厂、变电所、线路和用户组成。变电所和输电线路是联系发电厂和用户的中间环节，起着变换和分配电能的作用。

1. 变电工程及变电工程图

为了更好地了解变电工程图，下面先对变电工程的重要组成部分——变电所做简要介绍。电力系统中的变电所，通常按其在系统中的地位和供电范围，分成以下几类。

（1）枢纽变电所。枢纽变电所是电力系统的枢纽点，用于连接电力系统高压和中压的几个部分，汇集多个电源，电压为330～500kV。全所停电后，将引起系统解列，甚至出现瘫痪。

（2）中间变电所。高压侧起交换系统功率的作用，或使长距离输电线路分段，一般汇集2～3 个电源，电压为 220～330kV，同时又降压供给当地用电。这样的变电所主要起中间环节的作用，所以叫做中间变电所。全所停电后，将引起区域网络解列。

（3）地区变电所。高压侧电压一般为110～220kV，是以对地区用户供电为主的变电所。全所停电后，仅使该地区中断供电。

（4）终端变电所。经降压后直接向用户供电的变电所即为终端变电所，在输电线路的终端，接近负荷点，高压侧电压多为110kV。全所停电后，只有用户受到损失。

为了能够准确、清晰地表达电力变电工程的各种设计意图，就必须采用变电工程图。简单来说，变电工程图也就是对变电站、输电线路各种接线形式和具体情况的描述，其意义在于采用统一直观的标准来表达变电工程的各方面。变电工程图的种类很多，包括主接线图、二次接线图、变电所平面布置图、变电所断面图、高压开关柜原理图及布置图等，每种情况各不相同。

2. 输电工程及输电工程图

输送电能的线路通称为电力线路。电力线路有输电线路和配电线路之分，由发电厂向电力负荷中心输送电能的线路以及电力系统之间的联络线路称为输电线路，由电力负荷中心向各个电力用户分配电能的线路称为配电线路。

输电线路按结构特点分为架空线路和电缆线路。架空线路由于具有结构简单、施工简便、建设费用低、施工周期短、检修维护方便、技术要求较低等优点，得到了广泛的应用。电缆线路受外界环境因素的影响小，但需用特殊加工的电力电缆，费用高，施工及运行检修的技术要求高。

目前我国电力系统广泛采用的是架空输电线路，架空输电线路一般由导线、避雷线、绝缘端子、金具、杆塔、杆塔基础、接地装置和拉线这几部分组成。下面分别介绍主接线图、二次接线图、绝缘端子装配图和线路钢筋混凝土杆装配图的绘制方法。

10.2　绘制变电所主接线图

绘制变电所的电气原理图，一是绘制简单的系统图，表明变电所工作的大致原理；二是绘制更详细的阐述电气原理的接线图。本实例介绍绘制电气主接线图的方法，主接线图如图 10-1 所示。

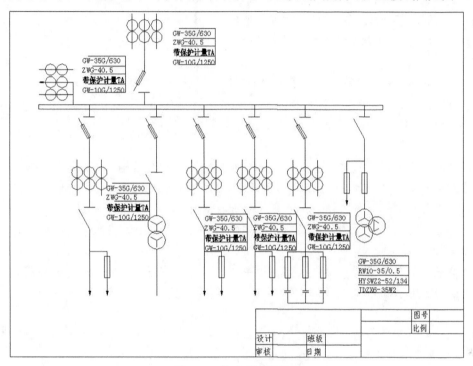

图 10-1　变电所主接线图

📹：光盘\配套视频\第 10 章\绘制变电所主接线图.avi

10.2.1　配置绘图环境

在绘制电路图之前，需要进行基本的操作，包括文件的创建、保存、栅格的显示、图形界限的设定及图层的管理等。

操作步骤如下：

建立新文件。打开 AutoCAD 2016 应用程序，选择随书光盘中的"源文件\样板图\A3 样板图.dwt"样板文件为模板建立新文件，将其命名为"系统图.dwg"并保存。

10.2.2　绘制图形符号

本图涉及的图形符号很多，图形符号的绘制是本图最主要的内容，下面分别给予说明。读者掌握了绘制方法后，可以把这些图形符号保存为图块，方便以后用到这些相同的符号时加以调用，提高工作效率。

操作步骤如下：

1. 绘制开关

（1）单击"默认"选项卡"绘图"面板中的"直线"按钮，在"正交"绘图方式下，以坐标{(100,100),(@0,-50)}绘制一条竖线。

（2）选择菜单栏中的"工具/绘图设置"命令，在弹出的"草图设置"对话框的"极轴追踪"选项卡中，选中"启用极轴追踪"复选框，设置"增量角"为 30，如图 10-2 所示。

（3）绘制折线。单击"默认"选项卡"绘图"面板中的"直线"按钮，命令行提示和操作如下：

① 在命令行提示"指定第一点:"后输入"100,70"。

图 10-2 "草图设置"对话框

② 在命令行提示"指定下一点或 [放弃(U)]:<极轴 开>"后输入"20"，按 Enter 键。

③ 在命令行提示"指定下一点或 [放弃(U)]:"后捕捉竖线上的垂足。绘制的折线如图 10-3 所示。

（4）单击"默认"选项卡"修改"面板中的"移动"按钮，将水平直线向右移动 5，结果如图 10-4 所示。

（5）单击"默认"选项卡"修改"面板中的"修剪"按钮，对图形进行修剪，绘制完成的开关如图 10-5 所示。

2. 绘制熔断器

（1）将上述开关符号进行复制。单击"默认"选项卡"修改"面板中的"偏移"按钮，将斜线分别向两侧偏移 1.5，结果如图 10-6 所示。

图 10-3 绘制折线　　　图 10-4 平移线段　　　图 10-5 开关　　　图 10-6 偏移斜线

（2）单击"默认"选项卡"绘图"面板中的"直线"按钮，以偏移斜线上的一点为起点，在"对象捕捉"绘图方式下，捕捉另一偏移斜线上的垂足为终点，绘制斜线的垂线；重复"直线"命令，以偏移斜线下端点为起点，捕捉另一偏移斜线上的下端点为终点绘制直线，结果如图 10-7 所示。

（3）单击"默认"选项卡"修改"面板中的"修剪"按钮，对图形进行修剪，绘制完成的熔断器如图 10-8 所示。

3. 绘制断路器符号

（1）复制开关符号，单击"默认"选项卡"修改"面板中的"旋转"按钮，以图 10-5 中水平直线与竖直直线交点为基点旋转 45°，如图 10-9 所示。

（2）单击"默认"选项卡"修改"面板中的"镜像"按钮▲，将旋转后的直线以竖直直线为镜像线进行镜像处理，绘制完成的断路器如图 10-10 所示。

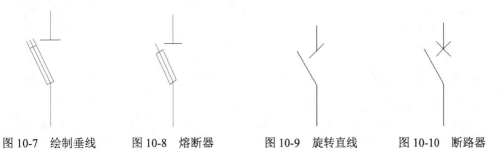

图 10-7　绘制垂线　　　图 10-8　熔断器　　　图 10-9　旋转直线　　　图 10-10　断路器

4. 绘制站用变压器

变压器是变电站中的重要器件，对此需要特别注意，在绘制站用变压器之前，先绘制变压器的符号。

（1）单击"默认"选项卡"绘图"面板中的"圆"按钮⊙，绘制半径为 10 的圆。

（2）单击"默认"选项卡"修改"面板中的"复制"按钮℗，将第（1）步绘制的圆复制到(@0,-18)，结果如图 10-11 所示。

（3）单击"默认"选项卡"绘图"面板中的"直线"按钮╱，以上方圆的圆心为起点，坐标点(@0,-8)为终点绘制直线。

（4）单击"默认"选项卡"修改"面板中的"环形阵列"按钮♺，将第（3）步绘制的直线环形阵列，设置阵列中心点坐标为上方圆的圆心，阵列数目为 3，绘制的 Y 图形如图 10-12 所示。

（5）单击"默认"选项卡"修改"面板中的"复制"按钮℗，在"正交"绘图方式下，将图 10-12 中的 Y 图形向下方复制(@0,-18)，结果如图 10-13 所示，完成站用变压器的绘制。

（6）单击"默认"选项卡"绘图"面板中的"创建块"按钮▣，将图 10-13 所示的图形定义为块。

图 10-11　绘制圆　　　图 10-12　绘制 Y 图形　　　图 10-13　站用变压器

5. 绘制电压互感器

（1）单击"默认"选项卡"绘图"面板中的"圆"按钮⊙，在绘图区中绘制一个圆；单击"默认"选项卡"绘图"面板中的"多边形"按钮⬡，在所绘的圆中绘制一个正三角形。

（2）单击"默认"选项卡"绘图"面板中的"直线"按钮╱，在"正交"绘图方式下绘制一条竖直直线，如图 10-14 所示。

（3）单击"默认"选项卡"修改"面板中的"修剪"按钮╱，修剪图形；单击"默认"选项卡"修改"面板中的"删除"按钮✐，删除多余的直线，如图 10-15 所示。

（4）单击"默认"选项卡"块"面板中的"插入"按钮▣，选中"站用变压器"图块，在"对象捕捉"和"对象追踪"绘图方式下，将图 10-13 与图 10-15 结合起来，得到如图 10-16 所示的电压互感器。

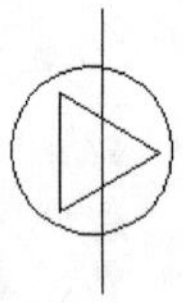

图 10-14　绘制基本图形 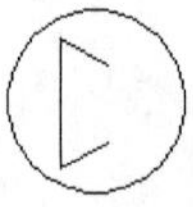　　　　图 10-15　修剪图形 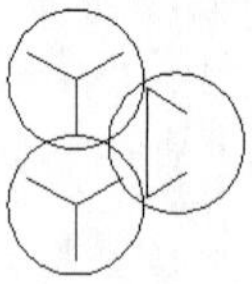　　　　图 10-16　电压互感器

6. 绘制电流互感器和无极性电容器

（1）单击"默认"选项卡"绘图"面板中的"圆"按钮⊙，绘制一个圆，如图 10-17 所示；单击"默认"选项卡"绘图"面板中的"直线"按钮✐，在"极轴追踪"、"对象捕捉"和"正交"绘图方式下，绘制一条过圆心的直线，如图 10-18 所示，完成电流互感器的绘制。

（2）绘制如图 10-19 所示的无极性电容器，方法与前面绘制极性电容器的方法类似，这里不再重复说明。

图 10-17　绘制圆 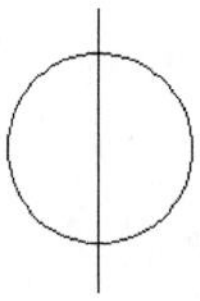　　　　图 10-18　电流互感器 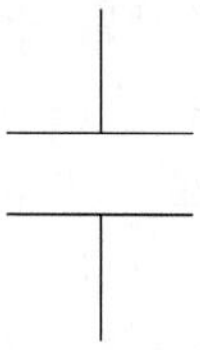　　　　图 10-19　无极性电容器

将上面绘制的电气符号全部按照前面讲述的方法创建为图块。

10.2.3　绘制电气主接线图

电气主接线图是指将电气主接线中的设备用标准的图形符号和文字表示的电路图。主接线图的选择是否正确，对电气设备的选择、配电装置的布置、运行可靠性和经济性等都有重大的影响。

操作步骤如下：

1. 绘制主线

（1）建立新文件。配置绘图环境后，选择随书光盘中的"源文件\样板图\A3-3 样板图.dwt"样板文件为模板，建立新文件，并命名为"电气主接线图.dwg"。

（2）绘制母线。单击"默认"选项卡"绘图"面板中的"直线"按钮✐，绘制一条长为 300 的直线；单击"默认"选项卡"修改"面板中的"复制"按钮%，在"正交"绘图方式下将刚绘制的直线向下平移 1.5；单击"默认"选项卡"绘图"面板中的"直线"按钮✐，将直线的两头连接，并将线宽设为 0.3，如图 10-20 所示。

图 10-20　绘制母线

2. 绘制主变压器

（1）单击"默认"选项卡"绘图"面板中的"圆"按钮⊙，绘制一个半径为 5 的圆，如图 10-21 所示。

（2）单击"默认"选项卡"绘图"面板中的"直线"按钮✐，在"极轴追踪"、"对象捕捉"

和"正交"绘图方式下绘制一条直线，如图 10-22 所示。

（3）单击"默认"选项卡"修改"面板中的"复制"按钮，在"正交"绘图方式下，在已得到的圆的下方复制一个圆，如图 10-23 所示；重复"复制"命令，在"正交"绘图方式下，将图 10-23 中所有的图形向左复制，如图 10-24 所示。

图 10-21　绘制圆　　　　　图 10-22　绘制直线　　　　　图 10-23　复制圆

（4）单击"默认"选项卡"修改"面板中的"镜像"按钮，在"极轴追踪"和"对象捕捉"绘图方式下，以原图中的直线为镜像线，将左边的图镜像到右边，如图 10-25 所示。

（5）单击"默认"选项卡"块"面板中的"创建块"按钮，将图 10-25 所示的图形创建为块，将名称设置为"主变"。

3. 插入其余元件

（1）插入图形。单击"默认"选项卡"绘图"面板中的"插入块"按钮，弹出"插入"对话框，单击"浏览"按钮，弹出"选择图形文件"对话框，选择随书光盘"源文件\图块"文件夹中的"熔断器"、"主变"、"开关"、"电阻 1"和"箭头 1"图块作为插入对象放置在当前绘图区适当位置，结果如图 10-26 所示。调用已有的图块，能够大大节省绘图工作量，提高绘图效率。

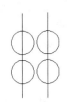
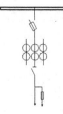

图 10-24　复制图形　　图 10-25　镜像图形　　　　　图 10-26　插入图形

（2）复制出相同的主变支路。单击"默认"选项卡"修改"面板中的"复制"按钮，将图 10-26 所示的支路图形进行复制，如图 10-27 所示。

（3）绘制母线上方的器件。单击"默认"选项卡"修改"面板中的"镜像"按钮，将最左边的支路中的主变和熔断器以母线的上侧直线为镜像线进行镜像，得到如图 10-28 所示的图形。

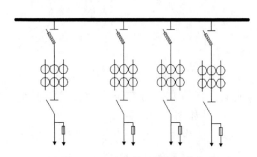
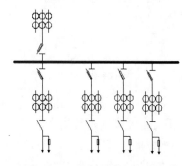

图 10-27　复制相同的主变支路　　　　　图 10-28　绘制母线上方的器件

（4）移动图形。单击"默认"选项卡"修改"面板中的"移动"按钮✛，将图 10-28 所示的图形在直线上面的部分向右平移 25，如图 10-29 所示。

（5）插入"主变"图块。单击"默认"选项卡"块"面板中的"插入块"按钮，弹出"插入"对话框，单击"浏览"按钮，弹出"选择图形文件"对话框，选择随书光盘中的"源文件\图块\主变"图块作为插入对象在当前绘图区插入，用鼠标左键点取图块放置点并改变方向，绘制一个矩形并将其放到直线适当位置，效果如图 10-30 所示。

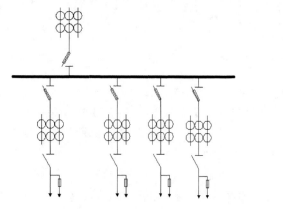

图 10-29　移动图形

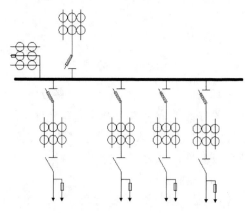

图 10-30　插入"主变"图块

（6）单击"默认"选项卡"修改"面板中的"删除"按钮，将母线下方最右端复制所得到的图形的箭头去掉；单击"默认"选项卡"块"面板中的"插入块"按钮，在电阻下方插入无极性电容符号，然后单击"默认"选项卡"修改"面板中的"分解"按钮，将电阻进行分解，结果如图 10-31 所示。

（7）单击"默认"选项卡"修改"面板中的"复制"按钮，在"正交"绘图方式下，将右下方的电阻和电容符号向左复制一份，如图 10-32 所示。

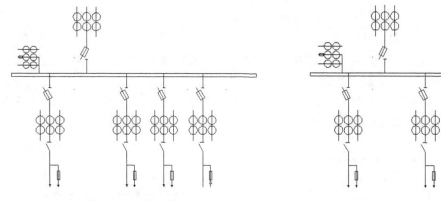

图 10-31　添加电容　　　　　　　　　　　图 10-32　复制电阻和电容符号

（8）单击"默认"选项卡"修改"面板中的"镜像"按钮，将右下方的图形以其相邻的竖直直线为镜像线进行镜像，并将下侧端点进行连接，结果如图 10-33 所示。

（9）单击"默认"选项卡"块"面板中的"插入块"按钮，在当前绘图区插入 10.2.2 节中创建的"站用变压器""熔断器"图块，并将其移动到图中，如图 10-34 所示。

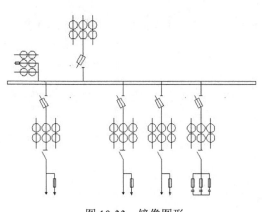

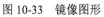

图 10-33　镜像图形

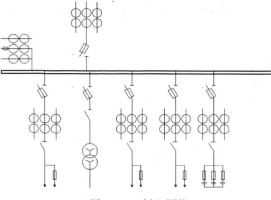

图 10-34　插入图块 1

（10）单击"默认"选项卡"块"面板中的"插入块"按钮，在当前绘图区插入创建的"电压互感器"、"电阻"和"开关"图块，并将其移动到图中，如图 10-35 所示。

4. 绘制支路

单击"默认"选项卡"绘图"面板中的"直线"按钮，在"正交"绘图方式下，在电压互感器所在支路上绘制一条折线；单击"默认"选项卡"绘图"面板中的"矩形"按钮，绘制一个矩形并将其放到直线上；单击"默认"选项卡"绘图"面板中的"多段线"按钮，在矩形下方绘制一个箭头，结果如图 10-36 所示。

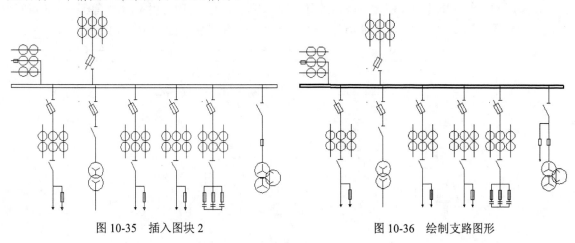

图 10-35　插入图块 2　　　　　　　　　　图 10-36　绘制支路图形

> **提示：**
> 注释文字是对于器件的选用和型号的描述，对于线路的阅读及维护有重要的作用。下面就来对所画的主接线图部分进行必要的文字注释。

5. 添加注释

（1）标注文字。单击"默认"选项卡"注释"面板中的"多行文字"按钮 A，在需要注释的地方画出一个区域，在弹出的多行文字编辑器中标注需要的信息。

（2）绘制文字框线。单击"默认"选项卡"绘图"面板中的"直线"按钮，绘制一条水平线；再单击"默认"选项卡"修改"面板中的"复制"按钮，将绘制的水平线连续向上偏移

3 次；重复"直线"命令，绘制竖直直线，完成文字框线的绘制。完成后的线路图如图 10-37 和图 10-38 所示。

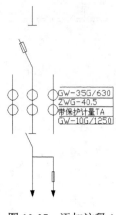

图 10-37　添加注释 1

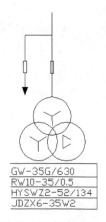

图 10-38　添加注释 2

10.3　绘制电力消耗工程图

在民用和工业用电中有多种电力消耗系统，照明用电、工厂用电、生活用电等无一不用到电力。本节介绍工厂照明平面图的绘制方法，以便读者学习和借鉴，如图 10-39 所示。

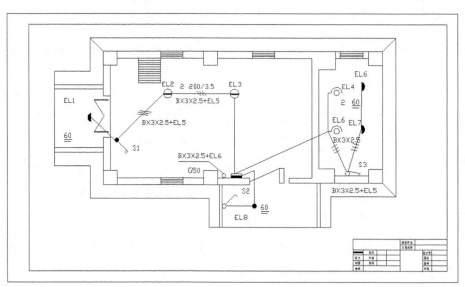

图 10-39　工厂照明平面图

📹：光盘\配套视频\第 10 章\绘制工厂照明平面图.avi

10.3.1　绘制各电气设备符号

在绘制电路图之前，需要进行基本的操作，包括文件的创建、保存、栅格的显示、图形界限

Note

的设定及图层的管理等，根据不同的需要，选择必备的操作，本节主要讲述文件的创建、保存与图层的设置。

操作步骤如下：

1. 绘制单级开关

（1）单击"默认"选项卡"绘图"面板中的"圆"按钮⊙，选择圆心和半径绘制圆，如图 10-40 所示。

（2）单击"默认"选项卡"绘图"面板中的"图案填充"按钮▦，弹出"图案填充创建"选项卡，用 SOLID 图案填充所绘制的圆，如图 10-41 所示。

（3）单击"默认"选项卡"绘图"面板中的"直线"按钮╱，在"对象捕捉"绘图方式下设置极轴捕捉方式，角度为 45°，捕捉圆的上象限点，绘制一条直线，然后绘制一条与之垂直的直线，如图 10-42 所示，完成单极开关符号的绘制。

2. 绘制双极开关

单击"默认"选项卡"修改"面板中的"复制"按钮％，复制单级开关符号；重复"复制"命令，复制表示单极开关符号的短线到适当的位置，如图 10-43 所示，完成双极开关的绘制。

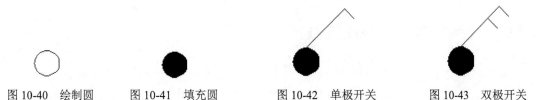

图 10-40　绘制圆　　　图 10-41　填充圆　　　图 10-42　单极开关　　　图 10-43　双极开关

3. 绘制明装插座

（1）单击"默认"选项卡"绘图"面板中的"圆"按钮⊙，在适当的位置绘制一个圆。

（2）单击"默认"选项卡"绘图"面板中的"直线"按钮╱，在"对象捕捉"和"正交模式"绘图方式下，绘制出圆的一条水平直径线。

（3）单击"默认"选项卡"修改"面板中的"复制"按钮％，将绘制的直线向上复制一小段距离，并在"对象捕捉"绘图方式下，复制一条与圆相切的直线，如图 10-44 所示。

（4）单击"默认"选项卡"绘图"面板中的"直线"按钮╱，在"对象捕捉"和"正交"绘图方式下，在切点处绘制竖直向上的直线，如图 10-45 所示。

（5）单击"默认"选项卡"修改"面板中的"修剪"按钮╱，修剪图形，如图 10-46 所示，完成明装插座的绘制。

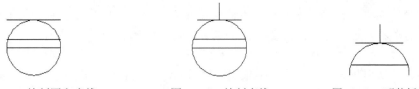

图 10-44　绘制圆和直线　　　　图 10-45　绘制直线　　　　图 10-46　明装插座

4. 绘制暗装插座

（1）单击"默认"选项卡"修改"面板中的"复制"按钮％，复制图 10-46 所示的明装插座。

（2）单击"默认"选项卡"绘图"面板中的"图案填充"按钮☒，弹出"图案填充创建"选项卡，用 SOLID 图案填充图形，如图 10-47 所示，完成暗装插座的绘制。

5. 绘制动力照明配电箱

（1）单击"默认"选项卡"绘图"面板中的"矩形"按钮□，绘制一个长为 50、宽为 20 的矩形。

（2）单击"默认"选项卡"绘图"面板中的"直线"按钮☑，在"对象捕捉"绘图方式下，捕捉矩形左、右两侧边的中点绘制直线，如图 10-48 所示。

（3）单击"默认"选项卡"绘图"面板中的"图案填充"按钮☒，弹出"图案填充创建"选项卡，用 SOLID 图案填充图形，如图 10-49 所示，完成动力照明配电箱的绘制。

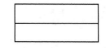

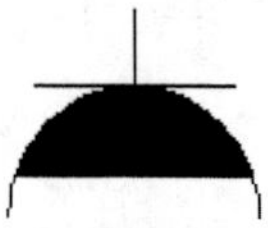

图 10-47　暗装插座　　　　图 10-48　绘制矩形和直线　　　　图 10-49　动力照明配电箱

（4）在命令行中输入"WBLOCK"命令，将上述所有图形进行保存。

10.3.2　绘制厂房照明电路接线图

下面绘制某小型厂房照明电路接线图，以便读者了解照明电路接线图的基本知识。

一般的电气图都是在绘制好的建筑图中绘制的，或在建筑图模板中加以修改得到，但是很多时候如果没有建筑图，则需要设计单位自行测绘建筑平面图，并在此基础上绘制出所要的电气平面图。本实例将在已绘制好的建筑平面图中绘制厂房的电路接线图。

操作步骤如下：

1. 绘制照明平面图

（1）建立新文件。打开 AutoCAD 2016 应用程序，选择随书光盘中的"源文件\样板图\10.3 样板图.dwt"样板文件为模板建立新文件，将其命名为"厂房照明电路接线图.dwg"并保存。

（2）插入建筑平面。单击"默认"选项卡"块"面板中的"插入块"按钮☒，弹出"插入"对话框；单击"浏览"按钮，弹出"选择图形文件"对话框，选择随书光盘中的"源文件\图块\建筑平面"图块作为插入对象并将其插入，如图 10-50 所示。

💡 提示：

前面已经绘制出了在此图中所需的各种电气设备符号，现在将这些符号插入到建筑平面图中，有些符号插入后角度无须改变，并且有多个地方需要插入。

（3）单击"默认"选项卡"块"面板中的"插入块"按钮☒，弹出"插入"对话框，单击"浏览"按钮，弹出"选择图形文件"对话框，选择随书光盘中的"源文件\图块\安全灯"图块作为插入对象插入到平面图适当位置，如图 10-51 所示。

（4）单击"默认"选项卡"块"面板中的"插入块"按钮☒，弹出"插入"对话框，单击"浏览"按钮，弹出"选择图形文件"对话框，选择随书光盘中的"源文件\图块\天棚灯"图块作为插入对象插入，放置天棚灯后如图 10-52 所示。在插入图块时，可以单击"默认"选项卡"修改"面板中的"移动"按钮✛和"镜像"按钮⚐来提高放置元件的效率。

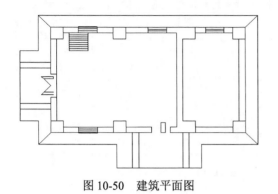

图 10-50 建筑平面图

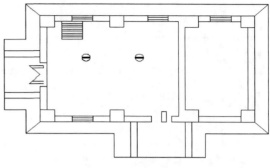

图 10-51 插入安全灯

（5）继续插入其他元件，电气元件全部放置完后的平面图如图 10-53 所示。

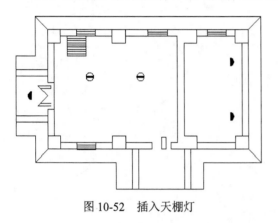

图 10-52 插入天棚灯

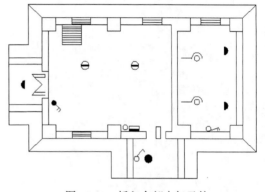

图 10-53 插入全部电气元件

（6）单击"默认"选项卡"绘图"面板中的"多段线"按钮⟲，绘制连接导线，将线宽设为 0.5。

（7）在连线时，为减少重复工作及失误，应先画干线，当所有的干线都画完后，再开始画支线；在所有的线都画完后，单击"默认"选项卡"修改"面板中的"打断"按钮⬚将导线的交叉部分打断。

（8）连线后对一段导线内有 3 条及 3 条以上导线的情况，需要标注导线的根数，有两种标注方法，如图 10-54 所示。

（9）连接导线后的照明平面如图 10-55 所示。

2. 添加说明

（1）单击"默认"选项卡"注释"面板中的"文字样式"按钮🅐，弹出"文字样式"对话框；单击"新建"按钮，弹出"新建文字样式"对话框，单击"确定"按钮返回"文字样式"对话框。参数设置如图 10-56 所示。

图 10-54 标注导线

（2）单击"默认"选项卡"注释"面板中的"多行文字"按钮🅐，标注结果如图 10-57 所示。

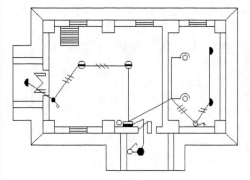

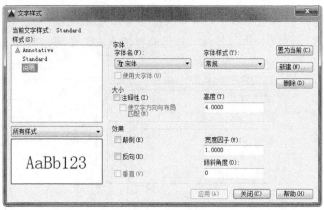

图 10-55　连接导线的照明平面　　　　　　　　图 10-56　文字样式设置

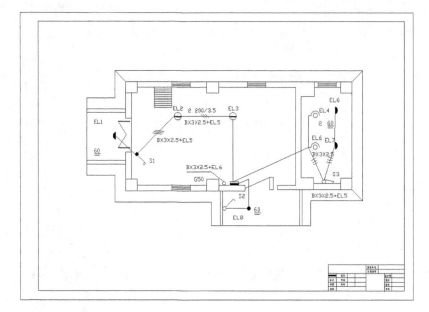

图 10-57　图形注释

提示：

对图 10-57 作如下说明：

2 200/3.5 —— 功率 200W，距地面高度 3.5m，灯数 2 盏；

EL1，EL3 —— 200W/220V 安全灯 2 盏，距地面 3.5m；

EL4，EL5 —— 100W/220V 弯灯 2 盏，距地面 3m；

EL6，EL7 —— 60W/220V 天棚灯 2 盏；

EL8 —— 60W/220V 球型灯 1 盏；

B×3×2.5 —— 铜芯橡皮电线 3 根，截面积 2.5mm²；

G50 —— 铁管，管径 50mm；

S1，S3 —— 双极暗装灯开关；

S2 —— 单极暗装灯开关。

10.4 绘制 110kV 变电所二次接线图

变电所的接线图包括一次电路图、二次电路图。一次电路图即主电路图，也叫主接线图，表示系统中电能输送和分配路线的电路图；二次电路图也称为二次接线图，是用来控制、指示、监测和保护一次电路及其设备运行的电路图，该线路图是通过电流互感器和电压互感器与主电路相联系的。

下面介绍 110kV 变电所二次主接线图的绘制，首先设计图纸布局，确定各主要部件在图中的位置，然后绘制各电气符号，最后把绘制好的电气符号插入到布局图的相应位置，如图 10-58 所示。

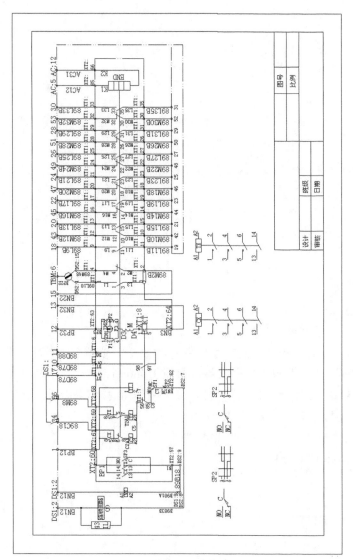

图 10-58 110kV 变电所二次接线图

💾：光盘\配套视频\第 10 章\绘制 110kV 变电所二次接线图.avi

10.4.1 设置绘图环境

操作步骤如下：

（1）建立新文件。打开 AutoCAD 2016 应用程序，选择随书光盘中的"源文件\样板图\A1 样板图.dwt"样板文件为模板，建立新文件，将其命名为"110kV 变电所二次接线图.dwg"并保存。

（2）设置图层。单击"默认"选项卡"图层"面板中的"图层特性"按钮，弹出"图层特性管理器"选项板，新建"绘图线层"、"双点线层"、"图框线层"和"中心线层" 4 个图层，设置好的各图层属性如图 10-59 所示。

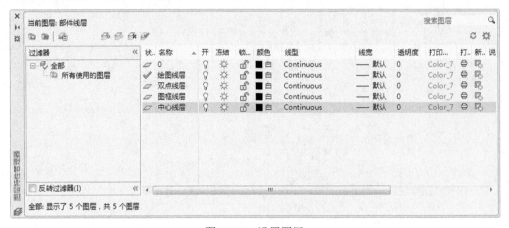

图 10-59　设置图层

10.4.2 绘制图形符号

操作步骤如下：

1. 绘制常开触点

在"绘图线层"图层内绘制图形符号。

（1）单击"默认"选项卡"绘图"面板中的"直线"按钮，绘制一条长度为 3 的竖直直线，并在其左侧绘制一条长度为 1 的平行线，如图 10-60 所示。

（2）单击"默认"选项卡"修改"面板中的"旋转"按钮，以左侧平行线的下端点为基点进行旋转，旋转角度为 30°，如图 10-61 所示。

（3）单击"默认"选项卡"修改"面板中的"移动"按钮，将斜线以下端点为基点，平移到右侧直线上，如图 10-62 所示。

图 10-60　绘制竖直直线　　　　图 10-61　旋转直线　　　　图 10-62　平移直线

（4）单击"默认"选项卡"绘图"面板中的"直线"按钮，以斜线的上端点为起点绘制一条水平直线，如图 10-63 所示。

（5）单击"默认"选项卡"修改"面板中的"修剪"按钮和"删除"按钮，修剪和删除多余的线段，如图 10-64 所示。

（6）单击"默认"选项卡"修改"面板中的"拉长"按钮，将斜线拉长 0.2，完成常开触点的绘制，结果如图 10-65 所示。

图 10-63　绘制水平直线　　　图 10-64　修剪图形　　　图 10-65　拉长斜线

2. 绘制动合触点

复制常开触点图形，然后单击"默认"选项卡"绘图"面板中的"直线"按钮，在常开触点的斜线上绘制一个三角形，即可得到动合触点，如图 10-66 所示。

3. 绘制动断触点

（1）在如图 10-66 所示的图形基础上，单击"默认"选项卡"修改"面板中的"旋转"按钮，将开关部分顺时针旋转 60°，结果如图 10-67 所示。

（2）绘制垂线。单击"默认"选项卡"绘图"面板中的"直线"按钮，在上端绘制一条垂线，得到的动断触点如图 10-68 所示。

4. 绘制常闭触点

单击"默认"选项卡"绘图"面板中的"直线"按钮，在常开触点的基础上绘制一条垂线，即可得到常闭触点，如图 10-69 所示。

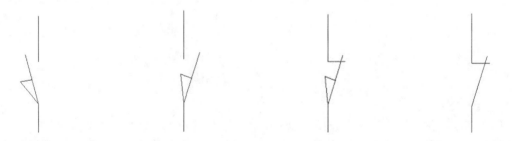

图 10-66　绘制动合触点　　　图 10-67　旋转图形　　　图 10-68　动断触点　　　图 10-69　常闭触点

5. 绘制电感器

（1）单击"默认"选项卡"绘图"面板中的"直线"按钮，绘制一条竖直直线；单击"默认"选项卡"绘图"面板中的"圆"按钮，在直线上绘制一个圆。

（2）单击"默认"选项卡"修改"面板中的"复制"按钮，以圆心为基点复制两个圆，且 3 个圆在竖直方向连续排列，如图 10-70（a）所示。

（3）单击"默认"选项卡"修改"面板中的"修剪"按钮，修剪掉多余的部分，如图 10-70（b）所示。

6. 绘制连接片

（1）单击"默认"选项卡"绘图"面板中的"直线"按钮／和"圆"按钮⊙，需要绘制多条辅助线，如图10-71（a）所示。

（2）单击"默认"选项卡"修改"面板中的"修剪"按钮 ⁄-和"删除"按钮 ，修剪和删除多余线段，结果如图10-71（b）所示，完成连接片的绘制。

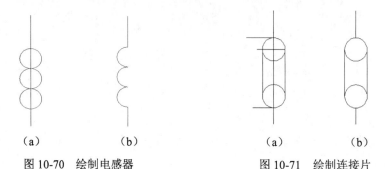

图10-70 绘制电感器   图10-71 绘制连接片

7. 绘制热元器件

（1）单击"默认"选项卡"绘图"面板中的"矩形"按钮□，绘制一个矩形。

（2）单击"默认"选项卡"绘图"面板中的"直线"按钮／，绘制一条过矩形左侧边中点的水平直线；重复"直线"命令，接着绘制一段折线，如图10-72（a）所示。

（3）单击"默认"选项卡"修改"面板中的"镜像"按钮▲，以水平直线为镜像线对折线进行镜像，绘制结果如图10-72（b）所示。

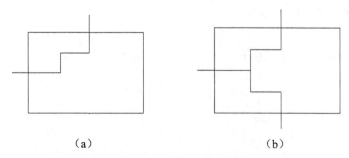

图10-72 绘制热元器件

8. 绘制交流电动机

（1）单击"默认"选项卡"绘图"面板中的"圆"按钮⊙，绘制一个圆。

（2）单击"默认"选项卡"注释"面板中的"单行文字"按钮Ａ，在圆内输入文字"M"。

（3）单击"默认"选项卡"绘图"面板中的"直线"按钮／，在字母"M"下方绘制一条横线。

（4）单击"默认"选项卡"绘图"面板中的"样条曲线"按钮～，在字母"M"下方绘制一条样条曲线，结果如图10-73所示。

9. 绘制位置开关

（1）单击"默认"选项卡"绘图"面板中的"圆"按钮⊙，绘制一个圆。

（2）单击"默认"选项卡"绘图"面板中的"直线"按钮／，绘制一条斜线，然后绘制一条过圆心的竖直直线和一条水平直线作为辅助线，如图10-74所示。

（3）单击"默认"选项卡"修改"面板中的"镜像"按钮 ⚓，以竖直中心辅助线为中心镜像斜线，如图 10-75 所示。

图 10-73 绘制交流电动机

图 10-74 绘制辅助线

图 10-75 镜像斜线

（4）单击"默认"选项卡"修改"面板中的"旋转"按钮 ○，将水平中心线顺时针旋转30°，如图 10-76 所示。

（5）单击"默认"选项卡"修改"面板中的"偏移"按钮 ⬠，将旋转后的中心线分别向两侧偏移 0.2，如图 10-77 所示。

（6）单击"默认"选项卡"修改"面板中的"删除"按钮 ✎，将竖直中心线和旋转后的水平中心线删除，并对图形进行修剪，结果如图 10-78 所示。

（7）单击"默认"选项卡"绘图"面板中的"图案填充"按钮 ▨，选择 SOLID 图案将偏移两条平行线之间的部分填充，完成位置开关的绘制，如图 10-79 所示。

图 10-76 旋转直线

图 10-77 偏移直线

图 10-78 删除直线

图 10-79 填充图形

10.4.3 图纸布局

整个图纸分为联锁、分合操作过程信号、合闸回路、手动操作联锁、电机回路、指示回路、辅助开关备用触点、加热器回路等部分。将这几部分在图纸的最顶端标出，这样就使图纸的表示更加清楚、明晰。

操作步骤如下：

将"双点线层"图层设置为当前图层，单击"默认"选项卡"绘图"面板中的"直线"按钮 ✎，确定双点划线的位置。双点划线为部件的边缘轮廓图，如图 10-80 所示。

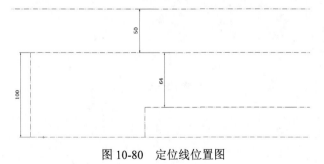
图 10-80 定位线位置图

将以上介绍的部件添加到位置图中适当位置。

10.4.4　绘制局部视图

在主图完成后，还有几个器件用主图并不能把它们之间的关系表示清楚，因此需要绘制局部视图。

SP2 时序图如图 10-81 所示。

SP1 和 SP3 的图形类似于 SP2，只需要在 SP2 时序图上进行修改即可得到，然后绘制 CX 和 TX 具体执行过程，如图 10-82 所示。

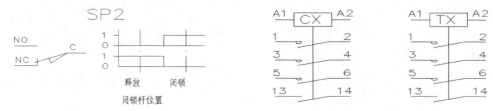

图 10-81　SP2 时序图　　　　　　　图 10-82　CX 和 TX 具体执行过程

最后在图纸的左下角添加注释，并填写标题栏，完成变电所二次接线图的绘制。

10.5　绘制电缆线路工程图

本节将绘制如图 10-83 所示的电缆分支箱三视图。电缆分支箱包括电缆井、预留基座及电缆分支箱 3 部分。

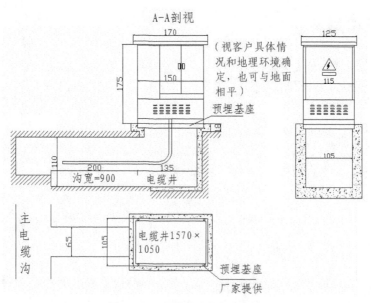

图 10-83　电缆分支箱的三视图

绘制思路为：首先根据三视图中各部件的位置确定图纸布局，得到各个视图的轮廓线，然后分别绘制主视图、俯视图和左视图，最后进行标注。

: 光盘\配套视频\第 10 章\绘制电缆分支箱的三视图.avi

10.5.1 设置绘图环境

操作步骤如下：

（1）建立新文件。打开 AutoCAD 2016 应用程序，选择随书光盘中的"源文件\样板图\A3-1 样板图.dwt"样板文件为模板建立新文件，将其命名为"电缆线路工程图.dwg"并保存。

（2）放大样板文件。单击"默认"选项卡"修改"面板中的"缩放"按钮，将 A3 样板文件的尺寸放大 3 倍，以适应本图的绘制范围。

（3）设置缩放比例。选择菜单栏中的"格式/比例缩放列表"命令，弹出"编辑图形比例"对话框，如图 10-84 所示；在"比例列表"列表框中选择 1:4，单击"确定"按钮，可以保证在 A3 的图纸上打印出图形。

（4）设置图形界限。选择菜单栏中的"格式/图形界限"命令，分别设置图形界限的两个角点坐标：左下角点为(0,0)，右上角点为(1700,1400)。

图 10-84 "编辑图形比例"对话框

（5）设置图层。单击"默认"选项卡"图层"面板中的"图层特性"按钮，弹出"图层特性管理器"选项板，新建"连接导线层"、"轮廓线层"、"实体符号层"和"中心线层"4 个图层，各图层的属性设置如图 10-85 所示，并将"中心线层"图层设置为当前图层。

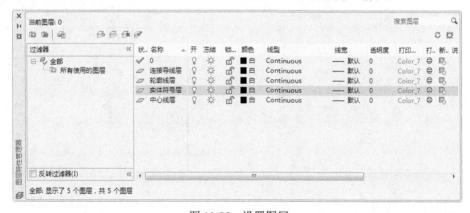

图 10-85 设置图层

10.5.2 图纸布局

由于本图的各个尺寸间不是整齐对齐的，要把所有尺寸间的位置关系都表达出来比较复杂，因此，在图纸布局时，只标出主要尺寸，在绘制各个视图时，再详细标出各视图中的尺寸关系。

操作步骤如下：

（1）绘制水平直线。单击"默认"选项卡"绘图"面板中的"构造线"按钮，在"正交"绘图方式下，绘制一条横贯整个屏幕的水平直线。

（2）偏移水平直线。单击"默认"选项卡"修改"面板中的"偏移"按钮，将水平直线依次向下偏移，偏移后相邻直线间的距离分别为 120、45、150、60 和 125，结果如图 10-86 所示。

（3）绘制竖直直线。单击"默认"选项卡"绘图"面板中的"直线"按钮，绘制一条竖直直线，其起点和终点在最上和最下方的水平直线上。

（4）偏移竖直直线。单击"默认"选项卡"修改"面板中的"偏移"按钮，将竖直直线依次向右偏移，偏移后相邻直线间的距离分别为 80、190、10、150、10、10、150 和 150，如图 10-87 所示。

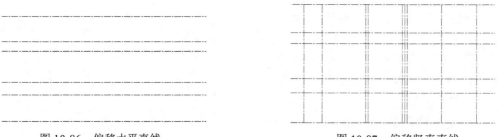

图 10-86　偏移水平直线　　　　　图 10-87　偏移竖直直线

（5）修剪直线。单击"默认"选项卡"修改"面板中的"修剪"按钮，修剪掉多余线段，得到图纸布局，如图 10-88 所示。

（6）确定三视图布局。单击"默认"选项卡"修改"面板中的"修剪"按钮和"删除"按钮，将图 10-88 所示的图纸布局修剪成如图 10-89 所示的 3 个区域，每个区域对应一个视图。

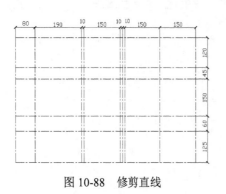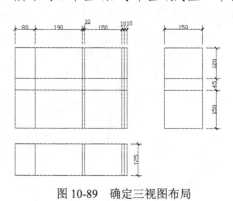

图 10-88　修剪直线　　　　　　图 10-89　确定三视图布局

10.5.3　绘制主视图

操作步骤如下：

（1）添加定位线。单击"默认"选项卡"修改"面板中的"偏移"按钮，按照图 10-90 所示尺寸补充定位线。

（2）修剪主视图。单击"默认"选项卡"修改"面板中的"修剪"按钮┬和"删除"按钮✐，将图 10-89 中的主视图修剪成如图 10-90 所示的形状，得到主视图的轮廓线。

（3）将当前图层从"中心线层"图层切换到"轮廓线层"图层。

（4）单击"默认"选项卡"绘图"面板中的"直线"按钮✎，绘制出主视图的大体轮廓。

（5）用两条竖直线将区域 1 三等分，单击"默认"选项卡"修改"面板中的"偏移"按钮⌷和"修剪"按钮┬，通过偏移与修剪，得到小门，并加上把手，如图 10-91 所示。

（6）单击"默认"选项卡"绘图"面板中的"矩形"按钮▢，绘制一个长为 9、宽为 2 的矩形并分解，如图 10-92 所示。

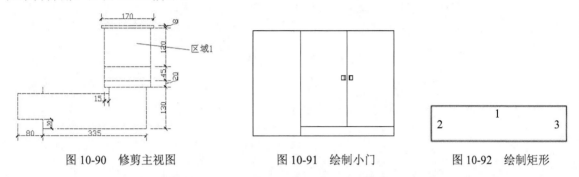

图 10-90　修剪主视图　　　　　　图 10-91　绘制小门　　　　　　图 10-92　绘制矩形

（7）单击"默认"选项卡"修改"面板中的"圆角"按钮◻，将直线 1 和直线 2 倒圆角，圆角半径为 1.5；重复"圆角"命令，同样将直线 1 和直线 3 倒圆角，结果如图 10-93 所示。

（8）单击"默认"选项卡"修改"面板中的"移动"按钮✛，将绘制好的单个通风孔复制到距离俯视图区域左上角长 35、宽 15 的位置。

（9）单击"默认"选项卡"修改"面板中的"矩形阵列"按钮▦，弹出"矩形阵列"选项卡，将通风孔进行矩形阵列；设置"行数"为 4、"列数"为 6、"行偏移"为-6、"列偏移"为 15、"阵列角度"为 0，单击"确定"按钮，完成通风孔的绘制，结果如图 10-94 所示。

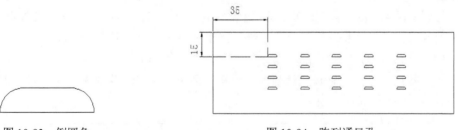

图 10-93　倒圆角　　　　　　　　　图 10-94　阵列通风孔

（10）单击"默认"选项卡"绘图"面板中的"直线"按钮✎，绘制如图 10-95 所示的两条相互垂直的线段。

（11）单击"默认"选项卡"修改"面板中的"圆角"按钮◻，将两条线倒圆角，圆角半径为 30，结果如图 10-96 所示。

（12）单击"默认"选项卡"修改"面板中的"偏移"按钮⌷，将图 10-95 中的图形向内侧偏移 6，结果如图 10-97 所示。

（13）将左端两端点用直线连接起来，再单击"默认"选项卡"修改"面板中的"移动"按钮✛，将绘制好的图形移动到主视图中。

图 10-95　绘制直线　　　　　　图 10-96　倒圆角　　　　　　图 10-97　偏移曲线

（14）单击"默认"选项卡"修改"面板中的"偏移"按钮，绘制边缘线完成主视图外边框，如图 10-98 所示。

（15）单击"默认"选项卡"绘图"面板中的"图案填充"按钮，填充主视图下半部分的外边框，其由 2、3、4 这 3 个区域组成，区域 2 和区域 4 填充 AR-CONC 图案，区域 3 填充 ANSI31 图案，结果如图 10-99 所示。

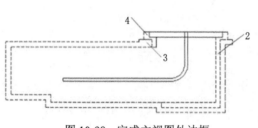

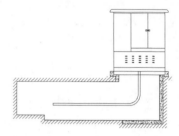

图 10-98　完成主视图外边框　　　　　　　　　图 10-99　图案填充

10.5.4　绘制俯视图

操作步骤如下：

（1）绘制矩形。单击"默认"选项卡"绘图"面板中的"矩形"按钮，补充轮廓线，尺寸如图 10-100 所示。

（2）绘制俯视图草图。将"轮廓线层"图层设置为当前图层，根据轮廓线绘制出俯视图草图。

（3）绘制圆。单击"默认"选项卡"绘图"面板中的"圆"按钮，在第 2 层环的 4 个角附近分别绘制 4 个半径为 2 的小圆。

（4）填充图案。单击"默认"选项卡"绘图"面板中的"图案填充"按钮，填充最外面的环形区域，结果如图 10-101 所示。

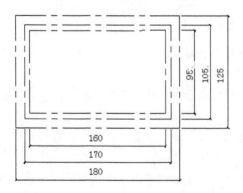

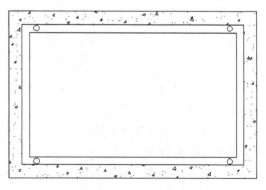

图 10-100　绘制矩形　　　　　　　　　　图 10-101　填充图案

（5）绘制主电缆沟。单击"默认"选项卡"绘图"面板中的"直线"按钮，绘制主电缆沟，尺寸如图 10-102 所示。

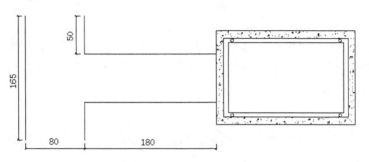

图 10-102　绘制主电缆沟

10.5.5　绘制左视图

操作步骤如下：

（1）绘制左视图轮廓线。单击"默认"选项卡"绘图"面板中的"直线"按钮，补充轮廓线，尺寸如图 10-103 所示。

（2）根据轮廓线绘制左视图的草图。

（3）绘制通风孔。与主视图的绘制一样，先绘制单个通风孔，然后单击"默认"选项卡"修改"面板中的"矩形阵列"按钮，进行阵列得到左视图中的通风孔。

（4）加入警示标志。单击"默认"选项卡"绘图"面板中的"矩形"按钮和"多边形"按钮，绘制一个长为 30、宽为 6 的矩形和边长为 30 的等边三角形，在三角形内加入标志"⚡"，然后将矩形和三角形移动到图中合适的位置，结果如图 10-104 所示。

（5）填充图案。单击"默认"选项卡"绘图"面板中的"图案填充"按钮，填充外框，如图 10-105 所示。至此，左视图绘制完毕。

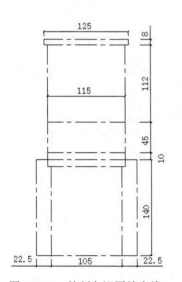

图 10-103　绘制左视图轮廓线

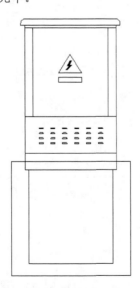

图 10-104　加入警示标志

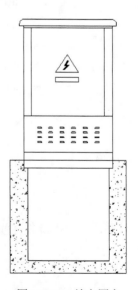

图 10-105　填充图案

Note

10.5.6　添加尺寸标注及添加文字注释

操作步骤如下：

（1）标注尺寸。单击"默认"选项卡"注释"面板中的"线性"按钮，标注线性尺寸。

（2）添加注释。单击"默认"选项卡"注释"面板中的"单行文字"按钮，添加文字注释，结果如图 10-83 所示。

10.6　绘制线路钢筋混凝土杆装配图

如图 10-106 所示为线路钢筋混凝土杆的装配图，图形看上去比较复杂，首先绘制线杆和吊杆，然后绘制俯视图，最后绘制局部视图。

📹：光盘\配套视频\第 10 章\绘制线路钢筋混凝土杆装配图.avi

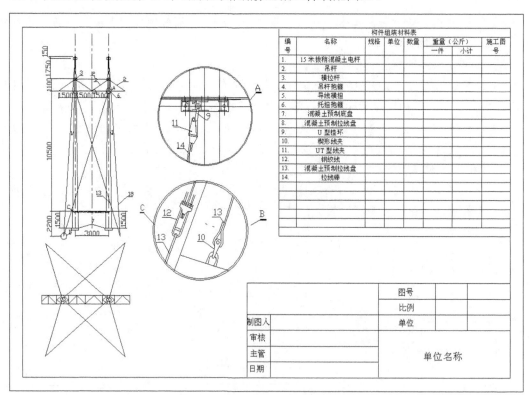

图 10-106　线路钢筋混凝土杆装配图

10.6.1　设置绘图环境

操作步骤如下：

（1）建立新文件。打开 AutoCAD 2016 应用程序，选择随书光盘中的"源文件\样板图\A4

title.dwt" 样板文件为模板，建立新文件，将其命名为 "线路钢筋混凝土杆图.dwt" 并保存。

（2）设置图层。单击 "默认" 选项卡 "图层" 面板中的 "图层特性" 按钮，弹出 "图层特性管理器" 选项板，新建 "中心线层"、"图框线层" 和 "绘图层" 3 个图层，"中心线层" 图层的线型为 Center，并将 "中心线层" 图层设置为当前图层。

10.6.2　图纸布局

该图纸的布局主要包括正视图、俯视图和局部视图，完整地表达了该电路图的安装过程。
操作步骤如下：

（1）绘制中心线。将 "中心线层" 图层设置为当前图层，单击 "默认" 选项卡 "绘图" 面板中的 "直线" 按钮，绘制两条间距为 3000 的竖直中心线。

（2）绘制直线。将 "绘图层" 图层设置为当前图层，单击 "默认" 选项卡 "绘图" 面板中的 "直线" 按钮，绘制一条水平直线代表地面，在直线下方绘制几条斜线和折线，结果如图 10-107 所示。

（3）绘制线杆。单击 "默认" 选项卡 "修改" 面板中的 "偏移" 按钮，将左边的竖直中心线向右偏移 1500；重复 "偏移" 命令，将水平直线向上偏移 10500，向下偏移 1500；单击 "默认" 选项卡 "绘图" 面板中的 "多段线" 按钮，绘制左端的线杆；单击 "默认" 选项卡 "修改" 面板中的 "镜像" 按钮，将绘制的线杆以中间竖直线为镜像线进行镜像，得到线杆主体图，结果如图 10-108 所示。

（4）绘制吊杆。单击 "默认" 选项卡 "绘图" 面板中的 "直线" 按钮，绘制吊杆，结果如图 10-109 所示。

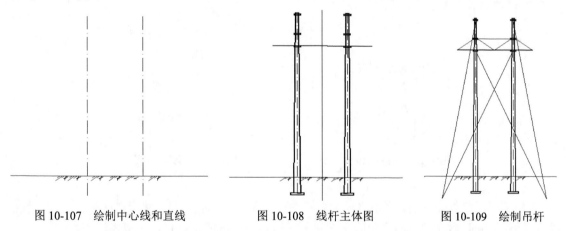

图 10-107　绘制中心线和直线　　图 10-108　线杆主体图　　图 10-109　绘制吊杆

（5）绘制俯视图。绘制俯视图所使用的命令都比较简单，在上面的叙述中也都介绍过，这里不再赘述，绘制结果如图 10-110 所示。

（6）绘制横担抱箍和混凝土预制拉线盘。绘制图形所用的命令比较简单，这里不再叙述。

（7）绘制局部视图。由于某些细节部分在主视图上无法清晰地表示，需要一些辅助视图把它们之间的相对装配关系表示清楚，所以就需要绘制局部视图。绘制局部视图时首先要在主视图上标明要绘制局部视图的位置，例如，本图要绘制 A、B、C 这 3 个局部视图，局部视图中用圆标出其位置并在圆的附近标示局部视图名称，如图 10-111 所示。

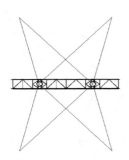

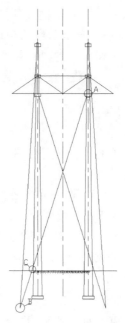

图 10-110　绘制俯视图　　　　　　　　图 10-111　局部视图在主视图上的位置及局部视图的表示

提示：

　　绘制局部视图是为了表示零部件之间的装配关系，如图 10-112 所示，或者是展示在大视图中某些无法表示的细节部分，如图 10-113 所示，所以局部视图中图线的尺寸并不重要，但要把相互的位置关系表示清楚。

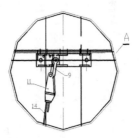

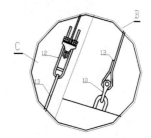

图 10-112　导线横担安装图　　　　　　　图 10-113　拉线安装图

　　在局部视图绘制完成后，需要将以上各视图放入图纸的适当位置，然后在图纸上进行引线的标注，标注的同时填充图纸右上角的明细栏，最后题写图纸的标题栏，完成图纸的绘制。

10.7　实战演练

　　通过前面的学习，读者对本章知识也有了大体的了解，本节通过两个操作练习使读者进一步掌握本章知识要点。

　　【实战演练 1】绘制如图 10-114 所示的变电所断面图。

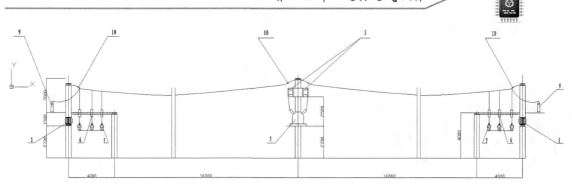

图 10-114 变电所断面图

操作提示：

（1）绘制杆塔。

（2）绘制各电气元件。

（3）插入电气元件。

（4）绘制连接导线。

（5）添加注释文字。

【实战演练 2】绘制如图 10-115 所示的输电工程图。

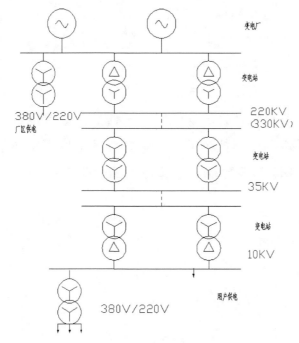

图 10-115 输电工程图

操作提示：

（1）绘制各电气元件。

（2）插入电气元件。

（3）绘制连接导线。

（4）添加注释文字。

第**11**章

通信电气设计

本章学习要点和目标任务:

☑ 绘制综合布线系统图

☑ 绘制通信光缆施工图

☑ 绘制网络拓扑图

☑ 绘制数字交换机系统图

通信工程图是一类比较特殊的电气图,与传统的电气图不同,是最近发展起来的一类电气图,主要应用于通信领域。本章将介绍通信系统的相关基础知识,并通过几个通信工程的实例来学习绘制通信工程图的一般方法。

11.1 通信工程图简介

通信就是信息的传递与交流。通信系统是传递信息所需要的一切技术设备和传输媒介，其过程如图 11-1 所示。通信工程主要分为移动通信和固定通信，但无论是移动通信还是固定通信，在通信原理上都是相同的。通信的核心是交换机，在通信过程中，数据通过传输设备传输到交换机上，在交换机上进行交换，选择目的地。这就是通信的基本过程。

图 11-1 通信过程

通信系统工作流程如图 11-2 所示。

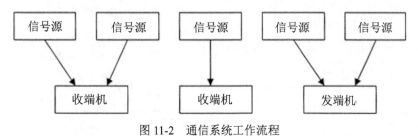

图 11-2 通信系统工作流程

11.2 绘制综合布线系统图

综合布线是指为楼宇进行的网络和电话布线。如图 11-3 所示为一个大楼的综合布线系统图，绘制过程为首先绘制电话配线间本楼主配线架，然后绘制内外网机房，再绘制其中一层的配线结构图，并复制出其他层的配线结构图，最后调整各部分之间的相互位置，并用直线将其连接起来，完成本图的绘制。

■i: 光盘\配套视频\第 11 章\绘制综合布线系统图.avi

11.2.1 设置绘图环境

综合布线系统是开放式结构，能支持电话及多种计算机数据系统，还支持会议电视、监视电视等系统。本节主要设置综合布线系统的绘图环境。

操作步骤如下：

（1）建立新文件。打开 AutoCAD 2016 应用程序，选择随书光盘中的"源文件\样板图\A1.dwt"样板文件为模板，建立新文件，并将其命名为"综合布线系统图.dwg"。

（2）设置图层。单击"默认"选项卡"图层"面板中的"图层特性"按钮，弹出"图层特性管理器"选项板，新建"母线层"和"电气线层"两个图层，各图层的属性设置如图 11-4

所示，并将"电气线层"图层设置为当前图层。

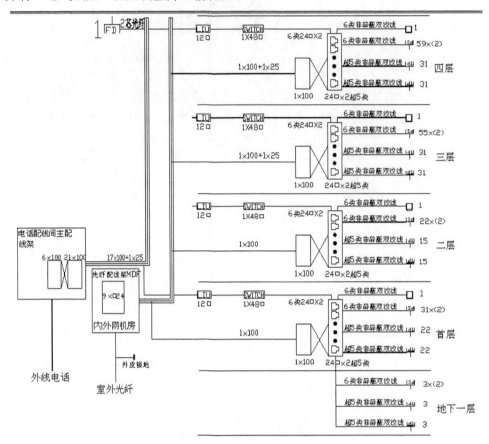

图 11-3　综合布线系统图

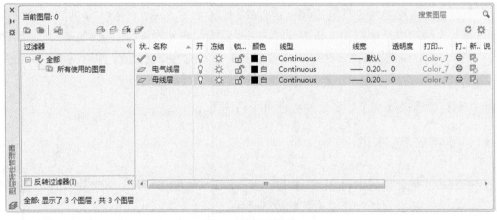

图 11-4　设置图层

11.2.2　绘制图形符号

综合布线系统就是为了顺应发展需求而特别设计的一套布线系统。结构化布线系统的成功与否直接关系到现代化大楼的使用，选择一套高品质的综合布线系统是至关重要的。图形符号是综合布线系统图的重要组成部分，本节将绘制各图形符号。

操作步骤如下：

1. 绘制电话配线间主配线架

（1）单击"默认"选项卡"绘图"面板中的"矩形"按钮▱，绘制 3 个矩形，大矩形的尺寸为 500×500，小矩形的尺寸为 100×200，结果如图 11-5 所示。

（2）单击"默认"选项卡"绘图"面板中的"直线"按钮╱，在两个矩形间绘制两条交叉直线。

（3）单击"默认"选项卡"注释"面板中的"多行文字"按钮A，在矩形内添加文字"电话配线间主配线架"，字体的高度为 30；添加文字"6×100"和"21×100"，字体高度为 30，绘制结果如图 11-6 所示，至此完成电话配线间主配线架的绘制。

2. 绘制内外网机房

内外网机房的绘制与电话配线间主配线架的绘制方法类似。

（1）单击"默认"选项卡"绘图"面板中的"矩形"按钮▱，绘制两个矩形，大矩形的尺寸为 350×400，小矩形的尺寸为 150×200。

（2）单击"默认"选项卡"注释"面板中的"多行文字"按钮A，添加文字"光纤配线架MDF"、"9×24 口"和"内外网机房"，大字体的高度为 40，小字体的高度为 30，结果如图 11-7 所示。

3. 绘制数据信息出线座

（1）将数据信息出线座绘制为块，单击"默认"选项卡"块"面板中的"块编辑器"按钮▧，将块的名字定义为"PCG1"，单击"确定"按钮进入块编辑器，在编辑器中编辑块。

（2）单击"默认"选项卡"绘图"面板中的"直线"按钮╱，绘制 4 条长度分别为 20、40、20 和 20 的直线。

（3）单击"默认"选项卡"注释"面板中的"多行文字"按钮A，添加文字"PS"，字体高度为 15，结果如图 11-8 所示。绘制完成后，关闭块编辑器。

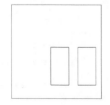
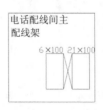

图 11-5　绘制矩形　　图 11-6　电话配线间主配线架　　图 11-7　内外网机房图　　图 11-8　绘制数据信息出线座

4. 绘制光纤信息出线座

光纤信息出线座是在数据信息出线座的基础上绘制的，因为数据信息出线座是在块中绘制的。

（1）单击"默认"选项卡"块"面板中的"插入块"按钮▧，将数据信息出线座块插入图形中，单击"默认"选项卡"修改"面板中的"分解"按钮▨，将数据信息出线座块打散。

（2）选择菜单栏中的"修改"→"文字"→"对象"→"编辑"命令，将"PS"改为"FD"，如图 11-9 所示，完成光纤信息出线座的绘制。

5．绘制外线电话出线座

外线电话出线座是在光纤信息出线座的基础上绘制的，选择菜单栏中的"修改"→"文字"→"对象"→"编辑"命令，将"FD"改为"TP"即可，结果如图 11-10 所示。

6．绘制内线电话出线座

内线电话出线座是在外线电话出线座的基础上绘制的。

（1）单击"默认"选项卡"修改"面板中的"偏移"按钮▣，将水平线向下方偏移。

（2）单击"默认"选项卡"绘图"面板中的"图案填充"按钮▣，填充图案选择 ANSI38，填充结果如图 11-11 所示。

图 11-9　绘制光纤信息出线座　　　图 11-10　绘制外线电话出线座　　　图 11-11　绘制内线电话出线座

7．绘制预留接口图

（1）单击"默认"选项卡"绘图"面板中的"矩形"按钮▢，绘制两个矩形，矩形的尺寸分别为 500×500 和 500×450，结果如图 11-12 所示。

（2）单击"默认"选项卡"绘图"面板中的"直线"按钮，绘制两条长为 400 的竖直直线，这两条直线到矩形两边的距离为 80。

（3）单击"默认"选项卡"绘图"面板中的"圆"按钮◎，绘制两个直径为 10 的小圆，两个小圆的位置尺寸如图 11-13 所示。

（4）单击"默认"选项卡"修改"面板中的"圆角"按钮▢，对矩形倒圆角，圆角的半径为 100，结果如图 11-14 所示。

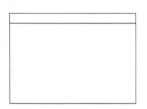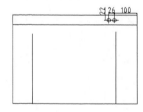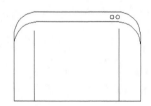

图 11-12　绘制矩形　　　　　图 11-13　绘制直线和圆　　　　　图 11-14　倒圆角

8．绘制楼层接线盒

（1）单击"默认"选项卡"绘图"面板中的"矩形"按钮▢，绘制两个矩形，大矩形的尺寸为 200×800，小矩形的尺寸为 220×440。

（2）单击"默认"选项卡"绘图"面板中的"直线"按钮，绘制两条斜线，连接矩形的端点，结果如图 11-15 所示；重复"直线"命令，绘制如图 11-16 所示的图形 1。

（3）单击"默认"选项卡"修改"面板中的"复制"按钮，将图形 1 进行复制，具体位置如图 11-17 所示。

（4）单击"默认"选项卡"绘图"面板中的"圆"按钮⊙，绘制一个圆并填充，圆的直径和位置尺寸如图 11-17 所示。

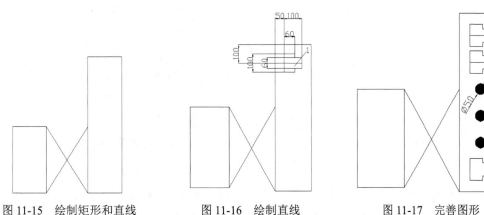

图 11-15　绘制矩形和直线　　　　图 11-16　绘制直线　　　　图 11-17　完善图形

9．绘制光电转换器和交换机示意图

（1）单击"默认"选项卡"绘图"面板中的"矩形"按钮▭，绘制两个矩形，矩形的尺寸分别为 200×100 和 300×100。

（2）单击"默认"选项卡"注释"面板中的"多行文字"命令Ａ，在矩形内加入文字"LIU"和"SWITCH"，字体高度为 70，LIU 表示光电转换器，SWITCH 表示交换机，结果如图 11-18 所示。

（3）单击"默认"选项卡"修改"面板中的"旋转"按钮⟳，将数据信息出线座、外线电话出线座和内线电话出线座以中心为基点旋转180°，并利用"缩放"命令对图形进行调整，然后单击"默认"选项卡"绘图"面板中的"多段线"按钮⤵，将以上各部分连接起来；连接完成后在图上加上注释，并将连线放置在"母线层"图层，绘制结果如图 11-19 所示。

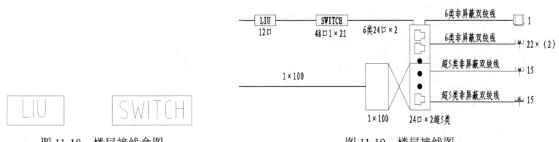

图 11-18　楼层接线盒图　　　　　　　　　图 11-19　楼层接线图

（4）将以上几部分摆放到适当的位置上，其中因为地下一层没有接线盒，所以将数据信息出线座、外线电话出线座以及内线电话出线座直接连接到首层的接线盒上，摆放位置如图 11-20 所示。

（5）单击"默认"选项卡"绘图"面板中的"多段线"按钮⤵，将以上几部分连接起来；单击"默认"选项卡"绘图"面板中的"直线"按钮╱，绘制接地符号，将光纤信息出线座等摆放到适当的位置，结果如图 11-3 所示。

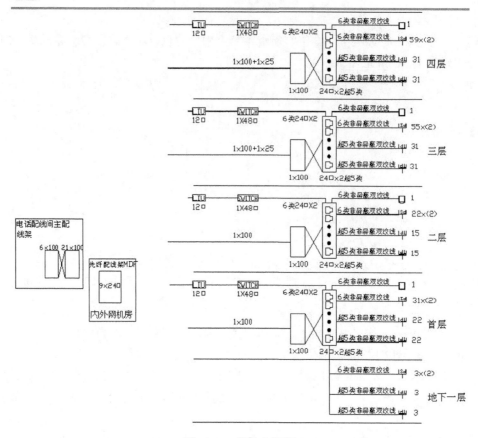

图 11-20　部件布置图

11.3　绘制通信光缆施工图

下面介绍通信光缆施工图的绘制，如图 11-21 所示。首先还是要设计图纸布局，确定各主要部件在图中的位置，然后绘制各种示意图，最后把绘制好的各种示意图插入到布局图的相应位置。

📹：光盘\配套视频\第 11 章\绘制通信光缆施工图.avi

11.3.1　设置绘图环境

通信光缆电路图主要指在公路下铺设的电路示意图，在绘制过程中，需要区别显示出公路线与光缆线。下面首先设置绘图环境。

操作步骤如下：

（1）建立新文件。打开 AutoCAD 2016 应用程序，选择随书光盘中的 "源文件\样板图\A1样板图.dwt" 样板文件为模板，建立新文件，并将其命名为 "通信光缆施工图.dwg"。

（2）设置图层。单击 "默认" 选项卡 "图层" 面板中的 "图层特性" 按钮 📇，弹出 "图层特性管理器" 选项板，新建 "公路线层" 和 "部件线层" 两个图层，并将 "部件线层" 图层设置为当前图层，设置好的各图层属性如图 11-22 所示。

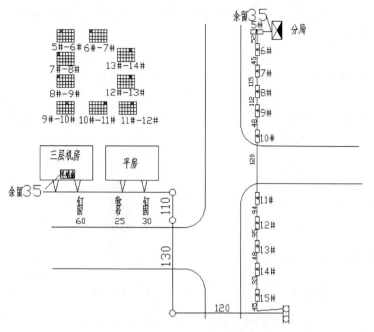

图 11-21　通信光缆施工图

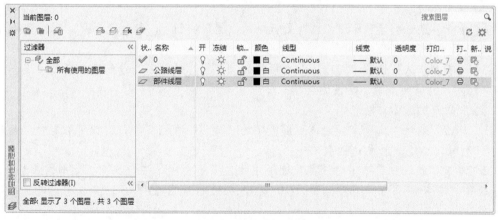

图 11-22　图层设置

11.3.2　绘制部件符号

公路下铺设的部件包括井盖符号、光配架、用户机房等，这里单独绘制，方便后期在对应的位置放置。

操作步骤如下：

1. 绘制分局示意图

（1）单击"默认"选项卡"绘图"面板中的"矩形"按钮□，绘制一个长为 20、宽为 60 的矩形，结果如图 11-23 所示。

（2）单击"默认"选项卡"绘图"面板中的"直线"按钮／，过矩形的 4 个端点绘制两条对角线，结果如图 11-24 所示。

（3）单击"默认"选项卡"绘图"面板中的"填充图案"按钮，选择 SOLID 填充图案，填充两直线相交的部分，结果如图 11-25 所示。

2. 绘制井盖示意图

（1）单击"默认"选项卡"绘图"面板中的"矩形"按钮，绘制一个长为 30、宽为 10 的矩形。

（2）单击"默认"选项卡"注释"面板中的"多行文字"按钮，在矩形内添加文字"小"，设置字体的高度为 6，结果如图 11-26 所示。

图 11-23　绘制矩形　　　　图 11-24　绘制直线　　　图 11-25　填充图案　　图 11-26　绘制矩形并输入文字

（3）单击"默认"选项卡"修改"面板中的"旋转"按钮，将图形逆时针旋转 90°，结果如图 11-27 所示，完成井盖示意图的绘制。

3. 绘制光配架示意图

（1）单击"默认"选项卡"绘图"面板中的"圆"按钮，绘制两个圆，圆的直径为 10，两个圆心之间的距离为 12。

（2）单击"默认"选项卡"绘图"面板中的"直线"按钮，绘制两个圆的切线，结果如图 11-28 所示，完成光配架示意图的绘制。

4. 绘制用户机房示意图

（1）单击"默认"选项卡"绘图"面板中的"矩形"按钮，先绘制两个矩形，大矩形的尺寸为 100×60，小矩形的尺寸为 40×20。

（2）单击"默认"选项卡"注释"面板中的"多行文字"按钮，在矩形内添加文字"3 层机房"和"终端盒"，字体高度分别为 10 和 8，结果如图 11-29 所示，完成用户机房示意图的绘制。

图 11-27　旋转图形　　　　图 11-28　绘制光配架示意图　　　图 11-29　绘制用户机房示意图

5. 绘制井内电缆占用位置图

（1）单击"默认"选项卡"绘图"面板中的"矩形"按钮，绘制一个长为 10、宽为 10 的矩形。

（2）单击"默认"选项卡"修改"面板中的"矩形阵列"按钮，将刚绘制的矩形进行阵列，设置行数为 4，列数为 6，行间距和列间距均为 10。

（3）单击"默认"选项卡"绘图"面板中的"圆"按钮⊙，绘制 3 个直径为 5 的圆，3 个圆的位置如图 11-30 所示。

11.3.3 绘制主图

先将图层更换至"公路线层"图层，绘制公路线，确定各部件的大概位置，绘制结果如图 11-31 所示。绘制完公路线后，将已经绘制好的部件添加到公路线中适当的位置，完成图形的绘制。

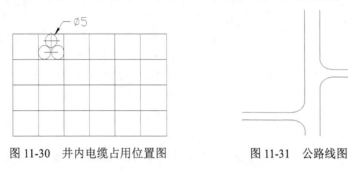

图 11-30 井内电缆占用位置图 　　　　　图 11-31 公路线图

11.4 绘制网络拓扑图

网络拓扑图是表示网络结构的图纸，本节介绍某学校网络拓扑图的绘制方法。其绘制思路为：先绘制网络组件，然后分部分绘制网络结构，最终将各部分的网络连接起来，从而得到整个网络的拓扑结构，如图 11-32 所示。

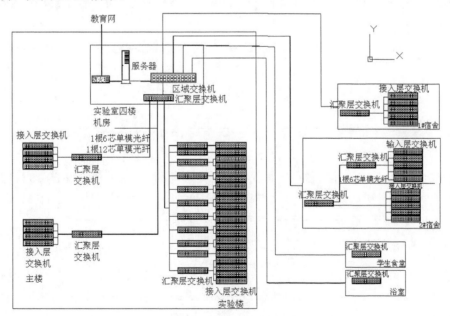

图 11-32 某学校网络拓扑图

📷：光盘\配套视频\第 11 章\绘制某学校网络拓扑图.avi

11.4.1 设置绘图环境

网络拓扑结构是指用传输媒体互连各种设备的物理布局（将参与 LAN 工作的各种设备用媒体互连在一起有多种方法，但是实际上只有几种方式能适合 LAN 的工作）。网络拓扑图是指由网络节点设备和通信介质构成的网络结构图。绘制网络拓扑图，首先设置绘图环境。

操作步骤如下：

（1）建立新文件。打开 AutoCAD 2016 应用程序，选择随书光盘中的"源文件\样板图\A1样板图.dwt"样板文件为模板，建立新文件，应将其命名为"某学校网络拓扑图.dwg"。

（2）设置图层。单击"默认"选项卡"图层"面板中的"图层特性"按钮，弹出"图层特性管理器"选项板，新建"连线层"和"部件层"两个图层，并将"部件层"图层设置为当前图层。

11.4.2 绘制部件符号

拓扑图给出网络服务器、工作站的网络配置和相互间的连接，其结构主要有星型结构、环型结构、总线结构、分布式结构、树形结构、网状结构、蜂窝状结构等。下面绘制本实例中的部件符号。

操作步骤如下：

1. 绘制汇聚层交换机示意图

因为本图中汇聚层交换机比较多，所以把汇聚层交换机设置为块。

（1）单击"默认"选项卡"绘图"面板中的"矩形"按钮，绘制两个矩形，矩形的尺寸分别为 300×60 和 290×50；在矩形内绘制一个小矩形，小矩形的尺寸为 15×15，位置如图 11-33所示。

图 11-33 绘制矩形

（2）单击"默认"选项卡"修改"面板中的"矩形阵列"按钮，选择阵列对象为小矩形，设置阵列行数为 2，列数为 12，行间距为-19，列间距为 23.5，阵列结果如图 11-34 所示。

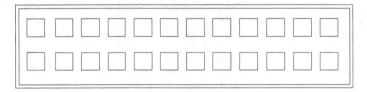

图 11-34 阵列矩形

（3）单击"默认"选项卡"块"面板中的"块编辑器"按钮，将块的名字定义为"汇聚交换机"，单击"确定"按钮进入块编辑器，在编辑器中编辑块。

2．绘制服务器示意图

（1）单击"默认"选项卡"绘图"面板中的"矩形"按钮▭，绘制两个矩形，大矩形的尺寸为80×320，小矩形的尺寸为70×280。

（2）单击"默认"选项卡"绘图"面板中的"直线"按钮╱，绘制一条中心线，结果如图11-35所示；重复"直线"命令，在左下角绘制一条斜线和一条水平线，绘制的位置及长度如图11-36所示。

（3）单击"默认"选项卡"绘图"面板中的"圆"按钮⊙，绘制一个直径为6的圆；单击"默认"选项卡"修改"面板中的"镜像"按钮⚎，将第（2）步绘制的水平直线和斜直线进行镜像，结果如图11-37所示。

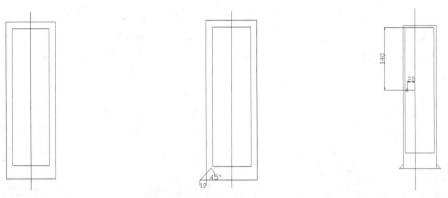

图11-35　绘制矩形和中心线　　　图11-36　绘制斜直线和水平直线　　　图11-37　镜像图形

（4）单击"默认"选项卡"修改"面板中的"删除"按钮✎，删除中心线；再单击"默认"选项卡"绘图"面板中的"矩形"按钮▭，绘制一个长为40、宽为5的矩形，矩形的位置如图11-38所示。

（5）单击"默认"选项卡"修改"面板中的"矩形阵列"按钮▦，设置行数为9，列数为1，行间距为-13，阵列结果如图11-39所示。

3．绘制防火墙示意图

（1）单击"默认"选项卡"绘图"面板中的"矩形"按钮▭，绘制两个矩形，大矩形的尺寸为150×60，小矩形的尺寸为140×50。

（2）单击"默认"选项卡"注释"面板中的"多行文字"按钮A，在矩形内添加文字"防火墙"，结果如图11-40所示。

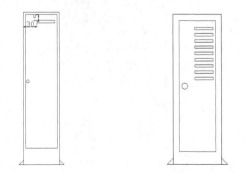

图11-38　删除中心线　　　图11-39　阵列图形　　　图11-40　防火墙示意图

11.4.3　绘制局部图

拓扑结构具有费用低、数据端用户入网灵活、站点或某个端用户失效不影响其他站点或端用户通信的优点。本节将绘制拓扑图中的局部图。

操作步骤如下：

（1）绘制 1 号宿舍示意图。单击"默认"选项卡"块"面板中的"插入块"按钮，将交换机摆放到如图 11-41 所示的位置，单击"默认"选项卡"绘图"面板中的"多段线"按钮，将它们连接起来；单击"默认"选项卡"绘图"面板中的"矩形"按钮，在外轮廓上绘制一个矩形，并添加文字注释，表示这个部分为 1 号宿舍。

（2）绘制 2 号宿舍示意图。采用相同的方法，将交换机摆放到如图 11-42 所示的位置，单击"默认"选项卡"绘图"面板中的"多段线"按钮，将它们连接起来；单击"默认"选项卡"绘图"面板中的"矩形"按钮，在外轮廓上绘制一个矩形，并添加文字注释，表示这个部分为 2 号宿舍。

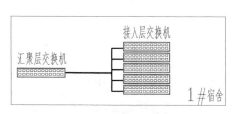

图 11-41　1 号宿舍示意图

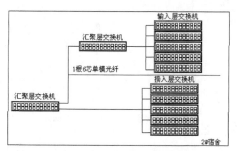

图 11-42　2 号宿舍示意图

（3）绘制学生食堂和浴室示意图。采用相同的方法绘制学生食堂和浴室示意图，结果如图 11-43 所示。

（4）绘制实验楼示意图。单击"默认"选项卡"修改"面板中的"复制"按钮，将交换机摆放在适当的位置；单击"默认"选项卡"绘图"面板中的"多段线"按钮，将它们连接起来，并添加文字注释，结果如图 11-44 所示。

图 11-43　学生食堂和浴室示意图

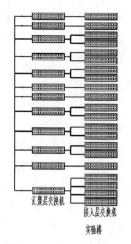

图 11-44　实验楼示意图

（5）绘制教学楼示意图。单击"默认"选项卡"修改"面板中的"复制"按钮 ，复制实验楼的接入层交换机和汇聚层交换机，并对其位置进行调整，然后添加文字注释，结果如图 11-45 所示。

（6）绘制教学实验楼四楼网络机房示意图。将部件放到合适的位置上，单击"默认"选项卡"绘图"面板中的"多段线"按钮 ，将它们连接起来；选择菜单栏中的"绘图/文字/单行文字"命令，在图纸上加上标注，如图 11-46 所示。

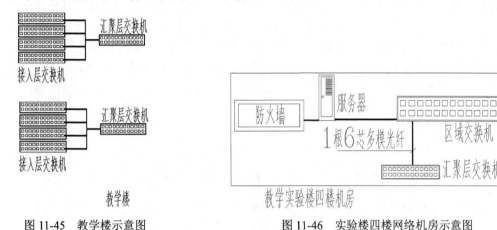

图 11-45　教学楼示意图　　　　　　　　　图 11-46　实验楼四楼网络机房示意图

（7）最后将以上 6 部分放到图中适当的位置，就可以得到如图 11-32 所示的图形。

11.5　绘制数字交换机系统图

本实例绘制数字交换机系统图，如图 11-47 所示。本图比较简单，是由一些比较简单的几何图形由不同类型的直线连接而成的。其绘制思路为：先根据需要绘制一些梯形和矩形，然后将这些梯形和矩形按照图示的位置关系摆放好，用导线连接起来，最后添加文字和注释。

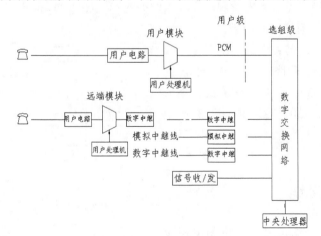

图 11-47　数字交换机系统图

🎥：光盘\配套视频\第 11 章\绘制数字交换机系统图.avi

11.5.1　设置绘图环境

Note

在绘制电路图之前，需要进行基本的操作，包括文件的创建、保存及图层的管理。

操作步骤如下：

（1）建立新文件。打开 AutoCAD 2016 应用程序，单击"标准"工具栏中的"新建"按钮，弹出"选择样板"对话框，选择需要的样板图，然后单击"打开"按钮，选择的样板图会出现在绘图区中，其中，样板图左下端点坐标为(0,0)。本实例选择随书光盘中的"源文件\样板图\A3title.dwt"样板文件为模板，并将新文件命名为"数字交换机系统结构图.dwg"。

（2）设置图层。单击"默认"选项卡"图层"面板中的"图层特性"按钮，弹出"图层特性管理器"选项板，新建"图形符号"、"点划线"和"文字"3 个图层，各图层的属性设置如图 11-48 所示。

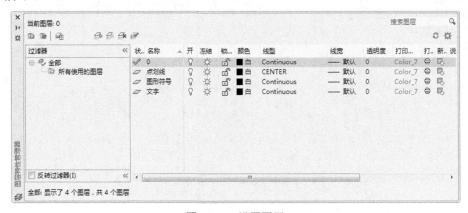

图 11-48　设置图层

11.5.2　图形布局

将"图形符号"图层设置为当前图层，建立图形布局，如图 11-49 所示为各主要组成部分在图中的位置分布，各图形的尺寸如下。

矩形 1：90×30；梯形 2：上底 30，下底 60，高 30；矩形 3：90×30；矩形 4：60×30；梯形 5：上底 30，下底 60，高 30；矩形 6：60×30；矩形 7：80×30；矩形 8：60×30；矩形 9：60×30；矩形 10：60×30；矩形 11：100×30；矩形 12：60×350；矩形 13：100×30。

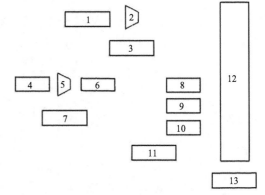

图 11-49　图纸布局

11.5.3　添加连接线

添加连接线实际上就是用导线将图中相应的模块连接起来，只需要进行简单的图层切换、画线和平移操作即可。下面以连接图中的矩形 6 和矩形 8 为例进行介绍。

操作步骤如下：

（1）切换图层。将当前图层由"图形符号"图层切换为"点划线"图层。

（2）绘制连接线。单击"默认"选项卡"绘图"面板中的"直线"按钮，在"对象捕捉"绘图方式下，捕捉矩形6的右上端点和矩形8的左上端点，绘制一条水平直线，如图11-50所示。

（3）移动连接线。单击"默认"选项卡"修改"面板中的"移动"按钮，将第（2）步绘制的连接线向下平移15，结果如图11-51所示。

图11-50　绘制连接线　　　　　　　　　图11-51　移动连接线

11.5.4　添加各部件的文字

将"文字"图层设置为当前图层，在布局图中对应的矩形或者梯形的中间加入各部分的文字。

操作步骤如下：

（1）单击"默认"选项卡"注释"面板中的"多行文字"按钮，进入添加文字状态。

（2）此时屏幕上将会弹出如图11-52所示的"文字编辑器"选项卡，并在绘图区出现添加文字的空白格。在"文字编辑器"选项卡内，可以设置字体、文字大小、文字风格、文字排列样式等。读者可以根据自己的需要设置合适的文字样式，然后将光标移动到下面的空白格中，添加需要的文字内容，最后单击按钮，完成图形的绘制。

图11-52　"文字编辑器"选项卡

> **提示：**
>
> 　　如果觉得文字的位置不理想，可以选定文字，将文字移动到需要的位置。移动文字的方法比较多，下面推荐一种比较方便的方法：选定需要移动的文字，然后选择菜单栏中的"修改/移动"命令，即可将选定的文字移动到需要的位置。

11.6　实 战 演 练

通过前面的学习，读者对本章知识也有了大体的了解，本节通过两个操作练习使读者进一步掌握本章知识要点。

【实战演练1】绘制如图11-53所示的无线寻呼系统图。

操作提示：

（1）绘制机房区域模块。

（2）绘制设备。

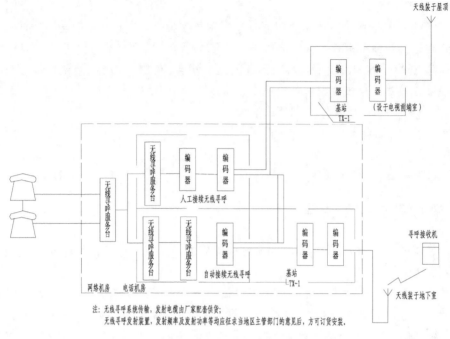

图 11-53　无线寻呼系统图

（3）插入连接线。

（4）添加注释文字。

【实战演练 2】绘制如图 11-54 所示的传输设备供电系统图。

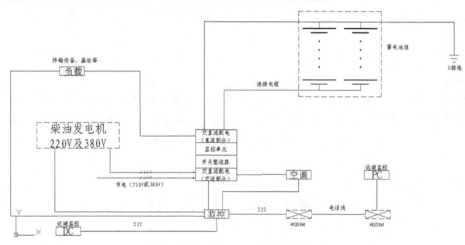

图 11-54　传输设备供电系统图

操作提示：

（1）绘制各电气元件。

（2）插入电气元件。

（3）绘制连接导线。

（4）添加注释文字。

第 *12* 章

工厂电气设计

本章学习要点和目标任务：

- ☑ 工厂电气控制图的简介
- ☑ 绘制工厂低压系统图
- ☑ 绘制电动机正反向启动控制电路图
- ☑ 绘制车间接地线路图
- ☑ 绘制工厂智能系统配线图

工厂电气，顾名思义，就是工厂所涉及的电气，主要是指在工厂中用到的一些电气，如工厂系统线路、接地线路和工厂的大型设备涉及的一些电气。工厂电气涉及的面比较广，本章将介绍工厂电气的分类和其他一些相关基础知识，然后将结合实例实际绘制几张工厂电气控制图。

12.1　工厂电气控制图的简介

12.1.1　工厂常用电器

1．分类

常用电器按适用的电压范围可分为低压电器和高压电器；按所起的作用可分为控制电器和保护电器；按电器的动作性质可分为自动控制电器和非自动控制电器。

2．结构及工作原理

下面分别以按钮和接触器为例介绍非自动电器和自动电器的结构和工作原理。

（1）按钮。按钮是手动控制电器的一种，用来发出信号和接通或断开控制电路。如图 12-1（a）所示是按钮的结构示意图，图 12-1（b）所示是图文符号。图 12-1（a）中的 1、2 是动断（常闭）触点，3、4 是动合（常开）触点，5 是复位弹簧，6 是按钮帽。

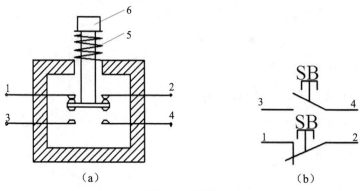

图 12-1　按钮

（2）接触器。接触器是利用电磁吸力的原理工作的，主要由电磁机构和触头系统组成。电磁机构通常包括吸引线圈、铁心和衔铁 3 部分。如图 12-2（a）所示为接触器的结构示意图，其中的 1、2、3、4 是静触点，5、6 是动触点，7、8 是吸引线圈，9、10 分别是动、静铁心，11 是弹簧；图 12-2（b）所示为图文符号，其中的 1、2 之间是常闭触点，3、4 之间是常开触点，7、8 之间是线圈。

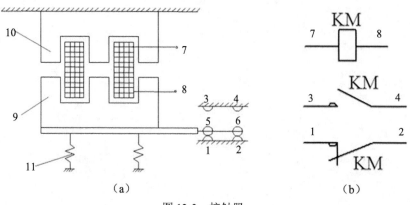

图 12-2　接触器

12.1.2　工厂基本控制电路

1．单向旋转控制电路

三相笼型电动机单向旋转可用开关或接触器控制，如图 12-3 所示为接触器单向旋转控制电路。接触器控制电路图中，Q 为开关，FU1、FU2 为主电路与控制电路的熔断器，KM 为接触器，KR 为热继电器，SB1、SB2 分别为启动按钮与停止按钮，M 为笼型感应电动机。

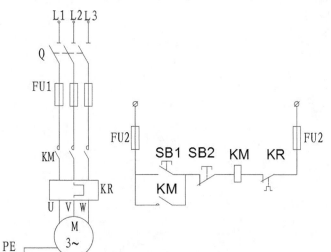

图 12-3　单向旋转控制电路

2．可逆旋转控制电路

在实际生产中，常需要运动部件实现正反两个方向的运动，这就要求电动机能做正反两个方向的运转。从电动机原理可知，改变电动机三相电源相序即可改变电动机旋转方向。如图 12-4 所示为电动机的常用可逆旋转控制电路。

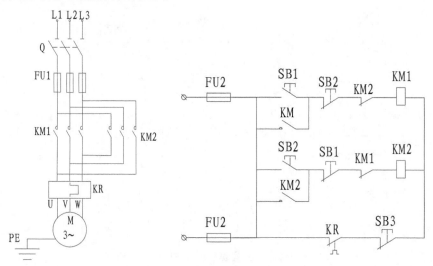

图 12-4　可逆旋转控制电路

3．点动控制电路

生产过程中，不仅要求生产机械运动部件连续运动，还需要点动控制。如图 12-5 所示为电动机点动控制电路，图中的控制电路既可实现点动控制，又可实现连续运转。SB3 为连续运转的停止按钮，SB1 为连续运转的启动按钮，SB2 为点动启动按钮。

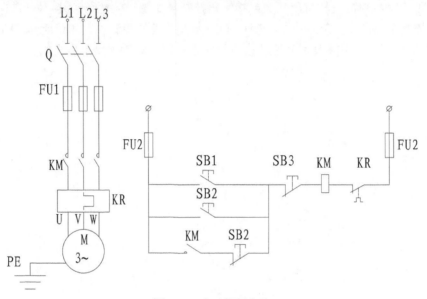

图 12-5　点动控制电路

4．自动往返运动

在实际生产中，常常要求生产机械的运动部件能实现自动往返。因为有行程限制，所以常用行程开关做控制元件来控制电动机的正反转。如图 12-6 所示为电动机往返运行的可逆旋转控制电路。图中 KM1、KM2 分别为电动机正、反转接触器，SQ1 为反向转正向行程开关，SQ2 为正向转反向行程开关，SQ3、SQ4 分别为正向、反向极限保护用限位开关。

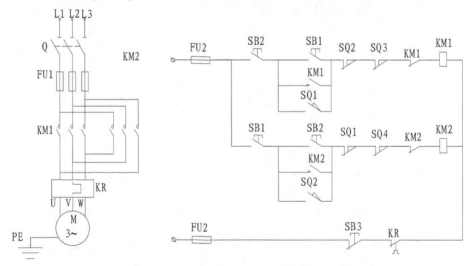

图 12-6　电动机往返运行的可逆旋转控制电路

12.2 绘制工厂低压系统图

如图 12-7 所示为某工厂的低压系统图，其绘制思路为：（1）绘制大致的轮廓线；（2）绘制各电气元器件；（3）绘制各主要模块；（4）将各模块插入轮廓图中；（5）添加注释；（6）绘制表格。

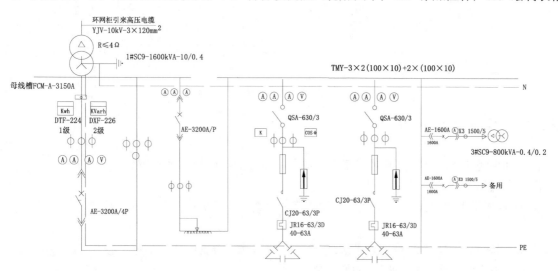

配电柜编号	1P1	1P2	1P3	1P4	1P5
配电柜型号	GCK	GCK	GCJ	GCJ	GCK
配电柜柜宽	1000	1800	1000	1000	1000
配电柜用途	计量进线	干式稳压器	电容补偿柜	电容补偿柜	馈电柜
主要元件 隔离开关			QSA-630/3	QSA-630/3	
断路器	AE-3200A/4P	AE-3200A/3P	CJ20-63/3	CJ20-63/3	AE-1600AX2
电流互感器	3×LMZ2-0.66-2500/5 4×LMZ2-0.66-3000/5	3×LMZ2-0.66-3000/5	3×LMZ2-0.66-500/5	3×LMZ2-0.66-500/5	6×LMZ2-0.66-1500/5
仪表规格	DTF-224 1级 6L2-A×3 DXF-226 2级 6L2-V×1	6L2-A×3	6L2-A×3 6L2-COSφ	6L2-A×3	6L2-A
负荷名称/容量	SC9-1600kVA	1600kVA	12×30=360kVAR	12×30=360kVAR	
母线及进出线电缆	母线槽FCM-A-3150A		配十二步自动投切	与主柜联动	

图 12-7 工厂低压系统图

📷：光盘\配套视频\第 12 章\绘制工厂低压系统图.avi

12.2.1 设置绘图环境

在绘制电路图之前，需要进行基本的操作，包括文件的创建、保存及图层的管理。

操作步骤如下：

（1）建立新文件。单击快速访问工具栏中的"新建"按钮，弹出"选择样板"对话框，选择随书光盘中的"源文件\样板图\A3title.dwt"样板文件为模板新建文件。

（2）设置图层。单击"默认"选项卡"图层"面板中的"图层特性"按钮，弹出"图层特性管理器"选项板，新建"连接导线层"、"轮廓线层"、"实体符号层"和"中心线层"4 个图层，各图层的属性设置如图 12-8 所示，并将"中心线层"图层设置为当前图层。

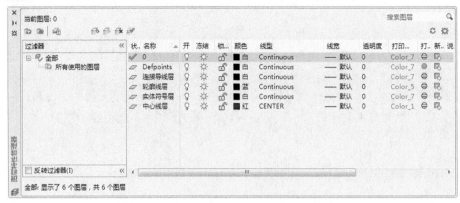

图 12-8　设置图层

12.2.2　绘制图纸布局

在绘制系统图时，首先需要对线路进行绘制，方便后面的模块的放置。

操作步骤如下：

（1）绘制水平边界线。单击"默认"选项卡"绘图"面板中的"直线"按钮，绘制竖直直线。

（2）偏移水平边界线。单击"默认"选项卡"修改"面板中的"偏移"按钮，将第（1）步绘制的水平直线向下偏移 3000，如图 12-9 所示。

（3）绘制竖直边界线。单击"默认"选项卡"绘图"面板中的"直线"按钮，在"对象捕捉"绘图方式下，分别捕捉两水平直线的左端点，绘制得到竖直直线。

（4）偏移直线。单击"默认"选项卡"修改"面板中的"偏移"按钮，将竖直直线依次向右偏移，偏移后相邻直线间的距离依次为 1000、820、1000、1000、2000 和 3200，结果如图 12-10 所示，完成图纸布局。

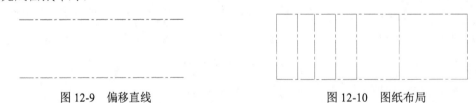

图 12-9　偏移直线　　　　　　　　　　　　图 12-10　图纸布局

12.2.3　绘制电气元件图形符号

工厂低压系统图中主要包括隔离开关、断路器等电气元件。

操作步骤如下：

1. 绘制隔离开关

（1）将"实体符号层"图层设置为当前图层。单击"默认"选项卡"绘图"面板中的"直线"按钮，绘制坐标为{(100,50),(100,100)}的竖直直线。

（2）单击"默认"选项卡"绘图"面板中的"圆"按钮，在"对象捕捉"绘图方式下，捕捉直线的上端点，以其为圆心，绘制一个半径为 4 的圆，如图 12-11 所示。

（3）单击"默认"选项卡"修改"面板中的"移动"按钮✛，将第（2）步绘制的圆向下平移10，结果如图12-12所示。

（4）采用相同的方法，绘制一个圆心距直线的下端点为10的圆，圆的半径为4，如图12-13所示。

图12-11 绘制直线和圆　　　　图12-12 平移圆　　　　图12-13 绘制圆

（5）单击"默认"选项卡"绘图"面板中的"直线"按钮✎，在"对象捕捉"和"极轴追踪"绘图方式下捕捉下侧圆的圆心为起点，绘制一条与竖直方向夹角为40°、长度为23的直线，如图12-14所示。

（6）单击"默认"选项卡"修改"面板中的"修剪"按钮✚，分别以两个圆为修剪边，对竖直直线进行修剪，如图12-15所示，完成隔离开关的绘制。

2. 绘制断路器1

（1）单击"默认"选项卡"绘图"面板中的"直线"按钮✎，绘制坐标为{(100,0),(130,0)}的水平直线1。

（2）单击"默认"选项卡"绘图"面板中的"直线"按钮✎，在"极轴追踪"和"对象捕捉"绘图方式下捕捉直线1的左端点为起点，绘制一条与水平方向夹角为60°、长度为9的倾斜直线2，如图12-16所示。

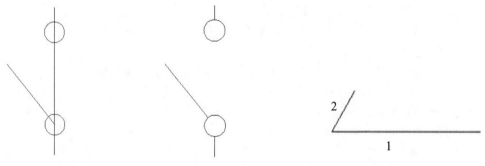

图12-14 绘制斜线　　　　图12-15 隔离开关　　　　图12-16 绘制直线

（3）单击"默认"选项卡"修改"面板中的"复制"按钮⌚，将直线2向右复制并平移4，得到直线3，如图12-17所示。

（4）单击"默认"选项卡"修改"面板中的"镜像"按钮⚠，选择直线2和直线3为镜像对象，以直线1为镜像线进行镜像操作，得到直线4和直线5，如图12-18所示。

（5）单击"默认"选项卡"修改"面板中的"旋转"按钮↻，在"复制"模式下，将绘制的图形以直线1的右端点O为旋转基点进行旋转复制操作，旋转角度为180°，结果如图12-19所示。

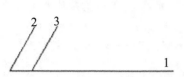

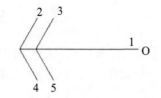

图 12-17　复制直线　　　　　图 12-18　镜像直线　　　　　图 12-19　旋转并复制图形

（6）单击"默认"选项卡"绘图"面板中的"直线"按钮，在"对象捕捉"和"极轴追踪"绘图方式下捕捉点 O 为起点，绘制 4 条长度为 5 的直线，这 4 条直线与水平直线的夹角分别为 60°、120°、240° 和 300°。

（7）单击"默认"选项卡"修改"面板中的"移动"按钮，将第（6）步绘制的 4 条倾斜直线向左平移 3，如图 12-20 所示。

（8）单击"默认"选项卡"绘图"面板中的"直线"按钮，在"对象捕捉"和"极轴追踪"绘图方式下捕捉点 O，以其为起点，绘制一条与水平方向夹角为 30°、长度为 9 的直线。

（9）单击"默认"选项卡"修改"面板中的"移动"按钮，将第（8）步绘制的直线向右平移 9，如图 12-21 所示。

（10）单击"默认"选项卡"修改"面板中的"修剪"按钮，以倾斜直线为修剪边，对水平直线进行修剪，得到如图 12-22 所示的图形，完成断路器 1 的绘制。

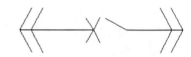

图 12-20　绘制并移动倾斜直线　　　图 12-21　绘制倾斜直线　　　图 12-22　断路器 1

3．绘制断路器 2

（1）单击"默认"选项卡"绘图"面板中的"矩形"按钮，绘制一个长为 18、宽为 18 的矩形，如图 12-23 所示。

（2）单击"默认"选项卡"修改"面板中的"分解"按钮，将绘制的矩形分解为 4 条直线。

（3）单击"默认"选项卡"修改"面板中的"偏移"按钮，将直线 2 依次向右偏移 4 和 13，得到直线 5 和直线 6，将直线 1 依次向下偏移 6 和 12，得到直线 7 和直线 8，如图 12-24 所示。

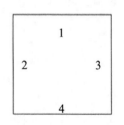

图 12-23　绘制矩形

（4）选择菜单栏中的"修改/拉长"命令，将直线 6 分别向上和向下拉长 25，如图 12-25 所示。

（5）单击"默认"选项卡"修改"面板中的"修剪"按钮和"删除"按钮，对图形进行修剪，并删除掉多余的直线，得到如图 12-26 所示的图形，完成断路器 2 的绘制。

4．绘制电流互感器

（1）单击"默认"选项卡"绘图"面板中的"圆"按钮，以点(300,10)为圆心，绘制一个半径为 30 的圆 1，如图 12-27 所示。

（2）单击"默认"选项卡"修改"面板中的"矩形阵列"按钮，选择第（1）步绘制的圆为阵列对象，设置"行数"为 1、"列数"为 9、"列间距"为 40，单击"确定"按钮，阵列结果如图 12-28 所示。

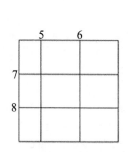

图 12-24 偏移直线

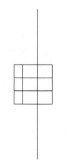

图 12-25 拉长直线

图 12-26 断路器2

图 12-27 绘制圆

（3）单击"默认"选项卡"绘图"面板中的"直线"按钮，在"对象捕捉"绘图方式下，分别捕捉最左端圆和最右端圆的圆心，绘制一条水平直线 L1。

（4）单击"默认"选项卡"修改"面板中的"拉长"按钮，将直线 L1 分别向左和向右拉长 40，如图 12-29 所示。

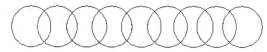

图 12-28 阵列结果

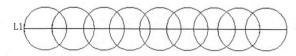

图 12-29 绘制水平直线

（5）单击"默认"选项卡"修改"面板中的"偏移"按钮，将直线 L1 向上偏移 20，如图 12-30 所示。

（6）单击"默认"选项卡"修改"面板中的"修剪"按钮，选择直线 L1 为修剪边，对所有的圆进行修剪，然后删除直线 L1，结果如图 12-31 所示，完成电流互感器的绘制。

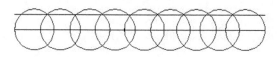

图 12-30 偏移直线

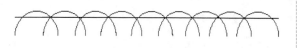

图 12-31 电流互感器

5. 绘制电桥

（1）单击"默认"选项卡"绘图"面板中的"直线"按钮，在"极轴追踪"绘图方式下，以点(200,200)为起点，绘制一条长度为 20，与水平方向夹角为 45°的直线 DB。

（2）单击"默认"选项卡"绘图"面板中的"直线"按钮，以点 B 为起点，沿着 DB 的方向，绘制长度为 10 的直线 BA；采用同样的方法，以 A 为起点，绘制长度为 20 的直线 AC，如图 12-32（a）所示。

（3）采用相同的方法，以点 C 为起点，绘制 3 条与水平方向夹角为 135°、长度分别为 20、10 和 20 的直线 CE、EF 和 FG，如图 12-32（b）所示。

（4）单击"默认"选项卡"绘图"面

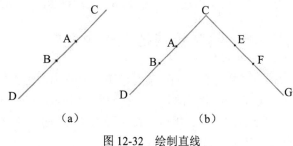

（a）　　　　　　　　（b）

图 12-32 绘制直线

板中的"直线"按钮，在"对象追踪"绘图方式下，捕捉点 D 为起点，向右绘制一条长度为 30.4 的水平直线 DM；捕捉 G 点为起点，向左绘制一条长度为 30.4 的水平直线 GN。

（5）单击"默认"选项卡"绘图"面板中的"直线"按钮，在"对象捕捉"和"极轴追踪"绘图方式下，捕捉 B 点为起点，绘制一条与水平方向夹角为 135°、长度为 5 的直线 L1。

（6）镜像直线。单击"默认"选项卡"修改"面板中的"镜像"按钮，选择直线 L1 为镜像对象，以直线 AB 为镜像线进行镜像操作，得到直线 L2。

（7）单击"默认"选项卡"修改"面板中的"复制"按钮，平移直线 L1 和 L2，得到直线 L3 和 L4。

（8）采用相同的方法，在 E、F、M 和 N 点绘制直线，如图 12-33 所示。

（9）单击"默认"选项卡"修改"面板中的"删除"按钮，删除直线 AB 和 EF，得到如图 12-34 所示的图形，完成电桥的绘制。

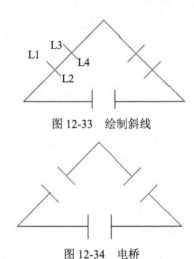

图 12-33　绘制斜线

图 12-34　电桥

12.2.4　连接各主要模块

将"连接导线层"图层设置为当前图层。按照位置关系，可以将系统图分成如图 12-35～图 12-38 所示的几个主要模块，这些是将各元器件分别连接起来形成图纸的主要部分。

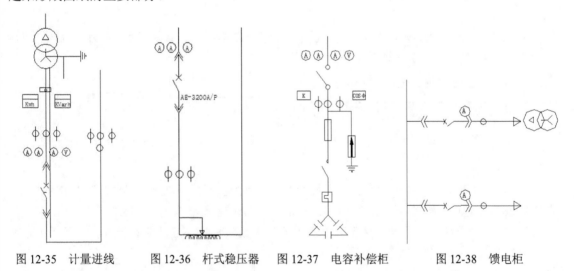

图 12-35　计量进线　　　图 12-36　杆式稳压器　　　图 12-37　电容补偿柜　　　图 12-38　馈电柜

12.2.5　将各模块插入轮廓图中

将各主要部分插入前面绘制好的轮廓图中。注意，前面绘制各元器件时，各图形符号的尺寸不一定完全相符，这样组合在一起会不美观。因此，在组合时可能会用到缩放功能，将各部件调整到合适的大小。组合过程中可以随时调整，但不能改变各器件的相对位置。

12.2.6　添加注释和文字

电路图中文字的添加大大解决了图纸复杂、难懂的问题，根据文字，读者能更好地理解图纸的意义。

操作步骤如下：

（1）创建文字样式。单击"默认"选项卡"注释"面板中的"文字样式"按钮，弹出"文字样式"对话框，如图 12-39 所示；创建一个样式名为"标注"的文字样式，设置"字体名"为"仿宋_GB2312"、"字体样式"为"常规"、"高度"为 20、"宽度因子"为 0.7。

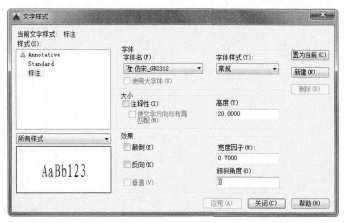

图 12-39　"文字样式"对话框

（2）添加注释文字。单击"默认"选项卡"注释"面板中的"多行文字"按钮，一次输入几行文字，然后调整其位置，以对齐文字。调整文字位置时，可以结合正交功能。

12.2.7　绘制表格

表格中的文字样式设置如图 12-40 所示。

图 12-40　文字样式设置

所绘制的表格及添加的文字如图 12-41 所示。

配电柜编号	1P1	1P2	1P3	1P4	1P5
配电柜型号	GCK	GCK	GCJ	GCJ	GCK
配电柜柜宽	1000	1800	1000	1000	1000
配电柜用途	计量进线	干式稳压器	电容补偿柜	电容补偿柜	馈电柜
主要元件	隔离开关	AE-3200A/4P	AE-3200A/3P	QSA-630/3	QSA-630/3	
	断路器			CJ20-63/3	CJ20-63/3	AE-1600AX2
	电流互感器	3×LMZ2-0.66-2500/5 4×LMZ2-0.66-3000/5	3×LMZ2-0.66-3000/5	3×LMZ2-0.66-500/5	3×LMZ2-0.66-500/5	6×LMZ2-0.66-1500/5
	仪表规格	DTF-224 1只 DXF-226 2只	6L2-A×3	6L2-A×3　6L2-COSφ	6L2-A×3	6L2-A
负荷名称/容量	SC9-1600kVA	1600kVA	12×30=360kVAR	12×30=360kVAR	
母线及进出线电缆	母线槽FCM-A-3150A		配十二步自动投切	与主柜联动	

图 12-41　表格及添加的文字

12.3   绘制电动机正反向启动控制电路图

如图 12-42 所示为电动机正反向启动控制电路图，这一电路的工作原理是：电动机正向或反向启动时，为了减小启动电流，通过鼓型控制器 S1 和接触器 KM4、KM5，依次短接串入转子电路中的三相电阻 R1；电动机断开电源后，通过离心开关 S2、继电器 K9 和 K10 等，电动机反接制动。

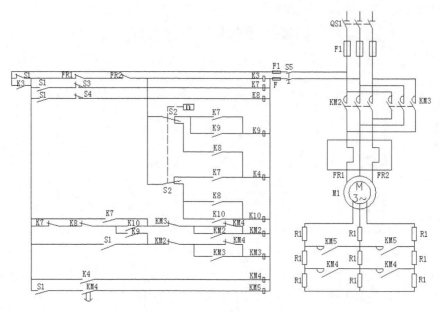

图 12-42   电动机正反向启动控制电路图

这一电路的布置具有鲜明的特点：按工作电源分为两部分，右边为主电路，垂直布置；左边为控制电路，水平布置。在水平布置的控制电路中，各类似项目纵向对齐，电路布置美观。主电路采用多线表示法，整个主电路元件围绕 3 根竖直直线从上到下依次排列。

电动机正反向启动控制电路图的绘制思路如下：采取控制电路与主电路分别绘制，然后再进行组合，绘制控制电路时，先绘制水平和竖直的电路干线，再逐步细化绘制各个元件。绘制各个元件时，采用自上而下或自下而上的顺序，避免遗漏。绘制主电路时，先绘制 3 根竖直主干线，再依次绘制各局部电路。绘制局部电路时，采取自上而下或自下而上的顺序。

📹：光盘\配套视频\第 12 章\绘制电动机正反向启动控制电路图.avi

12.3.1   绘制控制电路

互锁和按钮联锁电路只能保证输出模块中硬件继电器的常开触点不会同时接通。由于切换过程中电感的延时作用，可能会出现一个触点还未断弧，另一个却已合上的现象，从而造成瞬间短路故障。用正反转切换时的延时来解决这一问题，但是这一方案会增大编程的工作量，也不能解决接触触点故障引起的电源短路事故。

下面绘制控制电路，操作步骤如下：

1. 建立新文件

打开 AutoCAD 2016 应用程序，建立新文件，将其命名为"电动机正反向起动控制电路图.dwg"并保存。

2. 绘制主干线

（1）单击"默认"选项卡"绘图"面板中的"直线"按钮，绘制一条适当长度的水平直线；单击"默认"选项卡"修改"面板中的"复制"按钮，在正下方适当距离进行复制，如图 12-43 所示。

图 12-43　绘制并复制直线

（2）单击"默认"选项卡"绘图"面板中的"直线"按钮，在适当的位置绘制 4 条正交直线，如图 12-44 所示。

（3）单击"默认"选项卡"修改"面板中的"复制"按钮，将第（2）步绘制的水平直线进行适当距离的复制，如图 12-45 所示。

（4）单击"默认"选项卡"绘图"面板中的"直线"按钮，在"对象捕捉"绘图方式下，捕捉相关直线上的点为起点和终点，绘制一条竖直直线，并绘制两条水平直线，直线的起点和终点分别在绘制的竖直直线和最右边的竖直直线上，这样就完成了控制电路主干线的绘制，如图 12-46 所示。

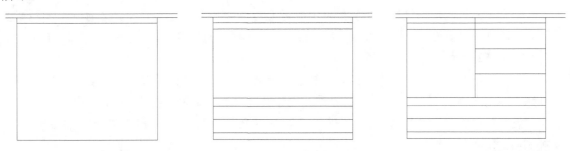

图 12-44　绘制直线　　　　图 12-45　复制直线　　　　图 12-46　完成主干线绘制

3. 绘制元器件

（1）绘制熔断器与开关。

① 单击"默认"选项卡"绘图"面板中的"矩形"按钮，在最上面水平直线的右端适当位置绘制一个矩形。

② 单击"默认"选项卡"绘图"面板中的"直线"按钮，在"对象捕捉"绘图方式下，捕捉最上面水平直线的右端一点，向下绘制一条斜线，如图 12-47 所示。

③ 打断直线。单击"默认"选项卡"修改"面板中的"打断"按钮，在适当位置打断最上边的水平直线，结果如图 12-48 所示。

④ 复制图形和打断水平直线。单击"默认"选项卡"修改"面板中的"复制"按钮，将绘制好的矩形和斜线垂直复制到下一水平直线上；单击"默认"选项卡"修改"面板中的"打断"

按钮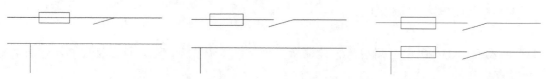，将部分水平直线段进行打断，结果如图 12-49 所示。

图 12-47　绘制矩形和斜线　　　　　　图 12-48　打断直线　　　　　　图 12-49　复制和打断直线

（2）绘制 S5。单击"默认"选项卡"绘图"面板中的"直线"按钮，绘制一条短水平直线和一条竖直直线，竖直直线的端点为水平短线的中点和上面斜线上的一点，完成手动控制刀闸 S5 的绘制，如图 12-50 所示。

（3）绘制 K3。单击"默认"选项卡"绘图"面板中的"矩形"按钮，在第二条水平直线上辅助电路熔断器 F2 靠左的适当位置绘制一个适当大小的矩形；单击"默认"选项卡"修改"面板中的"修剪"按钮，将穿过矩形的直线修剪掉，完成控制电源继电器 K3 的绘制，结果如图 12-51 所示。

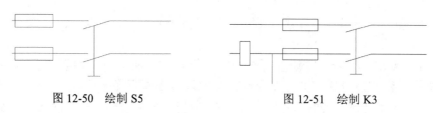

图 12-50　绘制 S5　　　　　　　　　　　图 12-51　绘制 K3

（4）绘制 FR2。单击"默认"选项卡"绘图"面板中的"直线"按钮，在第二条水平直线上靠近竖直主干线左端适当的位置绘制一条竖直短线和一条与竖直短线交叉的斜线；再单击"默认"选项卡"修改"面板中的"修剪"按钮，对图形进行修剪，完成热继电器 FR2 的绘制，如图 12-52 所示。

（5）绘制 FR1 和 S1。单击"默认"选项卡"修改"面板中的"复制"按钮，将刚绘制好的 FR2 竖直短线和斜线在水平向左的适当位置进行复制；单击"默认"选项卡"修改"面板中的"修剪"按钮，对复制的图形进行修剪，完成热继电器 FR1 和鼓型控制器 S1 的绘制，如图 12-53 所示。

图 12-52　绘制 FR2　　　　　　　　　图 12-53　绘制 FR1 和 S1

（6）绘制控制电源继电器。单击"默认"选项卡"绘图"面板中的"直线"按钮和"修改"工具栏中的"修剪"按钮，绘制左上端的控制电源继电器，如图 12-54 所示。

（7）复制 K3。单击"默认"选项卡"修改"面板中的"复制"按钮，将第（3）中绘制的控制电源继电器 K3 水平向下依次复制到各水平主干线上，如图 12-55 所示。

（8）绘制 S3。单击"默认"选项卡"绘图"面板中的

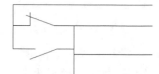

图 12-54　绘制控制电源继电器

"直线"按钮✐和"修改"工具栏中的"修剪"按钮✂，在第 3 条水平主干线上对应 FR1 的下方位置绘制限位开关 S3，如图 12-56 所示。

（9）绘制 S1。单击"默认"选项卡"绘图"面板中的"直线"按钮✐和"修改"工具栏中的"修剪"按钮✂，在第 3 条水平主干线上限位开关 S3 左边适当位置绘制鼓型控制器 S1，如图 12-57 所示。

（10）复制 S3 和 S1。单击"默认"选项卡"修改"面板中的"复制"按钮❀，将绘制的限位开关 S3 和鼓型控制器 S1 竖直向下复制到第 4 条水平主干线上，如图 12-58 所示。

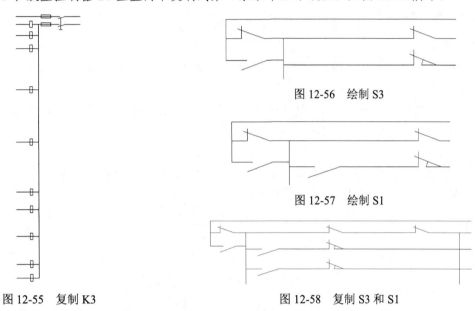

图 12-55　复制 K3

图 12-56　绘制 S3

图 12-57　绘制 S1

图 12-58　复制 S3 和 S1

4．修整主干线

（1）绘制图线。单击"默认"选项卡"绘图"面板中的"直线"按钮✐，在短水平主干线上绘制一系列图线，如图 12-59 所示。

（2）修剪图线。单击"默认"选项卡"修改"面板中的"修剪"按钮✂，将第（1）步绘制的图线进行修剪，如图 12-60 所示。

5．绘制元器件

（1）绘制 K7。单击"默认"选项卡"绘图"面板中的"直线"按钮✐和"修改"工具栏中的"打断"按钮▢，在刚绘制和修剪的最上方水平图线上绘制正转启动继电器 K7；单击"默认"选项卡"修改"面板中的"复制"按钮❀，将其竖直向下依次复制；重复"打断"命令，修剪掉多余的图线，如图 12-61 所示。

（2）绘制 S2。单击"默认"选项卡"绘图"面板中的"直线"按钮✐和"矩形"按钮▢，绘制离心开关 S2，大体位置如图 12-62 所示。

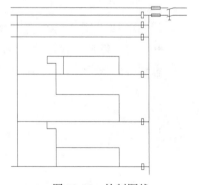

图 12-59　绘制图线

图 12-60　修剪图线

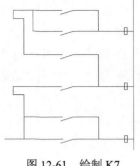
图 12-61　绘制 K7

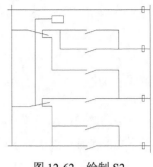
图 12-62　绘制 S2

6．电路说明

（1）添加文字。单击"默认"选项卡"绘图"面板中的"多行文字"按钮A，在刚绘制的矩形旁边添加文字"n"，如图 12-63 所示。

（2）移动文字。单击"默认"选项卡"修改"面板中的"移动"按钮✛，将文字"n"移动到矩形框内的中间位置，如图 12-64 所示。

7．补充主干线

（1）绘制正交图线。单击"默认"选项卡"绘图"面板中的"直线"按钮✍，在图形的下部适当位置绘制一系列正交图线，如图 12-65 所示。

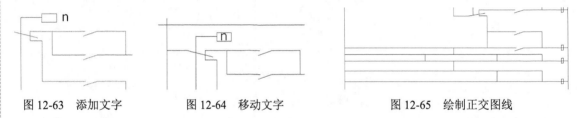

图 12-63　添加文字　　　图 12-64　移动文字　　　图 12-65　绘制正交图线

（2）修剪图线。单击"默认"选项卡"修改"面板中的"修剪"按钮⊬，将刚绘制的一系列图线进行修剪，如图 12-66 所示。

8．绘制元器件

（1）绘制继电器和接触器。单击"默认"选项卡"绘图"面板中的"直线"按钮✍和"修改"面板中的"修剪"按钮⊬、"打断"按钮□、"复制"按钮❖，在刚修剪的图线上绘制一系列的继电器和接触器元件，如图 12-67 所示。

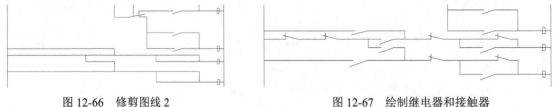

图 12-66　修剪图线 2　　　　　　　图 12-67　绘制继电器和接触器

（2）绘制 S1 和 KM4。单击"默认"选项卡"绘图"面板中的"直线"按钮✍、"圆弧"按钮⌒和"修改"面板中的"打断"按钮□，绘制图形左下角的鼓型控制器 S1 和电阻接触器 KM4，如图 12-68 所示。完成控制电路的绘制，如图 12-69 所示。

Note

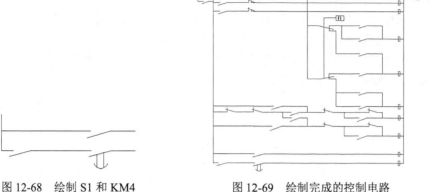

图 12-68　绘制 S1 和 KM4　　　　　图 12-69　绘制完成的控制电路

12.3.2　绘制主电路

主电路中热继电器用于过载保护，异步电动机长期严重过载时，经过一定延时，热继电器的常开触点断开，常闭触点闭合。其常闭触点与接触器的线圈串联，过载时接触其线圈断电，电机停止运行，起到保护作用。

操作步骤如下：

1. 绘制主电路主干线

（1）单击"默认"选项卡"绘图"面板中的"直线"按钮，在控制电路右边适当的位置绘制一条竖直直线；在"对象追踪"和"对象捕捉"绘图方式下，使直线的下端点与控制电路最下方水平主干线处于同一水平位置。

（2）单击"默认"选项卡"修改"面板中的"偏移"按钮，将竖直直线向左右偏移相同的适当距离，生成 3 条平行等距竖直直线作为主电路主干线，如图 12-70 所示。

（3）绘制水平直线。单击"默认"选项卡"绘图"面板中的"直线"按钮，过竖直直线下端点绘制一条适当长度的水平直线；单击"默认"选项卡"修改"面板中的"偏移"按钮，以相同的距离向上依次偏移出 3 条水平直线，如图 12-71 所示。

（4）绘制竖直直线。单击"默认"选项卡"绘图"面板中的"直线"按钮，绘制两条竖直直线，连接偏移的水平直线的左右各端点，如图 12-72 所示。

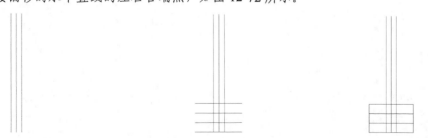

图 12-70　绘制主电路主干线　　　图 12-71　绘制水平直线　　　图 12-72　绘制竖直直线

（5）修剪图线。单击"默认"选项卡"修改"面板中的"修剪"按钮，对绘制和偏移的直线进行修剪，如图 12-73 所示。

2．绘制发动机

（1）绘制同心圆。单击"默认"选项卡"绘图"面板中的"圆"按钮⊘，以中间竖直直线上的一点为圆心绘制两个适当大小的同心圆，如图12-74所示。

（2）修剪竖直直线。单击"默认"选项卡"修改"面板中的"修剪"按钮，以同心圆为修剪线，对竖直直线进行修剪，如图12-75所示。

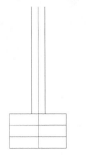
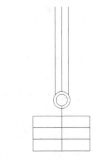

图12-73　修剪图线　　　　　图12-74　绘制同心圆　　　　　图12-75　修剪竖直直线

3．绘制主干线

（1）绘制竖直直线。单击"默认"选项卡"绘图"面板中的"直线"按钮，在"对象捕捉"绘图方式下，用鼠标左键捕捉竖直直线的两个端点，分别在小同心圆和最上方水平直线上绘制一条竖直直线，如图12-76所示。

（2）镜像竖直直线。单击"默认"选项卡"修改"面板中的"镜像"按钮，将刚绘制的竖直直线进行镜像，如图12-77所示。

（3）修剪水平直线。单击"默认"选项卡"修改"面板中的"修剪"按钮，将最上方水平直线进行修剪，如图12-78所示。

4．完善发动机

单击"默认"选项卡"绘图"面板中的"多行文字"按钮A，添加标示三相电动机的文字，如图12-79所示。

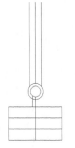
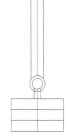
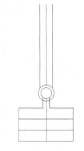

图12-76　绘制竖直直线　　　　　图12-77　镜像竖直直线　　　　　图12-78　修剪水平直线

5．绘制热继电器组

（1）绘制矩形。单击"默认"选项卡"绘图"面板中的"矩形"按钮，在三相电动机上方绘制一个适当大小的矩形，如图12-80所示。

（2）绘制折线。单击"默认"选项卡"绘图"面板中的"直线"按钮，在矩形框内的左边竖直直线上绘制封闭正交直线，如图12-81所示。

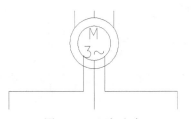

图 12-79　添加文字

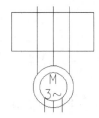

图 12-80　绘制矩形

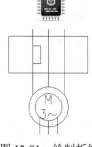

图 12-81　绘制折线

（3）复制折线。单击"默认"选项卡"修改"面板中的"复制"按钮，将刚绘制的折线水平复制到右边竖直直线上，如图 12-82 所示。

（4）生成热继电器。单击"默认"选项卡"修改"面板中的"修剪"按钮，以刚绘制和复制的直线为界线，将左右竖直直线进行修剪，完成热继电器 FR1 和 FR2 的绘制，如图 12-83 所示。

6．绘制自动复位的带主动触点的开关

（1）绘制连线。单击"默认"选项卡"绘图"面板中的"直线"按钮，在热继电器 FR1 和 FR2 的上方适当位置绘制 3 条连接线，如图 12-84 所示。

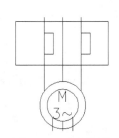

图 12-82　复制折线

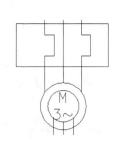

图 12-83　生成热继电器

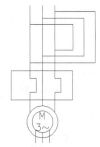

图 12-84　绘制连线

（2）绘制半圆弧和斜线。单击"默认"选项卡"绘图"面板中的"直线"按钮和"圆弧"按钮，在连线范围内左边竖直直线上捕捉相关端点绘制一个半圆弧和一条斜线，如图 12-85 所示。

（3）复制半圆弧和斜线。单击"默认"选项卡"修改"面板中的"复制"按钮，将绘制的半圆弧和斜线依次水平复制到右边各竖直直线上，如图 12-86 所示。

（4）修剪竖直直线。单击"默认"选项卡"修改"面板中的"修剪"按钮，修剪半圆弧和斜线之间的竖直直线，如图 12-87 所示。

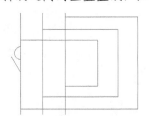

图 12-85　绘制半圆弧和斜线

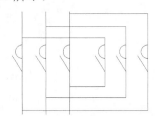

图 12-86　复制半圆弧和斜线

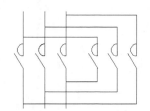

图 12-87　修剪竖直直线

（5）绘制水平直线。单击"默认"选项卡"绘图"面板中的"直线"按钮，绘制两条水平直线，分别连接左边 3 根斜线和右边 3 根斜线的中点，完成正转控制接触器 KM2 和反转控制接触器 KM3 的绘制，如图 12-88 所示。

7. 绘制熔断器

（1）绘制F1。单击"默认"选项卡"绘图"面板中的"矩形"按钮▭，在正转控制接触器KM2上方的竖直直线上适当位置绘制一个适当大小的矩形。

（2）单击"默认"选项卡"修改"面板中的"复制"按钮，将矩形水平复制到另两根竖直直线上，完成主电路熔断器F1的绘制，如图12-89所示。

8. 绘制自动复位的隔离开关

（1）绘制并复制直线。单击"默认"选项卡"绘图"面板中的"直线"按钮，在主电路熔断器F1上方竖直直线上绘制一条水平短线和一条斜线。

（2）单击"默认"选项卡"修改"面板中的"复制"按钮，将绘制的水平短线和斜线水平复制到另外两根竖直直线上，如图12-90所示。

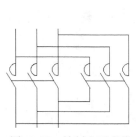

图 12-88　绘制水平直线

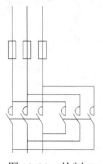

图 12-89　绘制 F1

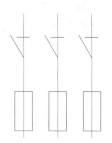

图 12-90　绘制并复制直线

9. 修整单路干线

（1）修剪竖直直线。单击"默认"选项卡"修改"面板中的"修剪"按钮，以刚绘制和复制的直线为界线，将多余的竖直图线进行修剪，如图12-91所示。

（2）完成QS1的绘制。单击"默认"选项卡"绘图"面板中的"直线"按钮，绘制一条水平直线，连接刚绘制的3条斜线的中点，完成电源隔离刀闸QS1的绘制，如图12-92所示。

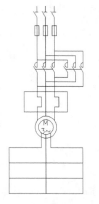

图 12-91　修剪竖直直线

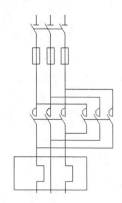

图 12-92　完成 QS1 的绘制

（3）绘制并复制矩形。单击"默认"选项卡"绘图"面板中的"矩形"按钮▭，在主电路下方竖直主干线上适当位置绘制一个适当大小的矩形；单击"默认"选项卡"修改"面板中的"复制"按钮，将矩形分别进行水平和垂直复制，如图12-93所示。

（4）完成 R1 的绘制。单击"默认"选项卡"修改"面板中的"修剪"按钮，将穿过矩形的竖直图线修剪掉，完成启动电阻 R1 的绘制，如图 12-94 所示。

（5）绘制斜线和半圆弧。单击"默认"选项卡"绘图"面板中的"直线"按钮 和"圆弧"按钮 ，在水平连线的适当位置上捕捉相关端点绘制一个半圆弧和一条斜线；单击"默认"选项卡"修改"面板中的"复制"按钮 ，将半圆弧和斜线进行水平和垂直复制，如图 12-95 所示。

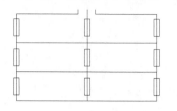

图 12-93　绘制并复制矩形

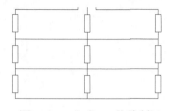

图 12-94　完成 R1 的绘制

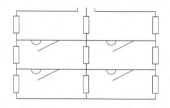

图 12-95　绘制斜线和半圆弧

（6）完成主电路图的绘制。单击"默认"选项卡"修改"面板中的"修剪"按钮，修剪半圆弧和斜线之间的水平连线。最终完成的主电路图如图 12-96 所示。

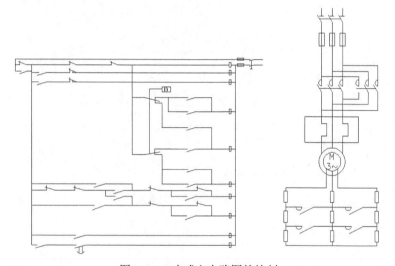

图 12-96　完成主电路图的绘制

12.3.3　组合主电路和控制电路

热继电器有自动复位功能，即热继电器动作后电机停止转动，串接在主回路中的热继电器的原件冷却，热继电器的触点自动恢复原状。

操作步骤如下：

（1）移动控制电路。单击"默认"选项卡"修改"面板中的"移动"按钮，选择整个控制电路图部分为移动对象，如图 12-97 所示。将其水平向右移动到合适位置，使控制电路与主电路之间更紧凑，如图 12-98 所示。

（2）连接主电路与控制电路。单击"默认"选项卡"修改"面板中的"延伸"按钮，将主电路左边的竖直直线延伸至控制电路最上边水平直线右端；重复"延伸"命令，延伸第 2 条水平直线右端到主电路中间竖直直线，完成控制电路与主电路的连接，如图 12-99 所示。

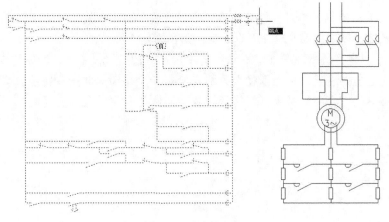

图 12-97　选择对象

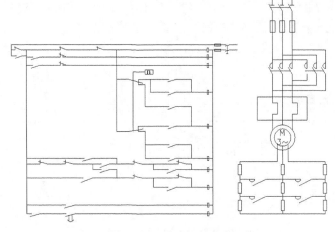

图 12-98　移动控制电路

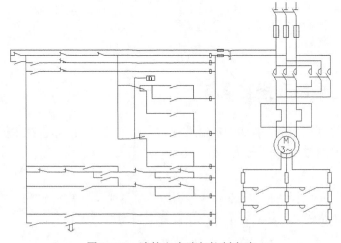

图 12-99　连接主电路与控制电路

（3）修改线型。选择电路图中的几处图线，这些图线显示控制夹点，如图 12-100 所示。将其线型改为虚线，如图 12-101 所示。

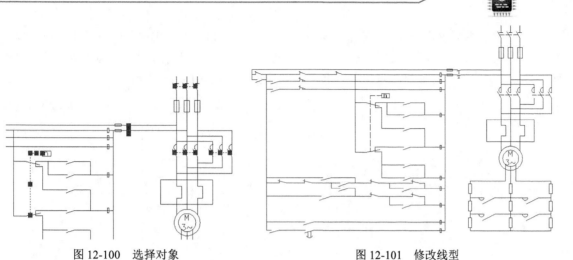

图 12-100 选择对象   图 12-101 修改线型

提示：
在修改线型之前应该为系统加载虚线线型。

（4）添加文字。单击"默认"选项卡"注释"面板中的"多行文字"按钮A，绘制图形左上角的鼓型控制器符号"S1"；单击"默认"选项卡"修改"面板中的"移动"按钮，将绘制好的文字"S1"进行适当的平移，使文字的位置更合适，如图 12-102 所示。

（5）复制文字。单击"默认"选项卡"修改"面板中的"复制"按钮，将刚添加的文字"S1"复制到各个元件旁边，如图 12-103 所示。

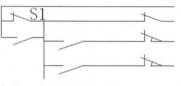

图 12-102 添加文字

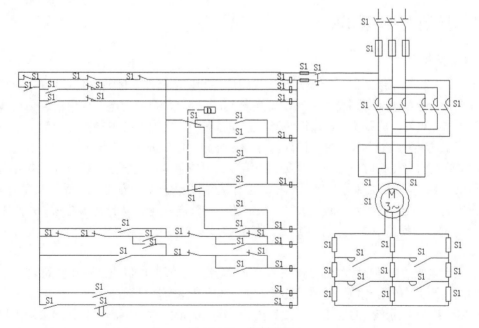

图 12-103 复制文字

（6）修改并调整文字注释。双击复制的各个文字，弹出"文字编辑器"选项卡，将文字改为各个元件正确的代表符号文字；单击"默认"选项卡"修改"面板中的"移动"按钮，将修改后的文字进行适当的移动，完成电动机正反向启动控制电路的绘制，如图 12-104 所示。

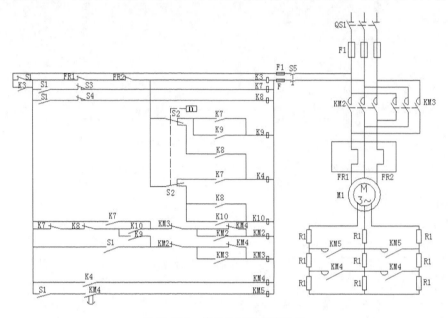

图 12-104　修改并调整文字注释

12.4　绘制车间接地线路图

12.4.1　接地的相关知识

1．接地的概念

将电力系统或电气装置的某一部分经接地线连接到接地极称为接地。电气装置是一定空间中若干相互连接的电气设备的组合。电气设备是发电、变电、输电、配电或用电的任何设备，如电动机、变压器、电器、测量仪表、保护装置、布线材料等。电力系统中接地点一般是中性点，也可以是相线上的某一点。电气装置的接地部分则为外露导电部分。外露导电部分为电气装置中能被触及的导电部分，正常时不带电，但在故障情况下可能带电，一般指金属外壳。有时为了安全保护的需要，将装置外导电部分与接地线相连进行接地。装置外导电部分也可称为外部导电部分，不属于电气装置，一般是指水、暖、煤气、空调的金属管道及建筑物的金属结构。外部导电部分可能引入电位，一般是地电位。接地线是连接到接地极的导线。接地装置是接地极与接地线的总称。

超过额定电流的任何电流称为过电流。在正常情况下，不同电位点间由阻抗可忽略不计的故障产生的过电流称为短路电流，例如，相线和中性线间产生金属性短路所产生的电流称为单相短路电流。由绝缘损坏而产生的电流称为故障电流，流入大地的故障电流称为接地故障电流。当电气设备的外壳接地，且其绝缘损坏，相线与金属外壳接触时称为碰壳，所产生的电流称为碰壳电流。

2. 接地的作用

（1）防止人身遭受电击。

（2）保障电气系统正常运行。

（3）防止雷击和静电的危害。

3. 接地的分类

（1）接地的作用分类。一般分为保护性接地和功能性接地两种。

① 保护性接地。

☑ 防电击接地：为了防止电气设备绝缘损坏或产生漏电流时，使平时不带电的外露导电部分带电而导致电击，将设备的外露导电部分接地，称为防电击接地。这种接地还可以限制线路涌流或低压线路及设备由于高压窜入而引起的高电压，当产生电气故障时，有利于过电流保护装置动作而切断电源。这种接地也是狭义的保护接地。

☑ 防雷接地：将雷电导入大地，防止雷电流使人身受到电击或财产遭到破坏。

☑ 防静电接地：将静电荷引入大地，防止由于静电积聚对人体和设备造成危害。特别是目前电子设备中集成电路用得很多，而集成电路容易受到静电作用产生故障，接地后可防止集成电路的损坏。

☑ 防电蚀接地：地下埋设金属体作为牺牲阳极或阴极，防止电缆、金属管道等受到电蚀。

② 功能性接地。

☑ 工作接地：为了保证电力系统运行，防止系统振荡，保证继电保护的可靠性，在交直流电力系统的适当地方进行接地，交流一般为中性点，直流一般为中点，在电子设备系统中，则称除电子设备系统以外的交直流接地为功率地。

☑ 逻辑接地：为了确保稳定的参考电位，将电子设备中的适当金属件作为逻辑地，一般采用金属底板作为逻辑地。常将逻辑接地及其他模拟信号系统的接地统称为直流地。

☑ 屏蔽接地：将电气干扰源引入大地，抑制外来电磁干扰对电子设备的影响，也可减少电子设备产生的干扰，以防影响其他电子设备。

☑ 信号接地：为保证信号具有稳定的基准电位而设置的接地，如检测漏电流的接地、阻抗测量电桥和电晕放电损耗测量等电气参数测量的接地。

建筑防雷与接地工程图包括防雷工程图与接地工程图两部分，其主要内容有避雷带引下线敷设方式、接地装置的安装情况等。此类图是在建筑平面图的基础上绘制的，绘制方法比较简单。

（2）按接地形式分类。接地极按其布置方式可分为外引式接地极和环路式接地极；若按其形状分类，则有管形、带形和环形几种基本形式；若按其结构分类，则有自然接地极和人工接地极之分。用来作为自然界地极的有上下水的金属管道、与大地有可靠连接的建筑物和构筑物的金属结构，以及敷设于地下而其数量不少于两根的电缆金属包皮及敷设于地下的各种金属管道，但可燃液体及可燃或爆炸的气体管道除外。用来作为人工接地极的一般有钢管、角钢、扁钢和圆钢等钢材。例如，在有化学腐蚀性的土壤中，则应采用镀锌的上述几种钢材或铜质的接地极。

12.4.2　车间接地线路图

如图 12-105 所示为车间接地线路图，此图结构比较简单，但是各部分之间的位置关系必须严格按规定尺寸来布置。绘图思路如下：首先绘制建筑平面图，再绘制图形符号，然后绘制接地体并插入图形符号，最后添加注释和尺寸标注，完成整张图的绘制。

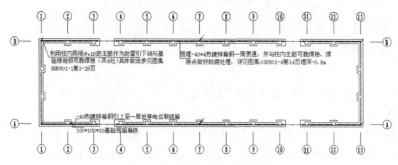

图 12-105　车间接地线路图

操作步骤如下：（📹：光盘\配套视频\第 12 章\绘制车间接地线路图.avi）

1. 绘制建筑平面图

打开源文件中的"车间建筑平面图"文件。通常建筑平面图应由建筑设计的相关人员提供已经设计好的 AutoCAD 文件，然后由电气设计人员按照建筑结构设计电气图。

如果没有建筑设计人员提供的建筑平面图，则需要自行绘制。一般绘制过程包括如下步骤：

（1）建立建筑图样板文件。

（2）绘制各关键部位的中心轴线。

（3）绘制墙线并修剪。

（4）绘制门和窗洞。

（5）绘制各窗，也可将窗存成图块，然后分别插入到对应位置。

（6）绘制楼梯。

（7）绘制阳台。

（8）绘制或者插入柱形块。

（9）标注尺寸，加入注释文字等。

（10）修改细节部分，整理视图。

在绘制建筑平面图的过程中，有很多地方具有对称性，因此使用"镜像"命令可以减少绘图的工作量。如图 12-106 所示为绘制得到的某车间的建筑平面图。

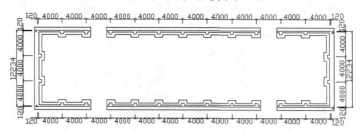

图 12-106　建筑平面图

2. 绘制图形符号

（1）建立图层。在绘制图形符号前，应按如图 12-107 所示对所需图层的各种参数进行设置，并将创建的"绘图层"图层设置为当前图层。

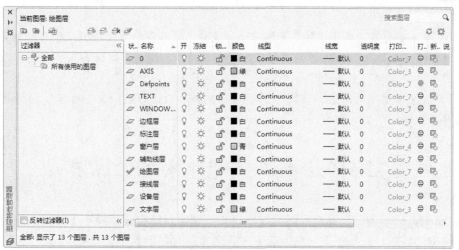

图 12-107 建立图层

（2）绘制垂直接地体符号。单击"默认"选项卡"绘图"面板中的"多段线"按钮🛱，绘制垂直及水平部分，长度和高度都为 50，如图 12-108 所示。

（3）绘制接地引下线符号。绘制实心圆，有以下两种方法可以实现。

图 12-108 绘制垂直接地体符号

方法一：先绘制一个半径为 50 的圆，然后单击"默认"选项卡"绘图"面板中的"图案填充"按钮🔳，弹出"图案填充创建"选项卡，在"图案填充图案"面板中设置参数，如图 12-109 所示，其他参数采用默认值即可。

方法二：单击"默认"选项卡"绘图"面板中的"圆环"按钮◎，设置圆环内径为 0，外径为 50，绘制实心圆。

（4）绘制引线。在"极轴"绘图方式下，单击"默认"选项卡"绘图"面板中的"多段线"按钮🛱，从圆环中点斜向 45° 绘制线段，长度为 300，设置下一线段起始线宽为 75，端点宽度为 0，继续绘制长为 200 的线段，结果如图 12-110 所示。

3. 复制接地体并插入图形符号

单击"默认"选项卡"修改"面板中的"复制"按钮🗐和"移动"按钮✥，将接地体和图形符号插入建筑平面图中，结果如图 12-111 所示。

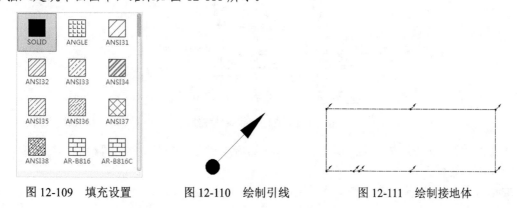

图 12-109 填充设置 　　图 12-110 绘制引线 　　图 12-111 绘制接地体

4. 加入图形注释文字

（1）创建文字样式。单击"默认"选项卡"注释"面板中的"文字样式"按钮，弹出"文字样式"对话框，创建一个样式名为"标注"的文字样式，设置"字体名"为"仿宋_GB2312"、"字体样式"为"常规"、"高度"为"250"、"宽度因子"为"0.7"。

（2）添加注释文字。单击"默认"选项卡"注释"面板中的"多行文字"按钮，添加文字然后调整其位置，以对齐文字。

12.5　绘制工厂智能系统配线图

如图 12-112 所示为工厂智能系统配线图。工厂智能系统配线图并不十分复杂，对具体的尺寸也没有精确的要求，只是在安装总说明中才有各个部件的确切定位尺寸。

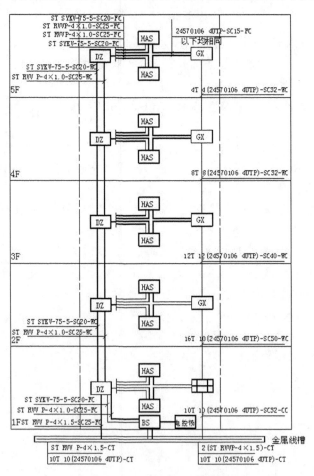

图 12-112　工厂智能系统配线图

本实例的制作思路：首先绘制定位辅助线，然后绘制各个图形实体，再绘制一层的配线，最后进行复制、连线即可。

🎥：光盘\配套视频\第 12 章\绘制工厂智能系统配线图.avi

12.5.1　设置绘图环境

操作步骤如下：

（1）建立新文件。单击快速访问工具栏中的"新建"按钮□，弹出"选择样板"对话框，选择随书光盘中的"源文件\样板图\A3title.dwt"样板文件为模板，新建文件，将其命名为"工厂智能系统配线图.dwg"并保存。

（2）设置图形界限。选择菜单栏中的"格式/图形界限"命令，分别设置图形界限的两个角点坐标为：左下角点为(0,0)，右上角点为(200,280)。

（3）设置图层。单击"默认"选项卡"图层"面板中的"图层特性"按钮，弹出"图层特性管理器"选项板，新建"辅助线"、"图签"和"系统"3 个图层，各图层的属性设置如图 12-113 所示。

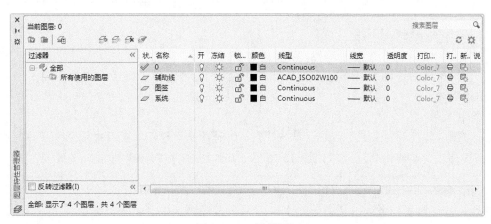

图 12-113　设置图层

12.5.2　图纸布局

系统图中图纸的布局是整个系统图的框架，将系统分为不同功能的模块，最后按模块划分，填充电气图形。

操作步骤如下：

（1）打开"图形特性管理器"选项板，把"0"图层设置为当前图层。

（2）绘制矩形。单击"默认"选项卡"绘图"面板中的"矩形"按钮□，在绘图区绘制长为 280、宽为 400 的矩形，如图 12-114 所示。

（3）分解矩形。单击"默认"选项卡"修改"面板中的"分解"按钮，选择矩形进行分解。

（4）等分矩形边。单击"默认"选项卡"绘图"面板中的"定数等分"按钮，将矩形的长边等分为 5 份；重复"定数等分"命令，将矩形的短边等分为 4 份。

（5）绘制辅助线。单击"默认"选项卡"绘图"面板中的"直线"按钮，在矩形边上捕捉节点，绘制辅助线，如图 12-115 所示。

（6）改变线型。选中矩形内部的两条竖直辅助线，将其移至"辅助线"图层，此时矩形内部的两条竖向辅助线变为虚线，如图 12-116 所示。

图 12-114　绘制矩形

图 12-115　绘制辅助线

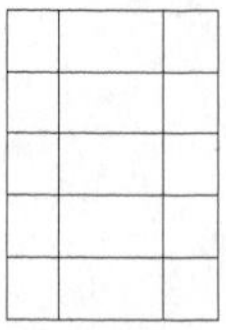

图 12-116　改变线型

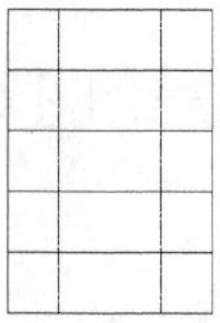

（7）打断直线。单击"默认"选项卡"修改"面板中的"打断于点"按钮，将竖向辅助线在各个交点处打断。

> **提示：**
> 当完成打断操作之后，原来竖向的一条直线就变为了 5 条线段，这样在安放图形时，可以捕捉到各个层间线段的中点。

12.5.3　绘制系统图形

在上面框架图的基础上，依次根据不同的功能添加电器元件与模块，完善图纸。

操作步骤如下：

1．绘制矩形

将工作图层转换到"系统"图层，单击"默认"选项卡"绘图"面板中的"多段线"按钮，设置起点和终点宽度均为 0.7，绘制 25×15 的矩形，如图 12-117（a）所示。

> **提示：**
> 在绘制矩形时要一条边一条边地绘制，这样每条边都是一个独立的实体。

2．添加注释文字

（1）单击"默认"选项卡"修改"面板中的"复制"按钮，将矩形复制 5 个。

（2）单击"默认"选项卡"绘图"面板中的"多行文字"按钮，分别在矩形内部添加文字，结果如图 12-117（b）~图 12-117（f）所示。其中，写有"HAS"的为家庭智能控制中心，写有"BS"的为首层可视对讲门口机，写有"GX"的为层综合布线过线箱，写有"DZ"的为层智能报警控制端子箱。

（a）　　（b）　　（c）　　（d）　　（e）　　（f）

图 12-117　绘制矩形并添加注释文字

3．绘制首层综合布线配线架箱

（1）单击"默认"选项卡"修改"面板中的"复制"按钮，将绘制好的矩形复制一次。

（2）单击"默认"选项卡"绘图"面板中的"定数等分"按钮，将复制后的矩形长边等分为 4 份；利用"多段线"命令，将等分后的节点连接起来，如图 12-118 所示。

4．安放各个部件

（1）单击"默认"选项卡"修改"面板中的"移动"按钮，选择层智能报警控制端子箱，以矩形短边的中点为基点，如图 12-119 所示。将光标移动到一层竖向直线的中点附近，此时出现中点 0° 水平追踪线，如图 12-120 所示，在距直线中点长度为 5 处放置端子箱。

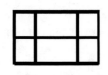
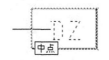
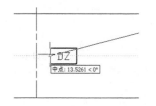

图 12-118 连接节点   图 12-119 捕捉短边中点   图 12-120 在 0° 追踪线上安放图块

（2）单击"默认"选项卡"修改"面板中的"移动"按钮，安放"家庭智能控制中心"图块，以矩形长边的中点为基点，如图 12-121 所示。安放的位置为一层竖向 270° 的追踪线上，在距横直线中点长度为 5 处放置图块，如图 12-122 所示。

（3）采用相同的方法放置其他图块，最终结果如图 12-123 所示。

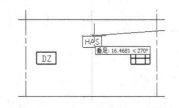
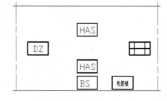

图 12-121 捕捉长边中点   图 12-122 在 270° 追踪线上安放图块   图 12-123 一层图块安放

5. 连接各图块

（1）单击"默认"选项卡"绘图"面板中的"直线"按钮，从层智能报警控制端子箱中引出一端口，并将端口线等分为 5 份，如图 12-124 所示。

（2）单击"默认"选项卡"绘图"面板中的"多段线"按钮，将线宽设置为 0.4，连接的过程如图 12-125 ~ 图 12-127 所示。重复"多段线"命令，连接其他线段，结果如图 12-128 所示。

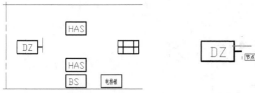

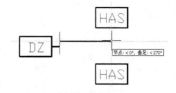

图 12-124 绘制端口线   图 12-125 捕捉节点   图 12-126 追踪矩形边中点

（3）单击"默认"选项卡"修改"面板中的"移动"按钮，将"综合布线配线架箱"图块向上移动。在此过程中由于移动的位移很小，故为了移动方便，可以关闭"对象捕捉"功能，移动的结果如图 12-129 所示。

6. 绘制其他层的配线箱

（1）单击"默认"选项卡"修改"面板中的"复制"按钮，选择"DZ"矩形的短边中点为复制基点，如图 12-130 所示。将一层的图形及布线在"正交"绘图方式下向上复制，直至出现二层辅助线中点的水平追踪线，选择竖向移动轨迹线与水平追踪线的交点为放置图形点，如图 12-131 所示。

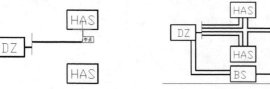

图 12-127　捕捉矩形边中点　　　　图 12-128　最终连线结果　　　　图 12-129　移动图块

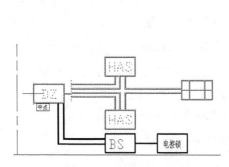

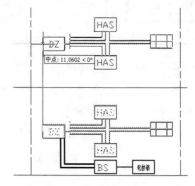

图 12-130　捕捉矩形短边中点　　　　　　　图 12-131　复制图形

（2）采用相同的方法，可以将一层的图形复制到其他层，结果如图 12-132 所示。

（3）将二、三、四、五层的"首层综合布线配线架箱"修改为"X 层综合布线过线箱"，修改结果如图 12-133 所示。

　　具体修改的方法很多，读者可以把要修改的图形删除，然后将绘制好的过线箱图块复制到原来图形的位置，也可以把原来的矩形内部的线段删除，然后在矩形内部写上"GX"即可。

　　7. 连接各层之间的端子箱及过线箱

　　（1）单击"默认"选项卡"绘图"面板中的"多段线"按钮，设置线宽为 0.4，首先绘制一、二层的连线，然后在"对象捕捉"绘图方式下，使二、三层的连线处于一条直线上，如图 12-134 所示。

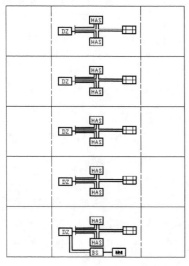

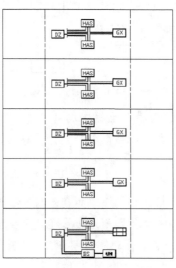

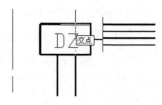

图 12-132　复制图形的结果　　　　图 12-133　修改图块　　　　图 12-134　追踪竖向直线

（2）单击"默认"选项卡"绘图"面板中的"多段线"按钮 ，依次连接其他各层，最终结果如图 12-135 所示。

8. 绘制金属线槽

（1）单击"默认"选项卡"绘图"面板中的"多段线"按钮 ，线宽设置为 0.4，在下方绘制一个矩形，如图 12-136 所示。

（2）单击"默认"选项卡"绘图"面板中的"直线"按钮 ，在矩形的中心绘制一直线，绘制时可以捕捉中点，然后向右拖动一段距离，如图 12-137 所示。如果在"正交"绘图方式下，中点就可以不用捕捉来确定，最终绘制出的金属线槽如图 12-138 所示。

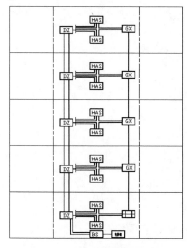

图 12-135　连接最终结果

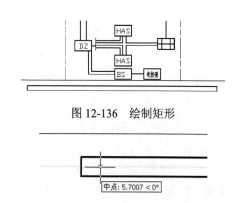

图 12-136　绘制矩形

图 12-137　追踪矩形边的中点

（3）单击"默认"选项卡"绘图"面板中的"多段线"按钮 ，线宽设置为 0.4，连接金属线槽与一层的各个配线箱，绘制结果如图 12-139 所示。

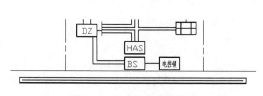

图 12-138　绘制金属线槽

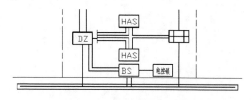

图 12-139　连接金属线槽与配线箱

9. 添加文字注释

将当前图层转换到"0"图层，在"0"图层标注文字。需要引线时可以单击"默认"选项卡"绘图"面板中的"直线"按钮 来绘制，斜线标号可以使用 45° 捕捉来完成。文字的书写可以单击"默认"选项卡"注释"面板中的"多行文字"按钮 来操作，具体的操作过程在此不再赘述，最终文字标注的结果如图 12-112 所示。

12.6　实　战　演　练

通过前面的学习，读者对本章知识也有了大体的了解，本节通过两个操作练习使读者进一步掌握本章知识要点。

【**实战演练 1**】绘制如图 12-140 所示的工厂照明系统图。

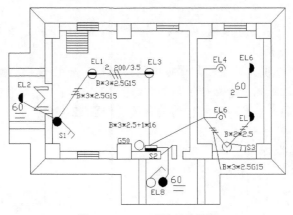

图 12-140　工厂照明系统图

操作提示：

（1）绘制厂房区域模块。

（2）绘制电气设备符号。

（3）插入连接线。

（4）添加注释文字。

【**实战演练 2**】绘制如图 12-141 所示的电动机自耦减压启动控制电路。

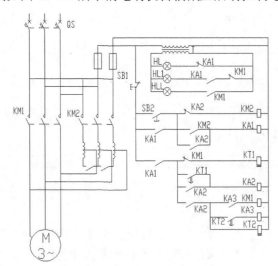

图 12-141　电动机自耦减压启动控制电路

操作提示：

（1）绘制各元器件图形符号。

（2）绘制结构图。

（3）将元器件图形符号插入到结构图中。

（4）添加注释文字。

第 13 章

建筑电气设计

本章学习要点和目标任务:

- ☑ 建筑电气工程图基本知识
- ☑ 绘制四层甲单元电气平面图
- ☑ 绘制办公楼配电平面图
- ☑ 绘制办公楼低压配电干线系统图
- ☑ 绘制办公楼照明系统图

电气设施是建筑中必不可少的一部分, 无论是现代工业生产还是人们的日常生活, 都与电器设备息息相关。因此, 建筑电气工程图就变得极为重要。本章主要以办公楼为例讲述建筑电气平面图、配电平面图、低压配电干线系统图和照明系统图的绘制。

13.1 建筑电气工程图基本知识

建筑电气设计是基于建筑设计和电气设计的一个交叉科学。建筑电气一般又分为建筑电气平面图和建筑电气系统图。本章将着重讲解建筑电气平面图和系统图的绘制方法与技巧。

13.1.1 概述

现代工业与民用建筑中，为满足一定的生产生活需求，都要安装许多具有不同功能的电气设施，如照明灯具、电源插座、电视、电话、消防控制装置、各种工业与民用的动力装置、控制设备、智能系统、娱乐电气设施及避雷装置等。电气工程或设施，都要经过专业人员专门设计表达在图纸上，这些相关图纸就可称为电气施工图（也可称电气安装图）。在建筑施工图中，电气施工图与给排水施工图、采暖通风施工图一起，统一称为设备施工图。其中，电气施工图按"电施"编号。

各种电气设施需表达在图纸中，其主要涉及以下内容：一是供电、配电线路的规格与敷设方式；二是各类电气设备与配件的选型、规格与安装方式。而导线、各种电气设备及配件等本身在图纸中多数并不是采用其投影制图，而是用国际或国内统一规定的图例、符号及文字表示，可参见相关标准规程的图例说明，亦可于图纸中予以详细说明，并将其标注在按比例绘制的建筑结构的各种投影图中（系统图除外），这也是电气施工图的一个特点。

13.1.2 建筑电气工程项目的分类

建筑电气工程实现了不同的生产生活以及安全等方面的功能，这些功能的实现又涉及了多项更详细具体的功能项目，这些项目环节共同组建以实现建筑电气的整体功能。建筑电气工程一般可包括以下项目：

1. 外线工程

室外电源供电线路、室外通信线路等，涉及强电和弱电，如电力线路和电缆线路。

2. 变配电工程

由变压器、高低压配电框、母线、电缆、继电保护与电气计量等设备组成的变配电所。

3. 室内配线工程

主要有线管配线、桥架线槽配线性、瓷瓶配线、瓷夹配线、钢索配线等。

4. 电力工程

各种风机、水泵、电梯、机床、起重机以及其他工业与民用、人防等动力设备（电动机）和控制器与动力配电箱。

5. 照明工程

照明电器、开关按钮、插座和照明配电箱等相关设备。

6. 接地工程

各种电气设施的工作接地、保护接地系统。

7．防雷工程

建筑物、电气装置和其他构筑物、设备的防雷设施，一般需经有关气象部门防雷中心检测。

8．发电工程

各种发电动力装置，如风力发电装置、柴油发电机设备。

9．弱电工程

智能网络系统、通信通迅系统（广播、电话、闭路电视系统）、消防报警系统、安保检测系统等。

13.1.3 建筑电气工程图的基本规定

工业与民用建筑的各个环节均离不开图纸的表达，建筑设计单位设计、绘制图纸，建筑施工单位按图纸组织工程施工，图纸成为双方信息表达交换的载体，所以必须有设计和施工等部门共同遵守的一定的格式及标准。这些规定包括建筑电气工程自身的规定，另外也涉及机械制图、建筑制图等相关工程方面的一些规定。

建筑电气制图一般可参见《GB/T 50001-2010 房屋建筑制图统一标准》及《GB/T 18135-2008 电气工程 CAD 制图规则》等。

电气制图中涉及的图例、符号、文字符号及项目代号可参照标准《GB 4728 电气简图用图形符号》《GB/T 5465 电气设备用图形符号》等。

同时，对于电气工程中的一些常用术语应认识并理解，以方便识图，同时，我国的相关行业标准，国际上通用的 IEC 标准，都比较严格地规定了电气图的有关名词术语概念。这些名词术语是电气工程图制图及阅读所必需的。读者若有需要可查阅相关文献资料，详细认识了解。

13.1.4 建筑电气工程图的特点

建筑电气工程图的内容主要通过以下图纸表达，即系统图、位置图（平面图）、电路图（控制原理图）、接线图、端子接线图、设备材料表等。建筑电气工程图不同于机械图、建筑图，掌握了解建筑电气工程图的特点，对建筑电气工程制图及识图将会提供很多方便。其有如下一些特点：

（1）建筑电气工程图大多是在建筑图上采用统一的图形符号，并加注文字符号绘制出来的。绘制和阅读建筑电气工程图，首先就必须明确和熟悉这些图形符号、文字符号及项目代号所代表的内容和物理意义，以及它们之间的相互关系，关于图形符号、文字符号及项目代号，可查阅相关标准中的解释，如《GB/T 4728 电气简图用图形符号》。

（2）任何电路均为闭合回路，一个合理的闭合回路一定包括 4 个基本元素，即电源、用电设备、导线和开关控制设备。正确读懂图纸，还必须了解各种设备的基本结构、工作原理、工作程序、主要性能和用途，便于熟悉设备的安装及运行。

（3）电路中的电气设备、元件等，彼此之间都是通过导线连接，构成一个整体。识图时，可将各有关的图纸联系起来，相互参照，应通过系统图、电路图联系，通过布置图、接线图找位置，交叉查阅，可达到事半功倍的效果。

（4）建筑电气工程施工通常是与土建工程及其他设备安装工程（给排水管道、工艺管道、采暖通风管道、通信线路、消防系统及机械设备等设备安装工程）施工相互配合进行的，故识读建筑电气工程图时应与有关的土建工程图、管道工程图等对应、参照起来阅读，仔细研究电气工程的各施工流程，提高施工效率。

（5）有效识读电气工程图也是编制工程预算和施工方案必须具备的一个基本能力，以实现有效指导施工以及设备的维修和管理。同时，在识图时，还应熟悉有关规范、规程及标准的要求，才能真正读懂、读通图纸。

13.2　绘制四层甲单元电气平面图

本实例的绘制思路为首先根据房间的功能选择适当的灯具及其他电器元件进行绘制，绘制完毕后插入先前修改好的平面图中，开始进行线路绘制，最后进行尺寸标注和文字说明。

📹：光盘\配套视频\第 13 章\绘制四层甲单元电气平面图.avi

13.2.1　绘图准备

电气平面图是在建筑平面图的基础上添加电器元件，因此提前完成建筑平面图可简化电气平面图的绘制过程。

操作步骤如下：

打开随书光盘中的"源文件\第 13 章\四层甲单元平面图.dwg"文件，并对其进行修剪，修剪后的图形如图 13-1 所示。

13.2.2　相关电气图例的绘制

在电气施工平面图中，占主导地位的应该是电器元件和照明灯具设备等。

操作步骤如下：

1. 设置图层

（1）单击"默认"选项卡"图层"面板中的"图层特性"按钮，弹出"图层特性管理器"选项板，新建名为"灯具"的图层，设置线宽为 0.18，其余参数采用默认设置。

图 13-1　修剪平面图

（2）新建"照明线路"、"插座线路"和"弱电线"图层，线宽均设置为 0.35，其余参数采用默认设置。

（3）将"灯具"图层设置为当前图层。

✏️ 提示：

在电气施工平面图中，要将原图中墙柱体等原来用粗实线表示的图层，改为用中粗线表示，将该部分图层的线宽设置为 0.2。

2．绘制筒灯

（1）单击"默认"选项卡"绘图"面板中的"圆"按钮⊙，绘制适当大小的圆；再单击"默认"选项卡"修改"面板中的"偏移"按钮⊜，将绘制的圆向外偏移适当距离，结果如图 13-2 所示。

（2）单击"默认"选项卡"绘图"面板中的"直线"按钮✎，绘制过圆心的水平直线和竖直直线，绘制完成的筒灯结果如图 13-3 所示。

3．绘制其他电器图例

根据户型需要，在图纸空白处绘制其他相关电器图例，如图 13-4 所示，并将所有图例保存为块。其具体绘制方法此处不再一一介绍，请读者自行绘制。

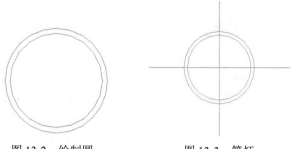

图 13-2　绘制圆　　　　　　图 13-3　筒灯

图例	名称	图例	名称
○	吸顶灯	👎	网络插座
◣	空开箱	👎	闭路插座
⬢	水晶吊灯	⬛	空调插座
✐	单联开关（暗装）	👎	音响端头
✐	二联开关（暗装）	⊗	筒灯
✐	三联开关（暗装）	⊗	防水防尘灯
◣	五联开关（暗装）	◐	壁灯
👎	电话插座	▣	换气扇

图 13-4　绘制电器图例

13.2.3　电气线路的绘制

电气设计主要包括照明、动力、防雷、保护接地、电话、有线电视、学校广播等系统。电路的提前布置是电气平面图绘制的关键。

操作步骤如下：

（1）插入图块。将图 13-4 中绘制的图例定义为块后插入图中相应的位置，如图 13-5 所示。

（2）绘制照明线路。单击"默认"选项卡"绘图"面板中的"多段线"按钮⫩，在"正交"绘图方式下进行照明线路的绘制（为了图面效果更加直观，多段线的线宽也可以适当设置得粗一点），如图 13-6 所示。

图 13-5　插入图块

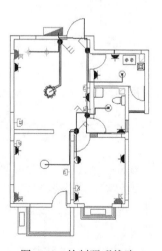

图 13-6　绘制照明线路

> **提示：**
>
> 　　在实际应用过程中，照明设计和建筑装修有着非常密切的关系，应与建筑师密切配合，以期达到使用功能和建筑效果的统一。照明设计包括光源选择、照度计算、灯具造型、灯具布置、安装方式等，这些都是根据专业要求进行严格计算后得出的，还要兼顾美学和心理学要求，本实例中只是一个简单的室内电路布置。常规情况下，灯具（除了壁灯外）应布置在室内的中央位置，而开关、插座等尽可能地靠墙布置。

> **提示：**
>
> 　　在进行线路布置时应当注意，强电、弱电的回路应当分别设置，在照明灯具设备较复杂的情况下，灯具与开关插座图也应该分别绘制。线路的绘制尽可能地横平竖直，减少交叉的次数。

　　（3）绘制插座回路。若绘制的插座回路与照明线路有相交的地方，单击"默认"选项卡"修改"面板中的"打断"按钮 ，将重合部分打断，具体如图 13-7 所示（为了显示方便，在截取当前线路图时，应先暂时隐藏照明线路）。

　　（4）绘制弱电线路布置图。弱电线路布置图如图 13-8 所示。

　　（5）显示所有图形。到目前为止，该住宅的照明电气线路布置图基本绘制完毕，最终效果如图 13-9 所示。

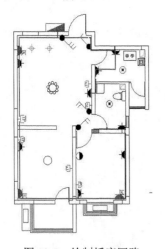
图 13-7　绘制插座回路

图 13-8　绘制弱电线路布置图

图 13-9　线路布置最终效果

13.2.4　尺寸标注和文字说明

　　电气平面图的尺寸标注和文字说明是绘制电气平面图的重要组成部分，除必须将图中所涉及的设备、元件和线路采用图形符号绘制之外，还要在图形符号旁加标注文字，用以说明其功能和特点，如型号、规格、数量、安装方式、安装位置等。

　　操作步骤如下：

　　（1）设置文字样式、表格样式及标注样式，如图 13-10 所示。

（2）标注图形名称及比例。

（3）单击"默认"选项卡"块"面板中的"插入块"按钮，弹出"插入"对话框，单击"浏览"按钮，弹出"选择图形文件"对话框，选择随书光盘中的"源文件\图块\A3 图框"图块，效果如图 13-11 所示。

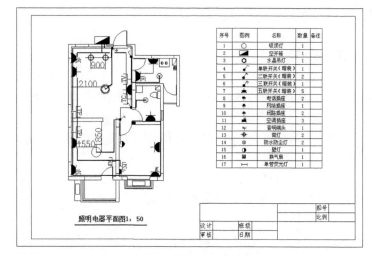

序号	图例	名称	数量	备注
1	○	吸顶灯	1	
2	◣	空开箱	1	
3	✦	水晶吊灯	1	
4	↗	单联开关（暗装）	1	
5	↗	二联开关（暗装）	2	
6	↗	三联开关（暗装）	1	
7	↗	五联开关（暗装）	5	
8	⊣	电话插座	2	
9	⊣	网络插座	1	
10	⊣	闭路插座	2	
11	⊣	空调插座	3	
12	⊣	音响端头	1	
13	✛	筒灯	2	
14	⊗	防水防尘灯	2	
15	◗	壁灯	1	
16	⊞	换气扇	1	

图 13-10 图例符号说明

图 13-11 照明电气平面布置图

13.3 绘制办公楼配电平面图

配电平面图的绘制与单纯的建筑图既有联系又有区别，配电平面图首先是建立在建筑图的基础上的，主要是在建筑平面图中绘制各种用电设备和配电箱之间的连接，如图 13-12 所示。

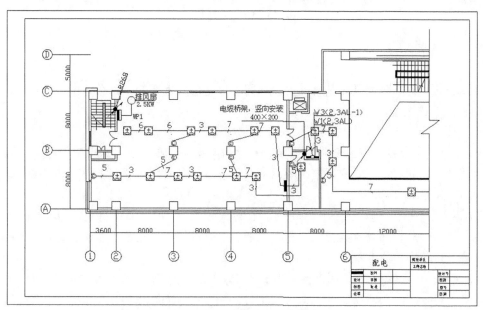

图 13-12 办公楼配电平面图

本实例的绘制思路为：首先绘制轴线，把平面图的大致轮廓尺寸定出来；然后绘制墙体，生成整个平面图；再绘制各种配电符号；最后绘制线路进行连接。

：光盘\配套视频\第 13 章\绘制办公楼配电平面图.avi

13.3.1　设置绘图环境

操作步骤如下：

（1）建立新文件。打开 AutoCAD 2016 应用程序，单击快速访问工具栏中的"新建"按钮，弹出"选择样板"对话框，单击"打开"按钮右侧的按钮，以"无样板打开－公制（M）"（毫米）方式建立新文件，将其命名为"配电.dwg"并保存。

（2）开启栅格。按 F7 键开启栅格，并选择菜单栏中的"视图/缩放/全部"命令，调整绘图窗口的显示比例。

（3）设置图层。单击"默认"选项卡"图层"面板中的"图层特性"按钮，弹出"图层特性管理器"选项板，新建图层，如图 13-13 所示。

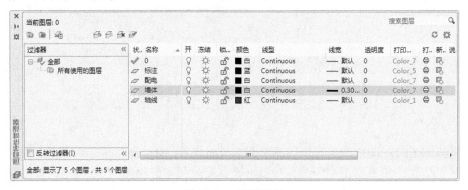

图 13-13　设置图层

13.3.2　绘制轴线

在绘制平面图时，轴线是最基础的部分，同时也是至关重要的一部分。由于轴线的定位，墙体及后面部件的放置才不会混乱。

操作步骤如下：

（1）初步绘制轴线。将"轴线"图层设置为当前图层，再单击"默认"选项卡"绘图"面板中的"直线"按钮，在绘图区中绘制两条相互垂直的轴线，水平线长度为 50000，垂直线长度为 25000，如图 13-14 所示。

（2）激活夹持点。选取已绘制的轴线，出现如图 13-15 所示的夹持点，即图中的小方框；单击任意一个小方框即可使夹持点成为激活夹持点，激活的夹持点呈现红色。此时下面的命令行中出现如图 13-16 所示的提示。

（3）复制轴线。按 F7 键关闭栅格，单击"默认"选项卡"修改"面板中的"复制"按钮，依次输入要复制的距离，水平方向由左向右的复制距离依次为 3600、8000、8000、8000、8000、12000，垂直方向由下向上的复制距离依次为 8000、8000、5000，即可实现轴线的复制，结果如图 13-17 所示。

图 13-14 初步绘制轴线　　　　　　图 13-15 激活夹持点

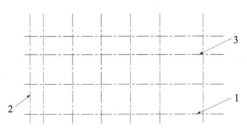

图 13-16 命令行提示　　　　　　　　图 13-17 复制轴线

提示：

当激活夹持点后，在命令行中会出现"拉伸"提示，如图 13-16 所示。事实上当实体目标处于被激活的夹持点状态时，AutoCAD 允许用户切换以下操作：拉伸、移动、旋转、缩放和镜像，而且切换的方法也很简单，可以直接按 Enter 键、空格键或输入各命令的前两个字母。

13.3.3 绘制墙体和门窗

在平面图中，墙体与门窗是整个建筑的基本组成部分，按照实际建筑的位置进行绘制才能为后面配电系统提供支撑。

操作步骤如下：

1. 绘制柱子

由于在配电平面图中没必要给出柱子的具体尺寸，所以也可以示意性地给出柱子的位置及大小。

（1）将"墙体"图层设置为当前图层，再单击"默认"选项卡"绘图"面板中的"矩形"按钮□，在适当位置绘制一个矩形。

（2）单击"默认"选项卡"修改"面板中的"偏移"按钮，将图 13-17 中 1、2、3 号线分别向外偏移 120，如图 13-18 所示，偏移出来的轴线为定位柱子的辅助线，这样可以方便地布置柱子，使绘制出来的外墙体与柱子相平。

（3）单击"默认"选项卡"修改"面板中的"复制"按钮，将绘制好的柱子布置到合适的位置；在"对象捕捉"绘图方式下，选取柱子一边的中点为控制点，将柱子放在辅助线和与其垂直的轴线的交点上，如图 13-19 所示。

（4）将各个柱子放置完毕后，删除辅助线，最终结果如图 13-20 所示。

2. 绘制墙体

选择菜单栏中的"绘图/多线"命令，绘制厚度为 240 的墙体，最终结果如图 13-21 所示。

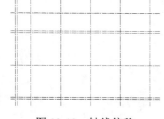

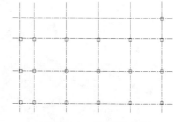

图 13-18　轴线偏移　　　　图 13-19　放置柱子　　　　图 13-20　柱子的布置

3. 绘制门窗

（1）单击"默认"选项卡"修改"面板中的"分解"按钮，将用多线绘制的墙体进行分解；单击"默认"选项卡"修改"面板中的"修剪"按钮，对墙体进行开洞，结果如图 13-22所示。

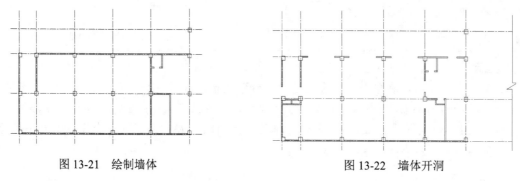

图 13-21　绘制墙体　　　　　　　　　图 13-22　墙体开洞

（2）单击"默认"选项卡"绘图"面板中的"圆弧"按钮，绘制门窗模块，并适当调整比例。

（3）单击"默认"选项卡"绘图"面板中的"直线"按钮，连接洞口两侧的端点绘制辅助线，如图 13-23 所示；重复"直线"命令，过直线的中点绘制辅助线的垂线，如图 13-24 所示。

（4）单击"默认"选项卡"绘图"面板中的"圆弧"按钮，绘制圆弧，如图 13-25 所示。

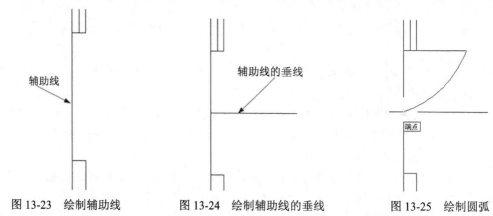

图 13-23　绘制辅助线　　　图 13-24　绘制辅助线的垂线　　　图 13-25　绘制圆弧

（5）单击"默认"选项卡"修改"面板中的"镜像"按钮，以辅助线为对称轴线对圆弧进行镜像，如图 13-26 所示，然后删除辅助线，结果如图 13-27 所示。

（6）使用相同的方法绘制其他门窗。最终绘制完成的门窗效果如图 13-28 所示。

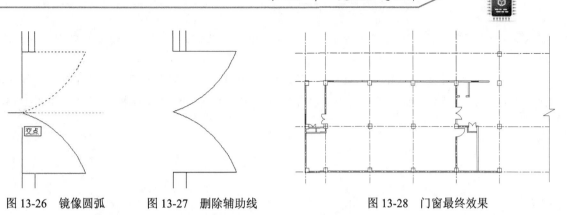

图 13-26   镜像圆弧   图 13-27   删除辅助线   图 13-28   门窗最终效果

13.3.4   绘制楼梯及室内设施

由于本平面图为办公楼平面图，所以其楼梯尺寸较住宅楼的要宽大一些，但是绘制方法完全相同。可以使用"复制"或"平移"命令，还可以使用"阵列"命令等进行绘制，具体的绘制方法读者可以根据自己对各个命令的熟练程度来选择。

操作步骤如下：

（1）绘制楼梯。单击"默认"选项卡"块"面板中的"插入块"按钮，弹出"插入"对话框，单击"浏览"按钮，弹出"选择图形文件"对话框，选择随书光盘中的"源文件\图块\楼梯1"图块插入，调整好缩放比例后放置在图中，如图 13-29 所示。采用相同的方法绘制另外的楼梯，最终效果如图 13-30 所示。

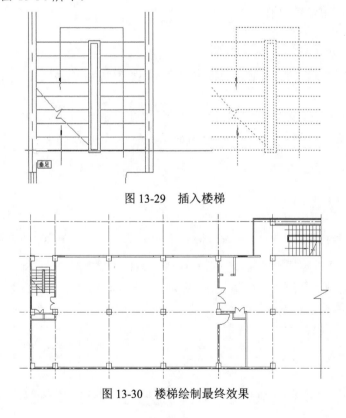

图 13-29   插入楼梯

图 13-30   楼梯绘制最终效果

（2）绘制室内设施。由于本层主要为办公区，所以室内设施较少，只需绘制如图 13-31 所示的设施。

（3）修剪轴线。单击"默认"选项卡"修改"面板中的"修剪"按钮和"删除"按钮，对多余的轴线进行删除和修剪，但是为了便于标注尺寸，边沿的轴线要保留一部分，如图 13-32 所示。

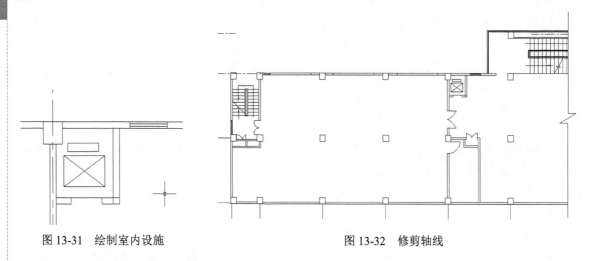

图 13-31　绘制室内设施　　　　　　　　　　　　图 13-32　修剪轴线

13.3.5　绘制配电干线设施

下面绘制模块库中没有的模块。

操作步骤如下：

1. 绘制风机盘管

（1）单击"默认"选项卡"绘图"面板中的"圆"按钮，在空白区域绘制一个圆，如图 13-33 所示。

（2）单击"默认"选项卡"绘图"面板中的"多边形"按钮，以第（1）步绘制的圆心为中心点，如图 13-34 所示。绘制以圆为内接圆的正方形，如图 13-35 所示。

图 13-33　绘制圆　　　　图 13-34　捕捉圆心　　　　图 13-35　绘制圆的外切正方形

（3）单击"默认"选项卡"注释"面板中的"多行文字"按钮A，将"±"书写在空白区域；单击"默认"选项卡"修改"面板中的"移动"按钮，将文字移动到圆的中心，如图 13-36 所示。最终绘制的风机盘管图形如图 13-37 所示。

图 13-36　移动文字　　　　　图 13-37　风机盘管

提示:

面对复杂的图形,读者应该学会将其分解为简单的实体,然后分别进行绘制,最终组合成所要的图形。

2. 绘制上下敷管

（1）单击"默认"选项卡"绘图"面板中的"圆"按钮 ⊙,绘制一个适当大小的圆。

（2）在状态栏中的"捕捉模式"按钮 ▦ 上右击,选择"捕捉设置"命令,在弹出的"草图设置"对话框中选择"极轴追踪"选项卡,设置"增量角"为 45,在"对象捕捉追踪设置"选项组中选中"用所有极轴角设置追踪"单选按钮,如图 13-38 所示,单击"确定"按钮完成极轴捕捉设置。

（3）单击"默认"选项卡"绘图"面板中的"直线"按钮 ✐,在"极轴追踪"绘图方式下,在过圆心的 45° 追踪线上捕捉一点,如图 13-39 所示,绘制一条与 X 轴正方向成 45° 角并与圆相交的直线,如图 13-40 所示;重复"直线"命令,绘制三角形,如图 13-41 所示。

图 13-38　极轴追踪设置

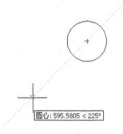

图 13-39　捕捉点

图 13-40　绘制直线

（4）填充圆与三角形。单击"默认"选项卡"绘图"面板中的"图案填充"按钮 ▨,弹出"图案填充创建"选项卡,选择 SOLID 图案进行填充,填充结果如图 13-42 所示。

（5）单击"默认"选项卡"修改"面板中的"复制"按钮 ⊞,复制三角形及直线,选择直线的下端点作为基点,如图 13-43 所示。最终绘制的上下敷管如图 13-44 所示。

图 13-41　绘制三角形

图 13-42　填充图案

图 13-43　复制三角形及直线

图 13-44　上下敷管

3. 绘制线路

在线路的绘制过程中，命令的运用很简单，但是如何将复杂的线路绘制得美观、有条不紊，就需要讲究一定的绘制方法。

（1）单击"默认"选项卡"绘图"面板中的"直线"按钮，在需要安放电器元件的区域绘制两条辅助线，如图 13-45 所示。

（2）单击"默认"选项卡"绘图"面板中的"定数等分"按钮，将第（1）步的上侧辅助线等分为 7 份；重复"定数等分"命令，将下侧的辅助线等分为 9 份。

（3）单击"默认"选项卡"修改"面板中的"复制"按钮，将绘制好的风机盘管分别放在各个节点上，如图 13-46 所示。

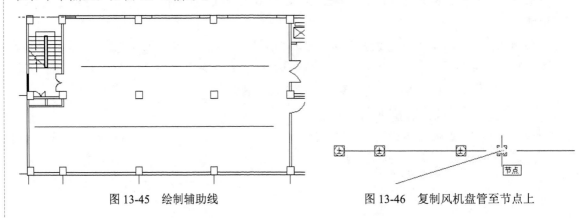

图 13-45　绘制辅助线　　　　　　　　图 13-46　复制风机盘管至节点上

（4）单击"默认"选项卡"修改"面板中的"删除"按钮，删除辅助线，结果如图 13-47 所示。

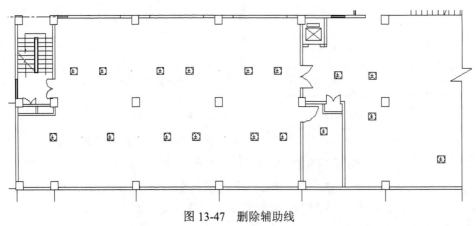

图 13-47　删除辅助线

（5）单击"默认"选项卡"块"面板中的"插入块"按钮，弹出"插入"对话框，单击"浏览"按钮，弹出"选择图形文件"对话框，选择随书光盘"源文件\图块"文件夹中的"动力配电箱"和"照明配电箱"图块插入，单击"默认"选项卡"修改"面板中的"移动"按钮，将其放置到图形中的合适位置，如图 13-48 所示。

（6）单击"默认"选项卡"块"面板中的"插入块"按钮，弹出"插入"对话框，单击"浏览"按钮，弹出"选择图形文件"对话框，选择随书光盘"源文件\图块"文件夹中的"温控与三速开关控制器"和"上下敷管"图块,插入到图形中合适位置,如图 13-49 所示。

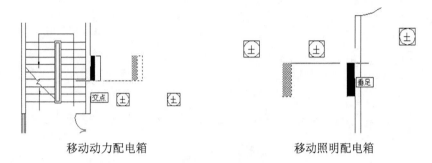

移动动力配电箱   移动照明配电箱

图 13-48　放置配电箱

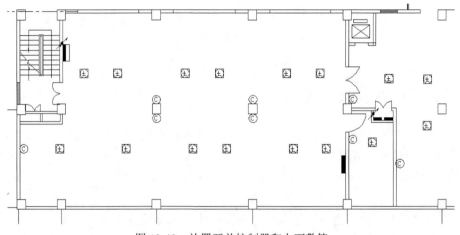

图 13-49　放置开关控制器和上下敷管

（7）单击"默认"选项卡"绘图"面板中的"直线"按钮✐,绘制的结果如图 13-50 所示。在连线的操作中绘制水平或竖直直线时,一定要在"正交"绘图方式下,这样才能确保直线水平或竖直,并且绘制也更加快捷。

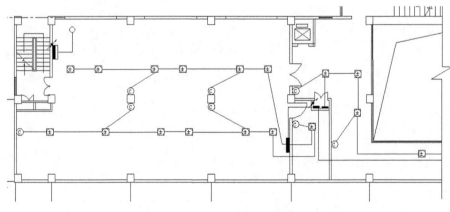

图 13-50　连接线路

（8）根据电学知识可知,要用平行线来表示走线。单击"默认"选项卡"绘图"面板中的"直线"按钮✐,先绘制一条直线;然后单击"默认"选项卡"修改"面板中的"偏移"按钮⬆,

完成外围走线的绘制，如图 13-51 所示。

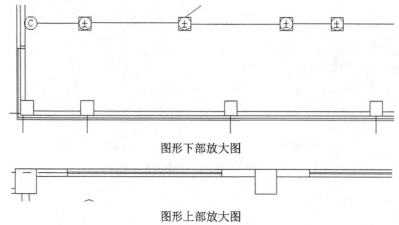

图形下部放大图

图形上部放大图

图 13-51　绘制外围走线

13.3.6　标注尺寸及文字说明

电气系统图中各条配电回路上，应标出该回路编号和照明设备的总容量，其中也包括电风扇、插座和其他用电器具等的容量。

操作步骤如下：

1. 标注尺寸

（1）打开"图层特性管理器"选项板，将"标注"图层设置为当前图层。

（2）单击"默认"选项卡"注释"面板中的"线性"按钮，标注两条轴线的尺寸，如图 13-52 所示。

（3）单击"默认"选项卡"标注"面板中的"连续"按钮，此时在绘图区中光标会直接与第（2）步中的基点相连，如图 13-53 所示。直接点取其他轴线上的点即可完成快速标注。

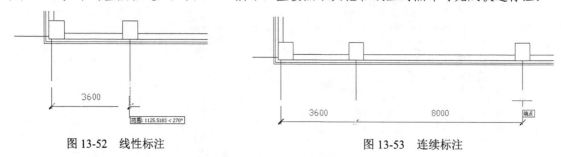

图 13-52　线性标注 　　　　　　　　　　　　　　图 13-53　连续标注

（4）采用相同的方法标注其他尺寸，结果如图 13-54 所示。

> 提示：
> 在开始使用连续标注前，要求读者首先标出一个尺寸，而且该尺寸必须是线性尺寸或角度尺寸。在标注过程中，用户只能向同一个方向标注下一个尺寸，不能向相反方向标注，否则会覆盖原来的尺寸。

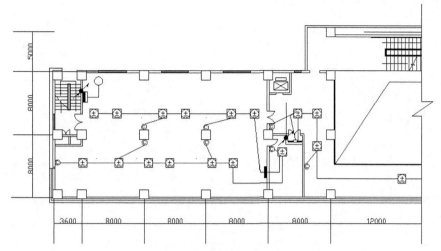

图 13-54 标注其他尺寸

（5）单击"默认"选项卡"修改"面板中的"复制"按钮，将"温控与三速开关控制器"图块复制到适当位置；接着单击"默认"选项卡"修改"面板中的"分解"按钮，将图块分解，双击圆里面的文字"C"并将其改为所需的文字，如图 13-55 所示；再单击"默认"选项卡"修改"面板中的"移动"按钮，将绘制好的轴线号复制到适当的位置。按照同样的方法绘制其他轴线号，最终结果如图 13-56 所示。

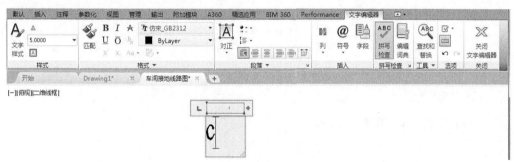

图 13-55 编辑文字

提示：

轴线号的标注方法在前几章已经详细讲述过了。读者可以用多种方法进行标注：一个是利用 DT 命令制作轴线号，另一个是直接绘制圆，书写文字，然后利用"移动"功能将文字移动到圆心位置。当然，此处直接利用已有的结果进行简单的修改即可达到目的。

2. 标注电气元件的名称与规格

各个电气元件的表示方法应符合《建筑电气安装工程图集》及相关的规程、规定。

单击"默认"选项卡"注释"面板中的"多行文字"按钮，根据命令行中的提示标注文本，其局部放大图如图 13-57 所示。

在操作过程中，读者可以综合运用以前学过的操作命令，如"复制""移动"等，最终文字的标注结果如图 13-58 所示。

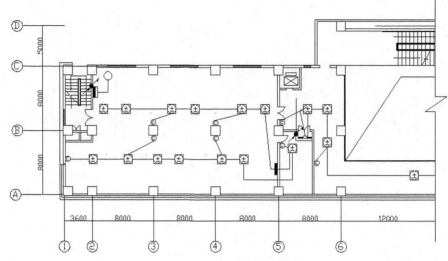

图 13-56　轴线号的标注

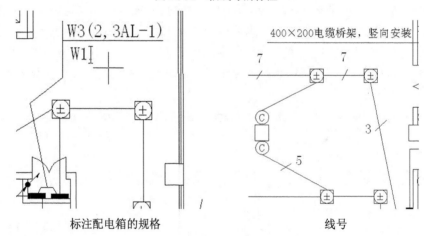

标注配电箱的规格　　　　　　　　　　　线号

图 13-57　标注文本

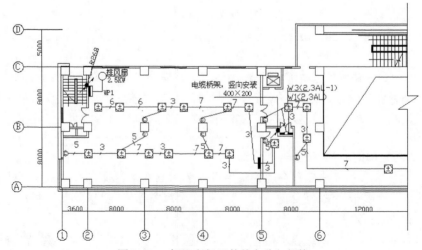

图 13-58　标注电气元件的名称与规格

13.3.7　生成标题栏

完整的图纸不能缺少图框，根据图纸的大小来确定图框的大小，本节选用 A3 图纸。

操作步骤如下：

（1）插入 A3 图框。单击"默认"选项卡"块"面板中的"插入块"按钮，弹出"插入"对话框，单击"浏览"按钮，弹出"选择图形文件"对话框，选择随书光盘中的"源文件\图块\A3图框"图块插入，结果如图 13-59 所示。利用"缩放"命令，对插入的 A3 图框进行缩放。

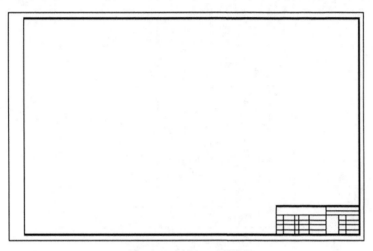

图 13-59　插入 A3 图框

（2）移动图形并填写标题栏。填写标题栏的过程也就是添加文本的过程，最终结果如图 13-12 所示。

13.4　绘制办公楼低压配电干线系统图

配电干线系统图具有无尺寸标注、难以对图中的对象进行定位的特点。在本实例的绘制过程中着重讲述如何将一个图形绘制得美观、整齐，如图 13-60 所示。

本实例的制作思路为：先用辅助线定位出各个对象的位置；再从模块库中调入所需的模块插入到图形中；然后绘制总线，标注文字说明；最后插入图框和标题栏。

📹：光盘\配套视频\第 13 章\绘制办公楼低压配电干线系统图.avi

13.4.1　设置绘图环境

配电干线系统图一般包括总开关和熔断器的规格型号、出线回路数量、用途、用电负载功率数以及各条照明支路分相情况。

操作步骤如下：

（1）建立新文件。打开 AutoCAD 2016 应用程序，单击快速访问工具栏中的"新建"按钮，弹出"选择样板"对话框，单击"打开"按钮右侧的 ▾ 按钮，以"无样板打开–公制（M）"方式建立新文件，将其命名为"配电干线系统.dwg"并保存。

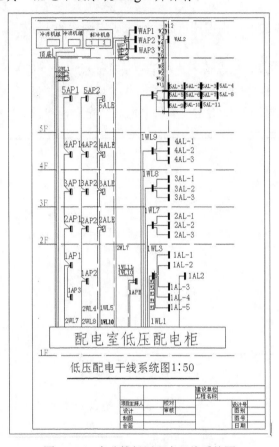

图 13-60　办公楼低压配电干线系统图

（2）设置图层。单击"默认"选项卡"图层"面板中的"图层特性"按钮 ，弹出"图层特性管理器"选项板，新建图层，如图 13-61 所示。

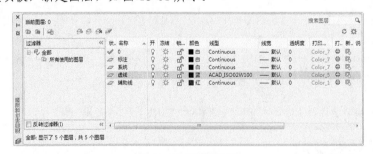

图 13-61　设置图层

13.4.2　绘制配电系统

配电系统图上，还应表示出该工程总的设备容量、需要系数、计算容量、计算电流、配电方式等。也可以采用绘制一个小表格的方式标出用电参数。

操作步骤如下：

1．绘制底层配电系统辅助线

（1）将"虚线"图层设置为当前图层。单击"默认"选项卡"绘图"面板中的"矩形"按钮□，在适当位置绘制 12000×20000 的矩形，如图 13-62 所示。

（2）单击"默认"选项卡"修改"面板中的"分解"按钮，将刚绘制的矩形分解。

（3）单击"默认"选项卡"绘图"面板中的"定数等分"按钮，将矩形的一条长边等分为 9 份；重复"定数等分"命令，将矩形的一条短边等分为 12 份。

（4）单击"默认"选项卡"绘图"面板中的"直线"按钮，在"对象捕捉"绘图方式下，在矩形边上捕捉节点，如图 13-63 所示，初步绘制出来的辅助线如图 13-64 所示，其中第 1 层和第 5 层各占两个节点间距。

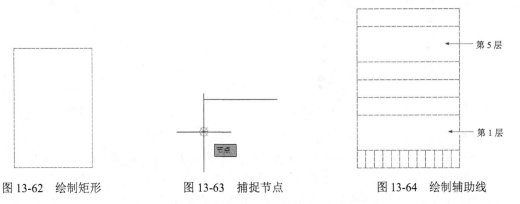

图 13-62　绘制矩形　　　　图 13-63　捕捉节点　　　　图 13-64　绘制辅助线

（5）单击"默认"选项卡"绘图"面板中的"直线"按钮，以第 8 根竖直辅助线的端点为起点，在第 1 层间绘制如图 13-65 所示的局部辅助线 1。

（6）单击"默认"选项卡"绘图"面板中的"定数等分"按钮，将局部辅助线 1 等分为 7 份。

2．插入配电模块

（1）单击"默认"选项卡"块"面板中的"插入块"按钮，弹出"插入"对话框，单击"浏览"按钮，弹出"选择图形文件"对话框，选择随书光盘"源文件\图块"文件夹中的"照明配电箱"和"动力配电箱"图块插入。

（2）单击"默认"选项卡"修改"面板中的"复制"按钮，捕捉图块的中心，如图 13-66 所示，将其复制到局部辅助线 1 的上数第 1 个节点处，如图 13-67 所示。

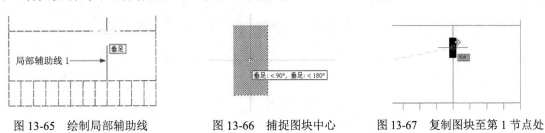

图 13-65　绘制局部辅助线　　　图 13-66　捕捉图块中心　　　图 13-67　复制图块至第 1 节点处

（3）采用相同的方法，在局部辅助线 1 的其他节点上安放照明配电箱。

（4）单击"默认"选项卡"修改"面板中的"复制"按钮，捕捉图块中心和节点 3 与第

7 根辅助线的交点放置图块，如图 13-68 所示。

（5）由于连线需要的线型是实线，可以将图层切换到 "0" 图层，单击 "默认" 选项卡 "绘图" 面板中的 "直线" 按钮 ，沿图块长边绘制直线，并将照明配电箱的长边等分为 6 份，捕捉节点连线，如图 13-69 所示。

（6）分别在第 2 根、第 3 根和第 6 根竖向辅助线上放置动力配电箱，如图 13-70 所示。其中，第 2 根辅助线上的两个动力配电箱，横向分别对应于第 2 节点和第 5 节点，第 3 根和第 6 根辅助线上的动力配电箱横向对应于局部辅助线段的中点。

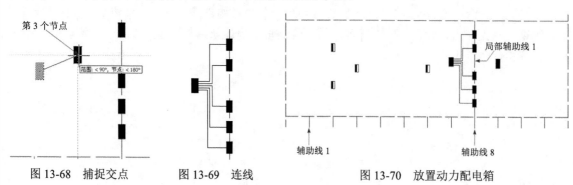

图 13-68　捕捉交点　　　　图 13-69　连线　　　　图 13-70　放置动力配电箱

3. 绘制第 2 层、第 3 层、第 4 层及顶层的配电系统

（1）绘制第 2 层配电箱的方法同绘制第 1 层的配电系统图，首先以第 8 根辅助线的端点为起点，在第 2 层间绘制局部辅助线 2，然后将其等分为 4 份，并插入配电箱，结果如图 13-71 所示。

（2）采用类似的方法分别绘制第 3 层、第 4 层的局部辅助线，结果如图 13-72 所示。

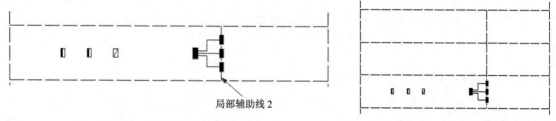

图 13-71　绘制第 2 层配电箱　　　　图 13-72　绘制第 3 层、第 4 层的局部辅助线

（3）单击 "默认" 选项卡 "修改" 面板中的 "复制" 按钮 ，选择第 2 层的所有图形为复制对象，以辅助线下端点为基点，将其复制至第 3 层辅助线的下端点并删除第 2 层辅助线，如图 13-73 所示。

（4）采用相同的方法，复制生成第 4 层的配电箱，最终效果如图 13-74 所示。

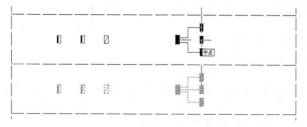
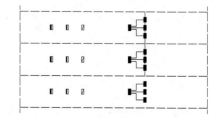

图 13-73　复制第 3 层配电箱　　　　　　图 13-74　复制第 4 层的配电箱

（5）绘制第 5 层和顶层的局部辅助线，选择第 4 层中的照明配电箱，将其复制至顶层，定位关系如图 13-75 所示。

（6）修改顶层的配电箱，删除照明配电箱，代之以双电源切换箱，结果如图 13-76 所示。

4．绘制第 5 层配电箱

（1）将第 5 层的局部辅助线等分为 4 份，将照明配电箱放置到节点上，而动力配电箱及双电源切换箱则同第 4 层，复制后的图形如图 13-77 所示。

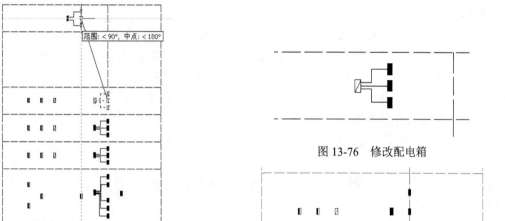

图 13-75　复制第 5 层配电箱

图 13-76　修改配电箱

图 13-77　绘制第 5 层配电箱

（2）选择竖直方向的 3 个配电箱，选取其中一个的中心为复制的基点，向右复制，如图 13-78 所示。

（3）采用相同的方法，复制生成另外两列配电箱，如图 13-79 所示。

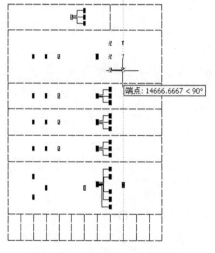

图 13-78　复制第 2 列配电箱

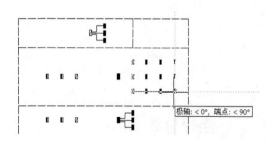

图 13-79　复制第 2、3 列配电箱

（4）删除右下角的一个配电箱，生成的第 5 层配电箱如图 13-80 所示。

（5）在各个配电箱之间绘制连线，结果如图 13-81 所示。

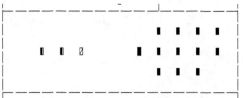

图 13-80　第 5 层配电箱

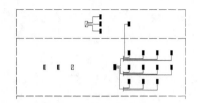

图 13-81　绘制配电箱连线

提示:

　　对于各个局部的辅助线，都是先将其等分，然后再将各个图块放置到节点上，这样各个图块之间的距离均等，绘制出来的图形整齐、美观。如果将图块随便摆放，则绘制出来的图形就显得杂乱。所以，在连线的过程中也要尽量运用此技巧。

　　（6）顶层还要有"冷冻机组"和"制冷机房"，可以在配电箱左边进行绘制。单击"默认"选项卡"绘图"面板中的"矩形"按钮▭，绘制矩形，如图 13-82 所示，其大小及位置以和图形协调为宜。

　　（7）将图层转换到"辅助线"图层，绘制机房外围辅助线，并添加文字注释，结果如图 13-83 所示。

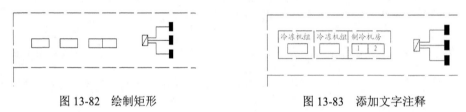

图 13-82　绘制矩形　　　　　　　　　　　　　　　　　图 13-83　添加文字注释

　　5. 绘制主机图形

　　主机图形很简单，只要绘制一个矩形，然后在矩形中输入"配电室低压配电柜"即可。

　　（1）单击"默认"选项卡"绘图"面板中的"矩形"按钮▭，在最底层绘制一个矩形，如图 13-84 所示。

　　（2）单击"默认"选项卡"修改"面板中的"删除"按钮✍，删除辅助线；单击"默认"选项卡"注释"面板中的"多行文字"按钮Ⓐ，输入"配电室低压配电柜"，如图 13-85 所示。

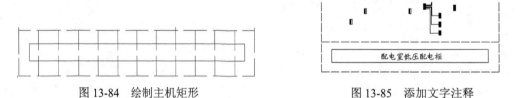

图 13-84　绘制主机矩形　　　　　　　　　　　　　　　图 13-85　添加文字注释

13.4.3　连接总线

　　在绘制总线的过程中，如果是双线，可以使用"平行线"命令；如果是多线，可以先绘制一条直线，然后使用"阵列"命令阵列，再进行修剪。

操作步骤如下：

1. 绘制平行线

（1）选择菜单栏中的"绘图/多线"命令，以 120 为比例绘制多线，绘制的结果如图 13-86 所示。

（2）单击"默认"选项卡"修改"面板中的"分解"按钮 ，将多线分解；单击"默认"选项卡"修改"面板中的"偏移"按钮 ，将右边的一根线向右偏移 100，分解及偏移后的顶层总线如图 13-87 所示。

（3）选择菜单栏中的"绘图/多线"命令，绘制顶层的配电箱与配电室的配电柜之间的连线，如图 13-88 所示。

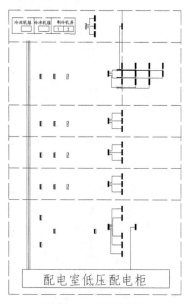

图 13-86 绘制平行线

图 13-87 分解及偏移后的顶层总线

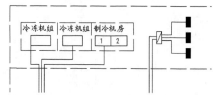

图 13-88 绘制连线

（4）单击"默认"选项卡"修改"面板中的"分解"按钮 ，将多线分解，选中左边的一根线，然后在"图层"工具栏的"图层控制"下拉列表框中选择"虚线"选项，如图 13-89 所示，则被选中的直线变为虚线，如图 13-90 所示。

图 13-89 改变图形所在的图层

（5）采用相同的方法，绘制一层动力配电箱连线，如图 13-91 所示。

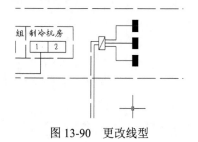

图 13-90 更改线型

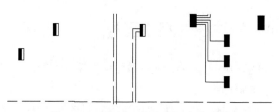

图 13-91 绘制一层动力配电箱连线

2. 绘制单线

单线要在"正交"绘图方式下绘制，这样就能避免倾斜误差，绘制结果如图 13-92 所示。在图 13-92 中既有实线，又有虚线的连线绘制，需要在不同的图层中进行，所以也把其归类到绘制单线之中。

3. 绘制总线

（1）单击"默认"选项卡"绘图"面板中的"直线"按钮，绘制如图 13-93 所示的一条竖直直线。

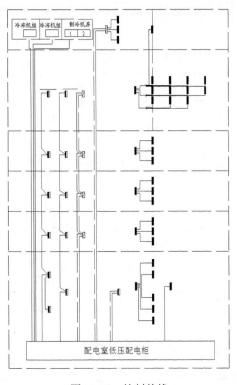

图 13-92　绘制单线

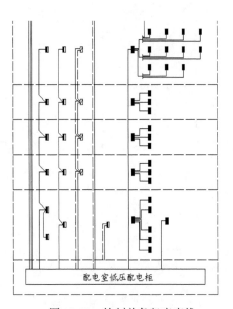

图 13-93　绘制单条竖直直线

（2）单击"默认"选项卡"修改"面板中的"矩形阵列"按钮，将图 13-93 中绘制的直线进行矩形阵列，设置行数为 1，列数为 5，列间距为-120，阵列结果如图 13-94 所示。

（3）单击"默认"选项卡"绘图"面板中的"直线"按钮，绘制照明配电箱与总线之间的线段，结果如图 13-95 所示。

（4）单击"默认"选项卡"修改"面板中的"修剪"按钮，对图形进行修剪，结果如图 13-96 所示。

13.4.4　标注线的规格型号

大楼的配电干线系统中还需要标注配电箱的型号等。

操作步骤如下：

（1）绘制标注线。将"标注"图层设置为当前图层。单击"默认"选项卡"绘图"面板中

的 "直线" 按钮 ，绘制如图 13-97 所示的标注线。

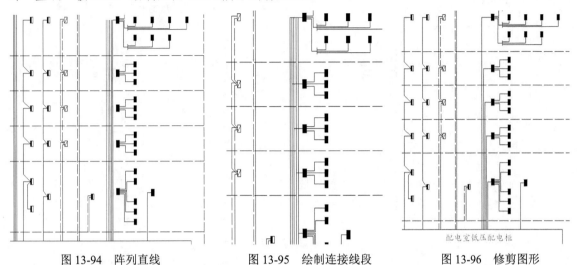

图 13-94　阵列直线　　　　　图 13-95　绘制连接线段　　　　　图 13-96　修剪图形

（2）添加注释文字。单击 "默认" 选项卡 "注释" 面板中的 "多行文字" 按钮Ａ，在横线上写上线的型号，如图 13-98 所示。

> **提示：**
> 　　文字下面的短横线的绘制方法有很多种，读者可以一条一条地绘制，尽量保持各个横线段之间的距离相等；也可以先绘制出一条，然后使用 "偏移" 功能，输入偏移距离，这样就能保证各小横线之间等距。

（3）采用相同的方法进行类似的标注，如图 13-99 所示。

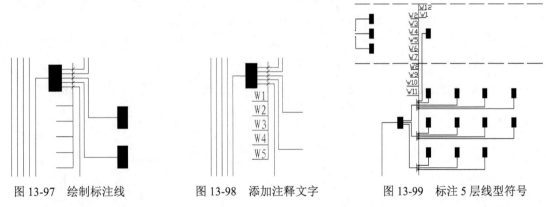

图 13-97　绘制标注线　　　　　图 13-98　添加注释文字　　　　　图 13-99　标注 5 层线型符号

（4）对其他配电箱型号进行说明。单击 "默认" 选项卡 "注释" 面板中的 "多行文字" 按钮Ａ，添加标注即可，最终结果如图 13-100 所示。

（5）单击 "默认" 选项卡 "修改" 面板中的 "删除" 按钮 ，删除两侧的辅助线，得到如图 13-101 所示的图形。

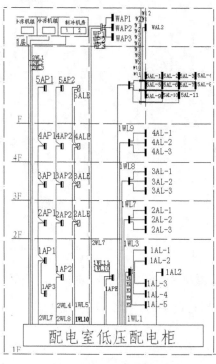

图 13-100　标注其他配电箱型号

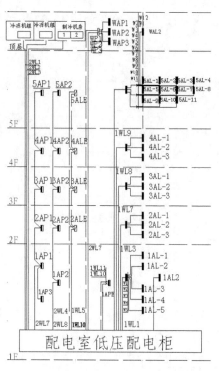

图 13-101　删除辅助线

13.4.5　插入图框

由于在绘制之初绘制的辅助矩形的尺寸为 12000×20000，因此绘制 15000×24000 的图框。

操作步骤如下：

（1）绘制图框。将"系统"图层设置为当前图层。单击"默认"选项卡"绘图"面板中的"矩形"按钮□，绘制图框，尺寸为 15000×24000，如图 13-102 所示。

（2）插入标题栏。单击"默认"选项卡"块"面板中的"插入块"按钮，选择随书光盘中的"源文件\图块\标题栏"图块插入，如图 13-103 所示。

图 13-102　绘制图框

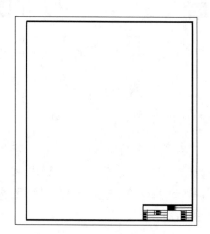

图 13-103　插入标题栏

（3）移动图形。单击"默认"选项卡"修改"面板中的"移动"按钮 ✛，移动图形到图框中，如图 13-104 所示。

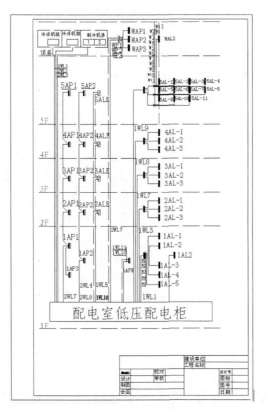

图 13-104 移动图形

（4）添加注释文字。单击"默认"选项卡"注释"面板中的"多行文字"按钮 A，在图形的下方添加注释文字"低压配电干线系统图 1:50"，并在文字下方绘制一条直线，最终效果如图 13-60 所示。至此，一张完整的低压配电干线系统图绘制完毕。

13.5 绘制办公楼照明系统图

照明系统图中没有尺寸标注，难以对图中的对象进行定位。本实例的制作思路为：首先绘制一个配电箱系统图，然后通过复制、修改生成其他的配电箱系统图。在绘制配电箱系统图时，首先使用"直线"命令绘制出照明配电箱的出线口，然后等分线段，再绘制一个回路，最后进行回路复制。

📹：光盘\配套视频\第 13 章\绘制办公楼照明系统图.avi

13.5.1 设置绘图环境

根据不同的需要，读者选择必备的操作，本节主要讲述文件的创建、保存与图层的设置。

操作步骤如下：

（1）建立新文件。打开 AutoCAD 2016 应用程序，单击快速访问工具栏中的"新建"按钮□，弹出"选择样板"对话框，单击"打开"按钮右侧的▾按钮，以"无样板打开－公制（M）"方式建立新文件，将其命名为"办公楼照明系统图.dwg"并保存。

（2）设置图层。单击"默认"选项卡"图层"面板中的"图层特性"按钮，弹出"图层特性管理器"选项板，新建并设置每一个图层的属性，其中辅助线的线型为 ACAD_IS002W100，如图 13-105 所示。

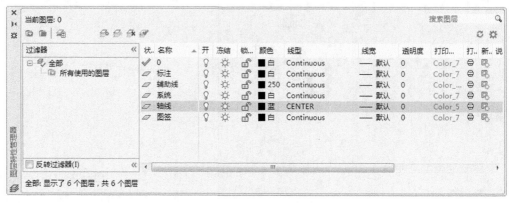

图 13-105　设置图层

13.5.2　绘制定位辅助线

绘制辅助线时首先需要确定系统图的大小，再根据尺寸确定辅助线间隔。

操作步骤如下：

（1）绘制辅助矩形。将"轴线"图层设置为当前图层，再单击"默认"选项卡"绘图"面板中的"矩形"按钮□，在适当的位置绘制 230×110 的矩形，如图 13-106 所示。

（2）分解矩形。单击"默认"选项卡"修改"面板中的"分解"按钮，将矩形进行分解。

（3）等分矩形边。单击"默认"选项卡"绘图"面板中的"定数等分"按钮，将矩形的一条长边等分为 3 份。

（4）绘制辅助线。单击"默认"选项卡"绘图"面板中的"直线"按钮，在等分后的矩形边上捕捉节点，如图 13-107 所示。绘制出的辅助线将矩形等分为 3 个区域，如图 13-108 所示。

图 13-106　绘制辅助矩形　　　　图 13-107　捕捉节点　　　　图 13-108　绘制辅助线

13.5.3　绘制系统图形

照明系统应满足安全、可靠、易维修、好管理的要求。下面绘制系统图形。

操作步骤如下：

1. 绘制配电箱出线口

（1）将"系统"图层设置为当前图层，单击"默认"选项卡"绘图"面板中的"多段线"按钮，设置线宽为 0.7，绘制配电箱出线口，如图 13-109 所示。

（2）重复"多段线"命令，绘制另外两个区域中的配电箱出线口，如图 13-110 所示。

（3）单击"默认"选项卡"绘图"面板中的"定数等分"按钮，将第一区域中绘制的多段线等分为 14 份。

2. 绘制回路

（1）将"辅助线"图层设置为当前图层。单击"默认"选项卡"绘图"面板中的"直线"按钮，以绘制的竖直直线的上端点为起点，绘制长度为 10 的直线，如图 13-111 所示；然后在不单击鼠标的情况下向右拉伸追踪线，在命令行中输入"5"，即中间的空隙长为 5，单击确定下一条直线的端点 1，如图 13-112 所示。向右绘制长度为 30 的直线，如图 13-113 所示。

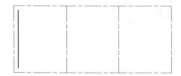
图 13-109 绘制配电箱出线口

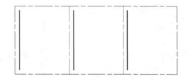
图 13-110 绘制其他配电箱出线口

图 13-111 绘制长度为 10 的直线

（2）选择菜单栏中的"工具/绘图设置"命令，弹出"草图设置"对话框，选中"启用极轴追踪"复选框，在"增量角"下拉列表框中选择 15 选项，如图 13-114 所示，单击"确定"按钮。

图 13-112 确定端点 1

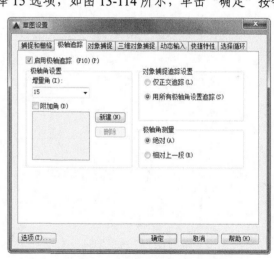
图 13-114 设置 15°角度捕捉

图 13-113 绘制长度为 30 的直线

（3）单击"默认"选项卡"绘图"面板中的"直线"按钮，捕捉点 1 为起点，在 195°追踪线上向左移动鼠标，直至 195°追踪线与竖直追踪线出现交点，选择此交点为直线的终点，绘制的斜线段如图 13-115 所示。

（4）单击"默认"选项卡"绘图"面板中的"矩形"按钮，在绘图区绘制一个边长为 1 的正方形，如图 13-116

图 13-115 绘制斜线段

所示。

（5）单击"默认"选项卡"绘图"面板中的"多段线"按钮，连接正方形的对角线，设置线宽为 0.03，如图 13-117 所示；单击"默认"选项卡"修改"面板中的"删除"按钮，删除外围矩形，得到如图 13-118 所示的图形。

图 13-116　绘制矩形　　　　图 13-117　绘制交叉线　　　　图 13-118　删除矩形

（6）单击"默认"选项卡"修改"面板中的"移动"按钮，选择交叉线段的交点为基点，将交叉线移动到如图 13-119 所示的位置。

（7）将"标注"图层设置为当前图层，单击"默认"选项卡"注释"面板中的"多行文字"按钮，设置字体高度为 1.5，在回路中添加文字注释，结果如图 13-120 所示。

　　　　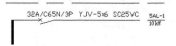

图 13-119　移动交叉线　　　　图 13-120　添加文字注释

3. 复制生成其他回路

单击"默认"选项卡"修改"面板中的"复制"按钮，选取已经绘制好的回路及文字，以水平直线左端点为基点进行复制，如图 13-121 所示。将其依次复制到各个节点上，结果如图 13-122所示。

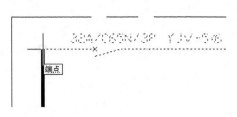　　　　

图 13-121　选取复制基点　　　　图 13-122　复制生成其他回路

 提示：

　　之所以要捕捉端点作为复制的基准点，就是为了在复制时容易捕捉到已经等分好的节点。如果捕捉其他的点作为基点，则在确定复制位置时要用到从节点引伸出的追踪线，那样就比较麻烦。

4. 修改文字

（1）双击要修改的文字，弹出如图 13-123 所示的"文字编辑器"选项卡。

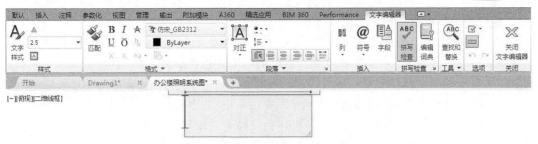

图 13-123 "文字编辑器"选项卡

（2）输入所需的文字内容，单击 按钮完成文字的修改，结果如图 13-124 所示。

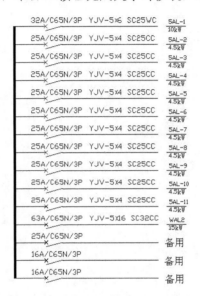

图 13-124 修改文字

（3）单击"默认"选项卡"修改"面板中的"复制"按钮，将已经绘制好的第一个配电箱的各个回路复制到其他配电箱，结果如图 13-125 所示。

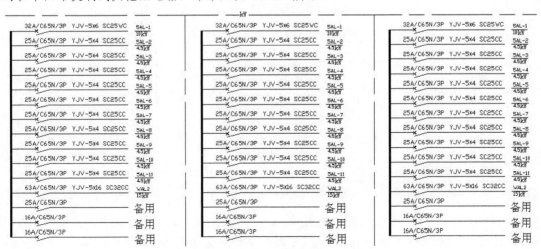

图 13-125 复制回路

5. 修改第二区域配电箱

（1）将"辅助线"图层设置为当前图层，第一区域的配电箱为五层总配电箱，而第二、第三区域的配电箱为子配电箱，子配电箱是从总配电箱中连接出来的。第二区域的子配电箱的回路为9个，而复制过来的回路有15个，所以要删除多余的回路。为了使回路对称，可以将回路上端、下端各删除3个，删除结果如图13-126所示。

（2）单击"默认"选项卡"修改"面板中的"修剪"按钮，对两端多余的线段进行修剪，修剪的边界取上端和下端的回路，修剪结果如图13-127所示。

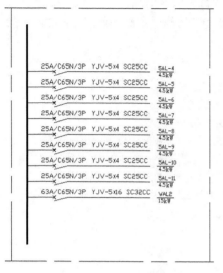

图13-126 删除部分回路

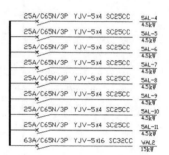

图13-127 修剪多余线段

（3）修改上端两个回路中的文字标注，结果如图13-128所示。

（4）单击"默认"选项卡"修改"面板中的"复制"按钮，将上面第二个回路中的文字标注向下复制7次，结果如图13-129所示；然后对文字标注进行必要的修改，结果如图13-130所示。

图13-128 修改并删除文字标注　　　　图13-129 复制文字标注

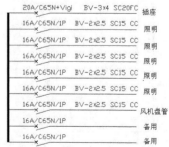

图13-130 修改并删除文字标注

（5）对于端部连接插座的回路，配置漏电断路器。单击"默认"选项卡"绘图"面板中的"椭圆"按钮，在断路器的右侧选择一点，绘制长半轴为2、短半轴为0.5的椭圆，如图13-131～图13-133所示。

图 13-131 确定起点   图 13-132 确定椭圆的长轴   图 13-133 确定椭圆的短轴

6. 修改第三区域配电箱

（1）删除回路。第三区域有两个配电箱，每个配电箱有 6 个回路，单击"默认"选项卡"修改"面板中的"删除"按钮 ，分别删除最上、最下、最中间的回路，删除结果如图 13-134 所示。

（2）修剪线段。单击"默认"选项卡"修改"面板中的"修剪"按钮 ，修剪两端及中间多余的线段，修剪结果如图 13-135 所示。

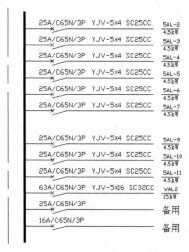

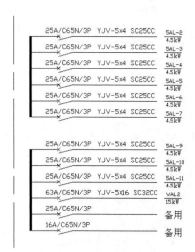

图 13-134 删除回路   图 13-135 修剪线段

（3）复制文字。修改文字标注，修改方法同第二区域配电箱的文字修改。由于插座回路的文字标注相同，因此，对于插座及照明回路的文字修改，可以先删除原有的文字，然后从第二区域配电箱进行复制，如图 13-136 所示。

（4）采用相同的方法，修改其余文字，结果如图 13-137 所示。

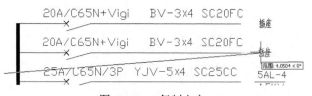

图 13-136 复制文字   图 13-137 修改文字标注

（5）对于插座回路，将断路器修改为漏电断路器，修改的方法为：将在前面绘制的小椭圆依次复制到各个插座回路上即可。

7. 绘制配电箱入口隔离开关

（1）从已经绘制好的回路中复制部分图形，如图 13-138 所示。

图 13-138 复制开关

（2）单击"默认"选项卡"绘图"面板中的"直线"按钮，在复制好的图形上添置一小段直线，完成隔离开关绘制，结果如图13-139所示。

图13-139　隔离开关

（3）将此隔离开关复制到各个配电箱的中部，如图13-140所示。

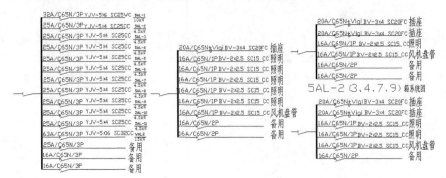

图13-140　复制隔离开关

（4）单击"默认"选项卡"修改"面板中的"删除"按钮，删除竖直辅助线段；单击"默认"选项卡"绘图"面板中的"多行文字"按钮A，为隔离开关标注必要的文字，结果如图13-141所示。

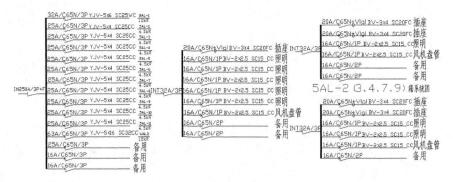

图13-141　标注隔离开关文字

（5）单击"默认"选项卡"注释"面板中的"多行文字"按钮A，分别标注各个配电箱的名称，结果如图13-142所示。

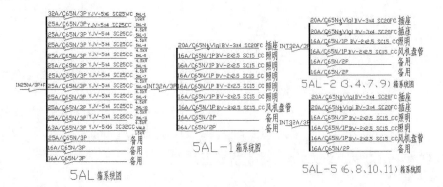

图13-142　标注配电箱名称

13.5.4 插入标题栏

本实例所采用图纸的大小为 297×210，为标准的 A4 图纸。下面在图纸中插入标题栏。

操作步骤如下：

（1）绘制图框并插入标题栏。将"图签"图层设置为当前图层，由于本图的绘制就是在 A4 图框的范围内进行的，所以直接在绘图区绘制 A4 的图框即可，即绘制 297×210 大小的图框，并且插入标题栏，如图 13-143 所示。

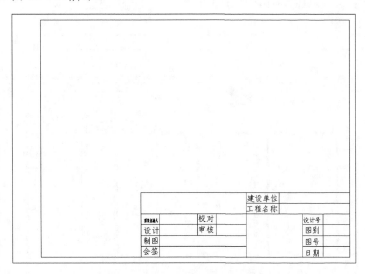

图 13-143 绘制图框并插入标题栏

（2）移入图形。单击"默认"选项卡"修改"面板中的"移动"按钮，将已经绘制好的图形移动到图框内，填写标题栏，结果如图 13-144 所示。

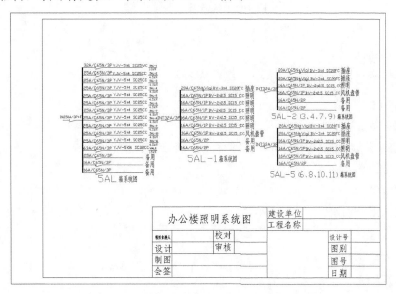

图 13-144 移入图形并填写标题栏

至此，完成整个照明系统图的绘制。

13.6　实　战　演　练

通过前面的学习，读者对本章知识也有了大体的了解，本节通过两个操作练习使读者进一步掌握本章知识要点。

【实战演练 1】绘制如图 13-145 所示的机房强电布置平面图。

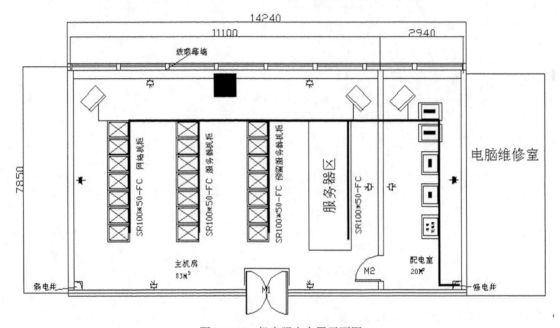

图 13-145　机房强电布置平面图

操作提示：

（1）绘制建筑图。

（2）绘制内部设备简图。

（3）绘制强电图。

（4）添加注释文字。

【实战演练 2】绘制如图 13-146 所示的有线电视系统图。

操作提示：

（1）绘制主图。

（2）绘制各电气元件。

（3）插入电气元件。

（4）绘制连接导线。

（5）添加注释文字。

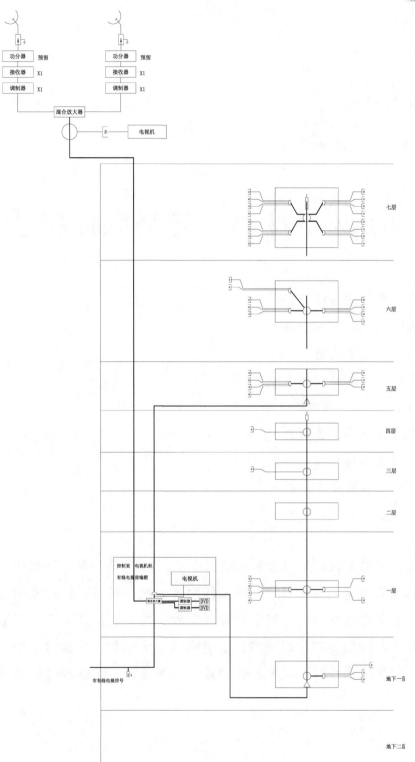

图 13-146　有线电视系统图

第 14 章

柴油发电机 PLC 控制系统电气图

本章学习要点和目标任务:

- ☑ 柴油发电机 PLC 柜外形图
- ☑ PLC 供电系统图
- ☑ PLC 系统面板接线原理图
- ☑ PLC 系统 DI 原理图
- ☑ PLC 系统 DO 原理图
- ☑ 手动复归继电器接线图
- ☑ PLC 系统同期选线图
- ☑ PLC 系统出线端子图

柴油发电机的原理就是将能量转换为电能,基于 PLC 的柴油发电机组与市电切换系统,由柴油发电机组和可编程逻辑控制器组成。通过此控制系统能实现:当电网正常时,负载由电网供电;当电网不正常时,控制系统立刻启动柴油发电机组,实现柴油发电机组输出对负载供电。当电网恢复正常后,系统恢复电网供电,并关闭柴油发电机组。通过此系统能确保负载的正常输出。下面详细讲述其绘制思路和过程。

14.1 柴油发电机 PLC 柜外形图

下面简要讲述柴油发电机 PLC 柜外形图的绘制方法，包括正视图和背视图。

14.1.1 设置绘图环境

操作步骤如下：

（1）打开 AutoCAD 2016 应用程序，单击快速访问工具栏中的"新建"按钮，打开"选择样板"对话框，如图 14-1 所示，以"无样板打开-公制（M）"方式打开一个新的空白图形文件。

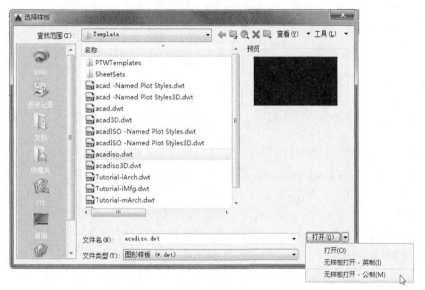

图 14-1 "选择样板"对话框

（2）单击快速访问工具栏中的"保存"按钮，打开"图形另存为"对话框，如图 14-2 所示，将文件保存为"柴油发电机 PLC 柜外形图.dwg"图形文件。

14.1.2 绘制柴油发电机 PLC 柜正视图

PLC 柜正视图如图 14-3 所示，下面讲述其绘制方法。

操作步骤如下：（▓：光盘\配套视频\第 14 章\绘制柴油发电机 PLC 柜正视图.avi）

1. 绘制 PLC 柜体

（1）单击"默认"选项卡"绘图"面板中的"多段线"按钮，将线宽设置为 0.2，绘制一个 67×142 的矩形，如图 14-4 所示。

（2）单击"默认"选项卡"修改"面板中的"偏移"按钮，将矩形向内偏移，如图 14-5 所示。

（3）单击"默认"选项卡"修改"面板中的"分解"按钮，将内部多段线分解，如图 14-6

所示。

图 14-2　保存文件

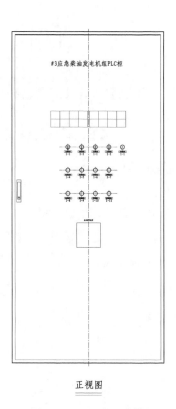

正视图

图 14-3　PLC柜正视图

2．绘制柜把手

（1）单击"默认"选项卡"绘图"面板中的"矩形"按钮□，绘制一个矩形，如图14-7所示。

（2）单击"默认"选项卡"绘图"面板中的"直线"按钮∕和"圆弧"按钮∕，绘制把手，如图14-8所示。

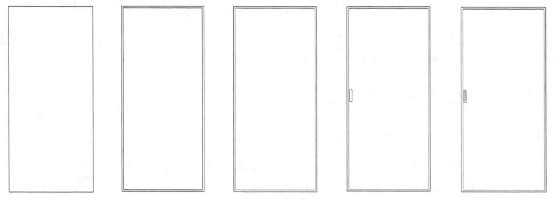

图 14-4　绘制矩形　　图 14-5　偏移矩形　　图 14-6　分解多段线　　图 14-7　绘制矩形　　图 14-8　绘制把手

（3）单击"默认"选项卡"绘图"面板中的"矩形"按钮□，绘制一个小矩形，如图 14-9 所示。

（4）单击"默认"选项卡"绘图"面板中的"圆"按钮☉，在矩形内绘制一个圆，最终完成 PLC 柜把手的绘制，如图 14-10 所示。

图 14-9　绘制小矩形　　　　　　　图 14-10　绘制圆

3. 细化柜体上方显示屏

（1）单击"默认"选项卡"绘图"面板中的"矩形"按钮□，在图中绘制一个矩形，如图 14-11 所示。

（2）单击"默认"选项卡"绘图"面板中的"直线"按钮，细化矩形，如图 14-12 所示。

（3）单击"默认"选项卡"绘图"面板中的"直线"按钮，绘制一条竖直中心线，然后选择菜单栏中的"格式/线型"命令，打开"线型管理器"对话框，如图 14-13 所示，然后单击"加载"按钮，打开"加载或重载线型"对话框，如图 14-14 所示，在可用线型中选择 CENTER，单击"确定"按钮，将中心线的线型设置为 CENTER，结果如图 14-15 所示。

图 14-11　绘制矩形　　图 14-12　细化矩形

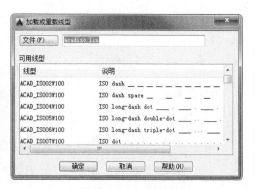

图 14-13　"线型管理器"对话框　　　　　　图 14-14　加载线型

（4）单击"默认"选项卡"修改"面板中的"镜像"按钮，镜像图形，如图 14-16 所示。

4. 绘制单个旋钮

（1）单击"默认"选项卡"绘图"面板中的"直线"按钮，绘制一条水平直线和一条较短的竖直直线，如图 14-17 所示。

（2）单击"默认"选项卡"绘图"面板中的"圆"按钮，在第（1）步绘制的两条中心线的交点处绘制一个圆，如图 14-18 所示。

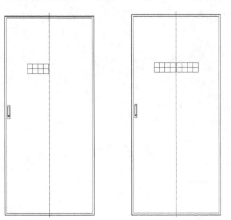
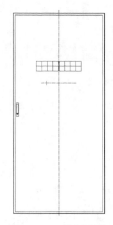
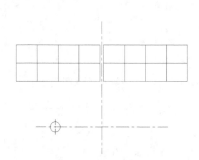

图 14-15　绘制中心线　　图 14-16　镜像图形　　图 14-17　绘制直线　　　　图 14-18　绘制圆

（3）单击"默认"选项卡"修改"面板中的"偏移"按钮，将圆向内偏移，如图 14-19 所示。

（4）单击"默认"选项卡"绘图"面板中的"矩形"按钮，在圆内绘制矩形，如图 14-20 所示。

（5）单击"默认"选项卡"修改"面板中的"修剪"按钮，修剪掉多余的直线，完成旋钮的绘制，如图 14-21 所示。

图 14-19　偏移圆　　　　　　图 14-20　绘制矩形　　　　　图 14-21　修剪掉多余的直线

（6）单击"默认"选项卡"绘图"面板中的"矩形"按钮，在旋钮下侧绘制一个矩形作为标示，如图 14-22 所示。

（7）单击"默认"选项卡"注释"面板中的"多行文字"按钮，在矩形内输入文字，如图 14-23 所示。

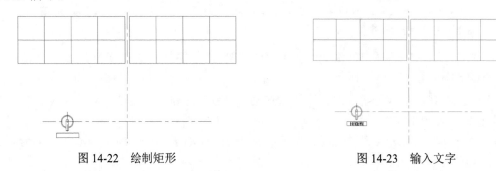

图 14-22　绘制矩形　　　　　　　　　　　图 14-23　输入文字

5. 布置旋钮组

（1）单击"默认"选项卡"修改"面板中的"复制"按钮 ，将旋钮和标示向右复制，如图 14-24 所示。

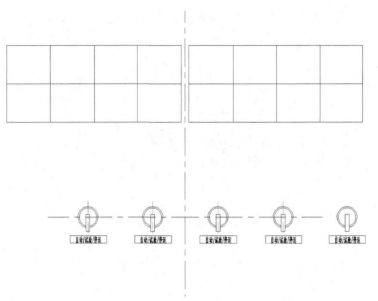

图 14-24　复制旋钮和标示 1

（2）单击"默认"选项卡"修改"面板中的"复制"按钮 ，将旋钮和标示向下依次复制，如图 14-25 所示。

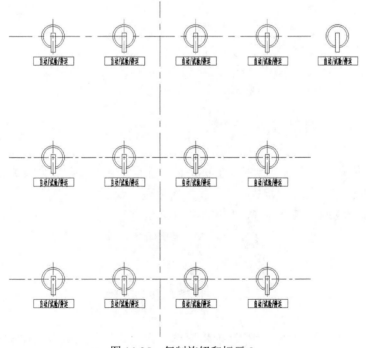

图 14-25　复制旋钮和标示 2

Note

（3）单击"默认"选项卡"修改"面板中的"删除"按钮，将第（2）步复制后的旋钮内的矩形删除，然后双击标示处的文字，如图14-26所示，修改文字内容，结果如图14-27所示。利用鼠标中键，缩放图形，显示修改后的结果如图14-28所示。

图14-26　双击文字

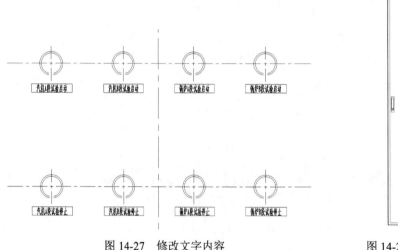

图14-27　修改文字内容

图14-28　绘制差动保护装置

6. 添加注释

（1）单击"默认"选项卡"注释"面板中的"文字样式"按钮，打开"文字样式"对话框，单击"新建"按钮，打开"新建文字样式"对话框，如图14-29所示，创建一个新的文字样式，然后设置字体为宋体，高度为2，如图14-30所示。

图14-29　"新建文字样式"对话框

（2）单击"默认"选项卡"注释"面板中的"多行文字"按钮，标注文字，如图 14-31所示。

（3）单击"默认"选项卡"绘图"面板中的"直线"按钮和"多行文字"按钮A，标注图名，如图 14-3 所示。

图 14-30　设置文字样式

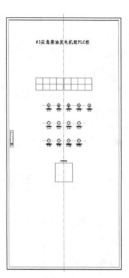

图 14-31　标注文字

14.1.3　绘制柴油发电机 PLC 柜背视图

PLC 柜背视图的绘制方法与正视图类似，在绘制完背视图后，将其与上面绘制的正视图合并到一张图纸里，插入"图框"图块，填写标题栏，结果如图 14-32 所示。

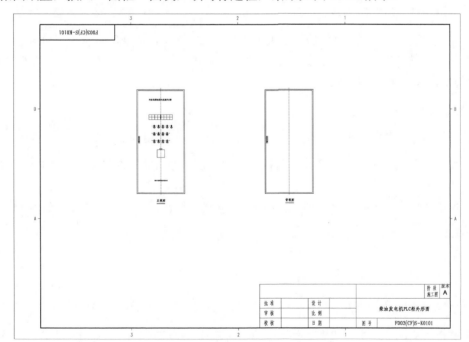

图 14-32　柴油发电机 PLC 柜外形图

14.2　PLC 供电系统图

PLC 供电系统是指对 PLC 控制系统所需电源的分配,包括强电(220VAC)和弱电(24VDC),这些电源电路的分布和走向布置就是"PLC 供电系统"。根据 PLC 的具体型号来定,需要 24VDC 的,通过开关电源供电,需要 220VAC 的,直接接入市电。本节将详细讲述 PLC 系统供电系统图的绘制。

📷:光盘\配套视频\第 14 章\绘制 PLC 供电系统图.avi

14.2.1　绘制元件符号

下面简要讲述 PLC 供电系统图中用到的一些元件符号的绘制方法。

操作步骤如下:

1. 绘制开关

（1）新建"实体符号"图层并设置为当前图层,单击"默认"选项卡"绘图"面板中的"直线"按钮，绘制 3 段水平直线,如图 14-33 所示。

（2）单击"默认"选项卡"修改"面板中的"旋转"按钮，将短直线旋转到合适的角度,如图 14-34 所示。

图 14-33　绘制水平直线 　　　　　　　　　　图 14-34　旋转短直线

（3）单击"默认"选项卡"绘图"面板中的"直线"按钮，绘制短斜线,如图 14-35 所示。

（4）单击"默认"选项卡"修改"面板中的"旋转"按钮，将短斜线旋转复制 90°,完成开关的绘制,如图 14-36 所示。

图 14-35　绘制短斜线 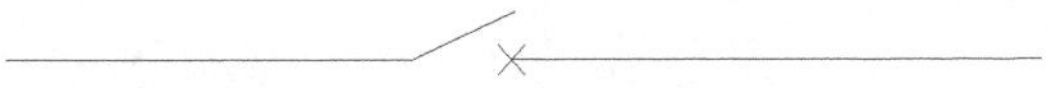　　　　　　　　　　图 14-36　旋转复制短斜线

（5）单击"默认"选项卡"修改"面板中的"复制"按钮，将开关向下复制,如图 14-37 所示。

（6）单击"默认"选项卡"绘图"面板中的"直线"按钮，绘制连接线,如图 14-38 所示。

图 14-37　复制开关　　　　　　　　　　图 14-38　绘制连接线

（7）单击"默认"选项卡"块"面板中的"创建块"按钮，将开关创建为块,名称为"开关 1",如图 14-39 所示。

2. 绘制开关电源

（1）单击"默认"选项卡"绘图"面板中的"多段线"按钮 ，设置线宽为 0.3，绘制一个四边形，如图 14-40 所示。

（2）单击"默认"选项卡"绘图"面板中的"直线"按钮 ，在四边形内绘制一条斜线，如图 14-41 所示。

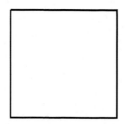

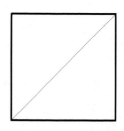

图 14-39　创建块　　　　　图 14-40　绘制四边形　　　图 14-41　绘制斜线

（3）单击"默认"选项卡"注释"面板中的"多行文字"按钮 A，在四边形内输入文字，完成开关电源的绘制，如图 14-42 所示。

（4）单击"默认"选项卡"块"面板中的"创建块"按钮 ，将开关电源创建为块，如图 14-43 所示。

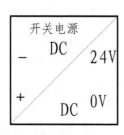

图 14-42　输入文字　　　　　　　　　　图 14-43　创建块

14.2.2　元件布局

绘制完元件符号后，需要将这些元件符号布局在图纸合适位置，下面简要讲述其方法。

操作步骤如下：

（1）单击"默认"选项卡"绘图"面板中的"圆"按钮 ，绘制一个圆，如图 14-44 所示。

（2）单击"默认"选项卡"绘图"面板中的"多段线"按钮 ，在圆内绘制 3 条较短的多段线，如图 14-45 所示。

（3）单击"默认"选项卡"块"面板中的"插入块"按钮 ，打开"插入"对话框，在"旋转"选项组中将"角度"设置为 90，如图 14-46 所示，将"开关 1"图块插入到图中，如图 14-47 所示。

（4）单击"默认"选项卡"块"面板中的"插入块"按钮 ，将"开关电源"图块插入到图中合适的位置处，如图 14-48 所示。

图 14-44　绘制圆

图 14-45　绘制多段线

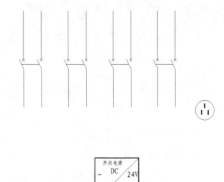

图 14-46　"插入"对话框

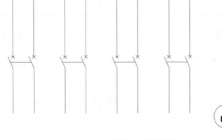

图 14-47　插入开关图块

图 14-48　插入开关电源

14.2.3　绘制线路图

布局完元件符号后，可以用导线将这些元件符号连接起来。

操作步骤如下：

（1）单击"默认"选项卡"绘图"面板中的"直线"按钮，按照原理图连接各元器件，并将图块进行分解修剪，结果如图 14-49 所示。

（2）单击"默认"选项卡"绘图"面板中的"多段线"按钮和"修改"面板中的"修剪"按钮，绘制总线，如图 14-50 所示。

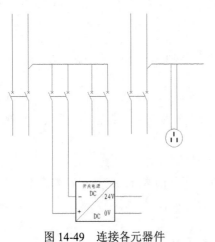

图 14-49　连接各元器件

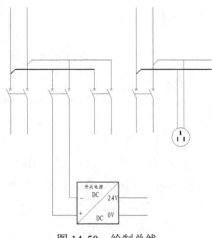

图 14-50　绘制总线

14.2.4 标注文字

线路连接完毕后，需要给整个图形标注必要的文字。

操作步骤如下：

（1）单击"默认"选项卡"注释"面板中的"文字样式"按钮，打开"文字样式"对话框，单击"新建"按钮，打开"新建文字样式"对话框，如图 14-51 所示，单击"确定"按钮，返回"文字样式"对话框，设置字体为"宋体"，高度为 8，如图 14-52 所示。

图 14-51 新建文字样式

图 14-52 设置文字样式

（2）单击"默认"选项卡"注释"面板中的"多行文字"按钮A，为图形标注文字，对于竖直方向的文字，单击"默认"选项卡"修改"面板中的"旋转"按钮，将文字旋转 90°，结果如图 14-53 所示。

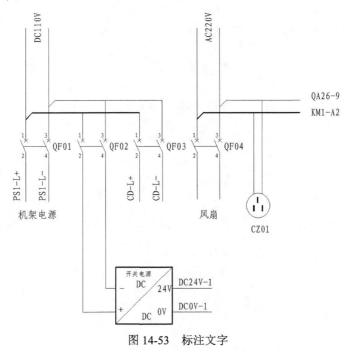

图 14-53 标注文字

（3）单击"默认"选项卡"块"面板中的"插入块"按钮，打开"插入"对话框，如图 14-54 所示，在"源文件/图块"中找到"图框"图块，将其插入到图中合适的位置处，如图 14-55 所示。

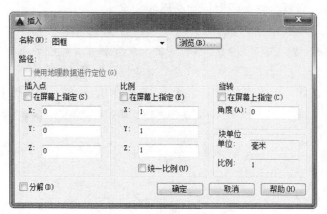

图 14-54　"插入"对话框

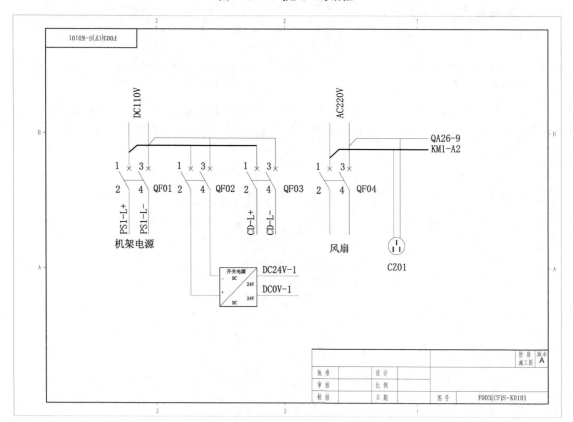

图 14-55　插入图框

（4）单击"默认"选项卡"注释"面板中的"多行文字"按钮 A，在图框内输入图纸名称，如图 14-56 所示。

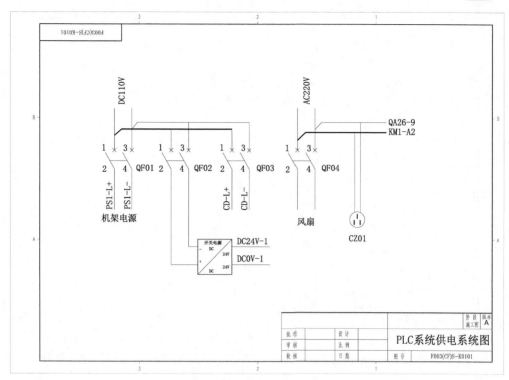

图 14-56　输入图纸名称

14.3　PLC 系统面板接线原理图

PLC 系统面板接线原理图就是 PLC 控制系统的输入、输出端子及操作和控制元件的接线图。这种接线原理图，往往图线非常烦琐，要想快速准确地进行绘制，绘制过程中需要遵循一定的方法。本节将详细讲述其绘制过程。

14.3.1　绘制原理图

先绘制完元件符号（在此从略），并以此为基础，绘制出 PLC 系统接线原理图，如图 14-57 所示。下面简要讲述其绘制方法。

操作步骤如下：（📹：光盘\配套视频\第 14 章\绘制 PLC 系统接线原理图.avi）

1. 绘制控制部分

（1）新建"连接线"图层并设置为当前图层，单击"默认"选项卡"绘图"面板中的"直线"按钮，绘制一条短直线，如图 14-58 所示。

（2）单击"默认"选项卡"绘图"面板中的"直线"按钮，以第（1）步绘制的短直线中点为起点，竖直向下绘制一条直线，如图 14-59 所示。

（3）单击"默认"选项卡"绘图"面板中的"直线"按钮，在图中合适的位置处绘制一条水平直线，如图 14-60 所示。

Note

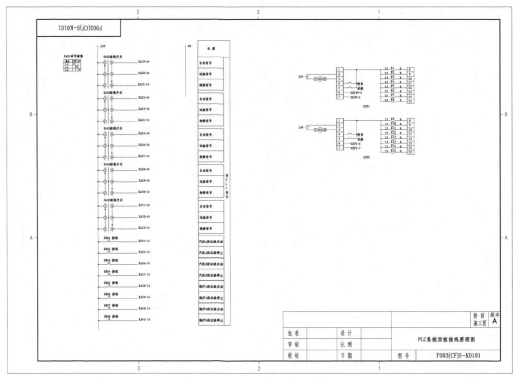

图 14-57　PLC 系统接线原理图

图 14-58　绘制短直线

（4）单击"默认"选项卡"块"面板中的"插入块"按钮，打开"插入"对话框，如图 14-61 所示，将"转换开关"图块插入到图中，如图 14-62 所示。

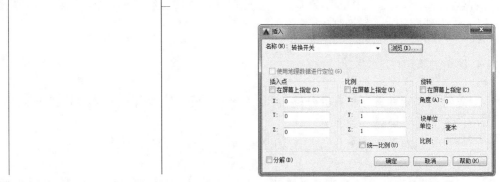

图 14-59　绘制竖直直线　　图 14-60　绘制水平直线　　图 14-61　"插入"对话框

（5）单击"默认"选项卡"绘图"面板中的"直线"按钮，在右侧绘制线路，如图 14-63 所示。

（6）单击"默认"选项卡"修改"面板中的"复制"按钮，将线路向下复制，如图 14-64 所示。

（7）单击"默认"选项卡"修改"面板中的"复制"按钮，将转换开关和线路依次向下复制，如图 14-65 所示。

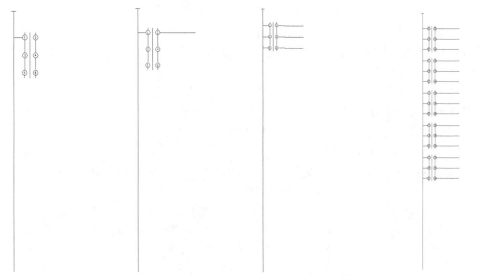

图 14-62　插入转换开关　　　图 14-63　绘制线路　　　图 14-64　复制线路　　　图 14-65　复制转换开关和线路

（8）单击"默认"选项卡"绘图"面板中的"直线"按钮，在图中合适的位置处绘制一条直线，如图 14-66 所示。

（9）单击"默认"选项卡"块"面板中的"插入块"按钮，将"按钮"图块插入到第（8）步绘制的直线右侧，如图 14-67 所示。

（10）单击"默认"选项卡"绘图"面板中的"直线"按钮，绘制线路，如图 14-68 所示。

（11）单击"默认"选项卡"修改"面板中的"复制"按钮，将按钮和线路向下依次复制，如图 14-69 所示。

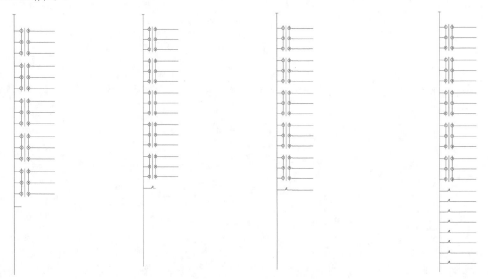

图 14-66　绘制直线　　　图 14-67　插入按钮　　　图 14-68　绘制线路　　　图 14-69　复制按钮和线路

（12）单击"默认"选项卡"绘图"面板中的"圆"按钮，在图中合适的位置处绘制一个圆，如图 14-70 所示。

（13）单击"默认"选项卡"绘图"面板中的"图案填充"按钮，打开"图案填充创建"选项卡，如图 14-71 所示，在"图案"面板中单击"图案填充图案"选项中的按钮，打开下拉列表，选择 SOLID 图案，如图 14-72 所示，对圆进行填充，完成导线节点的绘制，如图 14-73 所示。

（14）单击"默认"选项卡"修改"面板中的"复制"按钮，将导线节点复制到图中其他位置处，如图 14-74 所示。

（15）单击"默认"选项卡"注释"面板中的"多行文字"按钮 A，标注文字，如图 14-75 所示。

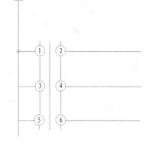

图 14-70　绘制圆

图 14-71　"图案填充创建"选项卡

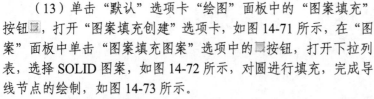
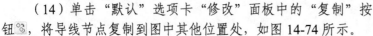
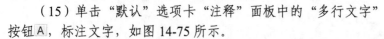
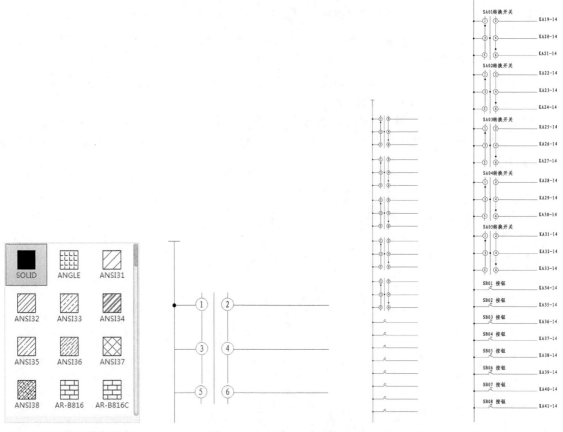

图 14-72　选择填充图案　　　　图 14-73　填充圆　　图 14-74　复制导线节点　图 14-75　标注文字

2. 绘制工艺过程

（1）单击"默认"选项卡"绘图"面板中的"直线"按钮，绘制图形，如图 14-76 所示。

（2）单击"默认"选项卡"绘图"面板中的"直线"按钮和"矩形"按钮，在图中绘制多个矩形，如图 14-77 所示。

（3）单击"默认"选项卡"注释"面板中的"多行文字"按钮A，在矩形内输入文字，如图 14-78 所示。

図 14-76　绘制图形　　　　图 14-77　绘制矩形　　　　图 14-78　输入文字

（4）单击"默认"选项卡"修改"面板中的"复制"按钮，复制矩形和文字，如图 14-79 所示。

（5）单击"默认"选项卡"绘图"面板中的"矩形"按钮，继续绘制矩形，如图 14-80 所示。

（6）单击"默认"选项卡"注释"面板中的"多行文字"按钮A，在矩形内输入文字，如图 14-81 所示。

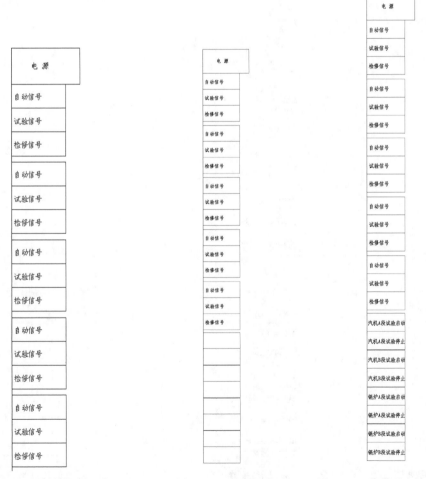

图 14-79　复制矩形和文字　　　图 14-80　绘制矩形　　　图 14-81　在矩形内输入文字

3. 绘制工作原理

（1）单击"默认"选项卡"绘图"面板中的"直线"按钮✐，在右侧绘制一条竖直直线，如图 14-82 所示。

（2）单击"默认"选项卡"注释"面板中的"多行文字"按钮Ａ，在图中标注文字，如图 14-83 所示。

（3）单击"默认"选项卡"绘图"面板中的"矩形"按钮▢，在图中绘制一个长为 21.5、宽为 14 的矩形，如图 14-84 所示。

（4）单击"默认"选项卡"修改"面板中的"分解"按钮✆，将矩形分解。

（5）单击"默认"选项卡"修改"面板中的"偏移"按钮✆，将左侧竖直直线向右偏移，偏移距离分别为 11、3.5 和 3.5，如图 14-85 所示。

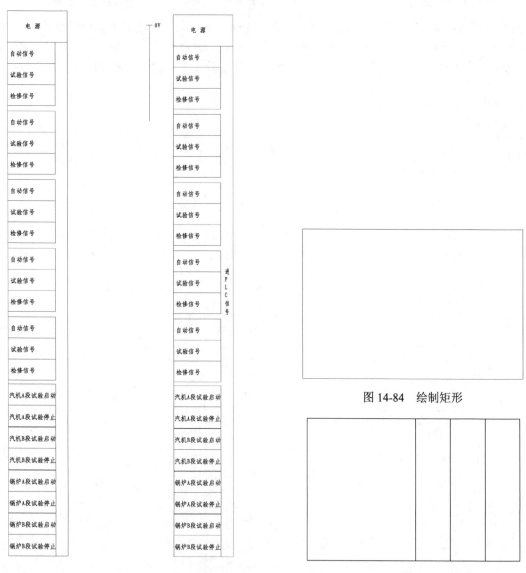

图 14-84　绘制矩形

图 14-82　绘制竖直直线　　　　图 14-83　标注文字　　　　图 14-85　偏移竖直直线

（6）单击"默认"选项卡"修改"面板中的"偏移"按钮，将上侧水平直线向下偏移，偏移距离分别为3.5、3.5和3.5，如图14-86所示。

（7）单击"默认"选项卡"注释"面板中的"多行文字"按钮，在表格内输入文字，如图14-87所示。

（8）单击"默认"选项卡"绘图"面板中的"直线"按钮，在表格内绘制叉图形，如图14-88所示。

图14-86 偏移水平直线　　　　图14-87 输入文字　　　　图14-88 绘制叉图形

14.3.2 绘制系统图

完成 PLC 系统接线原理图后，进一步绘制出其系统图，如图14-89所示。

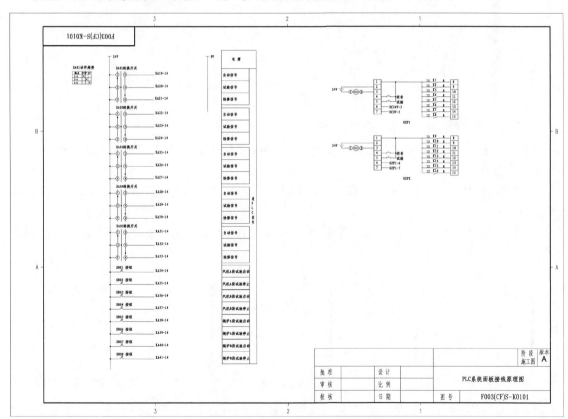

图 14-89 PLC 系统面板接线原理图

操作步骤如下：（📹：光盘\配套视频\第 14 章\绘制 PLC 系统面板接线原理图.avi）

1. 绘制原理图说明

（1）单击"默认"选项卡"绘图"面板中的"多段线"按钮⊃，将起始和终止线宽设置为 0.3，绘制一条竖直多段线，如图 14-90 所示。

（2）单击"默认"选项卡"修改"面板中的"偏移"按钮⊿，将多段线向右偏移，然后选中偏移后的多段线，右击打开快捷菜单，选择"特性"命令，如图 14-91 所示，打开"特性"选项板，将起始和终止线宽设置为 0.2，如图 14-92 所示。

图 14-90　绘制多段　　　　　图 14-91　快捷菜单　　　　　　　图 14-92　设置线宽

（3）单击"默认"选项卡"绘图"面板中的"直线"按钮，封闭两条多段线，如图 14-93 所示。

（4）单击"默认"选项卡"注释"面板中的"多行文字"按钮A，输入文字，如图 14-94 所示。

（5）单击"默认"选项卡"修改"面板中的"复制"按钮，将图形依次向下复制，如图 14-95 所示。

图 14-93　封闭多段线　　　　　图 14-94　输入文字　　　　　图 14-95　复制图形

（6）选择复制的文字并双击，打开"文字编辑器"选项卡，如图 14-96 所示，修改文字内容，结果如图 14-97 所示。

图 14-96　"文字编辑器"选项卡　　　　　　　　图 14-97　修改文字内容

（7）单击"默认"选项卡"修改"面板中的"复制"按钮，将图形复制到另外一侧，并修改文字内容，如图 14-98 所示。

2. 绘制原理图连线

（1）单击"默认"选项卡"绘图"面板中的"直线"按钮，在图中绘制线路，如图 14-99 所示。

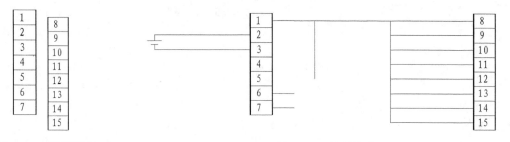

图 14-98　复制图形　　　　　　　　　　　图 14-99　绘制线路

（2）单击"默认"选项卡"绘图"面板中的"圆"按钮，在图中合适位置绘制一个圆，如图 14-100 所示。

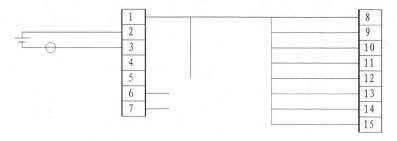

图 14-100　绘制圆

（3）单击"默认"选项卡"修改"面板中的"修剪"按钮，修剪掉多余的直线，如图 14-101 所示。

（4）单击"默认"选项卡"注释"面板中的"多行文字"按钮，在圆内输入文字，如图 14-102 所示。

Note

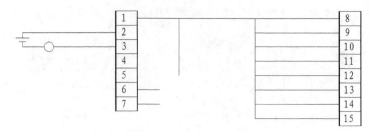

图 14-101　修剪掉多余的直线

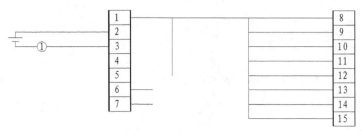

图 14-102　输入文字

3．绘制元件

（1）单击"默认"选项卡"绘图"面板中的"直线"按钮／和"圆"按钮⊙，在标号右侧绘制图形，然后单击"默认"选项卡"修改"面板中的"修剪"按钮／，修剪掉多余的直线，如图 14-103 所示。

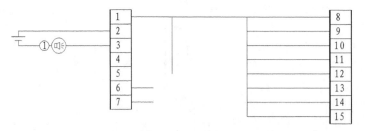

图 14-103　绘制并修剪图形

（2）单击"默认"选项卡"修改"面板中的"复制"按钮％，将标号复制到图中其他位置处，并修改文字内容，然后单击"默认"选项卡"修改"面板中的"修剪"按钮／，修剪掉多余的直线，如图 14-104 所示。

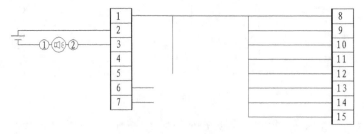

图 14-104　复制标号并修剪

（3）单击"默认"选项卡"块"面板中的"插入块"按钮，将"开关 2"图块插入到图中合适的位置处，如图 14-105 所示。

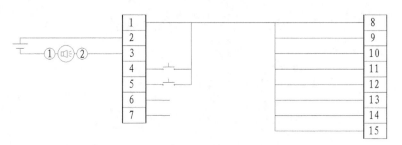

图 14-105　插入开关 2

（4）单击"默认"选项卡"块"面板中的"插入块"按钮，将"开关 3"图块插入到图中合适的位置处，然后单击"默认"选项卡"修改"面板中的"修剪"按钮，修剪掉多余的直线，如图 14-106 所示。

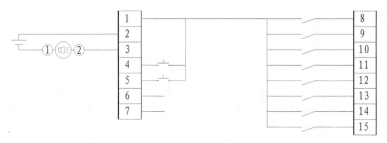

图 14-106　插入开关 3

（5）单击"默认"选项卡"绘图"面板中的"圆"按钮，在图中绘制一个圆，如图 14-107 所示。

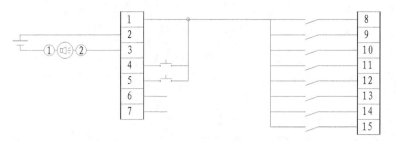

图 14-107　绘制圆

（6）单击"默认"选项卡"绘图"面板中的"图案填充"按钮，选择 SOLID 图案对圆进行填充，完成导线节点的绘制，如图 14-108 所示。

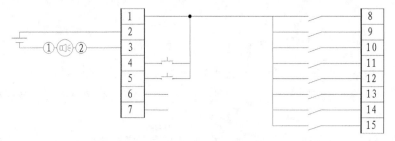

图 14-108　填充圆

（7）单击"默认"选项卡"修改"面板中的"复制"按钮，将导线节点复制到图中其他位置处，如图 14-109 所示。

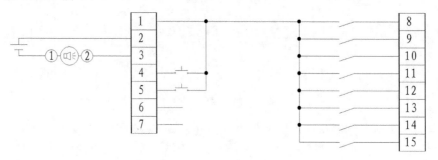

图 14-109　复制导线节点

4. 添加注释

（1）单击"默认"选项卡"注释"面板中的"多行文字"按钮 A，标注文字，如图 14-110 所示。

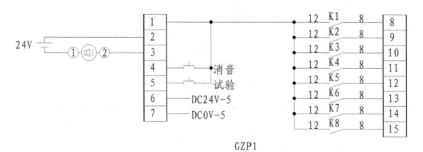

图 14-110　标注文字

（2）单击"默认"选项卡"修改"面板中的"复制"按钮，将 GZP1 图形进行复制，并修改文字内容，如图 14-111 所示。

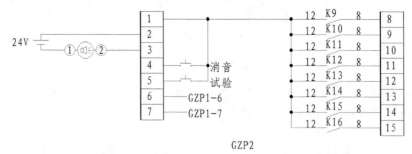

图 14-111　绘制 GZP2 图形

（3）单击"默认"选项卡"块"面板中的"插入块"按钮，打开"插入"对话框，如图 14-112 所示，在"源文件/图块"中找到"图框"图块，将其插入到图中合适的位置处，如图 14-113 所示。

（4）单击"默认"选项卡"注释"面板中的"多行文字"按钮 A，在图框内输入图纸名称，如图 14-89 所示。

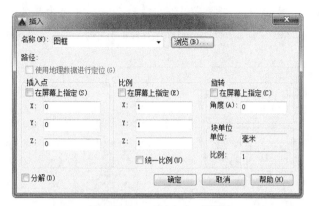

图 14-112 "插入"对话框

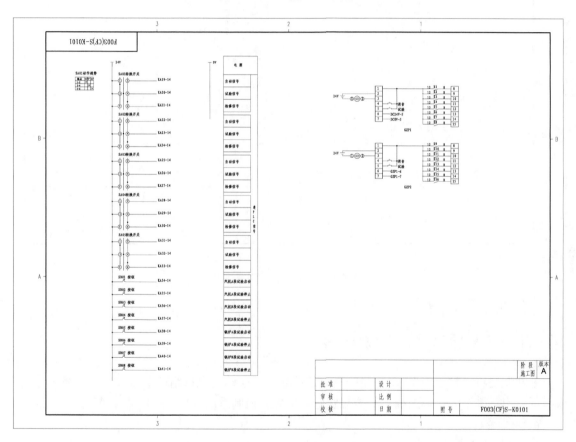

图 14-113 插入图框

14.4 PLC 系统 DI 原理图

PLC 系统 DI 原理图是组成 PLC 系统整套电气图的重要组成部分。本节将以 PLC 系统 DI 原理图 1 为例详细介绍 PLC 系统 DI 原理图的具体绘制思路和方法。

首先设置绘图环境，然后根据二维绘制和编辑命令绘制各个电气符号（在此从略），再绘制 DI 原理图功能说明表，最后绘制系统图，如图 14-114 所示。

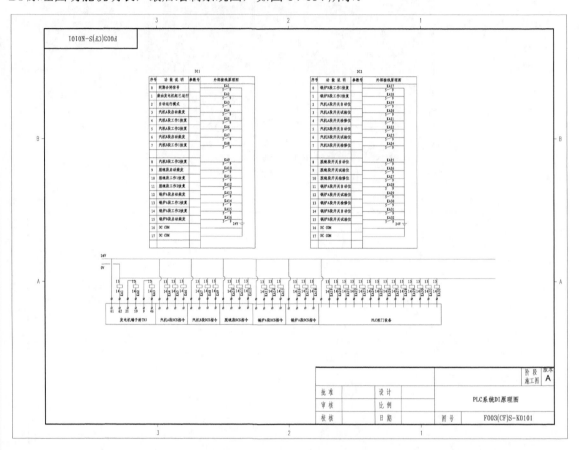

图 14-114 PLC 系统 DI 原理图

📹：光盘\配套视频\第 14 章\绘制 PLC 系统 DI 原理图.avi

14.4.1 绘制原理图功能说明表

柴油发电机组设置的 PLC 程序控制系统除实现对柴油发电机组的监视控制功能外，还需完成对保安电源系统的逻辑控制，并能与发电厂的电气控制系统（ECMS）进行通信。

操作步骤如下：

1. 绘制功能说明

（1）单击"默认"选项卡"绘图"面板中的"矩形"按钮□，绘制一个矩形，如图 14-115 所示。

（2）单击"默认"选项卡"修改"面板中的"分解"按钮，将矩形分解。

（3）单击"默认"选项卡"修改"面板中的"偏移"按钮，将左侧竖直直线向右依次偏移，如图 14-116 所示。

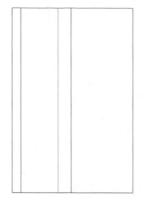

图 14-115　绘制矩形　　　　　　　　　　　图 14-116　偏移竖直直线

（4）单击"默认"选项卡"绘图"面板中的"定数等分"按钮，将长边直线等分为 21 份，并利用"直线"命令在各节点处绘制直线，如图 14-117 所示。

（5）单击"默认"选项卡"修改"面板中的"修剪"按钮，修剪掉多余的直线，如图 14-118 所示。

（6）单击"默认"选项卡"注释"面板中的"多行文字"按钮，在表格内输入标题，如图 14-119 所示。

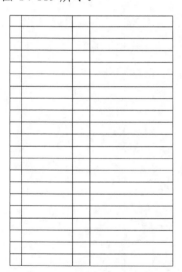

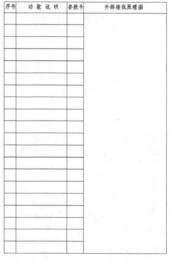

图 14-117　偏移水平直线　　　　　　图 14-118　修剪直线　　　　　　图 14-119　输入标题

（7）单击"默认"选项卡"注释"面板中的"多行文字"按钮，在表格内输入相应的内容，如图 14-120 所示。

（8）单击"默认"选项卡"绘图"面板中的"直线"按钮，在"外部接线原理图"标题下绘制线路，如图 14-121 所示。

2. 插入元件

（1）单击"默认"选项卡"块"面板中的"插入块"按钮，打开"插入"对话框，如图 14-122 所示。将开关 4 插入到图中合适的位置处，如图 14-123 所示。

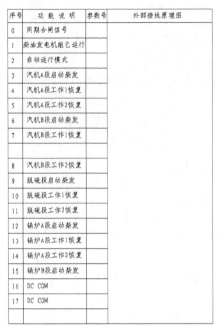

图 14-120　输入文字内容

图 14-121　绘制线路

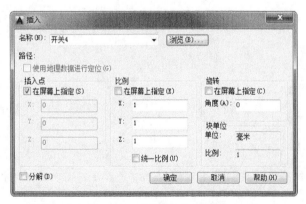

图 14-122　"插入"对话框

图 14-123　插入开关

（2）单击"默认"选项卡"注释"面板中的"多行文字"按钮 A，在开关处输入文字，如图 14-124 所示。

（3）单击"默认"选项卡"修改"面板中的"复制"按钮，将线路和开关依次向下复制，如图 14-125 所示。然后双击文字，修改文字内容，如图 14-126 所示。

序号	功能说明	参数号	外部接线原理图
0	同期合闸信号		KA1
1	柴油发电机组已运行		
2	自动运行模式		
3	汽机A段启动柴发		
4	汽机A段工作1恢复		
5	汽机A段工作2恢复		
6	汽机B段启动柴发		
7	汽机B段工作1恢复		
8	汽机B段工作2恢复		
9	脱硫段启动柴发		
10	脱硫段工作1恢复		
11	脱硫段工作2恢复		
12	锅炉A段启动柴发		
13	锅炉A段工作1恢复		
14	锅炉A段工作2恢复		
15	锅炉B段启动柴发		
16	DC COM		
17	DC COM		

图 14-124 输入文字

序号	功能说明	参数号	外部接线原理图
0	同期合闸信号		KA1 5 9
1	柴油发电机组已运行		KA1 5 9
2	自动运行模式		KA1 5 9
3	汽机A段启动柴发		KA1 5 9
4	汽机A段工作1恢复		KA1 5 9
5	汽机A段工作2恢复		KA1 5 9
6	汽机B段启动柴发		KA1 5 9
7	汽机B段工作1恢复		KA1 5 9
8	汽机B段工作2恢复		KA1 5 9
9	脱硫段启动柴发		KA1 5 9
10	脱硫段工作1恢复		KA1 5 9
11	脱硫段工作2恢复		KA1 5 9
12	锅炉A段启动柴发		KA1 5 9
13	锅炉A段工作1恢复		KA1 5 9
14	锅炉A段工作2恢复		KA1 5 9
15	锅炉B段启动柴发		KA1 5 9
16	DC COM		
17	DC COM		

图 14-125 复制线路和开关

（4）单击"默认"选项卡"绘图"面板中的"直线"按钮 ✎ 和"多行文字"按钮 A，绘制电源和其他线路，结果如图 14-127 所示。

序号	功能说明	参数号	外部接线原理图
0	同期合闸信号		KA1 5 9
1	柴油发电机组已运行		KA2 5 9
2	自动运行模式		KA3 5 9
3	汽机A段启动柴发		KA4 5 9
4	汽机A段工作1恢复		KA5 5 9
5	汽机A段工作2恢复		KA6 5 9
6	汽机B段启动柴发		KA7 5 9
7	汽机B段工作1恢复		KA8 5 9
8	汽机B段工作2恢复		KA9 5 9
9	脱硫段启动柴发		KA10 5 9
10	脱硫段工作1恢复		KA11 5 9
11	脱硫段工作2恢复		KA12 5 9
12	锅炉A段启动柴发		KA13 5 9
13	锅炉A段工作1恢复		KA14 5 9
14	锅炉A段工作2恢复		KA15 5 9
15	锅炉B段启动柴发		KA16 5 9
16	DC COM		
17	DC COM		

图 14-126 修改文字内容

DI1

序号	功能说明	参数号	外部接线原理图
0	同期合闸信号		KA1 5 9
1	柴油发电机组已运行		KA2 5 9
2	自动运行模式		KA3 5 9
3	汽机A段启动柴发		KA4 5 9
4	汽机A段工作1恢复		KA5 5 9
5	汽机A段工作2恢复		KA6 5 9
6	汽机B段启动柴发		KA7 5 9
7	汽机B段工作1恢复		KA8 5 9
8	汽机B段工作2恢复		KA9 5 9
9	脱硫段启动柴发		KA10 5 9
10	脱硫段工作1恢复		KA11 5 9
11	脱硫段工作2恢复		KA12 5 9
12	锅炉A段启动柴发		KA13 5 9
13	锅炉A段工作1恢复		KA14 5 9
14	锅炉A段工作2恢复		KA15 5 9
15	锅炉B段启动柴发		KA16 5 9
16	DC COM		24V
17	DC COM		

图 14-127 绘制电源和其他线路

3. 绘制 DI2

单击"默认"选项卡"修改"面板中的"复制"按钮 ❀，将 DI1 向右复制，然后在"功能说明"和"外部接线原理图"对应的表内修改文字内容，并将 DI1 修改为 DI2，如图 14-128 所示。

图 14-128　绘制 DI2

14.4.2　绘制系统图

按照功能图一次将不同作用的电路意义一一绘制出来。

操作步骤如下：

1. 绘制系统框图

（1）单击"默认"选项卡"绘图"面板中的"直线"按钮，绘制一条水平直线，如图 14-129 所示。

图 14-129　绘制水平直线

（2）单击"默认"选项卡"修改"面板中的"复制"按钮，将直线向下复制到合适的位置，如图 14-130 所示。

（3）单击"默认"选项卡"绘图"面板中的"直线"按钮，在图中合适的位置处绘制竖向直线，如图 14-131 所示。

图 14-130　复制直线 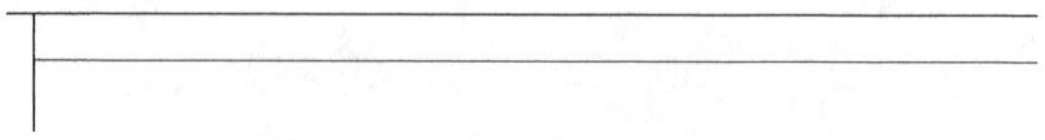　　　　　　　　　　图 14-131　绘制竖向直线

（4）单击"默认"选项卡"绘图"面板中的"圆"按钮和"直线"按钮，绘制端子电

气符号，如图 14-132 所示。

（5）单击"默认"选项卡"修改"面板中的"复制"按钮，将端子向下复制，如图 14-133 所示。

図 14-132　绘制端子符号　　　　　　　　　図 14-133　复制端子

（6）单击"默认"选项卡"绘图"面板中的"直线"按钮，在图中合适的位置绘制一条水平直线，如图 14-134 所示。

（7）单击"默认"选项卡"修改"面板中的"打断"按钮，将第（6）步绘制的水平直线打断，如图 14-135 所示。

図 14-134　绘制水平直线　　　　　　　　　図 14-135　打断直线

（8）单击"默认"选项卡"修改"面板中的"复制"按钮，复制图形，如图 14-136 所示。

図 14-136　复制图形

（9）单击"默认"选项卡"修改"面板中的"修剪"按钮，修剪掉多余的直线，如图 14-137 所示。

図 14-137　修剪掉多余的直线

2. 插入元件

（1）单击"默认"选项卡"块"面板中的"插入块"按钮，将"线圈"图块插入到图中合适的位置，如图 14-138 所示。

図 14-138　插入线圈

（2）单击"默认"选项卡"修改"面板中的"修剪"按钮，修剪掉多余的直线，如图 14-139 所示。

（3）单击"默认"选项卡"绘图"面板中的"圆弧"按钮，在图中合适的位置绘制一段圆弧，如图 14-140 所示。

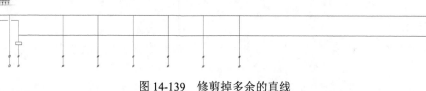

图 14-139　修剪掉多余的直线

图 14-140　绘制圆弧

（4）单击"默认"选项卡"修改"面板中的"复制"按钮，将圆弧依次向右复制，如图 14-141 所示。

图 14-141　复制圆弧

（5）单击"默认"选项卡"修改"面板中的"修剪"按钮，修剪掉多余的直线，如图 14-142 所示。

图 14-142　修剪掉多余的直线

（6）单击"默认"选项卡"修改"面板中的"复制"按钮，复制图形，如图 14-143 所示。

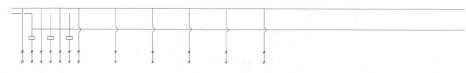

图 14-143　复制图形

（7）单击"默认"选项卡"绘图"面板中的"直线"按钮和"修改"面板中的"修剪"按钮，整理图形，如图 14-144 所示。

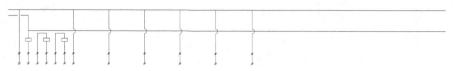

图 14-144　整理图形

（8）单击"默认"选项卡"修改"面板中的"复制"按钮和"修剪"按钮，绘制右侧图形，如图 14-145 所示。

（9）单击"默认"选项卡"注释"面板中的"多行文字"按钮，在电气符号处标注文字，如图 14-146 所示。

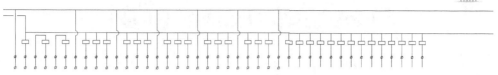

图 14-145　绘制右侧图形

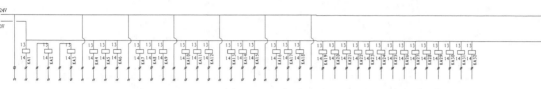

图 14-146　标注文字

（10）单击"默认"选项卡"绘图"面板中的"矩形"按钮□，在图中合适的位置绘制一个矩形，如图 14-147 所示。

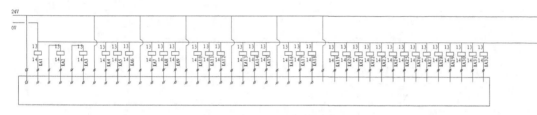

图 14-147　绘制矩形

（11）单击"默认"选项卡"绘图"面板中的"直线"按钮，在矩形内绘制多条竖直直线分化矩形，如图 14-148 所示。

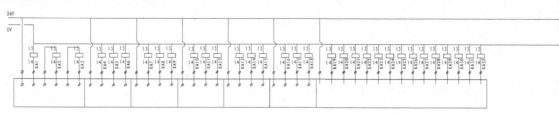

图 14-148　绘制直线

3．添加注释

（1）单击"默认"选项卡"注释"面板中的"多行文字"按钮A，在矩形内输入相应的文字，如图 14-149 所示。

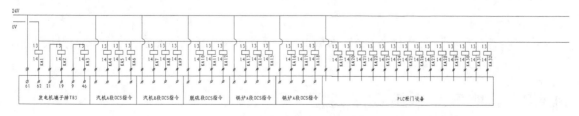

图 14-149　输入文字

（2）单击"默认"选项卡"块"面板中的"插入块"按钮，打开"插入"对话框，如图 14-150 所示，在"源文件\图块"中找到"图框"图块，将其插入到图中合适的位置处，如图 14-151 所示。

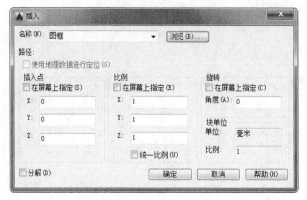

图 14-150 "插入"对话框

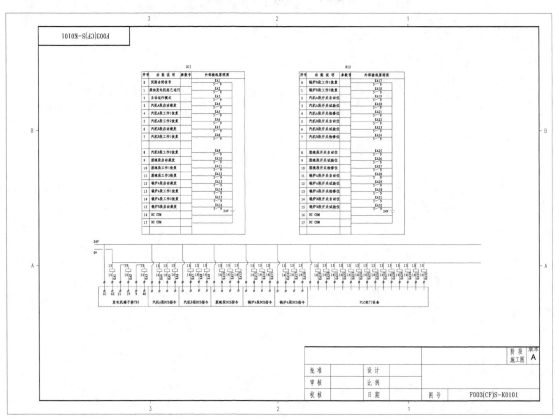

图 14-151 插入图框

（3）单击"默认"选项卡"注释"面板中的"多行文字"按钮A，在图框内输入图纸名称，如图 14-114 所示。

14.4.3 其他 PLC 系统 DI 原理图

PLC 系统 DI 原理图 2 和 PLC 系统 DI 原理图 3 与 PLC 系统 DI 原理图 1 绘制方法类似，如图 14-152 和图 14-153 所示，这里不再赘述。

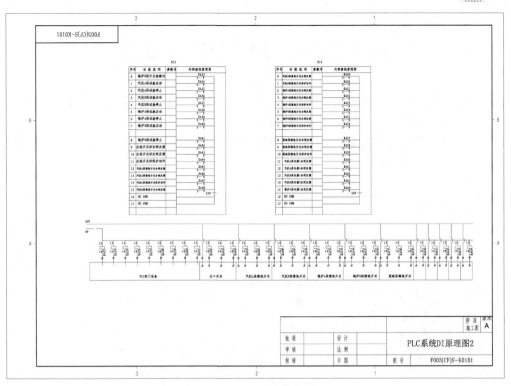

图 14-152　PLC 系统 DI 原理图 2

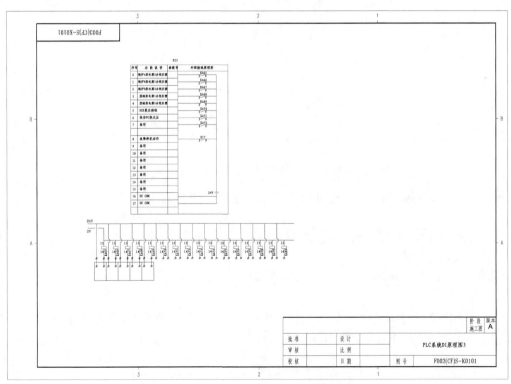

图 14-153　PLC 系统 DI 原理图 3

14.5 PLC 系统 DO 原理图

PLC 系统 DO 原理图是 PLC 系统整套电气图的重要组成部分。本节将以 PLC 系统 DO 原理图 1 为例详细介绍 PLC 系统 DO 原理图的具体绘制思路和方法。

首先设置绘图环境，然后根据二维绘制和编辑命令绘制 DO 原理图功能说明表，最后绘制系统图，如图 14-154 所示。

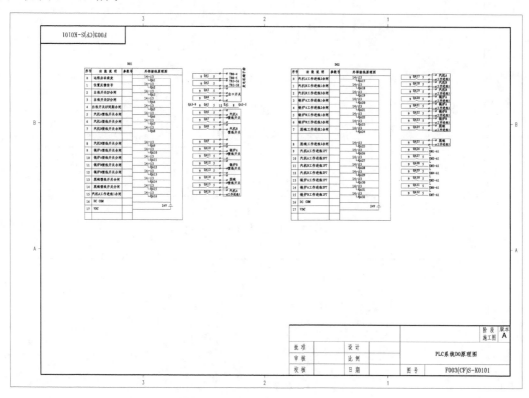

图 14-154　PLC 系统 DO 原理图

📹：光盘\配套视频\第 14 章\绘制 PLC 系统 DO 原理图.avi

14.5.1 绘制 DO1 原理图功能说明表

下面简要讲述 DO1 原理图中功能表的绘制方法。

操作步骤如下：

（1）单击快速访问工具栏中的"打开"按钮📂，将"PLC 系统 DI 原理图.dwg"文件打开，然后另存为"PLC 系统 DO 原理图.dwg"。

（2）单击"默认"选项卡"修改"面板中的"删除"按钮✍，删除多余的图形，如图 14-155 所示。

（3）双击文字，修改功能说明对应的表内文字，并将 DI1 修改为 DO1，如图 14-156 所示。

DT1

序号	功能说明	参数号	外部接线原理图
0	同期合闸信号		
1	柴油发电机组已运行		
2	自动运行模式		
3	汽机A段启动柴发		
4	汽机A段工作1恢复		
5	汽机A段工作2恢复		
6	汽机B段启动柴发		
7	汽机B段工作1恢复		
8	汽机B段工作2恢复		
9	脱硫段启动柴发		
10	脱硫段工作1恢复		
11	脱硫段工作2恢复		
12	锅炉A段启动柴发		
13	锅炉A段工作1恢复		
14	锅炉A段工作2恢复		
15	锅炉B段启动柴发		
16	DC COM		
17	DC COM		

图 14-155 删除掉多余的图形

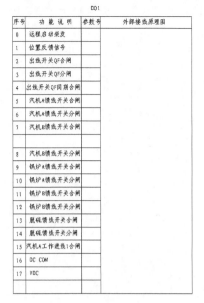

DO1

序号	功能说明	参数号	外部接线原理图
0	远程启动柴发		
1	位置反馈信号		
2	出线开关QF合闸		
3	出线开关QF分闸		
4	出线开关QF同期合闸		
5	汽机A馈线开关合闸		
6	汽机A馈线开关分闸		
7	汽机B馈线开关合闸		
8	汽机B馈线开关分闸		
9	锅炉A馈线开关合闸		
10	锅炉A馈线开关分闸		
11	锅炉B馈线开关合闸		
12	锅炉B馈线开关分闸		
13	脱硫馈线开关合闸		
14	脱硫馈线开关分闸		
15	汽机A工作进线1合闸		
16	DC COM		
17	VDC		

图 14-156 修改文字

（4）单击"默认"选项卡"绘图"面板中的"直线"按钮，在"外部接线原理图"标题下绘制线路，如图 14-157 所示。

（5）单击"默认"选项卡"绘图"面板中的"矩形"按钮，在线路右侧绘制一个矩形，如图 14-158 所示。

DO1

序号	功能说明	参数号	外部接线原理图
0	远程启动柴发		
1	位置反馈信号		
2	出线开关QF合闸		
3	出线开关QF分闸		
4	出线开关QF同期合闸		
5	汽机A馈线开关合闸		
6	汽机A馈线开关分闸		
7	汽机B馈线开关合闸		
8	汽机B馈线开关分闸		
9	锅炉A馈线开关合闸		
10	锅炉A馈线开关分闸		
11	锅炉B馈线开关合闸		
12	锅炉B馈线开关分闸		
13	脱硫馈线开关合闸		
14	脱硫馈线开关分闸		
15	汽机A工作进线1合闸		
16	DC COM		
17	VDC		

图 14-157 绘制线路

DO1

序号	功能说明	参数号	外部接线原理图
0	远程启动柴发		
1	位置反馈信号		
2	出线开关QF合闸		
3	出线开关QF分闸		
4	出线开关QF同期合闸		
5	汽机A馈线开关合闸		
6	汽机A馈线开关分闸		
7	汽机B馈线开关合闸		
8	汽机B馈线开关分闸		
9	锅炉A馈线开关合闸		
10	锅炉A馈线开关分闸		
11	锅炉B馈线开关合闸		
12	锅炉B馈线开关分闸		
13	脱硫馈线开关合闸		
14	脱硫馈线开关分闸		
15	汽机A工作进线1合闸		
16	DC COM		
17	VDC		

图 14-158 绘制矩形

（6）单击"默认"选项卡"绘图"面板中的"直线"按钮，在矩形右侧绘制线路，如图 14-159 所示。

（7）单击"默认"选项卡"注释"面板中的"多行文字"按钮 A，标注文字，如图 14-160 所示。

图 14-159　绘制线路　　　　　　　　　　　图 14-160　标注文字

（8）单击"默认"选项卡"修改"面板中的"复制"按钮，将图形依次向下复制，如图 14-161 所示，然后双击文字，修改文字内容，如图 14-162 所示。

（9）单击"默认"选项卡"绘图"面板中的"直线"按钮和"多行文字"按钮 A，绘制电源和其他线路，结果如图 14-163 所示。

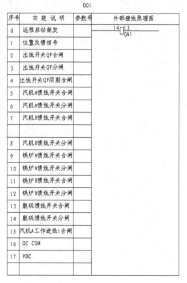

图 14-161　复制图形　　　　　　图 14-162　修改文字　　　　　　图 14-163　绘制线路

14.5.2　绘制 DO1 系统图

下面根据功能表简要讲述系统图的绘制方法。

操作步骤如下：

（1）单击"默认"选项卡"绘图"面板中的"直线"按钮，绘制一条水平直线，如图14-164所示。

（2）单击"默认"选项卡"绘图"面板中的"圆"按钮和"直线"按钮，在第（1）步绘制的直线右侧绘制端子符号，如图14-165所示。

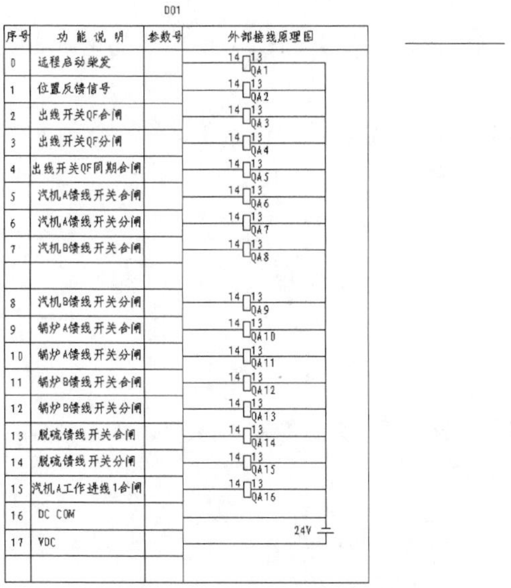

Note

图 14-164　绘制水平直线

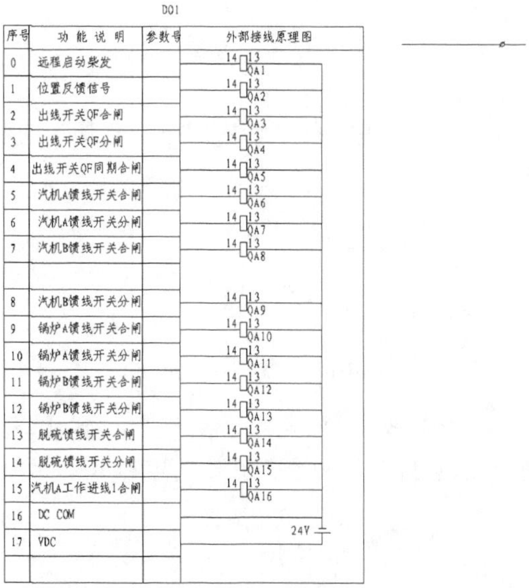

图 14-165　绘制端子

（3）单击"默认"选项卡"修改"面板中的"复制"按钮，将端子符号复制到右侧，如图14-166所示。

（4）单击"默认"选项卡"绘图"面板中的"直线"按钮，绘制线路，如图14-167所示。

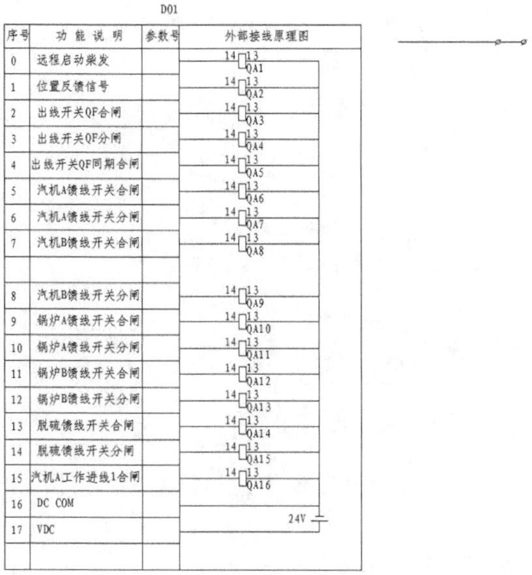

图 14-166　复制端子符号

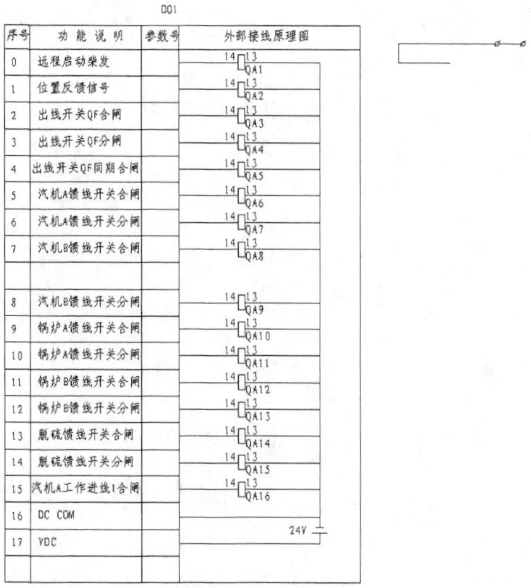

图 14-167　绘制线路

（5）单击"默认"选项卡"绘图"面板中的"直线"按钮，绘制开关，如图14-168所示。

图 14-168　绘制开关

（6）单击"默认"选项卡"修改"面板中的"复制"按钮，复制端子符号，如图 14-169 所示。

（7）单击"默认"选项卡"注释"面板中的"多行文字"按钮，标注文字，如图 14-170 所示。

图 14-169　复制端子符号　　　　　　　　　　图 14-170　标注文字

（8）单击"默认"选项卡"修改"面板中的"复制"按钮，复制绘制的图形，如图 14-171 所示。然后双击文字，修改文字内容，如图 14-172 所示。

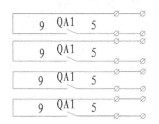　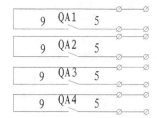

图 14-171　复制图形　　　　　　　　图 14-172　修改文字

（9）单击"默认"选项卡"绘图"面板中的"矩形"按钮，在图中合适的位置绘制两个矩形，如图 14-173 所示。

（10）单击"默认"选项卡"注释"面板中的"多行文字"按钮，在矩形处输入文字，如图 14-174 所示。

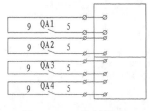　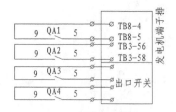

图 14-173　绘制矩形　　　　　　　　图 14-174　输入文字

（11）单击"默认"选项卡"绘图"面板中的"直线"按钮，继续绘制线路和开关，如图 14-175 所示。

（12）单击"默认"选项卡"注释"面板中的"多行文字"按钮，标注文字，如图 14-176 所示。

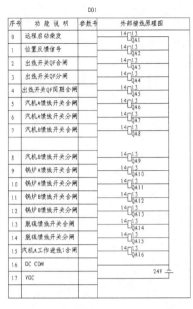

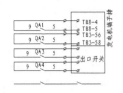

 Note

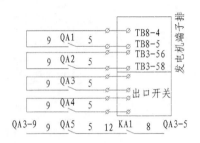

图 14-175　绘制线路和开关　　　　　　　　　　图 14-176　标注文字

（13）同理，继续绘制线路和端子符号，如图 14-177 所示。

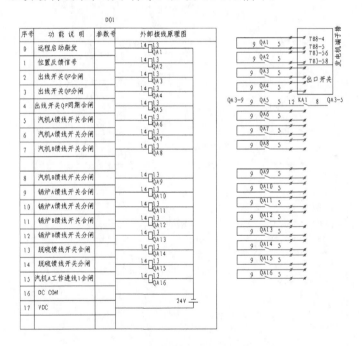

图 14-177　绘制线路和端子符号

（14）单击"默认"选项卡"绘图"面板中的"矩形"按钮□，在图中合适的位置绘制几个矩形，如图 14-178 所示。

（15）单击"默认"选项卡"注释"面板中的"多行文字"按钮 A，在矩形内输入文字说明，如图 14-179 所示。

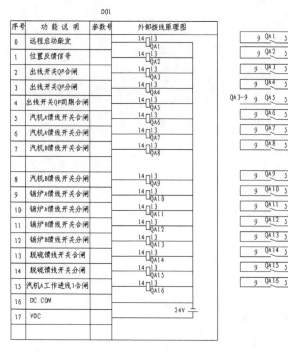

图 14-178　绘制矩形

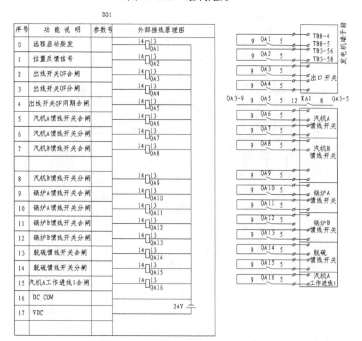

图 14-179　标注文字

14.5.3　绘制 DO2 原理图功能说明表

在原理图 DO1 功能表的基础上进行修改，完成原理图 DO2 功能表的绘制。

操作步骤如下：

单击"默认"选项卡"修改"面板中的"复制"按钮，复制 DO1 原理图功能说明表，并修改文字，完成 DO2 表的绘制，如图 14-180 所示。

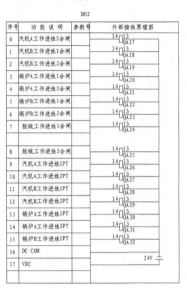

图 14-180　绘制 DO2 表

14.5.4　绘制 DO2 系统图

操作步骤如下：

（1）单击"默认"选项卡"修改"面板中的"复制"按钮，将 DO1 系统图复制，然后单击"默认"选项卡"修改"面板中的"删除"按钮，删除多余的图形，并进行文字等的整理，如图 14-181 所示。

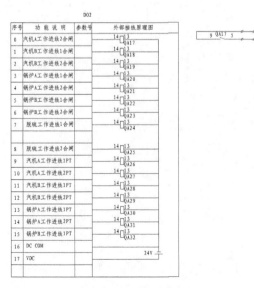

图 14-181　整理图形

（2）单击"默认"选项卡"修改"面板中的"复制"按钮，复制图形，如图 14-182 所示。
然后双击文字，修改文字内容，并删除多余的图形，如图 14-183 所示。

图 14-182　复制图形　　　　　　　　图 14-183　修改文字

（3）单击"默认"选项卡"绘图"面板中的"矩形"按钮□，在图中合适的位置绘制多个
矩形，如图 14-184 所示。

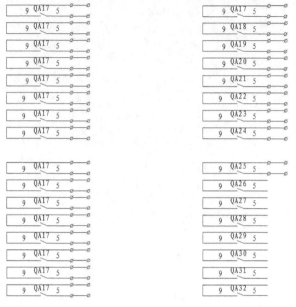

图 14-184　绘制矩形

（4）单击"默认"选项卡"注释"面板中的"多行文字"按钮A，标注文字，如图 14-185
所示。

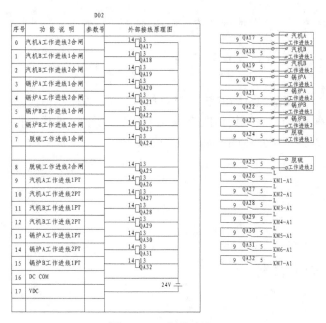

图 14-185　标注文字

（5）单击"默认"选项卡"修改"面板中的"删除"按钮，删除其他多余图形，结果如图 14-186 所示。

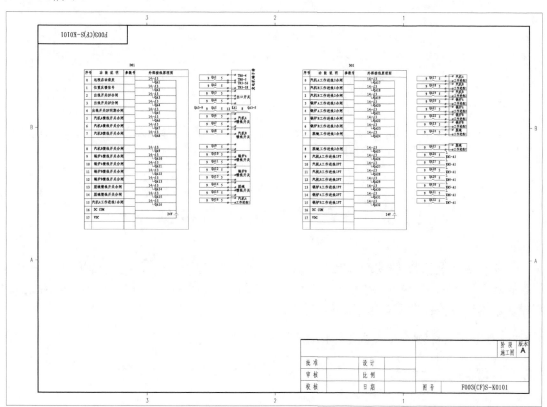

图 14-186　整理图形

（6）双击标题栏内容，修改图纸名称，如图 14-154 所示。

14.5.5 其他 PLC 系统 DO 原理图

其他 PLC 系统 DO 原理图的绘制方法与 PLC 系统 DO 原理图类似，首先打开前面绘制的"PLC 系统 DO 原理图"，将其另存为"其他 PLC 系统 DO 原理图"，然后根据二维编辑命令修改 DO 原理图功能说明表，最后绘制系统图，如图 14-187 所示。

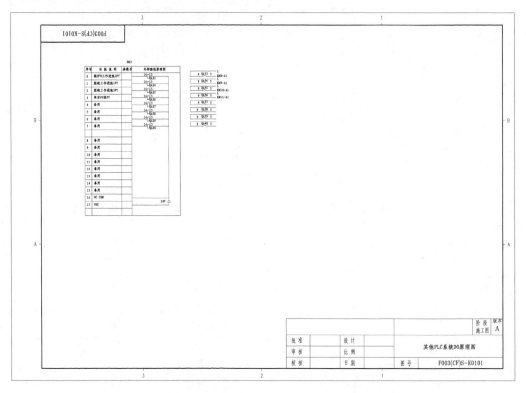

图 14-187　其他 PLC 系统 DO 原理图

14.6　手动复归继电器接线图

手动复归继电器接线图是柴油发电机 PLC 控制系统的重要组成部分，其绘制的大体思路是：首先设置绘图环境，然后根据二维绘制和编辑命令绘制开关和寄存器模块，最后绘制柴油发电机扩展模块。本节将详细介绍其绘制思路和过程。

📹：光盘\配套视频\第 14 章\绘制手动复归继电器接线图.avi

14.6.1 绘制开关模块

下面简要讲述手动复归继电器接线图中用到的开关模块的绘制方法。

操作步骤如下：

（1）单击"默认"选项卡"绘图"面板中的"直线"按钮，绘制一条水平直线，如图 14-188 所示。

（2）单击"默认"选项卡"绘图"面板中的"圆"按钮，在直线右端点绘制一个圆，如图 14-189 所示。

（3）单击"默认"选项卡"注释"面板中的"多行文字"按钮A，在圆内输入文字，如图 14-190 所示。

（4）单击"默认"选项卡"绘图"面板中的"直线"按钮，以圆右端点为起点，向右绘制短直线，如图 14-191 所示。

图 14-188　绘制水平直线　　　图 14-189　绘制圆　　　图 14-190　输入文字　　　图 14-191　绘制直线

（5）单击"默认"选项卡"修改"面板中的"复制"按钮，复制图形，如图 14-192 所示。然后双击文字，修改文字内容，如图 14-193 所示。

（6）单击"默认"选项卡"绘图"面板中的"直线"按钮，连接两端直线，如图 14-194 所示。

（7）单击"默认"选项卡"绘图"面板中的"矩形"按钮，在图中合适的位置绘制一个矩形，如图 14-195 所示。

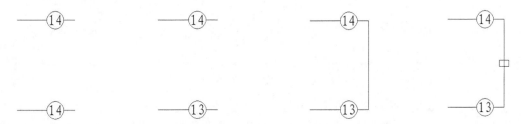

图 14-192　复制图形　　　图 14-193　修改文字　　　图 14-194　连接两端直线　　　图 14-195　绘制矩形

（8）单击"默认"选项卡"修改"面板中的"修剪"按钮，修剪掉多余的直线，如图 14-196 所示。

（9）单击"默认"选项卡"绘图"面板中的"直线"按钮，在图中合适的位置绘制直线，如图 14-197 所示。

（10）单击"默认"选项卡"修改"面板中的"复制"按钮，复制标号，然后双击文字，修改文字内容，如图 14-198 所示。

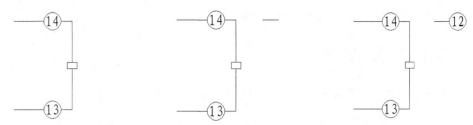

图 14-196　修剪掉多余的直线　　　图 14-197　绘制直线　　　图 14-198　复制标号

（11）单击"默认"选项卡"绘图"面板中的"直线"按钮，在标号右侧绘制直线，如图 14-199 所示。

（12）单击"默认"选项卡"修改"面板中的"复制"按钮，复制图形，并修改标号，如图 14-200 所示。

（13）单击"默认"选项卡"绘图"面板中的"直线"按钮，绘制开关符号，如图 14-201 所示。

（14）单击"默认"选项卡"绘图"面板中的"直线"按钮，在开关处绘制图形，如图 14-202 所示。

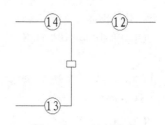

图 14-199　绘制直线

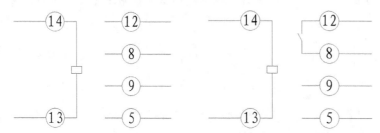

图 14-200　复制图形　　　　图 14-201　绘制开关符号　　　　图 14-202　绘制图形

（15）单击"默认"选项卡"绘图"面板中的"图案填充"按钮，打开"图案填充创建"选项卡，选择 SOLID 图案，如图 14-203 所示，对图形进行填充，如图 14-204 所示。

图 14-203　"图案填充创建"选项卡

（16）单击"默认"选项卡"修改"面板中的"复制"按钮，复制图形，如图 14-205 所示。

（17）单击"默认"选项卡"注释"面板中的"多行文字"按钮 A，标注文字，完成开关 K1 的绘制，如图 14-206 所示。

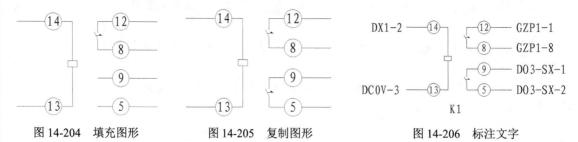

图 14-204　填充图形　　　　图 14-205　复制图形　　　　图 14-206　标注文字

14.6.2　绘制寄存器模块

下面简要讲述手动复归继电器接线图中用到的寄存器模块的绘制方法。

操作步骤如下：

（1）单击"默认"选项卡"修改"面板中的"复制"按钮，将开关 K1 模块进行复制，然后单击"默认"选项卡"修改"面板中的"删除"按钮，删除多余的图形，如图 14-207 所示。

（2）双击文字，修改圆内的文字，如图 14-208 所示。

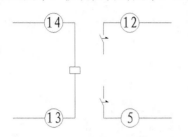

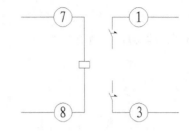

图 14-207　删除掉多余的图形　　　　　　图 14-208　修改圆内的文字

（3）单击"默认"选项卡"绘图"面板中的"直线"按钮、"圆"按钮和"多行文字"按钮，绘制剩余图形，如图 14-209 所示。

（4）单击"默认"选项卡"注释"面板中的"多行文字"按钮，标注文字，最终完成寄存器 DX1 模块的绘制，如图 14-210 所示。

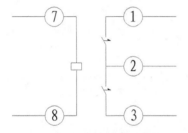

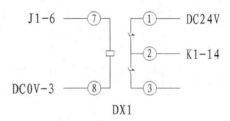

图 14-209　绘制剩余图形　　　　　　　图 14-210　标注文字

（5）同理，绘制其他开关和寄存器模块，如图 14-211 所示。

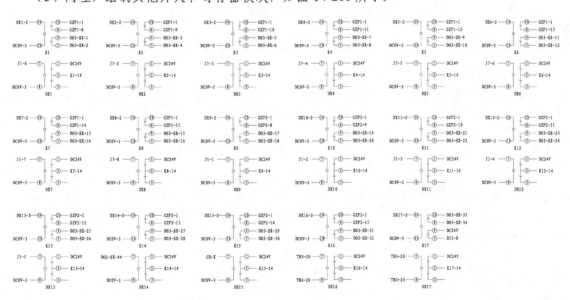

图 14-211　绘制其他开关和寄存器模块

14.6.3 绘制柴油发电机扩展模块

在绘制完开关模块和寄存器模块后，最后绘制出柴油发电机扩展模块，完成手动复归继电器接线图的绘制，结果如图 14-212 所示。

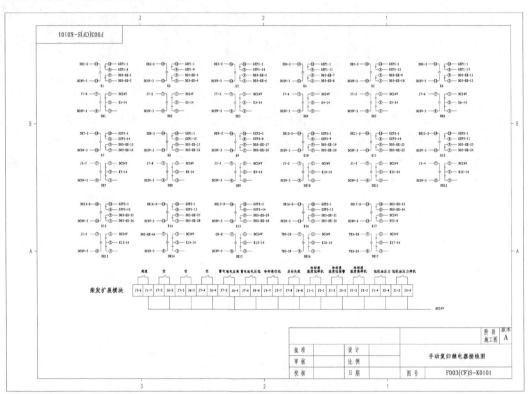

图 14-212　手动复归继电器接线图

操作步骤如下：

（1）单击"默认"选项卡"绘图"面板中的"矩形"按钮▭，绘制一个矩形，如图 14-213 所示。

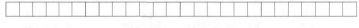

图 14-213　绘制矩形

（2）单击"默认"选项卡"修改"面板中的"分解"按钮，将矩形分解。

（3）选择"绘图/点/定数等分"命令，将矩形的长边进行等分，等分份数为 26，利用"直线"命令在各节点处绘制直线，如图 14-214 所示。

图 14-214　等分直线

（4）单击"默认"选项卡"注释"面板中的"多行文字"按钮A，在每个小矩形内输入文字，如图 14-215 所示。

图 14-215 输入文字

（5）单击"默认"选项卡"绘图"面板中的"直线"按钮 ，在矩形上侧绘制图形，如图 14-216
所示。

图 14-216 绘制图形

（6）单击"默认"选项卡"修改"面板中的"复制"按钮 ，将图形依次向右进行复制，
如图 14-217 所示。

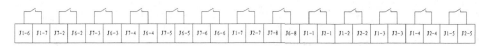

图 14-217 复制图形

（7）单击"默认"选项卡"注释"面板中的"多行文字"按钮 A，标注文字，如图 14-218
所示。

图 14-218 标注文字

（8）单击"默认"选项卡"绘图"面板中的"直线"按钮 ，在矩形下侧绘制多条竖直直
线，如图 14-219 所示。

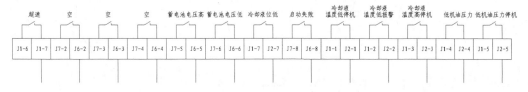

图 14-219 绘制竖直直线

（9）单击"默认"选项卡"绘图"面板中的"直线"按钮 ，在下侧绘制水平直线，如图 14-220
所示。

图 14-220 绘制水平直线

（10）单击"默认"选项卡"注释"面板中的"多行文字"按钮 A，标注文字，最终完成柴
油发电机扩展模块的绘制，如图 14-221 所示。

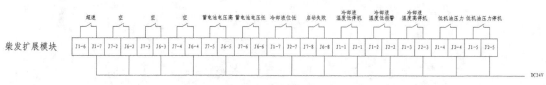

图 14-221　标注文字

（11）单击"默认"选项卡"块"面板中的"插入块"按钮，打开"插入"对话框，如图 14-222 所示。在"源文件\图块"中找到"图框"图块，将其插入图中合适的位置处，如图 14-223 所示。

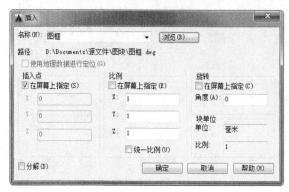

图 14-222　"插入"对话框

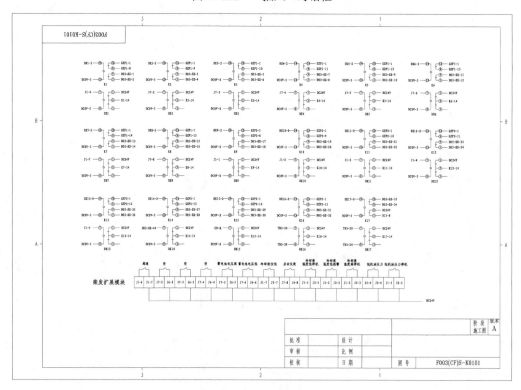

图 14-223　插入图框

（12）单击"默认"选项卡"注释"面板中的"多行文字"按钮 A，在图框内输入图纸名称，如图 14-212 所示。

14.7 PLC 系统同期选线图

PLC 系统同期选线图是柴油发电机 PLC 控制系统的重要组成部分，其绘制的大体思路是：首先设置绘图环境，然后结合二维绘图和编辑命令绘制电气符号（在此从略），最后绘制选线图，如图 14-224 所示。本节将详细介绍其绘制思路和过程。

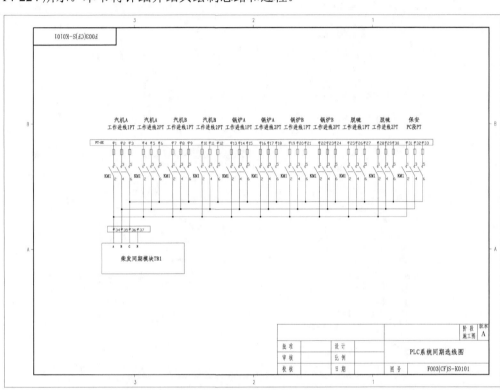

图 14-224　PLC 系统同期选线图

📹：光盘\配套视频\第 14 章\绘制 PLC 系统同期选线图.avi

14.7.1　设置绘图环境

根据不同的需要，读者选择必备的操作，本例中主要讲述文件的创建、保存与图层的设置。操作步骤如下：

（1）打开 AutoCAD 2016 应用程序，单击快速访问工具栏中的"新建"按钮，打开"选择样板"对话框，如图 14-225 所示，以"无样板打开-公制(M)"方式打开一个新的空白图形文件。

（2）单击快速访问工具栏中的"保存"按钮，打开"图形另存为"对话框，如图 14-226 所示，将文件保存为"PLC 系统同期选线图.dwg"图形文件。

（3）单击"默认"选项卡"图层"面板中的"图层特性"按钮，打开"图层特性管理器"选项板，新建"实体符号层"和"连接线层"图层，如图 14-227 所示。

图 14-225 "选择样板"对话框

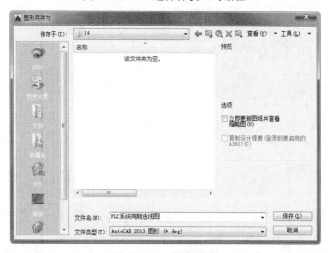

图 14-226 保存文件

图 14-227 新建图层

14.7.2 绘制选线图

首先将"实体符号层"图层设置为当前图层，绘制完元件符号后，在此基础上进一步绘制和完善选线图，如图 14-228 所示。

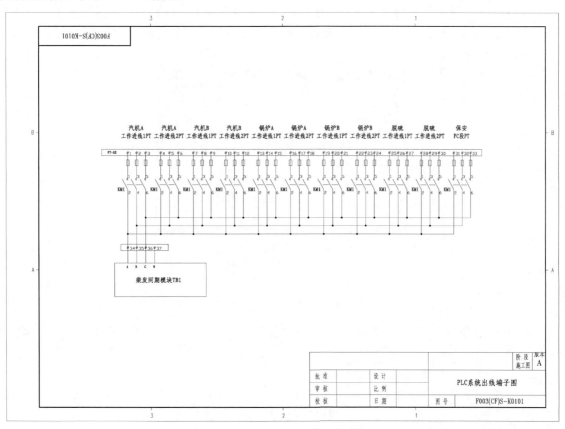

图 14-228 PLC 系统同期选线图

操作步骤如下：

1. 绘制框图

（1）将"连接线层"图层设置为当前图层，单击"默认"选项卡"绘图"面板中的"矩形"按钮□，绘制长为 433、宽为 7 的矩形，如图 14-229 所示。

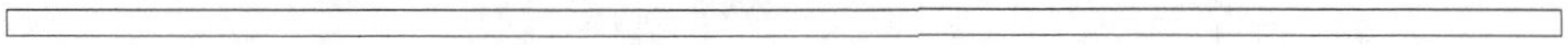

图 14-229 绘制矩形

（2）单击"默认"选项卡"绘图"面板中的"圆"按钮⊘，在图中合适的位置绘制一个圆，如图 14-230 所示。

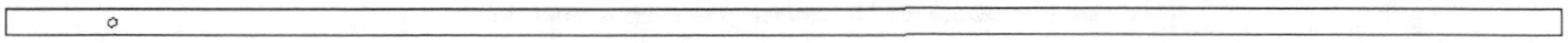

图 14-230 绘制圆

（3）单击"默认"选项卡"绘图"面板中的"直线"按钮╱，在圆处绘制一条斜线，如图 14-231 所示。

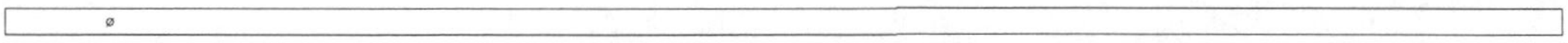

图 14-231 绘制斜线

2. 插入元件

（1）单击"默认"选项卡"块"面板中的"插入块"按钮，打开"插入"对话框，然后单击"浏览"按钮，找到"熔断器1"图块，如图 14-232 所示，将熔断器插入图中合适的位置，如图 14-233 所示。

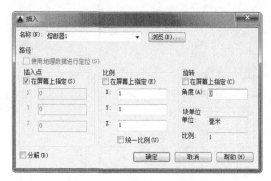

图 14-232　"插入"对话框

图 14-233　插入熔断器 1

（2）单击"默认"选项卡"修改"面板中的"复制"按钮，将图形向右复制两个，如图 14-234 所示。

图 14-234　复制图形

（3）单击"默认"选项卡"块"面板中的"插入块"按钮，打开"插入"对话框，然后单击"浏览"按钮，找到"联动开关"图块，如图 14-235 所示，将联动开关插入图中合适的位置，如图 14-236 所示。

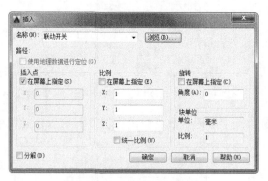

图 14-235　"插入"对话框

图 14-236　插入开关

3. 添加注释

（1）单击"默认"选项卡"注释"面板中的"多行文字"按钮A，在电气符号处标注文字，如图14-237所示。

图14-237　标注文字

（2）单击"默认"选项卡"修改"面板中的"复制"按钮，将电气符号依次向右进行复制，如图14-238所示。

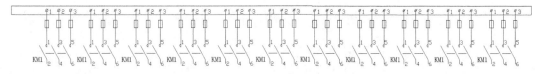

图14-238　复制电气符号

（3）双击文字，打开"文字编辑器"选项卡，如图14-239所示，修改文字内容，如图14-240所示。

图14-239　"文字编辑器"选项卡

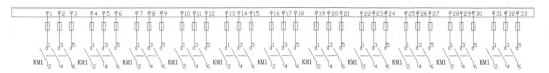

图14-240　修改文字内容

4. 绘制线路图

（1）单击"默认"选项卡"绘图"面板中的"直线"按钮，在KM1处绘制线路，如图14-241所示。

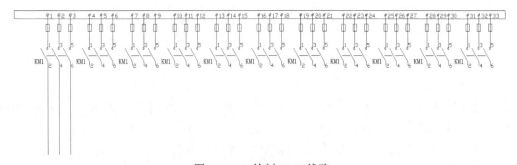

图14-241　绘制KM1线路

（2）同理，绘制其他位置的线路，如图 14-242 所示。

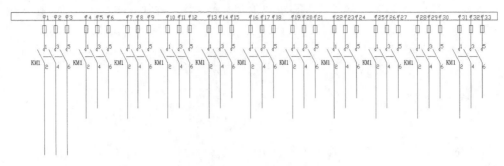

图 14-242　绘制其他线路

（3）单击"默认"选项卡"绘图"面板中的"直线"按钮，绘制水平线路，如图 14-243 所示。

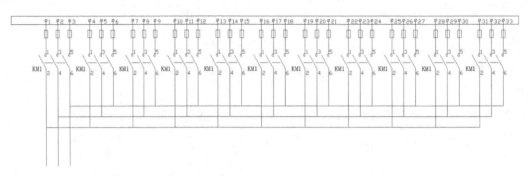

图 14-243　绘制水平线路

5. 绘制结点

（1）单击"默认"选项卡"绘图"面板中的"圆"按钮，在图中合适的位置绘制一个圆，如图 14-244 所示。

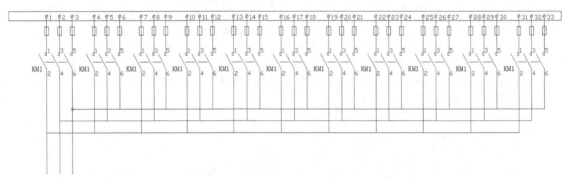

图 14-244　绘制圆

（2）单击"默认"选项卡"绘图"面板中的"图案填充"按钮，打开"图案填充创建"选项卡，选择 SOLID 图案，如图 14-245 所示，对圆进行填充，如图 14-246 所示。

（3）单击"默认"选项卡"修改"面板中的"复制"按钮，将填充圆复制到图中其他位置，如图 14-247 所示。

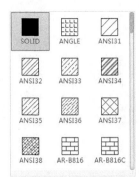

图 14-245 选择填充图案

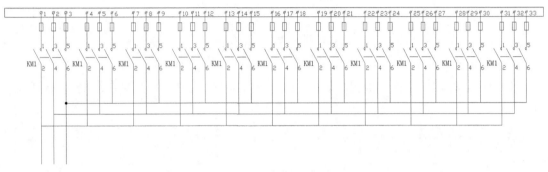

图 14-246 填充圆

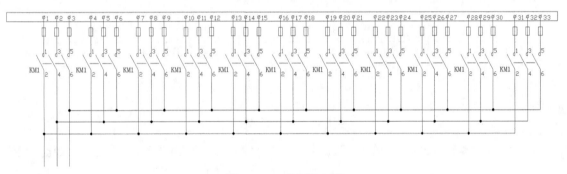

图 14-247 复制填充圆

（4）单击"默认"选项卡"绘图"面板中的"矩形"按钮□，在图中合适的位置绘制一个小的矩形，如图 14-248 所示。

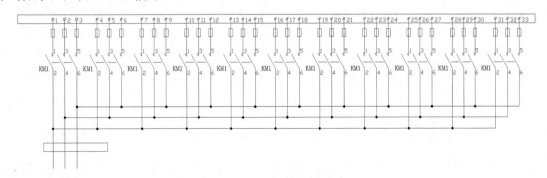

图 14-248 绘制矩形

（5）单击"默认"选项卡"绘图"面板中的"圆"按钮⊙，在矩形内绘制一个小圆，如图14-249所示。

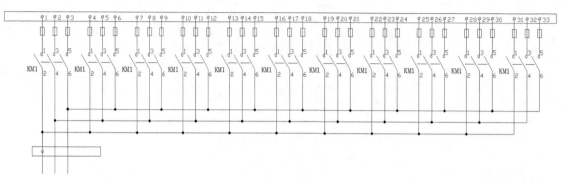

图 14-249　绘制圆

6．绘制电气元件

（1）单击"默认"选项卡"绘图"面板中的"直线"按钮✐，在圆处绘制一条斜线，如图14-250所示。

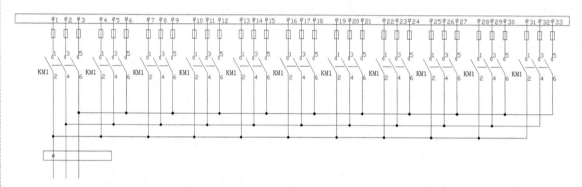

图 14-250　绘制斜线

（2）单击"默认"选项卡"修改"面板中的"复制"按钮♥，将图形向右复制3个，如图14-251所示。

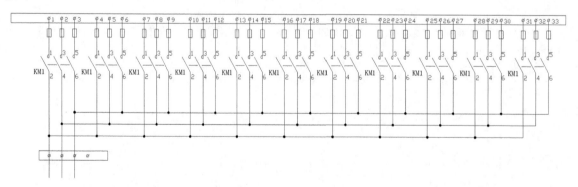

图 14-251　复制图形

（3）单击"默认"选项卡"注释"面板中的"多行文字"按钮A，在绘制的电气符号处标注文字，如图14-252所示。

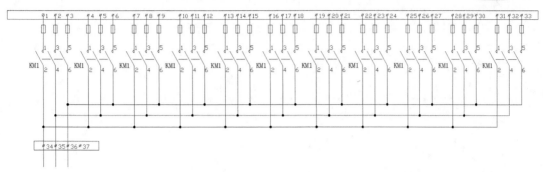

图 14-252　标注文字

（4）单击"默认"选项卡"绘图"面板中的"直线"按钮 ⬚，继续绘制线路，如图 14-253 所示。

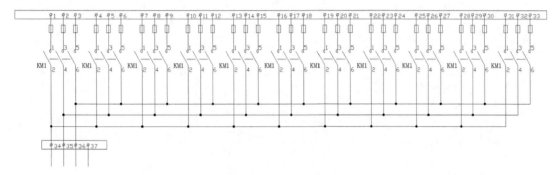

图 14-253　绘制线路

（5）单击"默认"选项卡"绘图"面板中的"矩形"按钮 ⬚，在图形底部绘制一个大的矩形作为模块，如图 14-254 所示。

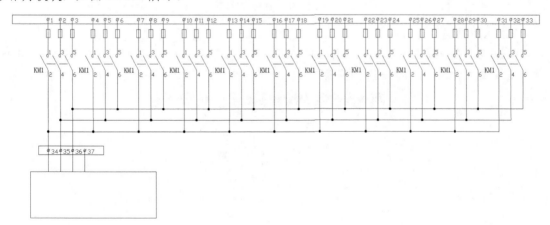

图 14-254　绘制矩形

（6）单击"默认"选项卡"注释"面板中的"多行文字"按钮 A，在矩形内标注文字，如图 14-255 所示。

（7）同理，标注图中其他位置的文字，最终完成 PLC 系统同期选线图的绘制，如图 14-256 所示。

Note

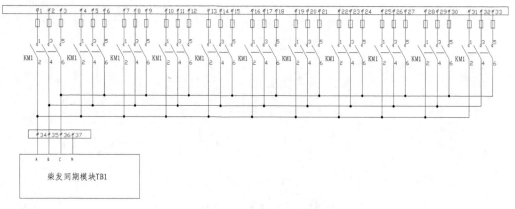

图 14-255　标注文字 1

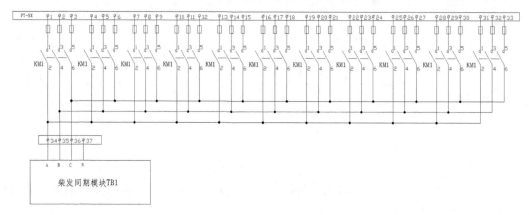

图 14-256　标注文字 2

7. 插入图框

（1）单击"默认"选项卡"块"面板中的"插入块"按钮，打开"插入"对话框，如图 14-257 所示。在"源文件\图块"中找到"图框"图块，将其插入图中合适的位置，如图 14-258 所示。

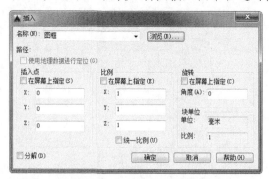

图 14-257　"插入"对话框

（2）单击"默认"选项卡"注释"面板中的"多行文字"按钮，在图框内输入图纸名称，如图 14-228 所示。

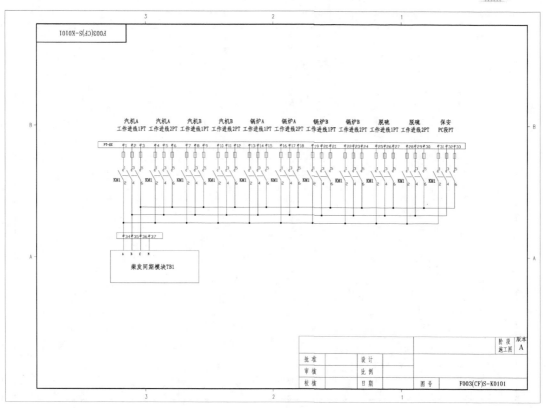

图 14-258　插入图框

14.8　PLC 系统出线端子图

　　PLC 系统出线端子图是柴油发电机 PLC 控制系统的重要组成部分，其绘制的大体思路是：首先设置绘图环境，然后结合二维绘图和编辑命令绘制电气符号，最后绘制端子图。本节将以 PLC 系统出线端子图为例详细介绍其绘制思路和过程。

　　首先结合二维绘图和编辑命令绘制端子图，然后绘制原理图，最后绘制继电器模块，如图 14-259 所示。

　　📷：光盘\配套视频\第 14 章\绘制 PLC 系统出线端子图.avi

14.8.1　绘制端子图 DI1-SX

　　端子图是每个 PLC 系统必不可少的，根据信号数量可以配置。

　　操作步骤如下：

　　1．绘制图表

　　（1）单击"默认"选项卡"绘图"面板中的"多段线"按钮，设置起始线段宽度和终止线段宽度均为 0.3，绘制长为 54 的水平多段线，如图 14-260 所示。

Note

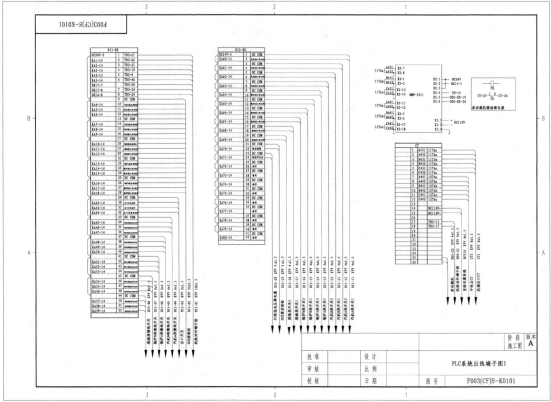

图 14-259　PLC 系统出线端子图

图 14-260　绘制水平多段线

（2）单击"默认"选项卡"绘图"面板中的"多段线"按钮，以第（1）步绘制的多段线左端点为起点，竖直向下绘制长为 302.5 的多段线，如图 14-261 所示。

（3）单击"默认"选项卡"修改"面板中的"偏移"按钮，将竖直多段线向右依次偏移，偏移距离分别为 29、8 和 17，如图 14-262 所示。

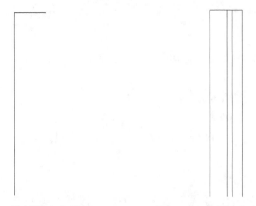

图 14-261　绘制竖直多段线　　　　图 14-262　偏移竖直多段线

（4）右击左数第三根多段线，打开快捷菜单，如图 14-263 所示，选择"特性"命令，打开"特性"选项板，将"起始线段宽度"和"终止线段宽度"均设置为 0.2，如图 14-264 所示。

（5）单击"默认"选项卡"修改"面板中的"偏移"按钮，将水平多段线依次向下偏移 5.5、291.5 和 5.5，如图 14-265 所示。

（6）单击"默认"选项卡"修改"面板中的"修剪"按钮，修剪掉多余的直线，如图 14-266 所示。

图 14-263 快捷菜单

图 14-264 "特性"选项板

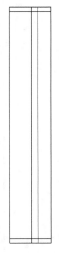

图 14-265 偏移多
段线

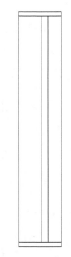

图 14-266 修剪掉多
余的直线

2. 添加端子说明

（1）单击"默认"选项卡"注释"面板中的"文字样式"按钮，打开"文字样式"对话框，单击"新建"按钮，打开"新建文字样式"对话框，创建一个新的文字样式，如图 14-267 所示。然后将创建的新的文字样式字体设置为"宋体"，高度设置为 3，如图 14-268 所示。

图 14-267 新建文字样式

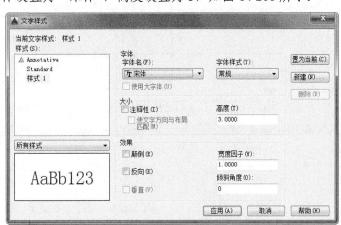

图 14-268 设置文字样式

Note

（2）单击"默认"选项卡"注释"面板中的"多行文字"按钮A，输入标题"DI1-SX"，如图 14-269 所示。

（3）单击"默认"选项卡"绘图"面板中的"直线"按钮，在图中合适的位置绘制一条水平直线，其与上侧水平多段线的距离为 5.5，如图 14-270 所示。

（4）单击"默认"选项卡"修改"面板中的"矩形阵列"按钮，将第（3）步绘制的水平直线进行阵列，阵列行数为 53，列数为 1，行间距为-5.5，结果如图 14-271 所示。

（5）单击"默认"选项卡"注释"面板中的"多行文字"按钮A，在表内输入文字，如图 14-272 所示。

（6）单击"默认"选项卡"修改"面板中的"复制"按钮，将第（5）步输入的文字复制到下一行，如图 14-273 所示，然后选择复制的文字并双击，打开"文字编辑器"选项卡，如图 14-274 所示，修改文字内容，以便文字格式的统一，如图 14-275 所示。

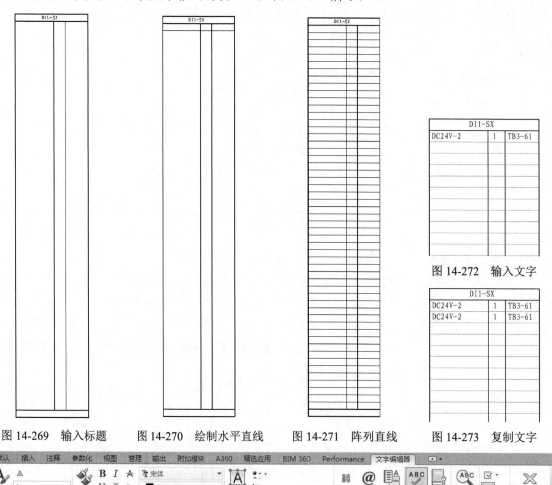

图 14-272　输入文字

图 14-269　输入标题　　图 14-270　绘制水平直线　　图 14-271　阵列直线　　图 14-273　复制文字

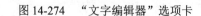

图 14-274　"文字编辑器"选项卡

（7）同理，修改其他文字内容，如图 14-276 所示。

（8）单击"默认"选项卡"注释"面板中的"多行文字"按钮 A，标注其他位置的文字，如图 14-277 所示。

DI1-SX		
DC24V-2	1	TB3-61
KA1-14	1	TB3-61

图 14-275　修改文字 1

DI1-SX		
DC24V-2	1	TB3-61
KA1-14	2	TB3-62

图 14-276　修改文字 2

DI1-SX		
DC24V-2	1	TB3-61
KA1-14	2	TB3-62
KA2-13	3	TB3-21
KA2-14	4	TB3-19
KA3-13	5	TB3-9
KA3-14	6	TB3-46
DX17-7		TB3-20
DX17-8	7	TB3-24
DX16-8	8	TB3-29
	9	DC COM
KA4-14	10	汽机A段启动桨复
KA5-14	11	汽机A段工作1投复
KA6-14	12	汽机A段工作2投复
	13	DC COM
KA7-14	14	汽机B段启动桨复
KA8-14	15	汽机B段工作1投复
KA9-14	16	汽机B段工作2投复
	17	DC COM
KA10-14	18	凝桶段启动桨复
KA11-14	19	凝桶段工作1投复
KA12-14	20	凝桶段工作2投复
	21	DC COM
KA13-14	22	锅护A段启动桨复
KA14-14	23	锅护A段工作1投复
KA15-14	24	锅护A段工作2投复
	25	DC COM
KA16-14	26	锅护B段启动桨复
KA17-14	27	锅护B段工作1投复
KA18-14	28	锅护B段工作2投复
	29	DC COM
KA42-14	30	出口开关合闸
KA43-14	31	出口开关分闸
KA44-14	32	出口开关保护动作
	33	DC COM
KA45-14	34	汽机A段馈线开关合闸
KA46-14	35	汽机A段馈线开关分闸
KA47-14	36	汽机A段馈线开关保护
	37	DC COM
KA48-14	38	汽机B段馈线开关合闸
KA49-14	39	汽机B段馈线开关分闸
KA50-14	40	汽机B段馈线开关保护
	41	DC COM
KA51-14	42	锅护A段馈线开关合闸
KA52-14	43	锅护A段馈线开关分闸
KA53-14	44	锅护A段馈线开关保护
	45	DC COM
KA54-14	46	锅护B段馈线开关合闸
KA55-14	47	锅护B段馈线开关分闸
KA56-14	48	锅护B段馈线开关保护
	49	DC COM
KA57-14	50	凝桶段馈线开关合闸
KA58-14	51	凝桶段馈线开关分闸
KA59-14	52	凝桶段馈线开关保护

图 14-277　标注文字

3．划分模块

（1）单击"默认"选项卡"绘图"面板中的"直线"按钮，在表的左侧和右侧绘制短的斜线和直线，如图 14-278 所示。

（2）同理，在图中合适的位置继续绘制下端相邻位置的直线和斜线，如图 14-279 所示。

（3）单击"默认"选项卡"修改"面板中的"复制"按钮，将第（2）步绘制的图形向下复制 9 个，如图 14-280 所示。

4．绘制端子图

（1）单击"默认"选项卡"绘图"面板中的"直线"按钮，在表右侧合适的位置绘制一条长为 64 的水平直线，如图 14-281 所示。

图 14-279（中列表格）

DI1-SX		
DC24V-2	1	TB3-61
KA1-14	2	TB3-62
KA2-13	3	TB3-21
KA2-14	4	TB3-19
KA3-13	5	TB3-9
KA3-14	6	TB3-46
DX17-7		TB3-20
DX17-8	7	TB3-24
DX16-8	8	TB3-29
	9	DC COM
KA4-14	10	汽机A段启动乘发
KA5-14	11	汽机A段工作1恢复
KA6-14	12	汽机A段工作2恢复
	13	DC COM
KA7-14	14	汽机B段启动乘发
KA8-14	15	汽机B段工作1恢复
KA9-14	16	汽机B段工作2恢复
	17	DC COM
KA10-14	18	脱硫段启动乘发
KA11-14	19	脱硫段工作1恢复
KA12-14	20	脱硫段工作2恢复
	21	DC COM
KA13-14	22	锅炉A段启动乘发
KA14-14	23	锅炉A段工作1恢复
KA15-14	24	锅炉A段工作2恢复
	25	DC COM
KA16-14	26	锅炉B段启动乘发
KA17-14	27	锅炉B段工作1恢复
KA18-14	28	锅炉B段工作2恢复
	29	DC COM
KA42-14	30	出口开关合闸
KA43-14	31	出口开关分闸
KA44-14	32	出口开关保护动作
	33	DC COM
KA45-14	34	汽机A段馈线开关合闸
KA46-14	35	汽机A段馈线开关分闸
KA47-14	36	汽机A段馈线开关保护动作
	37	DC COM
KA48-14	38	汽机B段馈线开关合闸
KA49-14	39	汽机B段馈线开关分闸
KA50-14	40	汽机B段馈线开关保护动作
	41	DC COM
KA51-14	42	锅炉A段馈线开关合闸
KA52-14	43	锅炉A段馈线开关分闸
KA53-14	44	锅炉A段馈线开关保护动作
	45	DC COM
KA54-14	46	锅炉B段馈线开关合闸
KA55-14	47	锅炉B段馈线开关分闸
KA56-14	48	锅炉B段馈线开关保护动作
	49	DC COM
KA57-14	50	脱硫段馈线开关合闸
KA58-14	51	脱硫段馈线开关分闸
KA59-14	52	脱硫段馈线开关保护动作

图 14-280（右列表格）

DI1-SX		
DC24V-2	1	TB3-61
KA1-14	2	TB3-62
KA2-13	3	TB3-21
KA2-14	4	TB3-19
KA3-13	5	TB3-9
KA3-14	6	TB3-46
DX17-7		TB3-20
DX17-8	7	TB3-24
DX16-8	8	TB3-29
	9	DC COM
KA4-14	10	汽机A段启动乘发
KA5-14	11	汽机A段工作1恢复
KA6-14	12	汽机A段工作2恢复
	13	DC COM
KA7-14	14	汽机B段启动乘发
KA8-14	15	汽机B段工作1恢复
KA9-14	16	汽机B段工作2恢复
	17	DC COM
KA10-14	18	脱硫段启动乘发
KA11-14	19	脱硫段工作1恢复
KA12-14	20	脱硫段工作2恢复
	21	DC COM
KA13-14	22	锅炉A段启动乘发
KA14-14	23	锅炉A段工作1恢复
KA15-14	24	锅炉A段工作2恢复
	25	DC COM
KA16-14	26	锅炉B段启动乘发
KA17-14	27	锅炉B段工作1恢复
KA18-14	28	锅炉B段工作2恢复
	29	DC COM
KA42-14	30	出口开关合闸
KA43-14	31	出口开关分闸
KA44-14	32	出口开关保护动作
	33	DC COM
KA45-14	34	汽机A段馈线开关合闸
KA46-14	35	汽机A段馈线开关分闸
KA47-14	36	汽机A段馈线开关保护动作
	37	DC COM
KA48-14	38	汽机B段馈线开关合闸
KA49-14	39	汽机B段馈线开关分闸
KA50-14	40	汽机B段馈线开关保护动作
	41	DC COM
KA51-14	42	锅炉A段馈线开关合闸
KA52-14	43	锅炉A段馈线开关分闸
KA53-14	44	锅炉A段馈线开关保护动作
	45	DC COM
KA54-14	46	锅炉B段馈线开关合闸
KA55-14	47	锅炉B段馈线开关分闸
KA56-14	48	锅炉B段馈线开关保护动作
	49	DC COM
KA57-14	50	脱硫段馈线开关合闸
KA58-14	51	脱硫段馈线开关分闸
KA59-14	52	脱硫段馈线开关保护动作

图 14-278（左下表格）

DI1-SX		
DC24V-2	1	TB3-61
KA1-14	2	TB3-62
KA2-13	3	TB3-21
KA2-14	4	TB3-19
KA3-13	5	TB3-9
KA3-14	6	TB3-46
DX17-7		TB3-20
DX17-8	7	TB3-24
DX16-8	8	TB3-29
	9	DC COM
KA4-14	10	汽机A段启动乘发
KA5-14	11	汽机A段工作1恢复
KA6-14	12	汽机A段工作2恢复
	13	DC COM
KA7-14	14	
KA8-14	15	
KA9-14	16	汽机B段工作2恢复

图 14-278　绘制直线和斜线 1　　　　图 14-279　绘制直线和斜线 2　　　　图 14-280　复制图形

（2）单击"默认"选项卡"绘图"面板中的"直线"按钮，以第（1）步绘制的水平直线端点为起点竖直向下绘制长为 329 的竖直直线，如图 14-282 所示。

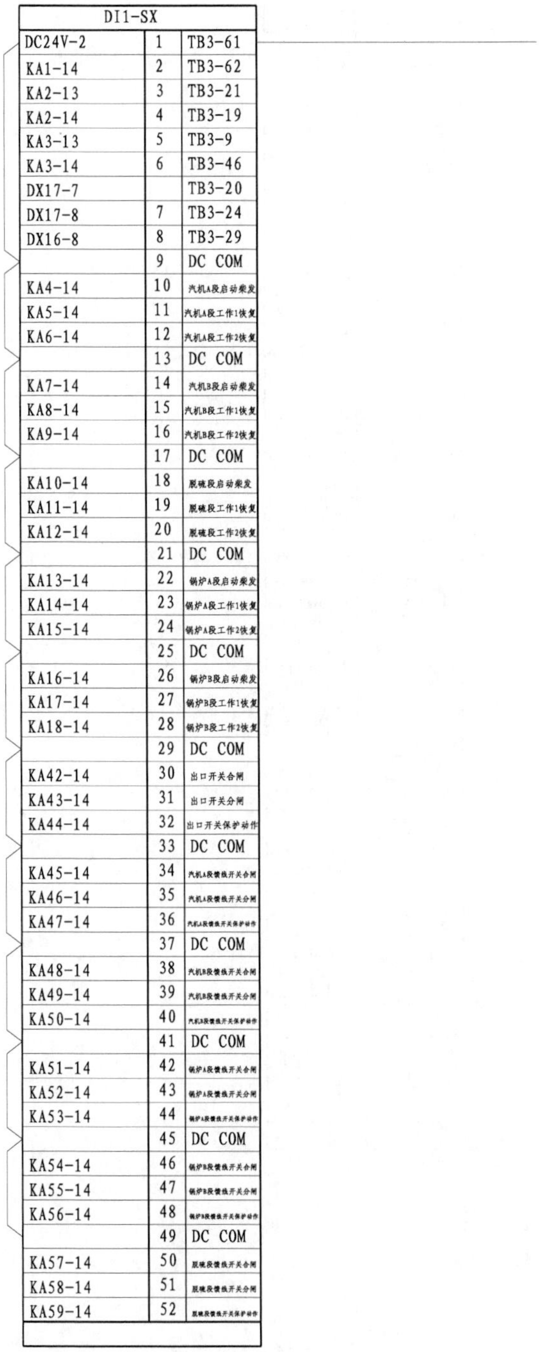

图 14-281（左表）

DI1-SX		
DC24V-2	1	TB3-61
KA1-14	2	TB3-62
KA2-13	3	TB3-21
KA2-14	4	TB3-19
KA3-13	5	TB3-9
KA3-14	6	TB3-46
DX17-7		TB3-20
DX17-8	7	TB3-24
DX16-8	8	TB3-29
	9	DC COM
KA4-14	10	汽机A段启动柴发
KA5-14	11	汽机A段工作1恢复
KA6-14	12	汽机A段工作2恢复
	13	DC COM
KA7-14	14	汽机B段启动柴发
KA8-14	15	汽机B段工作1恢复
KA9-14	16	汽机B段工作2恢复
	17	DC COM
KA10-14	18	脱硫段启动柴发
KA11-14	19	脱硫段工作1恢复
KA12-14	20	脱硫段工作2恢复
	21	DC COM
KA13-14	22	锅炉A段启动柴发
KA14-14	23	锅炉A段工作1恢复
KA15-14	24	锅炉A段工作2恢复
	25	DC COM
KA16-14	26	锅炉B段启动柴发
KA17-14	27	锅炉B段工作1恢复
KA18-14	28	锅炉B段工作2恢复
	29	DC COM
KA42-14	30	出口开关合闸
KA43-14	31	出口开关分闸
KA44-14	32	出口开关保护动作
	33	DC COM
KA45-14	34	汽机A段馈线开关合闸
KA46-14	35	汽机A段馈线开关分闸
KA47-14	36	汽机A段馈线开关保护动作
	37	DC COM
KA48-14	38	汽机B段馈线开关合闸
KA49-14	39	汽机B段馈线开关分闸
KA50-14	40	汽机B段馈线开关保护动作
	41	DC COM
KA51-14	42	锅炉A段馈线开关合闸
KA52-14	43	锅炉A段馈线开关分闸
KA53-14	44	锅炉A段馈线开关保护动作
	45	DC COM
KA54-14	46	锅炉B段馈线开关合闸
KA55-14	47	锅炉B段馈线开关分闸
KA56-14	48	锅炉B段馈线开关保护动作
	49	DC COM
KA57-14	50	脱硫段馈线开关合闸
KA58-14	51	脱硫段馈线开关分闸
KA59-14	52	脱硫段馈线开关保护动作

图 14-282（右表）

DI1-SX		
DC24V-2	1	TB3-61
KA1-14	2	TB3-62
KA2-13	3	TB3-21
KA2-14	4	TB3-19
KA3-13	5	TB3-9
KA3-14	6	TB3-46
DX17-7		TB3-20
DX17-8	7	TB3-24
DX16-8	8	TB3-29
	9	DC COM
KA4-14	10	汽机A段启动柴发
KA5-14	11	汽机A段工作1恢复
KA6-14	12	汽机A段工作2恢复
	13	DC COM
KA7-14	14	汽机B段启动柴发
KA8-14	15	汽机B段工作1恢复
KA9-14	16	汽机B段工作2恢复
	17	DC COM
KA10-14	18	脱硫段启动柴发
KA11-14	19	脱硫段工作1恢复
KA12-14	20	脱硫段工作2恢复
	21	DC COM
KA13-14	22	锅炉A段启动柴发
KA14-14	23	锅炉A段工作1恢复
KA15-14	24	锅炉A段工作2恢复
	25	DC COM
KA16-14	26	锅炉B段启动柴发
KA17-14	27	锅炉B段工作1恢复
KA18-14	28	锅炉B段工作2恢复
	29	DC COM
KA42-14	30	出口开关合闸
KA43-14	31	出口开关分闸
KA44-14	32	出口开关保护动作
	33	DC COM
KA45-14	34	汽机A段馈线开关合闸
KA46-14	35	汽机A段馈线开关分闸
KA47-14	36	汽机A段馈线开关保护动作
	37	DC COM
KA48-14	38	汽机B段馈线开关合闸
KA49-14	39	汽机B段馈线开关分闸
KA50-14	40	汽机B段馈线开关保护动作
	41	DC COM
KA51-14	42	锅炉A段馈线开关合闸
KA52-14	43	锅炉A段馈线开关分闸
KA53-14	44	锅炉A段馈线开关保护动作
	45	DC COM
KA54-14	46	锅炉B段馈线开关合闸
KA55-14	47	锅炉B段馈线开关分闸
KA56-14	48	锅炉B段馈线开关保护动作
	49	DC COM
KA57-14	50	脱硫段馈线开关合闸
KA58-14	51	脱硫段馈线开关分闸
KA59-14	52	脱硫段馈线开关保护动作

图 14-281　绘制水平直线 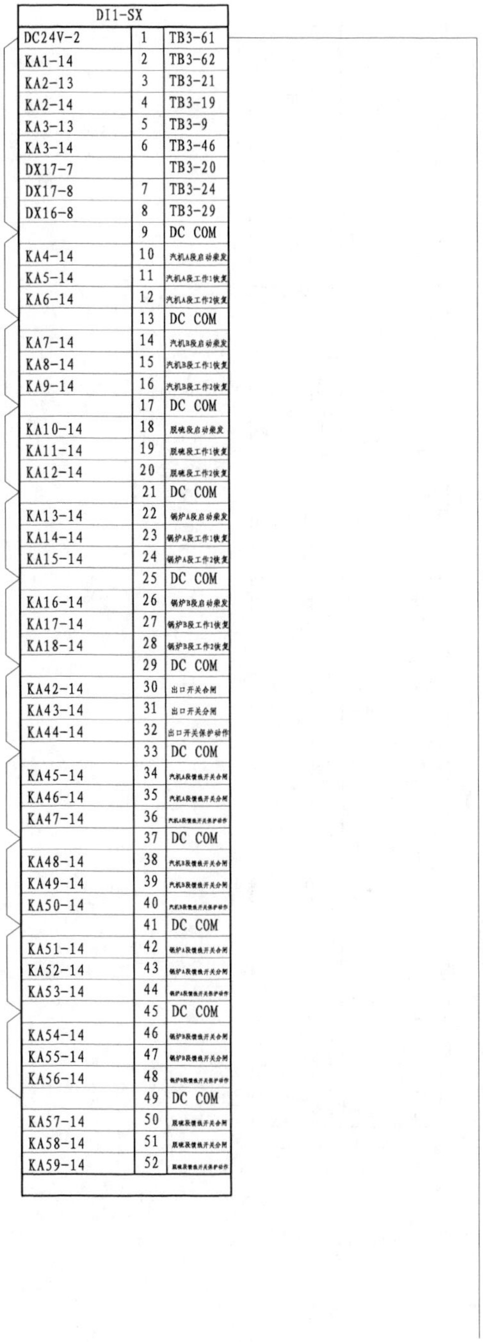　　　　　　　图 14-282　绘制竖直直线

（3）单击"默认"选项卡"绘图"面板中的"多段线"按钮，在第（2）步绘制的竖直直线底端绘制箭头，如图 14-283 所示。

（4）单击"默认"选项卡"修改"面板中的"倒角"按钮，设置倒角距离为 2，结果如

图 14-284 所示。

DI1-SX		
DC24V-2	1	TB3-61
KA1-14	2	TB3-62
KA2-13	3	TB3-21
KA2-14	4	TB3-19
KA3-13	5	TB3-9
KA3-14	6	TB3-46
DX17-7		TB3-20
DX17-8	7	TB3-24
DX16-8	8	TB3-29
	9	DC COM
KA4-14	10	汽机A段启动复归
KA5-14	11	汽机A段工作1恢复
KA6-14	12	汽机A段工作2恢复
	13	DC COM
KA7-14	14	汽机B段启动复归
KA8-14	15	汽机B段工作1恢复
KA9-14	16	汽机B段工作2恢复
	17	DC COM
KA10-14	18	脱硫段启动复归
KA11-14	19	脱硫段工作1恢复
KA12-14	20	脱硫段工作2恢复
	21	DC COM
KA13-14	22	锅炉A段启动复归
KA14-14	23	锅炉A段工作1恢复
KA15-14	24	锅炉A段工作2恢复
	25	DC COM
KA16-14	26	锅炉B段启动复归
KA17-14	27	锅炉B段工作1恢复
KA18-14	28	锅炉B段工作2恢复
	29	DC COM
KA42-14	30	出口开关合闸
KA43-14	31	出口开关分闸
KA44-14	32	出口开关保护动作
	33	DC COM
KA45-14	34	汽机A段馈线开关合闸
KA46-14	35	汽机A段馈线开关分闸
KA47-14	36	汽机A段馈线开关保护动作
	37	DC COM
KA48-14	38	汽机B段馈线开关合闸
KA49-14	39	汽机B段馈线开关分闸
KA50-14	40	汽机B段馈线开关保护动作
	41	DC COM
KA51-14	42	锅炉A段馈线开关合闸
KA52-14	43	锅炉A段馈线开关分闸
KA53-14	44	锅炉A段馈线开关保护动作
	45	DC COM
KA54-14	46	锅炉B段馈线开关合闸
KA55-14	47	锅炉B段馈线开关分闸
KA56-14	48	锅炉B段馈线开关保护动作
	49	DC COM
KA57-14	50	脱硫段馈线开关合闸
KA58-14	51	脱硫段馈线开关分闸
KA59-14	52	脱硫段馈线开关保护动作

图 14-283　绘制箭头

DI1-SX		
DC24V-2	1	TB3-61
KA1-14	2	TB3-62
KA2-13	3	TB3-21
KA2-14	4	TB3-19
KA3-13	5	TB3-9
KA3-14	6	TB3-46
DX17-7		TB3-20
DX17-8	7	TB3-24
DX16-8	8	TB3-29
	9	DC COM
KA4-14	10	汽机A段启动复归
KA5-14	11	汽机A段工作1恢复
KA6-14	12	汽机A段工作2恢复
	13	DC COM
KA7-14	14	汽机B段启动复归
KA8-14	15	汽机B段工作1恢复
KA9-14	16	汽机B段工作2恢复
	17	DC COM
KA10-14	18	脱硫段启动复归
KA11-14	19	脱硫段工作1恢复
KA12-14	20	脱硫段工作2恢复
	21	DC COM
KA13-14	22	锅炉A段启动复归
KA14-14	23	锅炉A段工作1恢复
KA15-14	24	锅炉A段工作2恢复
	25	DC COM
KA16-14	26	锅炉B段启动复归
KA17-14	27	锅炉B段工作1恢复
KA18-14	28	锅炉B段工作2恢复
	29	DC COM
KA42-14	30	出口开关合闸
KA43-14	31	出口开关分闸
KA44-14	32	出口开关保护动作
	33	DC COM
KA45-14	34	汽机A段馈线开关合闸
KA46-14	35	汽机A段馈线开关分闸
KA47-14	36	汽机A段馈线开关保护动作
	37	DC COM
KA48-14	38	汽机B段馈线开关合闸
KA49-14	39	汽机B段馈线开关分闸
KA50-14	40	汽机B段馈线开关保护动作
	41	DC COM
KA51-14	42	锅炉A段馈线开关合闸
KA52-14	43	锅炉A段馈线开关分闸
KA53-14	44	锅炉A段馈线开关保护动作
	45	DC COM
KA54-14	46	锅炉B段馈线开关合闸
KA55-14	47	锅炉B段馈线开关分闸
KA56-14	48	锅炉B段馈线开关保护动作
	49	DC COM
KA57-14	50	脱硫段馈线开关合闸
KA58-14	51	脱硫段馈线开关分闸
KA59-14	52	脱硫段馈线开关保护动作

图 14-284　绘制倒角

（5）单击"默认"选项卡"修改"面板中的"偏移"按钮 ，将水平直线向下偏移 8 次，偏移距离为 5.5，如图 14-285 所示。

5. 完善整个端子图

（1）单击"默认"选项卡"修改"面板中的"复制"按钮 ，将倒角后得到的斜线依次向下进行复制，如图 14-286 所示。

DI1-SX		
DC24V-2	1	TB3-61
KA1-14	2	TB3-62
KA2-13	3	TB3-21
KA2-14	4	TB3-19
KA3-13	5	TB3-9
KA3-14	6	TB3-46
DX17-7		TB3-20
DX17-8	7	TB3-24
DX16-8	8	TB3-29
	9	DC COM
KA4-14	10	汽机A段启动柴复
KA5-14	11	汽机A段工作1软复
KA6-14	12	汽机A段工作2软复
	13	DC COM
KA7-14	14	汽机B段启动柴复
KA8-14	15	汽机B段工作1软复
KA9-14	16	汽机B段工作2软复
	17	DC COM
KA10-14	18	脱硫段启动柴复
KA11-14	19	脱硫段工作1软复
KA12-14	20	脱硫段工作2软复
	21	DC COM
KA13-14	22	锅护A段启动柴复
KA14-14	23	锅护A段工作1软复
KA15-14	24	锅护A段工作2软复
	25	DC COM
KA16-14	26	锅护B段启动柴复
KA17-14	27	锅护B段工作1软复
KA18-14	28	锅护B段工作2软复
	29	DC COM
KA42-14	30	出口开关合闸
KA43-14	31	出口开关分闸
KA44-14	32	出口开关保护动作
	33	DC COM
KA45-14	34	汽机A段馈线开关合闸
KA46-14	35	汽机A段馈线开关分闸
KA47-14	36	汽机A段馈线开关保护动作
	37	DC COM
KA48-14	38	汽机B段馈线开关合闸
KA49-14	39	汽机B段馈线开关分闸
KA50-14	40	汽机B段馈线开关保护动作
	41	DC COM
KA51-14	42	锅护A段馈线开关合闸
KA52-14	43	锅护A段馈线开关分闸
KA53-14	44	锅护A段馈线开关保护动作
	45	DC COM
KA54-14	46	锅护B段馈线开关合闸
KA55-14	47	锅护B段馈线开关分闸
KA56-14	48	锅护B段馈线开关保护动作
	49	DC COM
KA57-14	50	脱硫段馈线开关合闸
KA58-14	51	脱硫段馈线开关分闸
KA59-14	52	脱硫段馈线开关保护动作

图 14-285 偏移直线

DI1-SX		
DC24V-2	1	TB3-61
KA1-14	2	TB3-62
KA2-13	3	TB3-21
KA2-14	4	TB3-19
KA3-13	5	TB3-9
KA3-14	6	TB3-46
DX17-7		TB3-20
DX17-8	7	TB3-24
DX16-8	8	TB3-29
	9	DC COM
KA4-14	10	汽机A段启动柴复
KA5-14	11	汽机A段工作1软复
KA6-14	12	汽机A段工作2软复
	13	DC COM
KA7-14	14	汽机B段启动柴复
KA8-14	15	汽机B段工作1软复
KA9-14	16	汽机B段工作2软复
	17	DC COM
KA10-14	18	脱硫段启动柴复
KA11-14	19	脱硫段工作1软复
KA12-14	20	脱硫段工作2软复
	21	DC COM
KA13-14	22	锅护A段启动柴复
KA14-14	23	锅护A段工作1软复
KA15-14	24	锅护A段工作2软复
	25	DC COM
KA16-14	26	锅护B段启动柴复
KA17-14	27	锅护B段工作1软复
KA18-14	28	锅护B段工作2软复
	29	DC COM
KA42-14	30	出口开关合闸
KA43-14	31	出口开关分闸
KA44-14	32	出口开关保护动作
	33	DC COM
KA45-14	34	汽机A段馈线开关合闸
KA46-14	35	汽机A段馈线开关分闸
KA47-14	36	汽机A段馈线开关保护动作
	37	DC COM
KA48-14	38	汽机B段馈线开关合闸
KA49-14	39	汽机B段馈线开关分闸
KA50-14	40	汽机B段馈线开关保护动作
	41	DC COM
KA51-14	42	锅护A段馈线开关合闸
KA52-14	43	锅护A段馈线开关分闸
KA53-14	44	锅护A段馈线开关保护动作
	45	DC COM
KA54-14	46	锅护B段馈线开关合闸
KA55-14	47	锅护B段馈线开关分闸
KA56-14	48	锅护B段馈线开关保护动作
	49	DC COM
KA57-14	50	脱硫段馈线开关合闸
KA58-14	51	脱硫段馈线开关分闸
KA59-14	52	脱硫段馈线开关保护动作

图 14-286 复制斜线

（2）单击"默认"选项卡"修改"面板中的"偏移"按钮，将右侧竖直直线依次向左偏移 7 次，偏移距离为 8，如图 14-287 所示。

（3）单击"默认"选项卡"修改"面板中的"偏移"按钮，将水平直线依次向下进行偏移，偏移距离为 5.5，如图 14-288 所示。

DI1-SX		
DC24V-2	1	TB3-61
KA1-14	2	TB3-62
KA2-13	3	TB3-21
KA2-14	4	TB3-19
KA3-13	5	TB3-9
KA3-14	6	TB3-46
DX17-7		TB3-20
DX17-8	7	TB3-24
DX16-8	8	TB3-29
	9	DC COM
KA4-14	10	汽机A段启动乘发
KA5-14	11	汽机A段工作1恢复
KA6-14	12	汽机A段工作2恢复
	13	DC COM
KA7-14	14	汽机B段启动乘发
KA8-14	15	汽机B段工作1恢复
KA9-14	16	汽机B段工作2恢复
	17	DC COM
KA10-14	18	脱硫段启动乘发
KA11-14	19	脱硫段工作1恢复
KA12-14	20	脱硫段工作2恢复
	21	DC COM
KA13-14	22	锅炉A段启动乘发
KA14-14	23	锅炉A段工作1恢复
KA15-14	24	锅炉A段工作2恢复
	25	DC COM
KA16-14	26	锅炉B段启动乘发
KA17-14	27	锅炉B段工作1恢复
KA18-14	28	锅炉B段工作2恢复
	29	DC COM
KA42-14	30	出口开关合闸
KA43-14	31	出口开关分闸
KA44-14	32	出口开关保护动作
	33	DC COM
KA45-14	34	汽机A段馈线开关合闸
KA46-14	35	汽机A段馈线开关分闸
KA47-14	36	汽机A段馈线开关保护动作
	37	DC COM
KA48-14	38	汽机B段馈线开关合闸
KA49-14	39	汽机B段馈线开关分闸
KA50-14	40	汽机B段馈线开关保护动作
	41	DC COM
KA51-14	42	锅炉A段馈线开关合闸
KA52-14	43	锅炉A段馈线开关分闸
KA53-14	44	锅炉A段馈线开关保护动作
	45	DC COM
KA54-14	46	锅炉B段馈线开关合闸
KA55-14	47	锅炉B段馈线开关分闸
KA56-14	48	锅炉B段馈线开关保护动作
	49	DC COM
KA57-14	50	脱硫段馈线开关合闸
KA58-14	51	脱硫段馈线开关分闸
KA59-14	52	脱硫段馈线开关保护动作

图 14-287　偏移竖直直线

DI1-SX		
DC24V-2	1	TB3-61
KA1-14	2	TB3-62
KA2-13	3	TB3-21
KA2-14	4	TB3-19
KA3-13	5	TB3-9
KA3-14	6	TB3-46
DX17-7		TB3-20
DX17-8	7	TB3-24
DX16-8	8	TB3-29
	9	DC COM
KA4-14	10	汽机A段启动乘发
KA5-14	11	汽机A段工作1恢复
KA6-14	12	汽机A段工作2恢复
	13	DC COM
KA7-14	14	汽机B段启动乘发
KA8-14	15	汽机B段工作1恢复
KA9-14	16	汽机B段工作2恢复
	17	DC COM
KA10-14	18	脱硫段启动乘发
KA11-14	19	脱硫段工作1恢复
KA12-14	20	脱硫段工作2恢复
	21	DC COM
KA13-14	22	锅炉A段启动乘发
KA14-14	23	锅炉A段工作1恢复
KA15-14	24	锅炉A段工作2恢复
	25	DC COM
KA16-14	26	锅炉B段启动乘发
KA17-14	27	锅炉B段工作1恢复
KA18-14	28	锅炉B段工作2恢复
	29	DC COM
KA42-14	30	出口开关合闸
KA43-14	31	出口开关分闸
KA44-14	32	出口开关保护动作
	33	DC COM
KA45-14	34	汽机A段馈线开关合闸
KA46-14	35	汽机A段馈线开关分闸
KA47-14	36	汽机A段馈线开关保护动作
	37	DC COM
KA48-14	38	汽机B段馈线开关合闸
KA49-14	39	汽机B段馈线开关分闸
KA50-14	40	汽机B段馈线开关保护动作
	41	DC COM
KA51-14	42	锅炉A段馈线开关合闸
KA52-14	43	锅炉A段馈线开关分闸
KA53-14	44	锅炉A段馈线开关保护动作
	45	DC COM
KA54-14	46	锅炉B段馈线开关合闸
KA55-14	47	锅炉B段馈线开关分闸
KA56-14	48	锅炉B段馈线开关保护动作
	49	DC COM
KA57-14	50	脱硫段馈线开关合闸
KA58-14	51	脱硫段馈线开关分闸
KA59-14	52	脱硫段馈线开关保护动作

图 14-288　偏移水平直线

（4）单击"默认"选项卡"修改"面板中的"修剪"按钮，修剪掉多余的直线，如图 14-289

所示。

（5）单击"默认"选项卡"修改"面板中的"倒角"按钮，设置倒角距离为 2，将每条竖直直线与水平直线的第一个相交处进行倒角操作，如图 14-290 所示。

Note

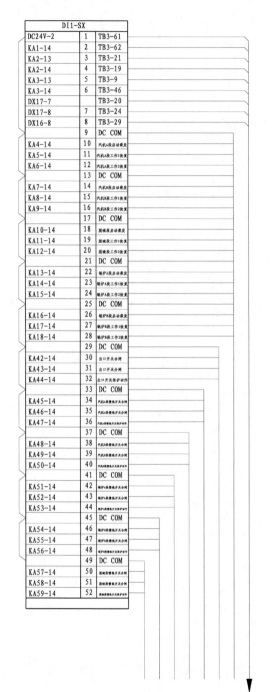

图 14-289　修剪掉多余的直线　　　　　图 14-290　绘制倒角

（6）单击"默认"选项卡"修改"面板中的"复制"按钮，将第（5）步绘制的倒角进行复制，如图 14-291 所示。

（7）单击"默认"选项卡"修改"面板中的"修剪"按钮，修剪掉多余的直线，如图 14-292 所示。

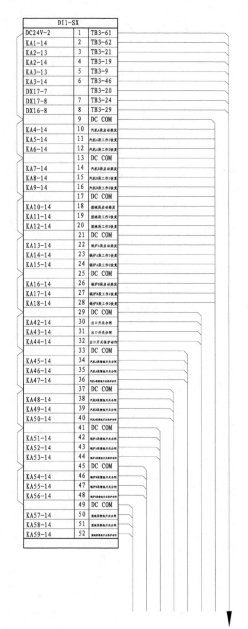

图 14-291　复制倒角　　　　　　　　　　图 14-292　修剪掉多余的直线

（8）单击"默认"选项卡"修改"面板中的"复制"按钮，将底部箭头复制到图中其他位置，如图 14-293 所示。

6. 添加端子名称

（1）单击"默认"选项卡"注释"面板中的"多行文字"按钮，在第一个箭头处标注文字，然后单击"默认"选项卡"修改"面板中的"旋转"按钮○，将文字旋转90°，如图14-294所示。

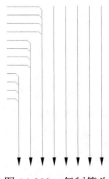

图 14-293 复制箭头

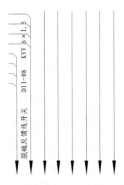

图 14-294 标注文字

（2）单击"默认"选项卡"修改"面板中的"复制"按钮，将文字向右进行复制，如图14-295所示。然后双击文字，修改文字内容，以便文字格式的统一，结果如图14-296所示。

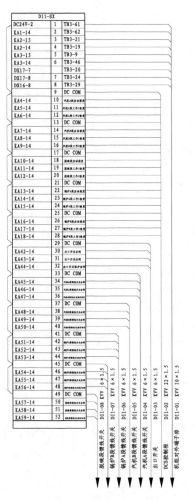

图 14-295 复制文字

图 14-296 修改文字内容

14.8.2　绘制端子图 DI2-SX

与 14.8.1 节类似，本节简单讲述端子图 DI2-SX 的绘制过程。

操作步骤如下：

1．绘制说明表

（1）单击"默认"选项卡"绘图"面板中的"多段线"按钮，设置"起始线段宽度"和"终止线段宽度"均为 0.3，绘制水平长为 54、竖直长为 220 的多段线，如图 14-297 所示。

（2）单击"默认"选项卡"修改"面板中的"偏移"按钮，将水平多段线分别向下偏移 5、210 和 5，竖直多段线分别向右偏移 29、8 和 17，如图 14-298 所示。

（3）选中第三根多段线并右击，在弹出的快捷菜单中选择"特性"命令，打开"特性"选项板，将"起始线段宽度"和"终止线段宽度"均设置为 0.2，如图 14-299 所示。

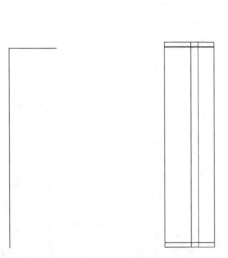

图 14-297　绘制多段线　　　图 14-298　偏移多段线　　　　　图 14-299　修改线宽

（4）单击"默认"选项卡"修改"面板中的"修剪"按钮，修剪掉多余的直线，如图 14-300 所示。

（5）单击"默认"选项卡"注释"面板中的"多行文字"按钮A，输入标题，如图 14-301 所示。

（6）单击"默认"选项卡"绘图"面板中的"直线"按钮，在图中合适的位置处绘制一条水平直线，其与上侧水平多段线的距离为 5，如图 14-302 所示。

（7）单击"默认"选项卡"修改"面板中的"矩形阵列"按钮，将第（6）步绘制的水平直线向下进行阵列，设置行数为 43，列数为 1，行距为-5，如图 14-303 所示。

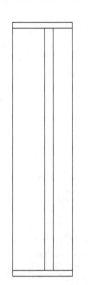
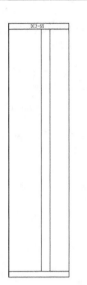

图 14-300　修剪掉多余的直线　　　图 14-301　输入标题　　　　图 14-302　绘制直线

（8）单击"默认"选项卡"修改"面板中的"复制"按钮，将标题处的文字复制到表内，如图 14-304 所示，然后双击文字，打开"文字编辑器"选项卡，如图 14-305 所示，修改文字内容，以便文字格式的统一，如图 14-306 所示。

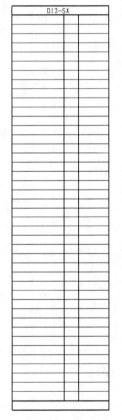
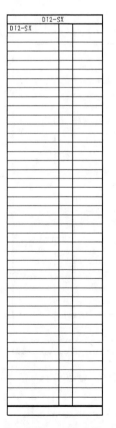

图 14-303　阵列水平直线　　　　　图 14-304　复制文字

图 14-305　"文字编辑器"选项卡

（9）同理，在表内输入其他位置的文字，结果如图 14-307 所示。

DI2-SX		
DC24V-3		

图 14-306　修改文字内容

DI2-SX		
DC24V-3	1	DC COM
KA60-14	2	汽机A段工作1合闸
	3	DC COM
KA61-14	4	汽机A段工作2合闸
	5	DC COM
KA62-14	6	汽机B段工作1合闸
	7	DC COM
KA63-14	8	汽机B段工作2合闸
	9	DC COM
KA64-14	10	锅炉A段工作1合闸
	11	DC COM
KA65-14	12	锅炉A段工作2合闸
	13	DC COM
KA66-14	14	锅炉B段工作1合闸
	15	DC COM
KA67-14	16	锅炉B段工作2合闸
	17	DC COM
KA68-14	18	脱硫段工作1合闸
	19	DC COM
KA69-14	20	脱硫段工作2合闸
	21	DC COM
KA70-14	22	紧启按钮
	23	DC COM
KA71-14	24	保安PC无压
	25	DC COM
KA72-14	26	备用
	27	DC COM
KA73-14	28	备用
	29	DC COM
KA74-14	30	备用
	31	DC COM
KA75-14	32	备用
	33	DC COM
KA76-14	34	备用
	35	DC COM
KA77-14		备用
	37	DC COM
KA78-14	38	备用
	39	DC COM
KA79-14	40	备用
	41	DC COM
KA80-14	42	备用

图 14-307　输入文字

2. 划分模块

（1）单击"默认"选项卡"绘图"面板中的"直线"按钮，在图中合适的位置绘制斜线和直线，结果如图 14-308 所示。

（2）单击"默认"选项卡"修改"面板中的"复制"按钮 ，复制图形，结果如图 14-309 所示。

DI2-SX		
DC24V-3	1	DC COM
KA60-14	2	汽机A段工作1合闸
	3	DC COM
KA61-14	4	汽机A段工作2合闸
	5	DC COM
KA62-14	6	汽机B段工作1合闸
	7	DC COM
KA63-14	8	汽机B段工作2合闸
	9	DC COM
KA64-14	10	锅炉A段工作1合闸
	11	DC COM
KA65-14	12	锅炉A段工作2合闸
	13	DC COM
KA66-14	14	锅炉B段工作1合闸
	15	DC COM
KA67-14	16	锅炉B段工作2合闸
	17	DC COM
KA68-14	18	脱硫段工作1合闸
	19	DC COM
KA69-14	20	脱硫段工作2合闸
	21	DC COM
KA70-14	22	紧启按钮
	23	DC COM
KA71-14	24	保安PC无压
	25	DC COM
KA72-14	26	备用
	27	DC COM
KA73-14	28	备用
	29	DC COM
KA74-14	30	备用
	31	DC COM
KA75-14	32	备用
	33	DC COM
KA76-14	34	备用
	35	DC COM
KA77-14		备用
	37	DC COM
KA78-14	38	备用
	39	DC COM
KA79-14	40	备用
	41	DC COM
KA80-14	42	备用

图 14-308　绘制斜线和直线

DI2-SX		
DC24V-3	1	DC COM
KA60-14	2	汽机A段工作1合闸
	3	DC COM
KA61-14	4	汽机A段工作2合闸
	5	DC COM
KA62-14	6	汽机B段工作1合闸
	7	DC COM
KA63-14	8	汽机B段工作2合闸
	9	DC COM
KA64-14	10	锅炉A段工作1合闸
	11	DC COM
KA65-14	12	锅炉A段工作2合闸
	13	DC COM
KA66-14	14	锅炉B段工作1合闸
	15	DC COM
KA67-14	16	锅炉B段工作2合闸
	17	DC COM
KA68-14	18	脱硫段工作1合闸
	19	DC COM
KA69-14	20	脱硫段工作2合闸
	21	DC COM
KA70-14	22	紧启按钮
	23	DC COM
KA71-14	24	保安PC无压
	25	DC COM
KA72-14	26	备用
	27	DC COM
KA73-14	28	备用
	29	DC COM
KA74-14	30	备用
	31	DC COM
KA75-14	32	备用
	33	DC COM
KA76-14	34	备用
	35	DC COM
KA77-14		
	37	DC COM
KA78-14	38	备用
	39	DC COM
KA79-14	40	备用
	41	DC COM
KA80-14	42	备用

图 14-309　复制图形

3．绘制单个端子

（1）单击"默认"选项卡"绘图"面板中的"直线"按钮 ，在表的右侧绘制长为 96 的水平直线和长为 303 的竖直直线，如图 14-310 所示。

（2）单击"默认"选项卡"绘图"面板中的"多段线"按钮 ，在竖直直线底部绘制箭头，如图 14-311 所示。

（3）单击"默认"选项卡"修改"面板中的"倒角"按钮 ，对图形进行倒角操作，设置倒角距离为 2，如图 14-312 所示。

（4）单击"默认"选项卡"修改"面板中的"偏移"按钮 ，将竖直直线向左偏移 11 次，偏移距离为 8，如图 14-313 所示。

Note

DI2-SX		
DC24V-3	1	DC COM
KA60-14	2	汽机A段工作1合闸
	3	DC COM
KA61-14	4	汽机A段工作2合闸
	5	DC COM
KA62-14	6	汽机B段工作1合闸
	7	DC COM
KA63-14	8	汽机B段工作2合闸
	9	DC COM
KA64-14	10	锅炉A段工作1合闸
	11	DC COM
KA65-14	12	锅炉A段工作2合闸
	13	DC COM
KA66-14	14	锅炉B段工作1合闸
	15	DC COM
KA67-14	16	锅炉B段工作2合闸
	17	DC COM
KA68-14	18	脱硫段工作1合闸
	19	DC COM
KA69-14	20	脱硫段工作2合闸
	21	DC COM
KA70-14	22	紧启按钮
	23	DC COM
KA71-14	24	保安PC无压
	25	DC COM
KA72-14	26	备用
	27	DC COM
KA73-14	28	备用
	29	DC COM
KA74-14	30	备用
	31	DC COM
KA75-14	32	备用
	33	DC COM
KA76-14	34	备用
	35	DC COM
KA77-14		备用
	37	DC COM
KA78-14	38	备用
	39	DC COM
KA79-14	40	备用
	41	DC COM
KA80-14	42	备用

图 14-310　绘制直线

DI2-SX		
DC24V-3	1	DC COM
KA60-14	2	汽机A段工作1合闸
	3	DC COM
KA61-14	4	汽机A段工作2合闸
	5	DC COM
KA62-14	6	汽机B段工作1合闸
	7	DC COM
KA63-14	8	汽机B段工作2合闸
	9	DC COM
KA64-14	10	锅炉A段工作1合闸
	11	DC COM
KA65-14	12	锅炉A段工作2合闸
	13	DC COM
KA66-14	14	锅炉B段工作1合闸
	15	DC COM
KA67-14	16	锅炉B段工作2合闸
	17	DC COM
KA68-14	18	脱硫段工作1合闸
	19	DC COM
KA69-14	20	脱硫段工作2合闸
	21	DC COM
KA70-14	22	紧启按钮
	23	DC COM
KA71-14	24	保安PC无压
	25	DC COM
KA72-14	26	备用
	27	DC COM
KA73-14	28	备用
	29	DC COM
KA74-14	30	备用
	31	DC COM
KA75-14	32	备用
	33	DC COM
KA76-14	34	备用
	35	DC COM
KA77-14		备用
	37	DC COM
KA78-14	38	备用
	39	DC COM
KA79-14	40	备用
	41	DC COM
KA80-14	42	备用

图 14-311　绘制箭头

DI2-SX		
DC24V-3	1	DC COM
KA60-14	2	汽机A段工作1合闸
	3	DC COM
KA61-14	4	汽机A段工作2合闸
	5	DC COM
KA62-14	6	汽机B段工作1合闸
	7	DC COM
KA63-14	8	汽机B段工作2合闸
	9	DC COM
KA64-14	10	锅炉A段工作1合闸
	11	DC COM
KA65-14	12	锅炉A段工作2合闸
	13	DC COM
KA66-14	14	锅炉B段工作1合闸
	15	DC COM
KA67-14	16	锅炉B段工作2合闸
	17	DC COM
KA68-14	18	脱硫段工作1合闸
	19	DC COM
KA69-14	20	脱硫段工作2合闸
	21	DC COM
KA70-14	22	紧启按钮
	23	DC COM
KA71-14	24	保安PC无压
	25	DC COM
KA72-14	26	备用
	27	DC COM
KA73-14	28	备用
	29	DC COM
KA74-14	30	备用
	31	DC COM
KA75-14	32	备用
	33	DC COM
KA76-14	34	备用
	35	DC COM
KA77-14		备用
	37	DC COM
KA78-14	38	备用
	39	DC COM
KA79-14	40	备用
	41	DC COM
KA80-14	42	备用

图 14-312 绘制倒角

DI2-SX		
DC24V-3	1	DC COM
KA60-14	2	汽机A段工作1合闸
	3	DC COM
KA61-14	4	汽机A段工作2合闸
	5	DC COM
KA62-14	6	汽机B段工作1合闸
	7	DC COM
KA63-14	8	汽机B段工作2合闸
	9	DC COM
KA64-14	10	锅炉A段工作1合闸
	11	DC COM
KA65-14	12	锅炉A段工作2合闸
	13	DC COM
KA66-14	14	锅炉B段工作1合闸
	15	DC COM
KA67-14	16	锅炉B段工作2合闸
	17	DC COM
KA68-14	18	脱硫段工作1合闸
	19	DC COM
KA69-14	20	脱硫段工作2合闸
	21	DC COM
KA70-14	22	紧启按钮
	23	DC COM
KA71-14	24	保安PC无压
	25	DC COM
KA72-14	26	备用
	27	DC COM
KA73-14	28	备用
	29	DC COM
KA74-14	30	备用
	31	DC COM
KA75-14	32	备用
	33	DC COM
KA76-14	34	备用
	35	DC COM
KA77-14		备用
	37	DC COM
KA78-14	38	备用
	39	DC COM
KA79-14	40	备用
	41	DC COM
KA80-14	42	备用

图 14-313 偏移直线

4. 复制端子

（1）单击"默认"选项卡"修改"面板中的"复制"按钮，将箭头复制到偏移直线的底端，如图 14-314 所示。

（2）单击"默认"选项卡"修改"面板中的"偏移"按钮，将水平直线向下偏移 23 次，偏移距离为 5，如图 14-315 所示。

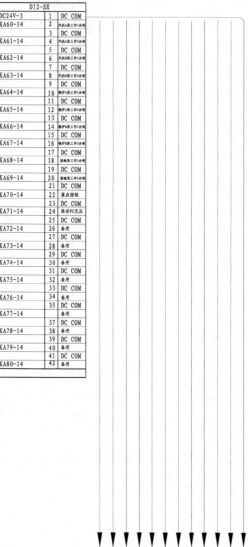

图 14-314　复制箭头　　　　图 14-315　偏移水平直线

（3）单击"默认"选项卡"修改"面板中的"修剪"按钮，修剪掉多余的直线。单击"默认"选项卡"修改"面板中的"倒角"按钮，对图形进行倒角操作，如图 14-316 所示。

（4）单击"默认"选项卡"修改"面板中的"复制"按钮，将第（3）步绘制的倒角进行复制，如图 14-317 所示。

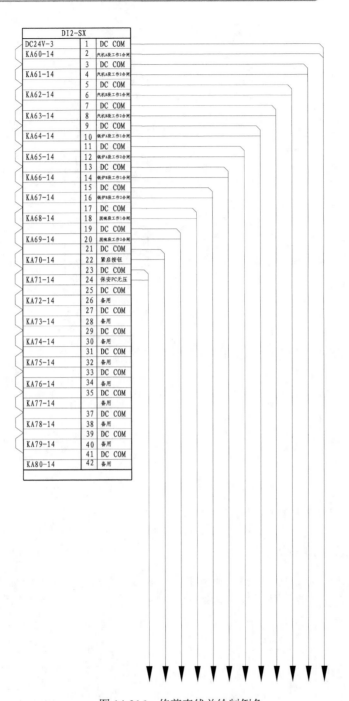

图 14-316　修剪直线并绘制倒角

（5）单击"默认"选项卡"修改"面板中的"修剪"按钮，修剪掉多余的直线，如图 14-318
所示。

5．添加注释

（1）单击"默认"选项卡"注释"面板中的"多行文字"按钮，在左侧箭头处标注文字，
如图 14-319 所示。

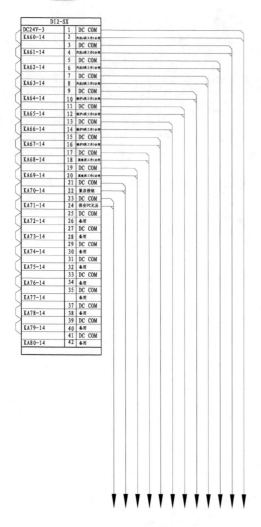

图 14-317　复制倒角

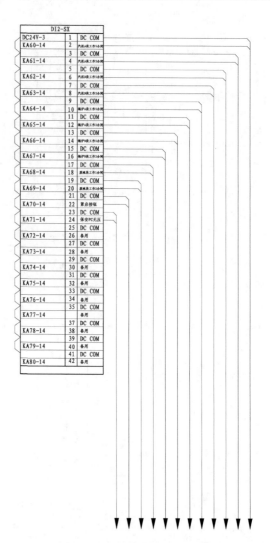

图 14-318　修剪掉多余的直线

（2）单击"默认"选项卡"修改"面板中的"复制"按钮，将文字依次向右进行复制，如图 14-320 所示。然后双击文字，修改文字内容，以便格式的统一，如图 14-321 所示。

图 14-319　标注文字

图 14-320　复制文字

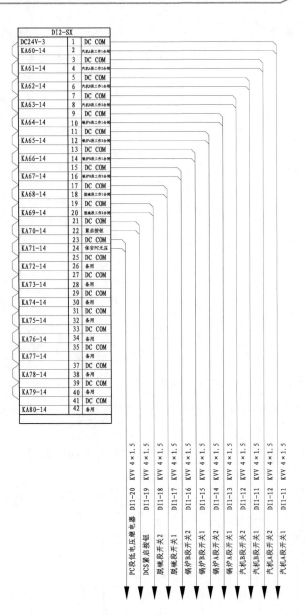

图 14-321　修改文字内容

14.8.3　绘制端子图 CT

本节简单讲述端子图 CT 的绘制过程。

操作步骤如下：

1. 绘制说明表格

（1）单击"默认"选项卡"绘图"面板中的"多段线"按钮，设置"起始线段宽度"和"终止线段宽度"均为 0.3，绘制水平长为 54 和竖直长为 135 的多段线，如图 14-322 所示。

（2）单击"默认"选项卡"修改"面板中的"偏移"按钮，将水平多段线向下偏移 5，竖直多段线向右依次偏移 18、8、11 和 17，如图 14-323 所示。

（3）选中第 4 根多段线并右击，在弹出的快捷菜单中选择"特性"命令，打开"特性"选项板，将"起始线段宽度"和"终止线段宽度"均设置为 0.2，如图 14-324 所示。

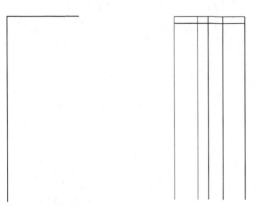

图 14-322　绘制多段线　　　　　图 14-323　偏移直线　　　　　图 14-324　设置线宽

（4）单击"默认"选项卡"修改"面板中的"修剪"按钮，修剪掉多余的直线，如图 14-325 所示。

（5）单击"默认"选项卡"注释"面板中的"多行文字"按钮 A，输入标题，如图 14-326 所示。

（6）单击"默认"选项卡"绘图"面板中的"直线"按钮，在图中合适的位置绘制一条水平直线，其与上侧水平多段线的距离为 5，如图 14-327 所示。

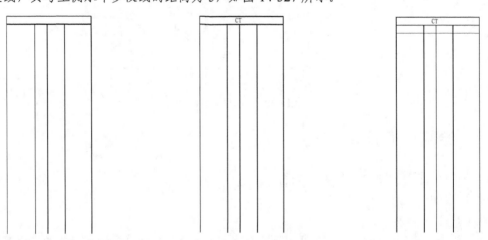

图 14-325　修剪掉多余的直线　　　　图 14-326　输入标题　　　　图 14-327　绘制水平直线

（7）单击"默认"选项卡"修改"面板中的"矩形阵列"按钮，将第（6）步绘制的水平直线进行阵列，行数为 26，列数为 1，行距为 5，如图 14-328 所示。

（8）单击"默认"选项卡"修改"面板中的"复制"按钮，将标题处的文字复制到表内，如图 14-329 所示。然后双击文字，修改文字内容，以便文字格式的统一，如图 14-330 所示。

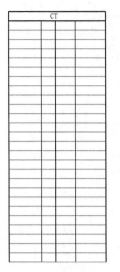

图 14-328　阵列水平直线

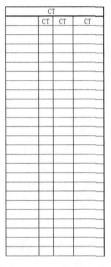

图 14-329　复制文字

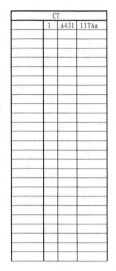

图 14-330　修改文字内容

（9）同理，在表内输入其他位置处的文字，如图 14-331 所示。

2．绘制端子

（1）单击"默认"选项卡"绘图"面板中的"直线"按钮，在表的右侧绘制水平长为 40 和竖直长为 164 的直线，如图 14-332 所示。

CT		
1	A431	11TAa
2	A432	11TAa
3	B431	11TAb
4	B432	11TAb
5	C431	11TAc
6	C432	11TAc
7	A441	12TAa
8	A442	12TAa
9	B441	12TAb
10	B442	12TAb
11	C441	12TAc
12	C442	12TAc
13		
14		DC110V+
15		DC110V-
16		
17		TB3-13
18		TB3-17
19		
20		
21		
22		
23		
24		
25		
26		

图 14-331　标注文字

CT		
1	A431	11TAa
2	A432	11TAa
3	B431	11TAb
4	B432	11TAb
5	C431	11TAc
6	C432	11TAc
7	A441	12TAa
8	A442	12TAa
9	B441	12TAb
10	B442	12TAb
11	C441	12TAc
12	C442	12TAc
13		
14		DC110V+
15		DC110V-
16		
17		TB3-13
18		TB3-17
19		
20		
21		
22		
23		
24		
25		
26		

图 14-332　绘制直线

（2）单击"默认"选项卡"绘图"面板中的"多段线"按钮，在竖直直线底部绘制箭头，如图 14-333 所示。

（3）单击"默认"选项卡"修改"面板中的"倒角"按钮□，对图形进行倒角操作，设置倒角距离为2，如图 14-334 所示。

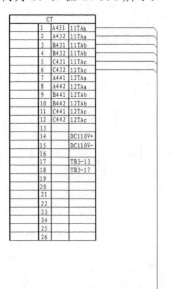

图 14-333　绘制箭头

图 14-334　绘制倒角

（4）单击"默认"选项卡"修改"面板中的"复制"按钮，将水平直线和倒角向下复制5 次，间距为 5，如图 14-335 所示。

（5）单击"默认"选项卡"修改"面板中的"偏移"按钮，将右侧竖直直线向左偏移 4次，偏移距离为 8，如图 14-336 所示。

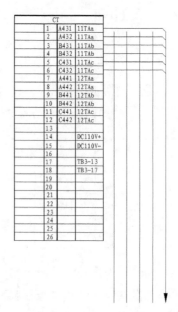

图 14-335　复制直线和倒角

图 14-336　偏移竖直直线

（6）单击"默认"选项卡"修改"面板中的"复制"按钮，将箭头复制到图中其他位置，如图 14-337 所示。

（7）单击"默认"选项卡"修改"面板中的"偏移"按钮，将最下侧水平直线向下偏移，偏移距离分别为 5、5、5、5、5、5、10、5、10、5、35 和 5，如图 14-338 所示。

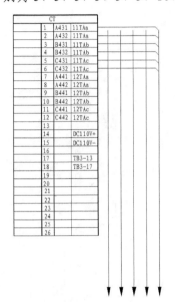

图 14-337 复制箭头

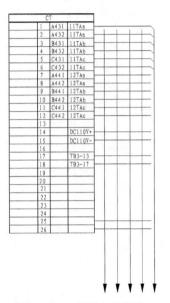

图 14-338 偏移水平直线

（8）单击"默认"选项卡"修改"面板中的"倒角"按钮，绘制倒角，如图 14-339 所示。

（9）单击"默认"选项卡"修改"面板中的"复制"按钮，将第（8）步绘制的倒角进行复制，如图 14-340 所示。

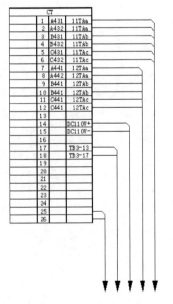

图 14-339 绘制倒角

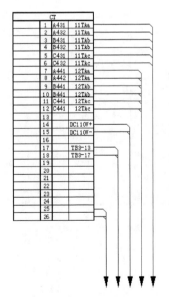

图 14-340 复制倒角

（10）单击"默认"选项卡"修改"面板中的"修剪"按钮，修剪掉多余的直线，如图 14-341 所示。

3. 添加说明

（1）单击"默认"选项卡"注释"面板中的"多行文字"按钮，在左侧第一个箭头处标注文字，如图 14-342 所示。

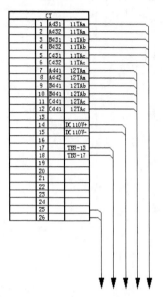

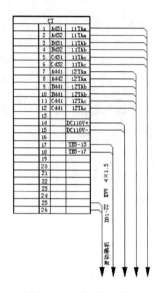

图 14-341　修剪掉多余的直线　　　　　图 14-342　标注文字

（2）单击"默认"选项卡"修改"面板中的"复制"按钮，将第（1）步标注的文字向右进行复制，如图 14-343 所示，然后双击文字，修改文字内容，以便文字格式的统一，如图 14-344 所示。

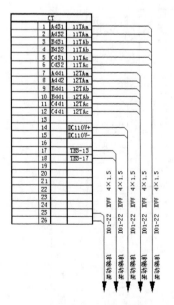

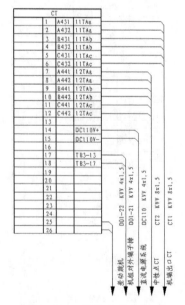

图 14-343　复制文字　　　　　　　图 14-344　修改文字内容

14.8.4 绘制原理图

操作步骤如下：

（1）单击"默认"选项卡"绘图"面板中的"矩形"按钮□，绘制一个长为 53、宽为 76 的矩形，如图 14-345 所示。

（2）单击"默认"选项卡"绘图"面板中的"直线"按钮／和"圆弧"按钮／，在矩形左侧绘制线圈，如图 14-346 所示。

（3）单击"默认"选项卡"修改"面板中的"复制"按钮％，将线圈依次向下进行复制，如图 14-347 所示。

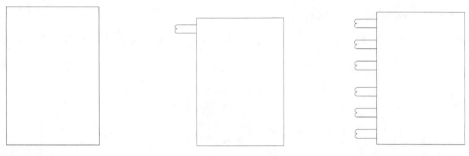

| 图 14-345 绘制矩形 | 图 14-346 绘制线圈 | 图 14-347 复制线圈 |

（4）单击"默认"选项卡"绘图"面板中的"直线"按钮／，在矩形右侧绘制短直线，如图 14-348 所示。

（5）单击"默认"选项卡"修改"面板中的"复制"按钮％，将短直线向下进行复制，如图 14-349 所示。

（6）单击"默认"选项卡"绘图"面板中的"直线"按钮／，绘制接地线路，如图 14-350 所示。

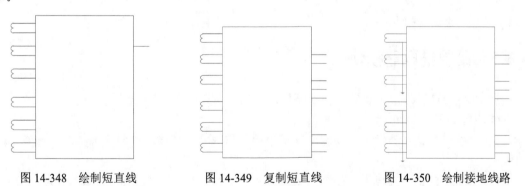

| 图 14-348 绘制短直线 | 图 14-349 复制短直线 | 图 14-350 绘制接地线路 |

（7）单击"默认"选项卡"绘图"面板中的"圆"按钮⊙，在图中合适的位置绘制一个圆，如图 14-351 所示。

（8）单击"默认"选项卡"绘图"面板中的"图案填充"按钮▨，打开"图案填充创建"选项卡，选择 SOLID 图案，如图 14-352 所示，对圆进行填充，如图 14-353 所示。

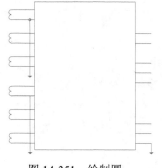

图 14-351　绘制圆

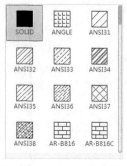

图 14-352　选择填充图案

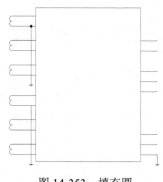

图 14-353　填充圆

（9）单击"默认"选项卡"修改"面板中的"复制"按钮，将填充圆复制到图中其他位置，并整理图形，如图 14-354 所示。

（10）单击"默认"选项卡"注释"面板中的"多行文字"按钮 A，标注文字，如图 14-355 所示。

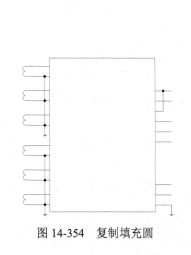

图 14-354　复制填充圆

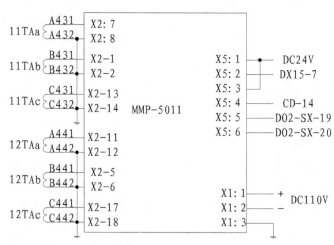

图 14-355　标注文字

14.8.5　绘制继电器模块

一般 PLC 是直接将指令发到控制回路里，但也可能先由继电器中转。

操作步骤如下：

（1）单击"默认"选项卡"绘图"面板中的"矩形"按钮，绘制一个矩形，如图 14-356 所示。

（2）单击"默认"选项卡"绘图"面板中的"直线"按钮和"矩形"按钮，在第（1）步绘制的矩形内绘制线圈，如图 14-357 所示。

（3）单击"默认"选项卡"绘图"面板中的"直线"按钮，绘制动断触头，如图 14-358 所示。

（4）单击"默认"选项卡"注释"面板中的"多行文字"按钮 A，标注文字说明，最终完成 PLC 系统出线端子图 1 的绘制，如图 14-359 所示。

图 14-356　绘制矩形

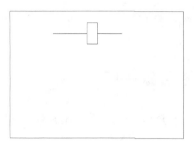

图 14-357　绘制线圈

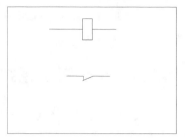

图 14-358　绘制动断触头

（5）单击"默认"选项卡"块"面板中的"插入块"按钮，打开"插入"对话框，如图 14-360 所示，在"源文件\图块"中找到"图框"图块，将其插入图中合适的位置，如图 14-361 所示。

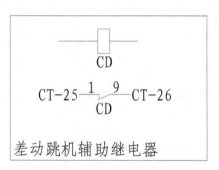

图 14-359　标注文字

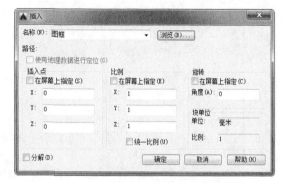

图 14-360　"插入"对话框

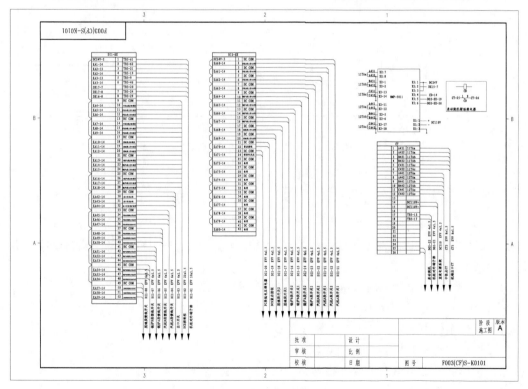

图 14-361　插入图框

（6）单击"默认"选项卡"注释"面板中的"多行文字"按钮 A，在图框内输入图纸名称，如图 14-259 所示。

14.8.6　其他 PLC 系统出线端子图

PLC 系统出线端子图 2 的绘制方法与 PLC 系统出线端子图 1 类似，如图 14-362 所示，这里不再赘述。

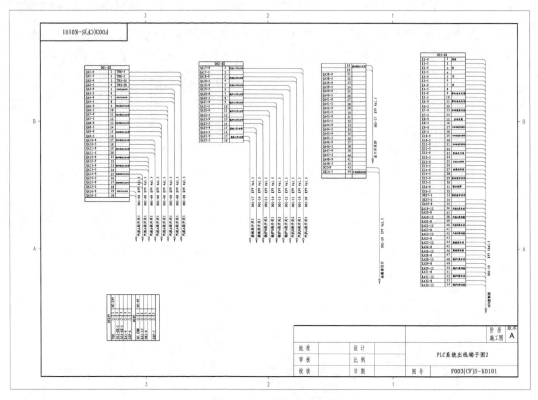

图 14-362　PLC 系统出线端子图 2

14.9　实　战　演　练

通过前面的学习，读者对本章知识也有了大体的了解，本节通过两个操作练习使读者进一步掌握本章知识要点。

【实战演练 1】绘制如图 14-363 所示的龙门刨床主电路系统。

操作提示：

（1）设计主供电线路。

（2）设计交流电动机 M1 供电线路。

（3）设计其他交流电动机供电线路。

（4）添加注释文字。

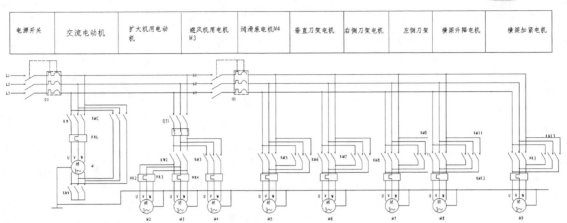

图 14-363　主电路系统

【实战演练 2】绘制如图 14-364 所示的龙门刨床主拖动系统。

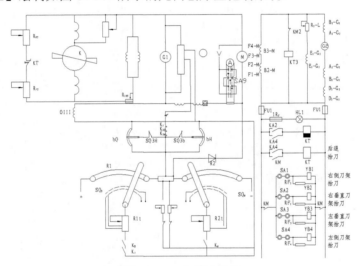

图 14-364　主拖动系统

操作提示：

（1）设计工作台的前进与后退电路。

（2）设计工作台的慢速切入和减速。

（3）设计工作台的步进和步退电路。

（4）设计工作台的停车制动和自消磁电路。

（5）设计欠补偿环节。

（6）设计主回路过载保护和主回路电流及工作台速度测量电路。

（7）设计并励励磁发电机。

（8）添加注释文字。